普通高等教育工程管理专业"十二五"规划教材

土木工程材料

李 迁 主编

徐长伟 李 晓 王玲玲 副主编

清华大学出版社

北京

内 容 简 介

本书主要介绍土木工程材料的基本性质、组成成分、原材料及生产工艺、技术标准、性质和应用，以及材料试验等基本理论和应用技术。全书共分 13 章，内容包括土木工程材料的基本性质、气硬性无机胶凝材料、水泥、混凝土、建筑砂浆、钢材、墙体材料、石材、木材、沥青及沥青混合料、合成高分子材料、功能材料以及土木工程材料试验。

本书针对工程管理专业特点，注重内容的实用性，紧密联系工程实际，全部采用现行标准，并采用实际工程案例帮助学生加深对内容的理解。本书可作为土木工程、工程造价、建筑学等其他建筑类相关专业的教学用书，还可供从事土木工程设计、施工、监理和管理的相关人员参考。

本书配有课件，下载地址：http://www.tupwk.com.cn。

图书在版编目(CIP)数据

土木工程材料 / 李迁　主编. —北京：清华大学出版社，2015（2022.6 重印）
(普通高等教育工程管理专业"十二五"规划教材)
ISBN 978-7-302-40442-2

Ⅰ. ①土…　Ⅱ.①李…　Ⅲ. ①土木工程—建筑材料—高等学校—教材　Ⅳ. ①TU5

中国版本图书馆 CIP 数据核字(2015)第 126599 号

责任编辑：施　猛　马遥遥
封面设计：常雪影
版式设计：方加青
责任校对：曹　阳
责任印制：刘海龙

出版发行：清华大学出版社
　　　　　网　　　址：http://www.tup.com.cn，http://www.wqbook.com
　　　　　地　　　址：北京清华大学学研大厦 A 座　　　邮　　编：100084
　　　　　社 总 机：010-83470000　　　　　　　　　邮　　购：010-62786544
　　　　　投稿与读者服务：010-62776969，c-service@tup.tsinghua.edu.cn
　　　　　质 量 反 馈：010-62772015，zhiliang@tup.tsinghua.edu.cn
　　　　　课 件 下 载：http://www.tup.com.cn，010-62794504

印 装 者：北京富博印刷有限公司
经　　销：全国新华书店
开　　本：185mm×260mm　　　印　张：24.75　　　字　　数：572 千字
版　　次：2015 年 8 月第 1 版　　　　　　　　印　　次：2022 年 6 月第 3 次印刷
定　　价：69.00 元

产品编号：051525-02

前　　言

　　土木工程材料是工程管理专业以及土木工程等建筑相关专业必修的一门专业基础课，该课程的任务是使学生掌握土木工程材料的基本理论知识，熟悉和了解土木工程材料的性质，具备根据工程建设项目的特点和要求合理选择并正确使用建筑材料的能力，并为后续的专业课的学习打好基础。

　　本书根据工程管理专业的特点，兼顾其他相关专业的教学要求，对土木工程材料的基本性质、组成成分、原材料及生产工艺、技术标准、性质和应用，以及材料试验等基本理论和应用技术进行了全面的介绍，全书按土木工程材料的种类安排章节，以各类材料的技术标准和技术性质为中心，突出内容的实用性。除第13章外，其他章节均有内容导读列出主要内容和重点，学习拓展列出拓展阅读书目，本章小结总结基本知识点，复习与思考题帮助学生加强记忆，并采用一些实际工程的案例分析帮助学生活学活用所学知识，加深对所学内容的理解。

　　本书全部采用我国现行最新的相关标准和规范，如《烧结空心砖和空心砌块》(GB 13545—2014)、《普通混凝土小型砌块》(GB/T 8239—2014)、《蒸压粉煤灰砖》(JC 239—2014)、《混凝土外加剂应用技术规范》(GB 50119—2013)、《干混砂浆物理性能试验方法》(GB/T 29756—2013)、《混凝土小型空心砌块试验方法》(GB/T 4111—2013)、《建筑生石灰》(JC/T 479—2013)、《建筑消石灰粉》(JC/T 481—2013)。

　　本书的编写分工：绪论、第2章、第3章、第4章、第13章的13.2、13.3、13.4节由辽宁大学李迁编写，并由其负责全书的统稿；第1章、第6章、第9、第13章的13.1、13.7节由沈阳建筑大学徐长伟编写；第5章、第7章，第8章、第13章的13.5、13.6节由沈阳建筑大学王玲玲编写；第10章、第11章、第12章、第13章的13.8、13.9节由沈阳建筑大学李晓编写。

　　由于土木工程材料的技术和应用发展迅速，加之编者水平有限，书中疏漏和不妥之处在所难免，欢迎广大师生及读者批评指正。编者电子邮箱：lndxlq@163.com。出版社服务邮箱：wkservice@vip.163.com。

编者

2015年4月

目　　录

绪论 ··· 1

0.1 土木工程材料的分类 ············· 1

0.2 土木工程材料的技术标准 ······· 1

第1章　土木工程材料的基本性质 ······· 3

1.1 材料的组成与结构 ················· 4

1.1.1 材料的组成 ················· 4

1.1.2 材料的结构 ················· 4

1.1.3 材料的结构特征参数 ······· 6

1.2 材料的物理性质 ··················· 9

1.3 材料的力学性质 ················· 14

1.4 材料的耐久性 ····················· 17

1.5 材料的装饰性 ····················· 19

第2章　气硬性无机胶凝材料 ··········· 21

2.1 石膏 ·································· 22

2.1.1 石膏的制备 ··············· 22

2.1.2 建筑石膏的水化和凝结硬化 ··· 24

2.1.3 建筑石膏的技术标准 ······· 24

2.1.4 建筑石膏的性质 ··········· 25

2.1.5 建筑石膏的应用 ··········· 26

2.2 石灰 ·································· 28

2.2.1 石灰的生产 ··············· 28

2.2.2 石灰的熟化和硬化 ········· 29

2.2.3 石灰的技术标准 ··········· 30

2.2.4 石灰的性质 ··············· 32

2.2.5 石灰的应用 ··············· 33

2.3 水玻璃 ······························ 34

2.3.1 水玻璃的生产 ············· 35

2.3.2 水玻璃的凝结硬化 ········· 35

2.3.3 水玻璃的性质 ············· 35

2.3.4 水玻璃的应用 ············· 36

第3章　水泥 ······························ 41

3.1 通用硅酸盐水泥 ················· 42

3.1.1 硅酸盐水泥 ··············· 42

3.1.2 其他通用硅酸盐水泥 ······· 52

3.2 铝酸盐水泥 ························ 58

3.2.1 铝酸盐水泥的定义与分类 ··· 58

3.2.2 铝酸盐水泥的矿物组成与

水化 ······················ 59

3.2.3 铝酸盐水泥的技术标准 ····· 60

3.2.4 铝酸盐水泥的性质和应用 ··· 60

3.3 特性水泥 ·························· 61

3.3.1 白色硅酸盐水泥与彩色硅酸盐

水泥 ······················ 61

3.3.2 快硬硫铝酸盐水泥 ········· 63

3.3.3 膨胀水泥 ················· 64

3.3.4 低碱度硫铝酸盐水泥 ······· 66

3.4 专用水泥 ·························· 67

3.4.1 水工水泥 ················· 67

3.4.2 道路硅酸盐水泥 ··········· 68

3.4.3 砌筑水泥 ················· 69

第4章　混凝土 ···························· 73

4.1 混凝土概述 ························ 74

4.1.1 混凝土的分类 ……… 74
4.1.2 普通混凝土的组成及各组分的
作用 ……………………… 75
4.1.3 混凝土的结构与性能 ……… 75
4.2 混凝土的组成材料 …………… 76
4.2.1 水泥 ……………………… 76
4.2.2 细骨料 ……………………… 76
4.2.3 粗骨料 ……………………… 80
4.2.4 拌合用水 …………………… 83
4.2.5 外加剂 ……………………… 84
4.2.6 矿物掺合料 ……………… 91
4.3 混凝土拌合物的和易性 ……… 93
4.3.1 和易性的含义 ……………… 93
4.3.2 和易性的测定 ……………… 94
4.3.3 影响和易性的主要因素 … 96
4.4 混凝土的强度 ………………… 98
4.4.1 混凝土立方体抗压强度及强度
等级 ……………………… 98
4.4.2 混凝土的其他强度 ……… 99
4.4.3 影响混凝土强度的因素 … 100
4.5 混凝土的变形性能 …………… 103
4.5.1 非荷载作用下的变形 …… 103
4.5.2 荷载作用下的变形 ……… 104
4.6 混凝土的耐久性 ……………… 106
4.6.1 抗冻性 …………………… 107
4.6.2 抗渗性 …………………… 107
4.6.3 抗侵蚀性 ………………… 107
4.6.4 抗碳化性 ………………… 108
4.6.5 碱-骨料反应 …………… 109
4.6.6 抗氯离子渗透性能 ……… 109
4.6.7 早期抗裂性能 …………… 110
4.7 混凝土的质量控制和强度评定 … 110
4.7.1 混凝土的质量控制 ……… 110
4.7.2 混凝土强度的波动规律 … 111
4.7.3 混凝土强度保证率 ……… 112
4.7.4 混凝土配制强度 ………… 113

4.7.5 混凝土强度的检验评定 …… 113
4.8 混凝土配合比设计 …………… 115
4.8.1 混凝土配合比设计的基本
要求与设计参数 ………… 116
4.8.2 混凝土配合比设计的步骤 … 116
4.9 其他混凝土 …………………… 127
4.9.1 轻混凝土 ………………… 127
4.9.2 泵送混凝土 ……………… 128
4.9.3 高强混凝土 ……………… 128
4.9.4 高性能混凝土 …………… 129
4.9.5 纤维混凝土 ……………… 129
4.9.6 喷射混凝土 ……………… 130
4.9.7 聚合物混凝土 …………… 130

第5章 建筑砂浆 ………………… 135
5.1 砌筑砂浆 ……………………… 136
5.1.1 砌筑砂浆的组成材料 …… 136
5.1.2 砌筑砂浆的技术性质 …… 137
5.1.3 砌筑砂浆的配合比设计 … 140
5.2 抹面砂浆 ……………………… 142
5.2.1 普通抹面砂浆 …………… 142
5.2.2 装饰砂浆 ………………… 143
5.2.3 防水砂浆 ………………… 147
5.2.4 其他特种砂浆 …………… 148
5.3 预拌砂浆 ……………………… 149
5.3.1 预拌砂浆的概念和分类 … 149
5.3.2 干混砂浆 ………………… 149
5.3.3 预拌砂浆的生产工艺 …… 150
5.3.4 专用砂浆 ………………… 150

第6章 钢材 ……………………… 155
6.1 土木工程用钢材的分类和冶炼 … 156
6.1.1 土木工程用钢材的分类 … 156
6.1.2 土木工程用钢材的冶炼 … 157
6.2 土木工程用钢材的技术性能 … 159
6.2.1 钢材的力学性能 ………… 159
6.2.2 钢材的工艺性能 ………… 164

6.3 钢材的化学成分对钢材性能的
影响 ·········· 165
6.4 钢材的冷加工强化和处理 ······· 168
6.4.1 冷拉 ·········· 169
6.4.2 冷拔 ·········· 170
6.4.3 冷轧 ·········· 170
6.5 钢材的标准与选用 ·········· 171
6.5.1 钢结构用钢 ·········· 171
6.5.2 钢筋混凝土结构用钢 ······· 176
6.5.3 钢材的选用依据 ·········· 181
6.6 钢材的腐蚀与防护 ·········· 182
6.6.1 腐蚀种类 ·········· 182
6.6.2 钢材防腐措施 ·········· 183
6.6.3 钢材的保管 ·········· 184

第7章 墙体材料 ·········· 187
7.1 砌墙砖 ·········· 188
7.1.1 烧结普通砖 ·········· 188
7.1.2 烧结多孔砖和烧结空心砖 ··· 190
7.1.3 非烧结砖 ·········· 192
7.1.4 混凝土多孔砖 ·········· 194
7.2 砌块 ·········· 194
7.2.1 粉煤灰砌块 ·········· 194
7.2.2 蒸压加气混凝土砌块 ······· 195
7.2.3 普通混凝土小型砌块 ······· 197
7.2.4 轻骨料混凝土小型空心
砌块 ·········· 198
7.2.5 石膏砌块 ·········· 198
7.3 墙板 ·········· 199
7.3.1 石膏墙板 ·········· 199
7.3.2 纤维复合板 ·········· 200
7.3.3 混凝土墙板 ·········· 202
7.3.4 复合墙板 ·········· 202
7.4 墙体材料现状与发展展望 ······· 203

第8章 石材 ·········· 207
8.1 岩石的组成和分类 ·········· 208

8.1.1 岩石的组成 ·········· 208
8.1.2 岩石的分类 ·········· 209
8.2 天然石材的性质和技术要求 ······ 210
8.3 常用建筑石材 ·········· 211
8.3.1 常用天然石材 ·········· 211
8.3.2 石材的品种 ·········· 213
8.3.3 人造石材 ·········· 213

第9章 木材 ·········· 217
9.1 木材的分类和构造 ·········· 218
9.1.1 木材的分类 ·········· 218
9.1.2 木材的构造 ·········· 218
9.2 木材的主要性质 ·········· 221
9.2.1 木材的物理性质 ·········· 221
9.2.2 木材的力学性质 ·········· 222
9.3 木材的防护 ·········· 224
9.3.1 木材的腐朽与防腐 ·········· 225
9.3.2 木材的燃烧与防火 ·········· 226
9.4 土木工程中常用木材及木质材料
制品 ·········· 227
9.4.1 常用木材 ·········· 227
9.4.2 木质材料制品 ·········· 228

第10章 沥青及沥青混合料 ·········· 233
10.1 沥青 ·········· 234
10.1.1 石油沥青 ·········· 234
10.1.2 其他沥青 ·········· 243
10.2 沥青基防水材料 ·········· 245
10.2.1 沥青基防水卷材 ·········· 245
10.2.2 沥青基防水涂料 ·········· 250
10.2.3 沥青基密封材料 ·········· 251
10.3 沥青混合料 ·········· 251
10.3.1 沥青混合料基本知识 ······· 251
10.3.2 沥青路面 ·········· 254
10.3.3 沥青混合料的路用
性能 ·········· 256
10.4 沥青混合料的配合比设计 ······ 260

10.4.1 热拌沥青混合料的组成
设计 ················· 261
10.4.2 热拌沥青混合料配合比设计
标准 ················· 264
10.4.3 密级配热拌沥青混合料配合
比设计方法 ········· 268
10.4.4 沥青玛蹄脂碎石 ····· 271

第11章 合成高分子材料 ·········279
11.1 高分子材料的基本知识 ·······280
11.1.1 高分子材料的分类 ········ 280
11.1.2 高分子材料的合成 ········ 281
11.1.3 高分子聚合物的结构与
性质 ················· 282
11.1.4 高分子材料的性能特点 ···· 283
11.2 常用高分子材料 ·············284
11.2.1 塑料 ················· 284
11.2.2 合成橡胶 ············· 286
11.2.3 胶黏剂 ··············· 289
11.2.4 涂料 ················· 290
11.2.5 合成纤维 ············· 291
11.3 高分子材料在土木工程中的
应用 ················· 292
11.3.1 建筑塑料在土木工程中的
应用 ················· 292
11.3.2 合成橡胶在土木工程中的
应用 ················· 295
11.3.3 胶黏剂在土木工程中的
应用 ················· 297
11.3.4 建筑涂料在土木工程中的
应用 ················· 298
11.3.5 聚合物混凝土在土木工程
的应用 ············· 300

第12章 功能材料 ·············305
12.1 装饰材料 ·················306
12.1.1 装饰材料的分类 ········· 306

12.1.2 装饰材料的功能 ········· 306
12.1.3 装饰水泥与装饰混凝土 ···· 307
12.1.4 装饰石材 ············· 308
12.1.5 建筑陶瓷 ············· 310
12.1.6 建筑玻璃 ············· 312
12.1.7 木质饰面板 ··········· 315
12.1.8 金属装饰材料 ········· 317
12.1.9 塑料装饰材料 ········· 320
12.1.10 建筑涂料 ··········· 321
12.2 保温隔热材料 ·············321
12.2.1 传热的基本知识 ········· 321
12.2.2 常用保温隔热材料 ······· 323
12.3 吸声隔声材料 ·············328
12.3.1 吸声与隔声原理 ········· 328
12.3.2 常用吸声材料及结构 ····· 329
12.3.3 常用隔声材料及结构 ····· 332
12.3.4 吸声隔声材料的综合
应用 ················· 333

第13章 土木工程材料试验 ·······337
13.1 土木工程材料的基本性质
试验 ················· 338
13.1.1 密度试验 ············· 338
13.1.2 表观密度试验 ········· 339
13.1.3 体积密度试验 ········· 341
13.1.4 堆积密度试验 ········· 341
13.1.5 吸水率试验 ··········· 343
13.2 水泥试验 ·················344
13.2.1 水泥试验的一般规定 ····· 344
13.2.2 水泥细度试验(筛析法) ····· 345
13.2.3 水泥标准稠度用水量
试验 ················· 346
13.2.4 水泥凝结时间试验 ······· 348
13.2.5 水泥安定性试验 ········· 349
13.2.6 水泥胶砂强度试验 ······· 351
13.3 混凝土骨料试验 ···········353
13.3.1 取样方法与数量 ········· 353

13.3.2　砂的筛分析试验…………354

13.3.3　碎石或卵石的颗粒级配

试验…………………355

13.4　普通混凝土试验…………………356

13.4.1　混凝土拌合物坍落度

试验…………………356

13.4.2　维勃稠度试验……………357

13.4.3　混凝土立方体抗压强度

试验…………………358

13.5　砂浆试验………………………359

13.5.1　砂浆的拌合…………………359

13.5.2　砂浆稠度试验………………360

13.5.3　砂浆分层度试验……………361

13.5.4　砂浆抗压强度试验…………361

13.6　砌墙砖试验………………………363

13.6.1　取样方法与外观质检………363

13.6.2　抗压强度试验………………364

13.7　钢筋试验…………………………365

13.7.1　钢筋的验收及取样…………365

13.7.2　拉伸试验……………………365

13.7.3　冷弯试验……………………368

13.8　石油沥青试验……………………370

13.8.1　石油沥青针入度试验………370

13.8.2　石油沥青延度试验…………372

13.8.3　石油沥青软化点试验………374

13.9　沥青混合料试验…………………376

13.9.1　沥青混合料马歇尔试验…376

13.9.2　沥青混合料车辙试验………377

参考文献………………………………**380**

绪 论

0.1 土木工程材料的分类

土木工程材料是指构成土木工程结构物的各种材料的总称。土木工程材料的种类繁多，性能各不相同，因此可从不同角度进行分类，以便于对其进行学习、研究及使用。

按土木工程材料的使用功能和用途，可分为结构材料、装饰材料和功能材料(防水材料、保温材料、吸声材料、耐火材料等)；按材料所使用的部位的不同，可分为墙体材料、屋面材料、地面材料等。

目前，最常用的分类方法是根据材料的化学成分分类，可分为无机材料、有机材料和复合材料，具体分类见表0-1。

表0-1　土木工程材料按化学成分分类

无机材料	金属材料	黑色金属：钢、铁
		有色金属：铝、铜等及其合金
	非金属材料	天然石材：砂、石及各种石材制品
		烧结与熔融制品：砖、瓦、陶瓷、玻璃等
		无机胶凝材料：石膏、石灰、水玻璃、水泥等
		无机胶凝材料制品：混凝土及砂浆
		硅酸盐制品：加气混凝土、灰砂砖等
有机材料	植物质材料	木材、竹材等
	沥青材料	石油沥青、煤沥青及其制品
	高分子材料	塑料、涂料、胶黏剂、合成橡胶等
复合材料	金属与无机非金属材料复合	钢筋混凝土、钢纤维混凝土等
	金属与有机材料复合	塑钢、轻质金属夹芯板等
	无机非金属材料与有机材料复合	沥青混凝土、聚合物混凝土、玻璃钢等

0.2 土木工程材料的技术标准

土木工程中使用的各种材料及其制品种类繁多，其性能和质量指标必须满足技术标准的要求。技术标准由专门机构制定并颁布，对产品的规格、质量、分类、技术要求、验收规则、检验方法等作出技术规定。技术标准是确保生产质量的技术依据，生产企业必须按照标准生产合格的产品；使用者应按标准选用材料以保证工程质量。同时，技术标准还是供需双方对产品质量进行检查和验收的依据。

工程中使用的土木工程材料除必须满足产品的技术标准外，还应满足有关的设计规范、施工及验收规范(规程)。这些规范对土木工程材料的使用、质量要求及验收等还有专门的规定。

目前，我国常用的标准分为国家标准、行业标准、地方标准和企业标准4级。

1. 国家标准

国家标准是在全国范围内统一的技术要求，由国务院标准化行政主管部门编制计划，协调项目分工，组织制定(含修订)，统一审批、编号、发布。国家标准分为强制性标准和推荐性标准。

标准的表示方法由标准名称、部门代号、标准编号、发布年份组成。如《通用硅酸盐水泥》(GB 175—2007)，其中"GB"为国家标准的代号，"175"为标准编号，"2007"为标准发布年份，"通用硅酸盐水泥"为标准名称。此标准为强制性标准，对于推荐性标准，在部门代号后加"T"表示，如《建设用砂》(GB/T 14684—2011)。

随着技术的发展，技术标准也在不断变化。根据需要，国家每年都会对一些标准进行修订、重新发布，对于修订的标准，其发布年份随之更改，并在新修订的标准生效之日，原有标准作废。

2. 行业标准

行业标准是由我国各主管部、委(局)批准发布，在全国性各专业范围内统一使用的标准。不同行业都有其相应的行业标准，本书涉及的行业标准主要有建材行业标准、建工行业建设标准和交通行业工程标准。

建材行业标准代号为"JC"，如《建筑生石灰》(JC/T 479—2013)、《建筑消石灰粉》(JC/T 481—2013)、《墙体饰面砂浆》(JC/T 1024—2007)等。

建工行业建设标准代号为"JGJ"，如《普通混凝土用砂石质量及检验方法标准》(JGJ 52—2006)、《混凝土耐久性检验评定标准》(JGJ/T 193—2009)、《普通混凝土配合比设计规程》(JGJ 55—2011)等。

交通行业工程标准代号为"JTG"，如《公路工程沥青及沥青混合料试验规程》(JTG E20—2011)。

此外，还有中国工程建设标准化协会标准，代号为CECS，如《混凝土砖建筑技术规范》(CECS 257—2009)。

3. 地方标准

地方标准是地方主管部门发布的地方性指导技术文件，代号为"DB"。

4. 企业标准

企业标准是针对企业范围内需要协调、统一的技术要求，及管理要求、工作要求所制定的标准。企业标准由企业制定，由企业法人代表或法人代表授权的主管领导批准、发布，代号为"Q"。

随着对外交流、涉外工程以及国际合作项目的日益增多，对涉及的国外相关技术标准也应有所了解，如国际标准(ISO)、美国材料试验协会标准(ASTM)、德国工业标准(DIN)、英国标准(BS)、法国标准(NF)、韩国国家标准(KS)等。

第1章
土木工程材料的基本性质

【内容导读】

本章主要介绍土木工程材料的组成、结构与性质的关系；材料的吸湿性、吸水性、耐水性、导热性、吸声性等物理性质；材料的强度等级、比强度、脆性、硬度等力学性质。同时介绍了材料耐久性的概念和影响材料耐久性的因素；还对材料的装饰性进行了简单的介绍。

本章重点应掌握材料的密度、表观密度和堆积密度的区别，孔隙率和空隙率的基本概念，材料与水有关的性质及性能表示指标，材料的导热性及其表示指标，强度等级和比强度的基本概念，材料耐久性的概念、影响因素和改善措施。

材料是构成土木工程的物质基础，不同的土木工程材料在工程结构物中起着不同的作用。如梁、板、柱以及承重的墙体主要承受各种荷载作用；房屋屋面要承受风霜雨雪的作用且能保温、防水；基础除承受建筑物全部荷载外，还要承受冰冻及地下水的侵蚀；墙体要起到抗冻、隔声、保温、隔热等作用。为了保证工程结构物的使用功能、安全性和耐久性，土木工程材料应具有抵御上述各种作用的性质。这些性质归纳起来包括材料的物理性质、力学性质和耐久性等。

工程材料所具有的各种性质，主要取决于材料的组成和结构状态，同时还受到环境条件的影响。为了能够合理地选择和正确地使用材料，必须了解材料的各种性质以及性质与组成、结构状态的关系。

1.1 材料的组成与结构

1.1.1 材料的组成

材料的组成包括化学组成、矿物组成和相组成。它不仅影响着材料的化学性质，而且也是决定材料物理力学性质的重要因素。

(1) 化学组成。化学组成是指构成材料的化学元素及化学物的种类及数量。无机非金属材料是由金属元素和非金属元素组成的，其化学成分常以氧化物含量的百分数形式(%)表示。根据化学组成可大致判断材料的化学稳定性，如氧化、燃烧以及受酸、碱、盐类的侵蚀等。

(2) 矿物组成。金属元素与非金属元素按一定的化学组成构成具有一定的分子结构和性质的物质，称为矿物。无机非金属材料是由不同的矿物构成的，因此其性质主要取决于其矿物组成。有些材料由单一矿物组成，如石灰、石膏等。有些材料由多种矿物组成，这样的材料的性质取决于每种矿物的性质及含量。如硅酸盐水泥中含有硅酸三钙这种矿物，若提高其含量，则水泥硬化速度和强度都将提高。

(3) 相组成。材料中具有相同的物理、化学性质的均匀部分称为相。自然界中的物质可分为气相、液相、固相。即使是同种物质在温度、压力等条件发生变化时常常会转变其存在状态，例如气相变为液相或固相。凡是由两相或者两相以上物质组成的固体材料称为复合材料。土木工程材料大多数可看作复合材料。

1.1.2 材料的结构

材料的性能除与其组成成分有关外，还与其组织结构有着密切关系。对固体材料的研究，包括从原子、分子水平直至宏观可见的各个层次的构造状态，从广义上讲，统称为结构。对材料结构的研究，通常可分为微观结构、亚微观结构和宏观结构三个结构层次。

1. 微观结构

微观结构又称显微结构或微细结构，是指用电子显微镜和X射线衍射分析等手段来研究材料内部质点(原子、离子、分子)在空间分布的层次结构，其尺寸范围为$10^{-10} \sim 10^{-6}$m。材料的许多物理性质，如硬度、熔点、塑性等都是由其微观结构决定的。根据内部质点在空间的分布状态的不同可将其分为晶体、玻璃体和胶体。

1) 晶体

相同质点在空间中呈周期性重复排列的固体称为晶体。按质点及质点间的作用力的不同，晶体可分为原子晶体、离子晶体、分子晶体和金属晶体。

晶体的内部质点按一定的规律由近及远地有序排列，使其处于稳定的低能状态。晶体具有以下几个特点。

(1) 具有规则的几何外形，这是质点按规则排列的外部表现。

(2) 具有各向异性，这是结构特点在性能上的反映。

(3) 具有固定的熔点和化学稳定性，这是由质点处于稳定的最低能量状态所决定的。

(4) 结晶接触点和晶面是晶体结构破坏或变形的薄弱部位。

2) 玻璃体

玻璃体是一种不具有明显晶体结构的结构状态，又称为无定形态或非晶体，如玻璃。玻璃体的结合键为共价键和离子键，其结构特征为构成玻璃体的质点在空间上呈非周期性排列。玻璃体没有规则的几何外形，不具有各向异性的性质，没有一定的熔点，只能出现软化现象。由于玻璃体中质点的化学键没有达到最大限度的满足，它总会表现出自发地向晶态转变的趋势，是化学不稳定结构。

对玻璃体结构的认识，目前存在如下三种观点。

(1) 构成玻璃体的质点呈无规则空间网络结构，此为无规则网络学说。

(2) 构成玻璃体的微观组织结构为微晶子，微晶子之间通过变形和扭曲的界面彼此相连，此为微晶子学说。

(3) 构成玻璃体的微观结构近程有序、远程无序，此为近程有序、远程无序学说。

玻璃体易与其他物质发生化学作用，如水淬矿渣磨细后与石灰在有水的条件下能起硬化反应，因而被用做水泥的混合材料。

3) 胶体

以结构粒径为$10^{-9} \sim 10^{-7}$m的固体颗粒(胶粒)作为分散相，分散在连续相介质中形成分散体系的物质称为胶体。其中，分散粒子一般带有电荷(正电荷或负电荷)，而介质带有相反的电荷，从而使胶体具有稳定性。

在胶体结构中，若胶粒较少，液体性质对胶体结构的强度及变形性质的影响较大，这种胶体结构称为溶胶结构；若胶粒数量较多，胶粒在表面能的作用下发生凝聚作用，或者由于物理化学作用而使胶粒彼此相连，形成空间网络结构，从而使胶体结构的强度增大、变形性减小，形成固体状态或半固体状态，此胶体结构称为凝胶结构。

胶体结构与晶体及玻璃体结构相比，强度较低、变形较大。

2. 亚微观结构

亚微观结构也称细观结构，是指用光学显微镜观测手段研究的结构层次，其尺寸范围为$10^{-6} \sim 10^{-3}$m。它包括晶体粒子、玻璃体、胶体及材料内孔隙的形态、大小、分布等结构情况。材料亚微观结构层次上的组织不同，其性质也各不相同，这些组织的特征、数量、分布和界面性质对材料性能有重要影响。

3. 宏观结构

宏观结构(亦称构造)又称粗通结构，是指用放大镜或肉眼即能分辨的结构层次，其尺寸范围在10^{-3}m以上。如材料的孔隙，木材的纹理等。

材料的宏观结构按孔隙尺寸的不同，可分为如下几种。

(1) 致密结构。它是指在外观和结构上都是致密而无孔隙存在(或孔隙较少)的结构，如金属、玻璃、致密的天然石材等。

(2) 微孔结构。它是指在材料中存在均匀分布的微孔隙，如水泥制品、石膏制品及黏土砖瓦等。

(3) 多孔结构。它是指在材料中存在均匀分布的孤立的或适当连通的粗大孔隙，如加气混凝土、泡沫塑料等。

按构成形态的不同，可分为如下几种。

(1) 聚集结构。由骨料与胶凝材料胶结成的结构，如水泥混凝土、砂浆、沥青混凝土、烧土制品、塑料等。

(2) 纤维结构。该类材料的内部组成具有方向性，纵向较密实而横向较疏松，组织中存在相当多的孔隙，如玻璃纤维、矿棉、棉麻等纤维状材料。

(3) 层状结构。它是指将材料叠合成层状，以黏结或其他方法结合成整体的结构，如胶合板、纸面石膏板等。

(4) 散粒结构。它是指松散颗粒状结构，如砂、石、珍珠岩等。

(5) 纹理结构。该材料多为天然材料，在生长或形成过程中自然造就天然纹理，如大理石、木材、花岗石等。

材料的宏观结构是影响材料性能的重要因素。若组成和微观结构相同，但宏观结构不同，材料也会表现出不同的工程性质；若组成和微观结构不同，但只要有相同的宏观结构，也会表现出相似的工程性质。

随着材料科学理论和技术的日益发展，深入研究探索材料的组成、结构和构造与材料性能的关系，通过技术手段改善其宏观结构、研制推广多功能材料，不仅有利于工程正确选用材料、适应现代建筑的需要，而且会加速人类生产新型土木工程材料的进程。

1.1.3　材料的结构特征参数

1. 材料的密度

材料的密度是指材料的质量与体积之比。根据材料所处状态的不同，可分为密度、表观密度和堆积密度。

1) 密度

材料在绝对密实状态下，单位体积的质量称为密度，计算公式为

$$\rho = \frac{m}{V}$$

式中：ρ——密度，g/cm^3 或 kg/m^3；

　　　m——材料的质量，g 或 kg；

　　　V——材料绝对密实状态下的体积，cm^3 或 m^3。

绝对密实状态下的体积是指不包括材料内部孔隙在内的体积。材料密度的大小取决于材料的组成及微观结构，因此具有相同组成及微观结构的材料的密度为一定值。

在建筑材料中，除金属、玻璃等少数材料外，都含有一些孔隙。为了测得含孔材料的密度，应把材料磨成细粉(粒径小于0.20mm)，除去孔隙，经干燥后用李氏密度瓶测定其密实体积。材料磨得愈细，所测定的体积越接近绝对体积。

2) 表观密度

材料在自然状态下，单位体积的质量称为表观密度，亦称为体积密度，计算公式为

$$\rho_0 = \frac{m}{V_0}$$

式中：ρ_0——表观密度，g/cm^3 或 kg/m^3；

　　　m——材料的质量，g 或 kg；

　　　V_0——材料在自然状态下的体积，cm^3 或 m^3。

在自然状态下，材料体积内常含有孔隙。一些孔之间相互连通，且与外界相通称为开口孔；一些孔相互独立，不与外界相通称为闭口孔，如图1-1所示。材料在自然状态下的体积包含材料内部开口孔隙和闭口孔隙的体积。通常把包括所有孔隙在内的密度称为体积密度，而把只包括闭口孔在内的密度称为视密度，用 ρ' 表示。

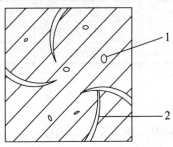

图1-1　材料内部孔隙示意图

1-闭口孔　2-开口孔

材料体积密度的大小与含水情况有关，材料的重量和体积均随其含水率的变化而有所改变，因此在测定体积密度时要注明其含水率。通常材料的体积密度是指材料在气干状态下的体积密度，干燥材料的体积密度称为干体积密度。

3) 堆积密度

粉状或颗粒状材料在堆积状态下，单位体积的质量称为堆积密度，计算公式为

$$\rho_0' = \frac{m}{V_0'}$$

式中：ρ_0'——堆积密度，kg/m³；

　　　m——材料的质量，kg；

　　　V_0'——材料的堆积体积，m³。

材料在堆积状态下的体积不仅包括所有颗粒内的孔隙，而且包括颗粒之间的空隙。它的值的大小不但取决于材料颗粒的体积密度，还与堆积的疏密程度有关。

在土木工程中，在计算材料用量、构件自重、配料及确定堆放空间时，经常要用到材料的密度、表观密度和堆积密度。常用土木工程材料的密度、表观密度和堆积密度见表1-1。

表1-1　常用土木工程材料的密度、表观密度和堆积密度

材料名称	密度/g/cm³	表观密度/kg/m³	堆积密度/kg/m³	孔隙率/%
石灰岩	2.60	1800～2600	—	—
花岗岩	2.80	2500～2700	—	0.50～3.00
碎石	2.60	—	1400～1700	—
砂	2.60	—	1450～1650	—
黏土	2.60	—	1600～1800	—
普通黏土砖	2.50	1600～1800	—	20～40
黏土空心砖	2.50	1000～1400	—	—
水泥	2.50	—	1200～1300	—
普通混凝土	3.10	2100～2600	—	5～20
轻骨料混凝土	—	800～1900	—	—
木材	1.55	400～800	—	55～75
钢材	7.85	7850	—	0
泡沫塑料	—	20～50	—	—
沥青(石油)	约1.0	约1000	—	—

2. 材料的密实度与孔隙率

1) 密实度

密实度是指材料体积内，被固体物质充实的程度，以 D 表示，计算公式为

$$D = \frac{V}{V_0} \times 100\% = \frac{\rho_0}{\rho} \times 100\%$$

2) 孔隙率

孔隙率是指材料内部孔隙体积占总体积的百分率，以 P 表示，计算公式为

$$P = \frac{V_0 - V}{V_0} = \left(1 - \frac{\rho_0}{\rho}\right) \times 100\%$$

孔隙率与密实度从两个不同侧面反映材料的致密程度，孔隙率小，则密实程度高，即 $P + D = 1$。

孔隙按其尺寸大小又可分为粗孔、细孔和微孔。孔隙特征主要指孔隙的种类(开口孔和

闭口孔)、孔径的大小及孔的分布等。孔隙率的大小及孔隙本身的特征与材料的许多重要性质，如强度、吸水性、抗渗性、抗冻性和导热性等都有密切关系。实际上，绝对的闭口孔是不存在的，在建筑材料中，常以在常温、常压下水能否进入孔中来区分开口孔和闭口孔。

开口孔隙率(P_K)是指常温常压下能被水所饱和的孔体积(即开口孔体积V_K)与材料在自然状态下体积之比，用公式表示为

$$P_K = \frac{V_K}{V_0} \times 100\%$$

闭口孔隙率(P_B)是指总孔隙率P与开口孔隙率之差，用公式表示为

$$P_B = P - P_K$$

孔隙率小，且连通孔较少的材料，其吸水性较小，强度较高，抗渗性和抗冻性较好。因此，常采用改变材料孔隙率及孔隙特征的方法来改善材料的性能。

3. 材料的填充率和空隙率

1) 填充率

填充率是指粉状或颗粒状材料在堆积体积中，被固体颗粒填充的程度。以D'表示，计算公式为

$$D' = \frac{V_0}{V_0'} \times 100\%$$

式中：V_0——材料所有颗粒体积之总和，m^3；

V_0'——材料堆积体积，m^3。

2) 空隙率

空隙率是指粉状或颗粒状材料在堆积体积中，颗粒间空隙体积所占的比例。以P'表示，计算公式为

$$P' = \frac{V_0' - V}{V_0'} = \left(1 - \frac{\rho_0'}{\rho_0}\right) \times 100\%$$

填充率和空隙率从两个不同侧面反映粉状或颗粒状材料的颗粒相互填充的疏密程度，即$P' + D' = 1$。

1.2 材料的物理性质

1. 亲水性与憎水性

材料在空气中与水接触时，会出现两种不同的现象，如图1-2所示。当液体与固体在空气中接触且达到平衡时，从固、液、气三相界面的焦点处，沿着液体表面作切线，此切线与材料和水接触面的夹角θ称为润湿边角(或接触角)。θ角越小，表明材料越易被水润湿。当$\theta \leqslant 90°$时，材料遇水后其表面能降低，则水在材料表面易于扩散，这种与水的亲和性称为亲水性。表面与水亲和能力较强的材料称为亲水性材料。与此相反，当$\theta > 90°$时，材料与水接触时不与水亲和，这种性质称为憎水性。

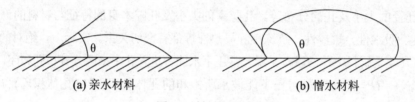

(a) 亲水材料   (b) 憎水材料

图1-2 材料润湿边角

亲水性材料能通过毛细管作用，将水分吸入材料内部；憎水性材料一般能阻止水分渗入毛细管中，从而降低材料的吸水作用。所以憎水性材料常用作防潮、防水及防腐材料。也可以对亲水性材料进行表面处理，使其降低吸水性。土木工程材料大多数为亲水性材料，如水泥、混凝土、砂、石等，只有少数材料如沥青、石蜡及某些塑料等为憎水性材料。

2. 吸湿性、吸水性与耐水性

1) 吸湿性

材料在环境中，能自发地吸收空气中的水分的性质称为吸湿性。材料的吸湿性用含水率表示，即吸入水与干燥材料的质量之比，计算公式为

$$W_h = \frac{m_h - m}{m} \times 100\%$$

式中：W_h——材料的含水率，%；

m_h——材料含水时的质量，g或kg；

m——材料在干燥状态下的质量，g或kg。

材料的吸湿性主要取决于材料的组成及结构状态。干燥材料在潮湿环境中能吸收水分，而潮湿材料在干燥环境中也能放出(又称蒸发)水分，这种性质称为还水性。材料中所含水分与周围空气的湿度相平衡时的含水率，称为平衡含水率。此时的含水状态称为气干状态。材料吸湿达到饱和状态时的含水率即为吸水率。

2) 吸水性

材料在水中能吸收水分的性质称为吸水性。吸水性的大小用吸水率表示，有以下两种表示方法。

(1) 质量吸水率。它是指材料吸入水的质量与材料干质量之比，计算公式为

$$W_m = \frac{m_w}{m} = \frac{m_1 - m}{m} \times 100\%$$

式中：W_m——材料的质量吸水率，%；

m_w——材料吸水饱和时，体积内水的质量，g或kg；

m_1——材料吸水饱和后的质量，g或kg；

m——材料在干燥状态下的质量，g或kg。

(2) 体积吸水率。对于高度多孔的材料的吸水率常用体积吸水率表示，即材料吸入水的体积与材料自然状态下的体积之比，用公式表示为

$$W_V = \frac{V_w}{V_0} = \frac{m_1 - m}{V_0} \times \frac{1}{\rho_w} \times 100\%$$

式中：W_V——材料的体积吸水率，%；

ρ_W——水的密度，g/cm^3；

V_W——材料吸水饱和时水的体积，cm^3；

V_0——材料在自然状态下的体积，cm^3。

材料所吸收的水分是通过开口孔隙吸入的，故开口孔隙率越大，材料的吸水量则越多。材料吸水饱和时的体积吸水率，即为材料的开口孔隙率。

土木工程材料一般采用质量吸水率，它与体积吸水率存在如下关系

$$W_V = W_m \times \rho_0 \times \frac{1}{\rho_W}$$

式中：ρ_0——材料在干燥状态下的体积密度，g/cm^3。

材料的吸水性不仅与其亲水性及憎水性有关，也与其孔隙率的大小及孔隙特征有关。一般孔隙率越高，其吸水性越强。封闭孔隙，水分不易进入；粗大开口孔隙，不易吸满水分；具有细微开口孔隙的材料，其吸水能力特别强。

材料在水中吸水饱和后，吸入水的体积与孔隙体积之比称为饱和系数，用公式表示为

$$K_B = \frac{V_W}{V_0 - V} = \frac{W_V}{P} = \frac{P_K}{P}$$

式中：K_B——饱和系数，%；

P_K——材料的开口孔隙率，%；

P——材料的总孔隙率，%。

饱和系数说明了材料的吸水程度，也反映了材料的孔隙特征，若$K_B=0$，说明材料的孔隙全部为闭口孔；若$K_B=1$，则全部为开口孔。

材料的吸水性和吸湿性均会对材料的性能产生影响，材料吸水后导致质量增加，强度下降，保温性能和抗冻性能都随之下降，有时还会发生明显的体积膨胀。

3) 耐水性

材料长期在饱和水的作用下抵抗破坏、保持原有功能的性质称为耐水性。材料的耐水性常用软化系数K表示，计算公式为

$$K = \frac{f_1}{f}$$

式中：K——材料的软化系数；

f_1——材料在吸水饱和状态下的抗压强度，MPa；

f——材料在干燥状态下的抗压强度，MPa。

K值的大小表明材料在浸水饱和后强度降低的程度，软化系数越小，说明材料吸水饱和后强度降低得越多，耐水性越差。土木工程中将$K \geqslant 0.85$的材料，称为耐水材料。在设计长期处于水中或潮湿环境中的重要结构时，必须选用$K > 0.85$的材料。用于受潮较轻的环境中或次要结构的材料，其K值不宜小于0.75。

3. 材料的热工性质

1) 导热性

材料传导热量的能力称为导热性，用导热系数λ表示，计算公式为

$$\lambda = \frac{Qd}{(T_1 - T_2) \times A \times t}$$

式中：λ——材料的导热系数，W/(m·K)；

Q——传导的热量，J；

d——材料的厚度，m；

$T_1 - T_2$——材料两侧的温差，K；

A——传热面积，m^2；

t——热传导时间，h。

令q表示热流量，且$q = \dfrac{Q}{A \times t}$，上式可写成

$$q = \frac{\lambda}{d}(T_1 - T_2)$$

从式中可以看出，材料两侧的温度差是决定热流量q的大小和方向的客观条件，而 $\dfrac{\lambda}{d}$则是决定q值大小的内因。在建筑热工中，常把$\dfrac{d}{\lambda}$称为材料的热阻，用R表示，单位为 m^2·K/W，上式可写成

$$q = \frac{1}{R}(T_1 - T_2)$$

导热系数与热阻都是评价建筑材料保温隔热性能的重要指标。导热系数越小，热阻值越大，材料的导热性能越差。

影响材料导热系数的主要因素有材料的化学成分及其分子结构、体积密度、湿度和温度状况等。材料受潮后其导热系数将明显增加，若受冻则导热系数更大。各种材料的导热系数差别很大，大致为0.029~3.5W/(m·K)。如泡沫塑料λ=0.035W/(m·K)，而大理石 λ=0.35W/(m·K)。一般将λ<0.175W/(m·K)的材料称为绝热材料。

2) 比热与热容

材料受热时吸收热量、冷却时放出热量的性质称为材料的热容量。材料吸收或放出的热量可用公式表示为

$$Q = C \times m(T_2 - T_1)$$

式中：Q——材料吸收或放出的热量，J；

C——材料的比热(亦称热容量系数)，J/(g·K)；

m——材料的质量，g；

$T_2 - T_1$——材料受热或冷却前后的温差，K。

比热C的物理意义为1g材料温度升高或降低1K时所吸收或放出的热量。不同材料的比热不同，即使是同一种材料，由于所处的物态不同，比热也不同。比热与材料质量之积为材料的热容量值，材料具有较大的热容量值对室内温度的稳定有良好的作用。

几种典型材料的导热系数和比热值见表1-2。

表1-2　几种典型材料的热性能指标

材料名称	钢材	混凝土	松木	烧结普通砖	花岗岩	密闭空气	水
比热/(J/g·K)	0.48	0.84	2.72	0.88	0.92	1.00	4.18
导热系数/(W/m·K)	58	1.51	1.17~0.35	0.80	3.49	0.023	0.58

4. 材料的耐热性与耐燃性

1) 耐热性(亦称耐高温性或耐火性)

材料长期在高温作用下,不失去使用功能的性能称为耐热性,材料在高温作用下如发生性质的变化会影响材料的正常使用。

(1) 受热变质。一些材料长期在高温作用下会发生材质的变化,如二水石膏在65℃~140℃的环境中会脱水成为半水石膏。

(2) 受热变形。材料受热作用要发生热膨胀,导致结构破坏,受热膨胀大小常用线膨胀系数来表示。例如,混凝土在300℃以上,由于水泥石脱水收缩,骨料受热膨胀,会导致混凝土结构破坏。

2) 耐燃性

在发生火灾时,材料抵抗和延缓燃烧的性质称为耐燃性(或称防火性)。材料的耐燃性按耐火规定可分为非燃烧材料、难燃烧材料和燃烧材料三大类。

(1) 非燃烧材料。即在空气中受高温作用不起火、不燃烧、不碳化的材料。无机材料均为非燃烧材料,如混凝土、玻璃、陶瓷、钢材等。

(2) 难燃烧材料。即在空气中受高温作用难起火、难燃烧、难碳化,当火源移走后燃烧立即停止的材料。这类材料多为以可燃材料为基体的复合材料,如沥青混凝土、水泥刨花板等。

(3) 燃烧材料。即在空气中受高温作用会自行起火或燃烧,当火源移走后仍能继续燃烧或微燃的材料,如木材及大部分有机材料。

5. 材料的声学性质

1) 吸声性

声波在传播过程中,遇到各类材料时,一部分声能被反射,另一部分声能被材料吸收,材料吸收声能的性质称为吸声性。任何材料都有一定的吸声能力,只是吸声能力的大小不同。材料的吸声能力一般通过吸声系数 α 来衡量。工程上常用125、250、500、1000、2000、4000Hz 6个频率的吸声系数来表示材料和结构的吸声频率特性。

一般而言,坚硬、光滑、结构紧密和质量较重的材料吸声能力差,反射性能强,如水磨石、大理石、混凝土、水泥粉刷墙面等;粗糙、松软、具有相互贯穿内外微孔的多孔材料吸声性能好,反射性能差,如玻璃棉、矿棉、泡沫塑料、木丝板等。因此,吸声材料(结构)都具有粗糙、松软、多孔等特性。

2) 隔声性

隔声性能是指材料受声场作用时,会或多或少地吸收一部分声能,因此传透过去的能量总是小于作用于它的声场的能量,从而起到隔声作用。隔声一般分为空气声隔绝和固体声隔绝。

材料的隔声能力可以通过材料对声波的透射系数来衡量,透射系数是指透射声能与入射声能的比值。

建筑声学中存在"质量定律",即材料或结构单位面积的质量越大,对空气声的隔声效果越好。对于固体声的隔绝,主要是使物体的振动能尽快被吸收。

1.3 材料的力学性质

材料的力学性质通常是指材料在外力(荷载)作用下的变形性质及抵抗外力破坏的能力。

1. 材料的受力变形

材料受外力作用,其内部会产生一种用来抵抗外力作用的内力,同时还伴随着材料的变形,根据变形的特点,可将变形分为弹性变形和塑性变形。

1) 弹性变形

材料在外力作用下产生变形,当外力取消后,能够完全恢复原来形状的性质称为弹性。这种能够完全恢复的变形称为弹性变形。

2) 塑性变形

材料在外力作用下产生变形,当外力取消后仍保持变形后的形状和尺寸,并且不产生裂缝的性质称为塑性。这种不能恢复的变形称为塑性变形。

实际上,只有单纯的弹性或塑性的材料是不存在的。各种材料在不同的应力下,表现出不同的变形性能,如图1-3所示。

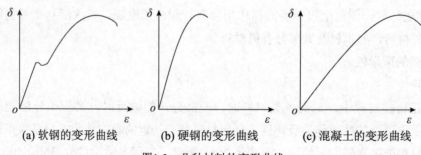

(a) 软钢的变形曲线　　　(b) 硬钢的变形曲线　　　(c) 混凝土的变形曲线

图1-3　几种材料的变形曲线

2. 强度及强度等级

1) 材料的理论强度与实际强度

材料在外力作用下抵抗外力破坏的能力称为强度。当材料受外力作用时,其内部产生应力,外力增加,应力相应也增加,直至材料内部质点间的结合力不足以抵抗所作用的外力时,材料即发生破坏。材料发生破坏时,应力达到极限值,这个极限应力值就是材料的强度,也称极限强度。

从理论上讲,材料受外力作用发生破坏的原因主要是拉力造成质点间结合键的断裂,实际上,也是由于压力作用引起内部产生拉应力或剪应力而造成的破坏。各种材料具有非常高的理论强度,其理论抗拉强度可用奥洛旺公式表示

$$f_{\mathrm{m}} = \sqrt{\frac{E\gamma}{d}}$$

式中：f_{m}——材料的理论抗拉强度,MPa;

E——材料的纵向弹性模量，MPa；

γ——固体材料的表面能，J/m^2；

d——原子间距，m。

材料的实际强度远低于理论强度，英国科学家葛里斯菲提出了脆性材料的断裂理论，得出了破坏应力与裂缝尺寸的关系，用公式表示为

$$f=\sqrt{\frac{2\gamma E}{\pi a}}$$

式中：f——材料的断裂应力，MPa；

a——材料内部裂缝长度的一半，m。

由前两个公式得出

$$\frac{f_m}{f}=\left(\frac{\pi a}{2d}\right)^{\frac{1}{2}}$$

由于$a\geqslant d$，这就解释了材料实际强度远低于理论强度的原因。

2) 材料在不同载荷下的强度

如图1-4所示，根据外力作用方式的不同，材料的强度可分为抗压强度、抗拉强度、抗弯强度(或抗折强度)及抗剪强度等。

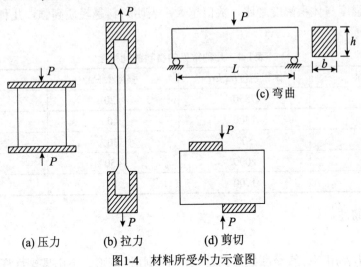

图1-4　材料所受外力示意图

抗压、抗拉、抗剪的强度计算公式为

$$f=\frac{F}{A}$$

式中：f——材料的强度，MPa；

F——材料破坏时的最大荷载，N；

A——材料受力截面面积，mm^2。

材料的抗弯强度计算公式表示为

$$f_{tm}=\frac{3FL}{2bh^2}$$

材料的强度与其组成及结构有关，即使材料组成相同，如构造不同，强度也不同。材料的孔隙率越大则强度越低。材料的强度除与组成和结构有关外，还与试件形状、尺寸、表面状态、温度、湿度及试验时的加荷速度等因素有关。

3) 强度等级

土木工程材料常按其强度的大小划分成若干个等级，称为强度等级。对脆性材料如砖、石、混凝土等，主要根据其抗压强度划分强度等级，对建筑钢材则按其抗拉强度划分强度等级。常见的土木工程材料的强度见表1-3。

表1-3　常见的土木工程材料的强度

材料	抗压强度/MPa	抗拉强度/MPa	抗弯强度/MPa
花岗岩	100～250	5～8	10～14
烧结普通砖	7.5～30	–	1.8～4.0
普通混凝土	7.5～60	1～4	2.0～8.0
松木(顺纹)	30～50	80～120	60～100
钢材	235～1600	235～1600	–

3. 比强度

比强度是评价材料是否轻质高强的指标。比强度能反映材料单位体积质量的强度，其值等于材料的强度与体积密度之比，数值越大，表明材料越轻质高强，几种常见的材料的比强度见表1-4。

表1-4　几种常见的材料的比强度

材料名称	体积密度/kg/m³	强度/MPa	比强度
低碳钢	7850	420	0.054
普通混凝土	2400	40	0.017
松木(顺纹抗压)	500	36	0.070
玻璃钢	2000	450	0.225
烧结普通砖	1700	10	0.006

4. 脆性与韧性

1) 脆性

材料在外力作用下，直至断裂前只发生很小的弹性变形，不出现塑性变形而突然破坏的性质称为脆性。具有这种性质的材料称为脆性材料。脆性材料的抗压强度远远高于其抗拉强度，这对承受振动和冲击作用是极为不利的，如砖、石、玻璃、陶瓷等。

2) 韧性

材料在冲击、振动荷载作用下，能吸收较大的能量，同时也能产生一定的塑性变形而不致破坏的性质称为韧性(或冲击韧性)。如建筑钢材、木材、沥青混凝土等。

5. 硬度与耐磨性

1) 硬度

硬度是指材料表面抵抗硬物压入或刻划的能力。测定材料硬度的方法很多，常用的有刻划法和压入法两种，不同的材料其硬度的测试方法也不同。刻划法常用于测定天然矿物的硬度，按刻划法可将矿物硬度分为十级(莫氏硬度)。钢材、木材及混凝土等材料的硬度常用压入法测定，例如布氏硬度。

2) 耐磨性

耐磨性是材料表面抵抗磨损的能力。材料的耐磨性与材料的组成成分、结构、强度、硬度等因素有关。一般来说，强度较高且密实的材料，其硬度较大，耐磨性较好。

1.4 材料的耐久性

工程结构物在使用过程中，除受各种外力的作用外，还受到各种自然因素长时间的破坏作用，为了保持结构的功能，要求用于结构物中的各种材料具有良好的耐久性。材料的耐久性是指材料在各种因素的作用下，抵抗破坏、保持原有性质的能力。自然界中各种破坏因素包括物理作用、化学作用以及生物作用等。

(1) 物理作用。包括材料的干湿变化、温度变化及冻融变化等。这些变化可引起材料的收缩和膨胀，长期或反复作用会使材料逐渐破坏。如水泥混凝土的热胀冷缩。

(2) 化学作用。包括酸、碱、盐等物质的水溶液及气体对材料产生的侵蚀作用，可使材料产生质的变化而破坏。例如钢筋的锈蚀、沥青与沥青混合料的老化等。

(3) 生物作用。包括昆虫、菌类等对材料所产生的蛀蚀、腐朽等破坏作用。如木材及植物纤维材料的腐烂等。

材料耐久性的强弱受多方面因素影响，它是一种综合性质，包括抗渗性、抗冻性、耐蚀性、耐老化性、耐风化性、耐热性、耐磨性等诸多方面。

1. 抗渗性

材料在压力水作用下，抵抗渗透的性质称为抗渗性。材料的抗渗性常用抗渗等级来表示，抗渗等级用材料抵抗压力水渗透的最大压力值来确定。抗渗等级越大，材料的抗渗性越好，用公式表示为

$$P=10H-1$$

式中：P——抗渗等级；

H——试件开始渗水时的水压，MPa。

材料的抗渗性也可用渗透系数K表示，K越大，表明材料的渗水性越好、抗渗性越差，用公式表示为

$$K=\frac{Qd}{AtH}$$

式中：K——渗透系数，cm /h；

Q——渗水总量，cm^3；

t——透水时间，h；

A——透水面积，cm^2；

H——静水压力水头，cm；

d——试件厚度，cm。

材料的抗渗性主要取决于材料的孔隙率及孔隙特征。密实的材料，具有闭口孔或极微细孔的材料，实际上是不会发生透水现象的。具有较大孔隙率，且为孔径较大、开口连通孔的亲水性材料往往抗渗性较差。

抗渗性是决定材料耐久性的重要因素。在设计地下通道、压力管道、压力容器等结构时，均要求其所用材料具有一定的抗渗性。抗渗性也是检验防水材料质量的重要指标。

2. 抗冻性

材料在吸水饱和状态下，经受多次冻融循环作用而质量损失不大，强度也无明显降低的性质称为材料的抗冻性。

冰冻之所以会产生破坏作用是因为材料中含水，水在结冰时体积膨胀约9%，从而对孔隙产生压力而使孔壁开裂。冻融循环的次数越多，对材料的破坏作用越严重。

材料的抗冻性用抗冻等级表示。抗冻等级是以规定的试件，在规定的试验条件下，测得其强度降低和质量损失不超过规定值，此时所能经历的冻融循环次数。

对处于冬季室外温度低于-10℃的寒冷地区，建筑物的外墙及露天工程中使用的材料必须进行抗冻性检测。

3. 耐蚀性

金属类的材料在使用环境中受到的侵蚀作用主要是氧化腐蚀，尤其是在具有一定湿度的情况下，有了水，金属类的氧化锈蚀作用更为显著，而且这种侵蚀作用常伴有电化学腐蚀，使腐蚀作用加剧。防止金属材料侵蚀的主要措施是对金属表面进行处理，加设镀层或涂敷涂料。

无机非金属材料在环境中受到的侵蚀作用主要是溶解、溶出、碳化及酸碱盐类的化学作用。如水泥及混凝土构筑物受到流动的软水作用，其内部成分会被溶解和溶出，使结构变得疏松，当遇到酸、碱或盐类时，还可能发生化学反应使结构遭受破坏。

为了提高抗侵蚀能力，应针对侵蚀环境的条件选取适当的材料，在侵蚀作用剧烈的条件下，还应采用加设保护层的做法。

4. 耐老化性

高分子材料在光、热及大气(氧气)的作用下，其组成及结构发生变化，致使其性质发生变化，失去弹性、变硬变脆，或降低机械性能，变软变粘，失去原有功能的现象叫老化。

高分子材料的老化使高分子材料在工程中的利用受到了限制。目前，防止高分子老化的措施主要有改变聚合物的结构、加入防老剂(化学方法)以及表面涂防护层(物理方法)。

一般土木工程材料，如石材、砖瓦、陶瓷、水泥混凝土、沥青混凝土等，暴露在大气中时，主要受到大气的物理作用；当材料处于水位变化区或水中时，还受到环境的化学侵蚀作用。金属材料在大气中易被锈蚀；沥青及高分子材料在阳光、空气及辐射的作用下，会逐渐老化、变质而破坏。

为了提高材料的耐久性，延长建筑的使用寿命和减少维修费用，可根据使用情况和材料特点采取相应的措施。如设法减轻大气或周围介质对材料的破坏作用(降低湿度,排除侵蚀性物质等);提高材料本身对外界作用的抵抗性(提高材料的密实度,采取防腐措施等);也可用其他材料保护主体材料以免受破坏(覆面、抹灰、刷涂料等)。

1.5 材料的装饰性

随着社会经济水平的提高,人们越来越追求舒适、美观、整洁、健康的室内外活动环境,对于材料装饰性的重视度也逐渐提高。尤其在近几年,人们不仅要求装饰材料的高品质,而且注重材料的环保效应。

材料的装饰性是指材料能够美化环境、协调人工环境与自然环境之间的关系、增加环境情趣的性能。材料的装饰性主要取决于材料的光学性质、表面性质和几何性质。

1. 材料的光学性质

材料的光学性质包括颜色、光泽和透明性,主要取决于材料的组成和结构。不同的颜色给人的感受也不同:红色、橙色、黄色等暖色使人感到热烈、兴奋、温暖;绿色、蓝色、紫色等冷色使人感到宁静、优雅、清凉。光泽是材料对光线的反射效果,而镜面反射是产生光泽的主要原因,金属等晶体具有较好的光泽。透明性是光线对材料的透射效果,玻璃等非晶体材料具有较好的透明性。用具有较好的光泽和透明性的材料进行装饰的环境,会使人产生轻快感、豪华感和大空间感。

2. 材料的表面性质

材料的表面性质是指材料表面的粗细程度、软硬程度、凹凸现象、纹理构造、花纹图案等构造特征和材料表面的导热性质与化学性质。人们通过触觉、视觉、嗅觉从材料表面的性质得到的综合感受称为材料的质感。例如,混凝土给人以粗犷、体积大、脆硬等感觉;木材、石材给人以回归自然的感觉;而木材表面的艺术图案、雕刻又能给人以优雅、柔和的感觉。

3. 材料的几何性质

材料的几何性质是指建筑装饰材料的几何形状与尺寸以及装饰物的空间造型。装饰制品有板状、块状、波浪片状、筒状、薄片状、异形等,具有不同的尺寸与规格,使用时可拼成各种图案和花纹。例如,绿化混凝土、彩色地砖、仿石等景观材料和园林造型材料可以增加环境的美感、整洁度和趣味性;对地面、内外墙体和柱面等进行涂料喷刷,形成各种图案,也能获得一定的装饰效果。

📖 学习拓展

高建明. 材料力学性能[M]. 武汉:武汉理工大学出版社,2004.

该书系统地阐述了材料在静荷载、动荷载作用下的力学性能,材料的断裂和断裂韧度,材料的摩擦与磨损,材料的蠕变及高温下材料的其他力学性能。在此基础上,还分别阐述了陶瓷材料、高分子材料、复合材料、水泥混凝土材料的力学性能。

🔍 本章小结

1. 材料的组成包括化学组成、矿物组成和组织构成。对于无机非金属材料而言，矿物组成对其性质具有重要影响；对于金属材料而言，组织构成对其性质具有重要影响；对于高分子材料而言，结构对其性质具有重要影响。

2. 材料的结构按照尺度大小可分为微观结构、亚微观结构和宏观结构。其中，宏观结构对于土木工程材料的性质具有决定性影响。

3. 材料的密度是指材料的质量与体积之比。针对材料所处状态的不同，可分为密度、表观密度和堆积密度。各种密度对应的状态分别为密实状态、自然状态(包括所有孔隙的状态)、堆积状态(包括空隙的状态)。

4. 材料与水有关的性质包括吸湿性、吸水性和耐水性，表示指标分别为含水率、吸水率(质量吸水率和体积吸水率)、软化系数。材料吸水会导致材料质量增加，强度下降，保温性能和抗冻性能降低，且伴随体积膨胀。

5. 材料的导热性用导热系数(热导率)表示，导热系数受材料的组成、微观结构、含水程度、孔隙率和孔隙特征的影响。降低导热系数对于实现建筑节能具有重要意义。

6. 按受力方式的不同，材料的强度可分为抗压强度、抗拉强度、抗剪强度和抗折强度(抗弯强度)，为了合理选择和正确使用土木工程材料，常按照强度大小划分成若干强度等级。

7. 比强度是评价材料是否轻质高强的指标，轻质高强是材料发展的重要方向。

8. 材料的耐久性是一项综合技术性质，包括抗渗性、抗冻性、抗侵蚀性和耐老化性。材料不同，耐久性的体现不同；环境不同，耐久性的体现亦不同。为了提高材料的耐久性，可设法减轻大气或周围介质对材料的破坏作用，提高材料本身对这些破坏作用的抵抗能力，以及采取防腐措施等。

📖 复习与思考

1. 材料的密度、表观密度和堆积密度有何区别？

2. 材料的孔隙率与密实度有何关系？如何转化？

3. 如何区分亲水性材料和憎水性材料？

4. 什么是材料的导热性？影响材料导热性的因素有哪些？

5. 什么是软化系数？它有何意义？

6. 材料的强度和强度等级有何关系？什么叫比强度？

7. 材料的脆性和韧性有何区别？

8. 影响材料耐久性的因素有哪些？为什么对材料要有耐久性的要求？

9. 材料的装饰性对环境的美化效果主要取决于哪些因素？

10. 一块黏土砖质量为55g，将其烘干，磨细放入李氏瓶，测得其体积为20.7cm³。将1000g卵石在水中浸泡足够长时间，用布擦干后测其质量为1005g，再将其放入已装满水的瓶中(此装满水的瓶与水共重1840g)，称重为2475g。求：砖的密度，卵石的表观密度，质量吸水率及体积吸水率。

第2章
气硬性无机胶凝材料

【内容导读】

本章介绍3种气硬性无机胶凝材料：石膏、石灰及水玻璃。主要内容包括气硬性胶凝材料和水硬性胶凝材料的概念；石膏的主要成分、原材料和制备，石膏的水化和硬化，建筑石膏的技术标准、性质和应用；石灰的主要成分、生产工艺，石灰的熟化过程、方法与特点，石灰的硬化过程，石灰的技术标准、性质和应用；水玻璃的主要成分，水玻璃的硬化、性质和应用。

本章应重点掌握石膏、石灰的性质和应用，并熟悉水玻璃的性质和应用，培养在工程建设中合理地使用上述材料以及对材料在使用中出现的问题进行分析和解决的能力。

工程中将经过一系列物理、化学变化，能把散粒材料、块状材料或纤维材料黏结成一个坚固整体的材料统称为胶凝材料。胶凝材料按其化学组成的不同可分为有机胶凝材料和无机胶凝材料两大类。

有机胶凝材料的成分为有机高分子化合物，土木工程中常用的有机胶凝材料有各种沥青、树脂、橡胶等。

无机胶凝材料通常为无机粉末材料(水玻璃除外)，其与水或水溶液拌合后形成的浆体，经一系列物理、化学作用后，能够逐渐硬化并形成具有强度的石状材料。无机胶凝材料一般可分为气硬性和水硬性两大类。

气硬性胶凝材料，是指只能在空气中硬化，也只能在空气中保持和继续发展其强度的胶凝材料。本章介绍的石膏、石灰及水玻璃都属于气硬性胶凝材料。水硬性胶凝材料则是指不仅能在空气中硬化，而且能在水中硬化的胶凝材料。这类材料通称为水泥，将在第3章介绍。

2.1 石膏

石膏是一种历史悠久的胶凝材料，在新石器时代就作为建筑材料被广泛使用。在古埃及，石膏材料被混入砂浆中用来砌筑石材，在古希腊、古罗马，石膏也广泛应用于建筑构造和室内装饰之中。石膏的主要成分是硫酸钙($CaSO_4$)，其原料来源丰富，制作工艺简单，因此应用极为广泛，除了用于土木工程外，在化工、机械、工艺美术、医药卫生等诸多行业中都有应用。

2.1.1 石膏的制备

1. 生产石膏的原料

生产石膏胶凝材料的原料主要是天然二水石膏和含有二水石膏的工业副产品及废渣。

1) 天然二水石膏

天然二水石膏又称生石膏或软石膏，是由含两个结晶水的硫酸钙($CaSO_4 \cdot 2H_2O$)所复合组成的层积岩石，是生产建筑石膏的最主要的原料。生石膏粉加水不硬化，没有胶结能力。

2) 工业副产石膏

工业副产石膏是指在工业生产过程中产生的富含二水硫酸钙($CaSO_4 \cdot 2H_2O$)的副产品，经过适当处理后，也可用来生产石膏胶凝材料。如磷石膏是以磷矿石为原料，采用湿法制取磷酸时所得的，以二水硫酸钙为主要成分的副产品；烟气脱硫石膏是以石灰或石灰石为原料，采用湿法脱除烟气中的二氧化硫时产生的，以二水硫酸钙为主要成分的副产品。此外，还有氟石膏、盐石膏、芒硝石膏等都可以作为生产建筑石膏的原料。

除上述两类生产建筑石膏的原料外，还有一种以无水硫酸钙($CaSO_4$)为主要成分的天然无水石膏，也称为硬石膏。由于其结晶紧密，质地较硬，不能用来生产建筑石膏，仅用于生产无水石膏水泥或添加剂。

2. 石膏的制备方法和品种

石膏的制备过程就是二水石膏加热脱水转变为不同种类的石膏的过程，见图2-1。生产工序主要是破碎、加热和粉磨。由于加热方式和温度不同，可生产出不同性质和用途的石膏产品。

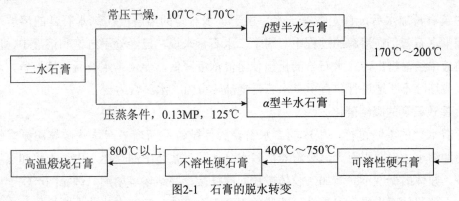

图2-1 石膏的脱水转变

1) β型半水石膏

β型半水石膏又称熟石膏，二水石膏在常压下煅烧至107℃～170℃时脱去部分结晶水即制得β型半水石膏，其反应式为

$$CaSO_4 \cdot 2H_2O \xrightarrow{\quad 107℃～170℃ \quad} CaSO_4 \cdot \frac{1}{2}H_2O + 1\frac{1}{2}H_2O$$

β型半水石膏晶体细小，调和用水量较大，硬化后强度较低，是最常用的石膏，建筑石膏、模型石膏都是β型半水石膏。

2) α型半水石膏

将二水石膏在压蒸条件下(0.13MP，125℃)进行加热，则生成α型半水石膏，其晶体粗大密实，调和用水量小，硬化后强度较高，因此称为高强石膏，多用于要求较高的抹灰工程、装饰制品和石膏板。

3) 可溶性硬石膏

当加热温度升高至170℃～200℃时，半水石膏继续脱水，生成可溶性硬石膏，其结构不稳定，与水调和后仍能凝结硬化。

4) 不溶性硬石膏

当温度加热至400℃～750℃时，石膏完全失去水分，成为不溶性硬石膏，失去凝结硬化能力，成为死烧石膏，但加入某些激发剂(如各种硫酸盐、石灰、煅烧白云石、粒化高炉矿渣等)混合磨细后，则重新具有水化硬化能力，称为无水石膏水泥，也称硬石膏水泥。

5) 高温煅烧石膏

当温度高于800℃时，部分石膏分解出氧化钙，磨细后的石膏称为高温煅烧石膏。由于氧化钙的催化作用，所得产品又重新具有凝结硬化性能，硬化后有较高的强度和耐磨性，抗水性也较好，所以也称为地板石膏。

2.1.2　建筑石膏的水化和凝结硬化

1. 建筑石膏的水化

建筑石膏加水拌合后，与水发生水化反应生成二水石膏，反应方程式为

$$CaSO_4 \cdot \frac{1}{2}H_2O + 1\frac{1}{2}H_2O \longrightarrow CaSO_4 \cdot 2H_2O$$

建筑石膏加水后，首先溶解于水，由于半水石膏的溶解度比二水石膏的溶解度大得多，当半水石膏仍在溶解的过程中，对于二水石膏来说，已经处于过饱和溶液中，因此首先从溶液中结晶析出，二水石膏的析出使溶液浓度降低，促使半水石膏继续溶解，从而使上述反应连续不断地进行，直至半水石膏全部转变为二水石膏为止。

2. 建筑石膏的凝结硬化

随着水化的不断进行，生成的二水石膏胶体微粒不断增多，这些微粒比原来的半水石膏更加细小，表面积更大，吸附着很多水分，同时浆体中的自由水由于水化和蒸发而不断减少，浆体的稠度不断增加，胶体微粒间的搭接、黏结逐步增加，颗粒间产生摩擦力和黏结力，使浆体逐步失去可塑性，即浆体逐渐产生凝结。随着水化的不断进行，二水石膏胶体微粒凝聚并转变为晶体。晶体颗粒逐渐增大，且晶体颗粒间相互搭接、交错、共生，使浆体失去可塑性，产生强度，即浆体产生了硬化。这一过程不断进行，直至浆体完全干燥，强度不再增加。此时浆体已硬化成人造石材。

石膏的水化和凝结硬化过程并不是独立进行的，而是一个相互交叉并连续进行的过程。从加水开始拌合一直到浆体刚开始失去可塑性的过程称为浆体的初凝，对应的这段时间称为初凝时间；从加水拌合开始一直到浆体完全失去可塑性，并开始产生强度的过程称为浆体的终凝，对应的这段时间称为浆体的终凝时间。

2.1.3　建筑石膏的技术标准

《建筑石膏》(GB/T 9776—2008)将建筑石膏定义为：天然石膏或工业副产品石膏经脱水处理制得的，以β半水硫酸钙(β-$CaSO_4 \cdot \frac{1}{2}H_2O$)为主要成分，不预加任何外加剂或添加物的粉状胶凝材料。

建筑石膏按原材料的种类可分为三类。以天然石膏为原料制取的建筑石膏称为天然建筑石膏，代号为N；以烟气脱硫石膏为原料制取的建筑石膏称为脱硫建筑石膏，代号为S；以磷石膏为原料制取的建筑石膏称为磷建筑石膏，代号为P。

建筑石膏按2d抗折强度分为3.0、2.0、1.6三个等级，按产品名称、代号、等级及标准编号的顺序标记。例如，等级为2.0的天然建筑石膏标记为：建筑石膏 N 2.0 GB/T 9776—2008。

《建筑石膏》(GB/T 9776—2008)规定在建筑石膏组成成分中，β半水硫酸钙(β-$CaSO_4 \cdot \frac{1}{2}$

$H_2O)$ 的含量(质量分数)应不小于60%,其物理力学性能应符合表2-1的要求。

表2-1 建筑石膏物理力学性能

等级	细度(0.2mm方孔筛筛余)/%	凝结时间/min		2h强度/MPa	
		初凝	终凝	抗折	抗压
3.0				≥3.0	≥6.0
2.0	≤10	≥3.0	≤30	≥2.0	≥4.0
1.6				≥1.6	≥3.0

2.1.4 建筑石膏的性质

1. 凝结硬化快

建筑石膏加水拌合后,浆体的初凝和终凝时间都很短,一般初凝时间只有几分钟,终凝时间在30分钟以内,大约7天左右完全硬化。由于初凝时间较短,造成施工成型困难,为延长凝结时间,可加入缓凝剂。常用的缓凝剂有硼砂、酒石酸钾钠、柠檬酸、聚乙烯醇、经过石灰处理的动物胶等。

2. 凝结硬化时体积微膨胀

石膏在凝结硬化时,不像石灰、水泥等其他胶凝材料那样会收缩,反而略有膨胀,膨胀率为0.5%~1%。这一性质使石膏制品的表面光滑细腻,形体饱满,尺寸精确,装饰性好,可制作出纹理细致的浮雕花饰,是一种较好的室内装饰材料。

3. 防火性好,但耐火性差

石膏制品遇火时,二水石膏将脱出结晶水,吸热蒸发,并在制品表面形成水蒸气幕,能有效地阻止火势蔓延,具有较好的防火性能。但二水石膏脱水后强度下降因而不耐火。

4. 孔隙率大,表观密度小,强度低

建筑石膏加水拌合时,为满足施工要求的可塑性,加入的水量远大于水化反应的理论需水量。石膏浆体硬化后,多余的自由水将蒸发,内部将留下大量孔隙,孔隙率可达50%~60%,因而表观密度较小($800 \sim 1000 kg/m^3$)、强度低。

5. 具有一定的调湿性

由于石膏制品毛细孔较多,对空气中的水蒸气有较强的吸附能力。当空气中湿度过大时,石膏制品能通过毛细管很快地吸收水分;当空气过于干燥时则能很快地释放水分,从而对空气湿度有一定的调节能力。

6. 保温性、吸声性好

建筑石膏制品的孔隙率大,且均为微细的毛细孔,所以导热系数小,一般为0.12~0.20W/(m·K)。大量的毛细孔隙对吸声有一定的促进作用,特别是穿孔石膏板(板中有孔径为6~12mm的贯穿孔)对声波的吸收能力很强。

7. 耐水性、抗冻性差

建筑石膏硬化体的吸湿性强,吸收的水分会削弱晶体粒子间的黏结力,使强度显著降

低，其软化系数仅为0.3～0.45，若长期浸水，还会因二水石膏晶体溶解而引起破坏。吸水饱和的石膏制品受冻后，会因孔隙中的水结冰而开裂破坏。所以，建筑石膏的耐水性和抗冻性都较差。

2.1.5　建筑石膏的应用

建筑石膏在运输和储存时要注意防潮，不得混入杂物。不同等级应分别储运，不得混杂。储存期一般不宜超过三个月，否则将使石膏制品的质量下降。若储存期超过三个月应重新进行质量检验，以确定其等级。

建筑石膏在土木工程中应用广泛，主要用于以下用途。

1. 调制粉刷石膏

将建筑石膏加水和适量外加剂，调制成石膏粉刷涂料，用于涂刷装修内墙面。建筑石膏具有表面光滑细腻、洁白美观，且透湿透气、凝结硬化快、施工方便、黏结强度高等特点，是一种良好的内墙涂料。

2. 配制石膏砂浆

将建筑石膏与水和砂子按一定比例拌合制成石膏砂浆，可用于室内墙面抹灰或油漆打底层。由于建筑石膏的特性，石膏砂浆具有良好的保温隔热性能，能够调节室内空气温度和湿度，且具有良好的隔声与防火性能。由于不耐水，建筑石膏不宜在外墙使用。

3. 制作石膏板

建筑石膏的特性，决定了石膏板也具有轻质、防火、保温、吸声、尺寸稳定等特性，在建筑中得到广泛应用。常用的石膏板有以下几种。

1) 纸面石膏板

以建筑石膏为主要原料，掺入适量的纤维材料、缓凝剂等作为芯材，以纸板作为增强保护材料，经搅拌、成型(辊压)、切割、烘干等工序制得。纸面石膏板的长度为1800～3600mm，宽度为900～1200mm，厚度为9mm、12mm、15mm、18mm；其纵向抗折荷载可达400～850N。纸面石膏板主要用于隔墙、内墙等，其自重仅为砖墙的1/5。可用作室内吊顶和隔墙，使用时须固定在龙骨上。耐水纸面石膏板主要用于厨房、卫生间等潮湿环境；耐火纸面石膏板主要用于耐火要求高的室内隔墙、吊顶等。纸面石膏板如图2-2(a)所示。

2) 纤维石膏板

纤维石膏板是以纤维材料(多使用玻璃纤维)为增强材料，与建筑石膏、缓凝剂、水等经特殊工艺制成的石膏板。纤维石膏板的强度高于纸面石膏板，规格与纸面石膏板基本相同。纤维石膏板除用于隔墙、内墙外，还可用来代替木材制作家具。纤维石膏板产品如图2-2(b)所示。

3) 装饰石膏板

装饰石膏板以建筑石膏为主要原料，掺入适量的纤维增强材料和外加剂，与水搅拌成均匀的料浆，经浇注成型后制成，主要用作室内吊顶，也可用作内墙饰面板。装饰石膏板造型美观，装饰性强，具有良好的吸声、防火等功能。装饰石膏板如图2-2(c)所示。

4) 空心石膏板

空心石膏板以建筑石膏为主，加入适量的轻质多孔材料、纤维材料和水，经搅拌、浇注、振捣成型、抽芯、脱模、干燥而成。主要用作隔墙，使用时不需龙骨。一般规格尺寸为长2700~3300mm，宽450~600mm，厚60~100mm。空心石膏板如图2-2(d)所示。

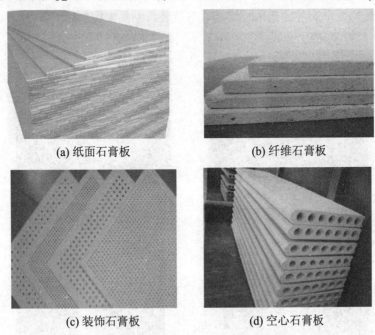

(a) 纸面石膏板   (b) 纤维石膏板

(c) 装饰石膏板   (d) 空心石膏板

图2-2　石膏板

4. 制作石膏砌块

石膏砌块是以石膏为主要原料制作的实心、空心或夹心的砌块。空心砌块有单排孔和双排孔之分；夹心砌块主要以聚苯乙烯泡沫塑料等轻质材料为芯材，以减轻其质量，提高绝热性能。石膏砌块具有石膏制品的各种优点，另外还具有砌筑方便、墙面平整、保温性好等优点。石膏砌块如图2-3所示。

图2-3　石膏砌块

5. 制作石膏装饰制品

石膏装饰制品包括浮雕石膏墙角线、灯盘、罗马柱、梁托和雕塑等。它是以建筑石膏为主要原材料，掺入适量外加剂和增强纤维，并加水拌合成石膏浆体，将浆体注入模具中干燥硬化而制成的石膏制品。石膏装饰制品形状与花色丰富、仿真效果好、成本低且制作安装方便，可满足建筑物对室内装饰部件的各种外观要求。经过适当的防水处理后，还可制成满足室外装饰要求的各种艺术装饰品，石膏装饰制品如图2-4所示。

(a) 墙角线　　　　　　　　　(b) 灯盘

(c) 梁托　　　　　　　　　(d) 罗马柱

图2-4　石膏装饰制品

2.2　石灰

石灰是土木工程中使用最早的气硬性胶凝材料之一。公元前8世纪古希腊人已将其用于建筑，建于公元前2700—公元前2500年的埃及金字塔就是采用石材、石灰和石膏制成的。我国也在公元前7世纪开始使用石灰，早在周朝人们已使用石灰修筑帝王的陵墓。我国著名的万里长城、布达拉宫等都采用石灰砌筑而成。由于石灰的原材料石灰石来源广泛、生产工艺简单、成本低廉、性能优良，故至今仍在土木工程中得到广泛应用。

2.2.1　石灰的生产

1. 生产石灰的原料

制造石灰的原料主要是以碳酸钙($CaCO_3$)为主要成分的天然岩石，如石灰石。除天然原料外，还可以利用富含碳酸钙和氢氧化钙[Ca(OH)$_2$]的化学工业副产品。

1) 石灰石

石灰石是主要由方解石组成的一种碳酸盐类沉积岩。化学成分主要为碳酸钙，其结构、杂质成分和含量等都对所生产的石灰的质量有影响。白云石质石灰岩和白垩等也可作为生产石灰的原料。

2) 化学工业副产品

石灰的另一来源是化学工业副产品。如用水作用于电石(即碳化钙)制取乙炔时，所产生的电石渣，其主要成分是氢氧化钙；或者用氨碱法制碱所得的残渣，主要成分是碳酸钙。

2. 石灰的煅烧

生产石灰实际上就是将石灰石在高温下煅烧，使碳酸钙分解为CaO和CO$_2$，CO$_2$以气体逸出。反应式如下

$$CaCO_3 \xrightarrow{900℃～1100℃} CaO+CO_2 \uparrow$$

生产得到的CaO称为生石灰，是一种白色或灰色的块状物质。生石灰的质量与氧化钙(或氧化镁)的含量有关，同时，还与煅烧温度和煅烧时间有关。在正常煅烧温度和合适的时间下生产的生石灰为多孔结构，晶粒较小，表观密度较小，与水反应的能力较强，称为正火石灰。

当煅烧温度过低或时间不足时，由于CaCO$_3$不能完全分解，使得生石灰中含有未分解的石灰石内核，这种石灰称为欠火石灰。欠火石灰中的石灰石内核不能水化，在消化成为石灰膏时作为残渣被废弃，使得石灰的有效利用率下降。

当煅烧温度过高或时间过长时，晶粒变粗，内部多孔结构变得致密，其表面常被黏土杂质熔融形成的釉状物覆盖，这种石灰称为过火石灰。过火石灰与水反应的速度缓慢，往往在石灰使用一段时间后才发生水化反应，并释放大量热量，从而引起局部体积膨胀，产生裂缝，影响工程质量。

2.2.2 石灰的熟化和硬化

1. 石灰的熟化反应

石灰的熟化是指生石灰加水后产生水化反应的过程，又称为消化或消解。生成的产物为氢氧化钙，称为熟石灰或消石灰。反应式如下

$$CaO+H_2O \longrightarrow Ca(OH)_2+64.9kJ/mol$$

石灰的熟化反应速度快，并在反应过程中迅速释放大量热量，最初1h释放的热量是硅酸盐水泥1d释放热量的9倍左右，同时体积快速膨胀1～2.5倍。

2. 石灰的熟化方法

在工程中，石灰的熟化方法有两种：制成石灰膏和制成消石灰粉。

1) 制石灰膏

将生石灰在化灰池中与水反应熟化成石灰浆，使石灰浆通过筛网流入储灰池，石灰浆

沉淀后除去上层的水分,得到的膏状体称为石灰膏。化灰时,须用洁净水,加水量要达到生石灰体积的3~4倍,并不断搅拌散热,控制温度不致过高。

生石灰中常含有欠火石灰和过火石灰。一般情况下,在生石灰熟化成石灰浆后,通过筛网过滤即可筛除块状的欠火石灰和较大体积的过火石灰,而较小体积的过火石灰则难以通过筛网除去,被存留在石灰膏中,使用时会使硬化的石灰浆体膨胀开裂。为了消除过火石灰的危害,石灰膏在使用之前须进行"陈伏"。陈伏是指石灰膏在储灰池中放置14d以上,使过火石灰逐渐熟化,其间石灰膏表面应保持一层水分,目的是使其与空气隔绝,以免与空气中的二氧化碳发生碳化反应。

2) 制消石灰粉

在块状生石灰中均匀加入适量的水,便可得到颗粒细小、分散的消石灰粉。工地上调制消石灰粉时,每堆放0.5m高的生石灰块,按生石灰质量的60%~80%喷淋水,逐层堆放喷淋,使之充分消解成粉且不会因过湿结块成团。目前,多用机械方法将生石灰熟化为消石灰粉,并以产品的形式供工程建设时使用。

消石灰粉在使用前,一般也需要"陈伏"。如果将生石灰磨成一定细度的细石灰粉使用,则不需"陈伏",其原因是石灰磨细成粉末后,可使过火石灰的比表面积大大增加,并均匀分散在生石灰粉中,同时釉状物覆盖层被破坏,使得水化反应速度加快,几乎可以与正火石灰同步熟化,不致引起过火石灰的各种危害。

3. 石灰的硬化

石灰浆体的硬化包括干燥硬化和碳化硬化。

1) 干燥硬化

石灰浆体在干燥过程中,毛细孔隙失水。由于水的表面张力的作用,毛细孔隙中的水面呈弯月状,从而产生毛细管压力,使得氢氧化钙颗粒间的接触紧密,产生一定的强度。干燥过程中因水分的蒸发,氢氧化钙也会在过饱和溶液中结晶,但结晶数量很少,产生的强度很低。若再遇水,因毛细管压力消失,氢氧化钙颗粒间的紧密程度降低,且氧化钙微溶于水,导致强度丧失。

2) 碳化硬化

氢氧化钙与空气中的二氧化碳化合生成碳酸钙晶体称为碳化,其反应式如下

$$Ca(OH)_2 + CO_2 + nH_2O \longrightarrow CaCO_3 + (n+1)H_2O$$

碳化硬化会使石灰硬化浆体的强度得到较大幅度的提高。但由于空气中的二氧化碳的浓度很低,且碳化从表层开始,生成碳酸钙层结构致密,当生成的碳酸钙达到一定厚度时,能阻碍二氧化碳向内渗透,因此碳化过程极为缓慢。

2.2.3 石灰的技术标准

1. 生石灰的技术标准

《建筑生石灰》(JC/T 479—2013)中将生石灰按其化学成分分为钙质石灰和镁质石灰。根据化学成分的含量,钙质石灰分为三个等级:钙质石灰90、钙质石灰85、钙质石灰75,

代号分别为CL 90、CL 85、CL 75；镁质石灰分为两个等级：镁质石灰85、镁质石灰80，代号分别为ML 85、ML 80。

按生石灰的加工情况可分为建筑生石灰块和建筑生石灰粉，生石灰块在代号后加"Q"，生石灰粉在代号后加"QP"。

建筑生石灰的化学成分和物理性质应符合表2-2、表2-3的要求。

表2-2　建筑生石灰的化学成分

名称	CaO+MgO/%	MgO/%	CO_2/%	SO_3/%
CL 90-Q	≥90	≤5	≤4	≤2
CL 90-QP				
CL 85-Q	≥85	≤5	≤7	≤2
CL 85-QP				
CL 75-Q	≥75	≤5	≤12	≤2
CL 75-QP				
ML 85-Q	≥85	>5	≤7	≤2
ML 85-QP				
ML 80-Q	≥80	>5	≤7	≤2
ML 80-QP				

表2-3　建筑生石灰的物理性质

名称	产浆量/dm³/10kg	细度	
		0.2mm筛余量/%	90μm筛余量/%
CL 90-Q	≥26	—	—
CL 90-QP	—	≤2	≤7
CL 85-Q	≥26	—	—
CL 85-QP	—	≤2	≤7
CL 75-Q	≥26	—	—
CL 75-QP	—	≤2	≤7
ML 85-Q	—	—	—
ML 85-QP		≤2	≤7
ML 80-Q	—	—	—
ML 80-QP	—	≤7	≤2

2. 消石灰的技术标准

《建筑消石灰》(JC/T 481—2013)中将建筑消石灰按扣除游离水和结合水后的(CaO+MgO)的含量分为钙质消石灰和镁质消石灰。钙质消石灰分为三个等级：钙质消石灰90、钙质消石灰85、钙质消石灰75，代号分别为HCL 90、HCL 85、HCL 75；镁质消石灰分为两个等级：镁质消石灰85、镁质消石灰80，代号分别为HML 85、HML 80。

建筑消石灰的化学成分和物理性质应符合表2-4、表2-5的要求。

表2-4 建筑消石灰的化学成分

名称	CaO+MgO/%	MgO/%	SO₃/%
HCL 90	≥90		
HCL 85	≥85	≤5	≤2
HCL 75	≥75		
HML 85	≥85	>5	≤2
HML 80	≥80		

注：表中数值以试样扣除游离水和化学结合水后的干基为基准。

表2-5 建筑消石灰的物理性质

名称	游离水/%	细度		安定性
		0.2mm筛余量/%	0.2mm筛余量/%	
HCL 90				
HCL 85				
HCL 75	≤2	≤2	≤7	合格
HML 85				
HML 80				

2.2.4 石灰的性质

1. 保水性、可塑性好

生石灰熟化成石灰浆时，能形成极其细小的呈分散状态的$Ca(OH)_2$，其表面吸附一层较厚的水膜，使颗粒间的摩擦力减小。由于颗粒数量多、比表面积大，可吸附大量的水，因此石灰浆具有良好的保水性和可塑性。将其配制水泥混合砂浆，可显著改善砂浆的保水性，并能提高其可塑性。

2. 凝结硬化慢，强度低

石灰浆的凝结硬化过程包括干燥结晶过程和碳化过程，即使在较干燥的环境中，其达到终凝也需要1d以上，基本硬化则需要数天。另由于实际工程中为了满足施工性能而加大水量，多余的水分在硬化后蒸发，留下大量的孔隙，使硬化石灰体密度小、强度低。

3. 干燥收缩大

在石灰浆体中，由于$Ca(OH)_2$能吸附较厚的水膜，当石灰浆体干燥硬化时，大量的水分蒸发所产生的毛细管张力会引起石灰硬化体产生显著的体积收缩，由于其收缩的不均匀性，必然造成其硬化体开裂。因此，石灰浆不宜单独使用，施工时常掺入一定量的砂或纤维材料(麻刀、纸筋等)，以控制其收缩开裂。

4. 耐水性差

石灰浆体硬化后，结构主要是$Ca(OH)_2$晶体和少量的$CaCO_3$晶体。因为$Ca(OH)_2$易溶于水，在潮湿环境中其硬化结构容易被水溶解而破坏，甚至产生溃散，所以石灰制品的耐水性很差，其软化系数很低。

2.2.5　石灰的应用

生石灰块及生石灰粉须在干燥条件下运输和贮存，且不宜存放太久。因为在存放过程中，生石灰会吸收空气中的水分熟化成消石灰粉，并进一步与空气中的二氧化碳作用生成碳酸钙，从而失去胶结能力。长期存放时应在密闭条件下，且应防潮、防水。

石灰主要用于以下用途。

1. 调制石灰乳涂料

石灰乳是采用消石灰粉或石灰膏加入大量水搅拌稀释而成的。由于石灰乳是一种廉价涂料，施工方便，且颜色洁白，能为室内增白添亮，因此可用于要求不高的室内墙面和顶棚的粉刷，但目前已很少使用。

2. 配制砂浆

将消石灰粉或石灰膏、砂加水拌制而成石灰砂浆，可用作砖墙和混凝土基层的抹灰，但现在已很少使用；用消石灰粉或石灰膏与水泥、砂按一定比例与水配制成混合砂浆则可用于砌筑，也常用于抹面。

3. 拌制灰土和三合土

消石灰粉与黏土拌合后称为灰土或石灰土，再加砂或石屑、炉渣等即成三合土。由于消石灰粉的可塑性好，在夯实或压实下，灰土和三合土的密实度会增加，并且黏土中含有的少量活性氧化硅和活性氧化铝与氢氧化钙反应能生成少量的水硬性产物，所以两者的密实程度、强度和耐水性能得到改善。因此，灰土和三合土广泛用于建筑物的基础和道路的基层。

4. 制作硅酸盐混凝土制品

以石灰与硅质材料(如石英砂、粉煤灰、矿渣等)为主要原料，经磨细、配料、拌合、成型、养护(蒸汽养护或压蒸养护)等工序得到的人造石材，其主要产物为水化硅酸钙，所以称为硅酸盐混凝土。常用的硅酸盐混凝土制品有蒸汽养护和压蒸养护的各种粉煤灰砖及砌块、灰砂砖及砌块、加气混凝土等。硅酸盐混凝土制品如图2-5所示。

(a) 压蒸粉煤灰砖

(b) 加气混凝土砌块

(c) 加气混凝土墙板

(d) 加气混凝土墙板的配筋

图2-5　硅酸盐混凝土制品

5. 制作碳化石灰板

碳化石灰板是将磨细生石灰、纤维状填料 (如玻璃纤维)或轻质骨料加水搅拌成型为坯体，然后再通入二氧化碳进行人工碳化而成的一种轻质板材。为减轻自重、提高碳化效果，通常制成薄壁或空心制品。碳化石灰板的可加工性能好，适合做非承重的内隔墙板、天花板等。

6. 配制无熟料水泥

石灰与活性混合材料 (如粉煤灰、高炉矿渣、煤矸石等)混合，并掺入适量石膏等，磨细后可制成无熟料水泥。

💡 工程案例分析

某中学教学楼砖砌墙体采用石灰混合砂浆做内抹面，表层使用乳胶漆饰面。数月后，发现内墙面出现许多面积大小不等$(0.5\sim2.0cm^2)$的凸鼓，凸起点无规则分布，且该现象随后不断加重，较大的凸点将面层顶破，导致墙面出现裂纹。

1. 原因分析

墙体内抹面使用的混合砂浆中存在过火石灰，或者是石灰熟化时"陈伏"的时间较短以及石灰膏的细度太大，使得抹灰后未熟化的石灰继续熟化，产生体积膨胀，造成抹面凸鼓并出现裂纹。当砂中含有黏土块或较大的黏土颗粒时，黏土遇水后体积膨胀，也将使砂浆抹面产生凸鼓现象。另外，当砖砌墙体基层淋水过多或湿度过大时，水分向外散发过程中形成的气泡，也是造成砂浆抹面凸鼓的原因之一。

2. 防治措施

(1) 选用熟化充分的石灰配制抹面砂浆。抹面混合砂浆所用的石灰膏熟化"陈伏"时间一般不少于30d，以消除过火石灰后期熟化时的体积膨胀。

(2) 淋制石灰膏时，选用孔径不大于3mm×3mm的滤网进行过滤，并防止黏土等杂质混入化灰池和储灰池。

(3) 选用洁净、级配良好的中砂，麻刀灰中的麻捻应晒干打散。按纵横两道工序分层施工，待底灰达7成干时再抹單面灰，当麻刀抹面灰层起泡时，将泡中的气体或水分用铁抹子挤出后再压光。

(4) 对于已出现的凸鼓部位，先将凸起的浮层和碎屑清除干净，再用聚合物砂浆进行补抹。

(案例来源：白宪臣. 土木工程材料. 北京：中国建筑工业出版社，2012：26-27)

2.3 水玻璃

水玻璃俗称泡花碱，是一种能溶于水的碱金属硅酸盐，由不同比例的碱金属氧化物和二氧化硅组合而成，其化学式为$R_2O \cdot nSiO_2$。式中，R_2O指碱金属氧化物Na_2O或K_2O，n称为水玻璃模数，以SiO_2与碱金属的摩尔比来表示。根据碱金属氧化物的不同，可分为硅酸钠水玻璃($Na_2O \cdot nSiO_2$)和硅酸钾水玻璃($K_2O \cdot nSiO_2$)。优质纯净的水玻璃为无色透明的黏稠液体，当含有杂质时呈青灰色或淡黄色。液体水玻璃是一种具有胶体特征又具有溶液特征的胶体溶液。我国大量使用的是钠水玻璃，而钾水玻璃虽然在性能上优于钠水玻璃，但由于价格昂贵，较少使用。

水玻璃的模数是非常重要的参数。模数值越小，水玻璃的密度和黏度越小，硬化速度越慢，硬化后的黏结力与强度、耐热性与耐酸性就越差，因此，模数不能太小；但模数值过大，则水中的溶解能力下降，当n大于3.0时，只能溶于热水中，给使用带来麻烦，因此水玻璃模数也不宜太高。土木工程中常用模数n为2.6~2.8，既易溶于水又有较高的强度。

2.3.1 水玻璃的生产

水玻璃的生产方法分干法和湿法两种。应用干法时，应先将石英砂和碳酸钠磨细，按一定比例混合后，在熔炉中加热到1300℃~1400℃，生成熔融状硅酸钠，冷却后即得到固态水玻璃，然后在0.3~0.8MPa的蒸压釜内加热溶解成溶液状水玻璃产品。干法生产的反应式为

$$Na_2CO_3 + nSiO_2 \xrightarrow{\text{1300℃~1400℃}} Na_2O \cdot SiO_2 + CO_2\uparrow$$

应用湿法时，应先将氢氧化钠水溶液和石英粉在压蒸釜内(0.2~0.3MPa)用蒸汽加热溶解，即可直接生成液体水玻璃。

2.3.2 水玻璃的凝结硬化

水玻璃在空气中的凝结硬化主要通过碳化和脱水结晶固结这两个过程来实现。水玻璃在空气中吸收二氧化碳，生成二氧化硅凝胶，凝胶逐渐干燥脱水，成为固态二氧化硅而凝结硬化，其反应式为

$$Na_2O + nSiO_2 + CO_2 + mH_2O \longrightarrow Na_2CO_3 + nSiO_2 \cdot mH_2O$$

由于空气中的二氧化碳的含量较低，上述反应过程进行缓慢。为了加速水玻璃的硬化，常加入氟硅酸钠(Na_2SiF_6)作为促硬剂，以加速二氧化硅凝胶的析出，其反应式为

$$2(Na_2O \cdot nSiO_2) + Na_2SiF_6 + mH_2O \longrightarrow 6NaF + (2n+1)SiO_2 \cdot mH_2O$$

氟硅酸钠的掺量一般为水玻璃质量的12%~15%。若掺量太少，凝结硬化速度慢，强度低，且未反应的水玻璃易溶于水，将导致耐水性差；若掺量太多，则凝结硬化过快，不便施工操作，而且硬化后的早期强度虽高，但后期强度明显降低。因此，使用时应严格控制氟硅酸钠的掺量，并根据气温、湿度、水玻璃的模数、密度在上述范围内适当调整，即气温高、模数大、密度小时掺量靠近下限，反之掺量则靠近上限。

2.3.3 水玻璃的性质

1.黏结力强，强度较高

水玻璃在硬化后，其主要成分为二氧化硅凝胶和氧化硅，因而具有较高的黏结力和强

度。用水玻璃配制的混凝土的抗压强度可达15～40MPa。

2. 耐酸性好

由于水玻璃硬化后的主要成分为二氧化硅，它可以抵抗除氢氟酸、过热磷酸以外的几乎所有的无机酸和有机酸，多用于配制水玻璃耐酸混凝土、耐酸砂浆、耐酸胶泥等。

3. 耐热性好

硬化后形成的二氧化硅网状骨架，在高温下强度下降不大，多用于配制水玻璃耐热混凝土、耐热砂浆、耐热胶泥等。

4. 耐碱性、耐水性差

水玻璃在加入氟硅酸钠后仍不能完全反应，硬化后的水玻璃中仍含有一定量的 $Na_2O \cdot nSiO_2$。由于 SiO_2 和 $Na_2O \cdot nSiO_2$ 均可溶于碱，且 $Na_2O \cdot nSiO_2$ 可溶于水，所以水玻璃硬化后不耐碱、不耐水。为提高耐水性，常采用中等浓度的酸对已硬化的水玻璃进行酸洗处理，以促使水玻璃完全转变为硅酸凝胶。

2.3.4　水玻璃的应用

在储存和运输水玻璃时应注意密封，以免水玻璃和空气中的二氧化碳反应而分解，并避免落进灰尘、杂质。长时间存放后，水玻璃会产生一定的沉淀，使用时应搅拌均匀。

根据水玻璃的性质，在土木工程中，它常用于以下用途。

1. 涂刷建筑材料表面，提高抗风化能力

用水将水玻璃稀释后，多次浸渍或涂刷黏土砖、水泥混凝土、硅酸盐制品等多孔材料，由于水玻璃与空气中的二氧化碳反应生成硅酸凝胶，同时水玻璃也与材料中的氢氧化钙反应生成硅酸钙凝胶，两者填充于材料的孔隙，可使材料的密实度和强度提高，从而提高材料的抗风化能力和耐久性。但不能用水玻璃涂刷或浸渍石膏制品，因为硅酸钠会与硫酸钙起化学反应生成硫酸钠，在制品孔隙中结晶，结晶时体积显著膨胀，从而导致石膏制品的胀裂破坏。

2. 加固土壤

将模数为2.5～3.0的液体水玻璃和氯化钙溶液通过注浆管注入土壤，两种溶液迅速发生化学反应，生成硅酸凝胶和硅酸钙凝胶，可使土壤固结，并能填充土壤空隙，阻止水分的渗透，从而提高土壤的强度和承载能力。常用于粉土、砂土和填土的地基加固，称为双液注浆。

3. 配制速凝防水剂

在水玻璃中加入两种、三种或四种矾的溶液，搅拌均匀，即可配制成二矾、三矾或四矾速凝防水剂。常见的矾有蓝矾 (硫酸铜)、红矾 (重铬酸钾)、明矾(也称白矾，硫酸铝钾)、紫矾 (硫酸铬钾)等。这种多矾防水剂的凝结很快，一般为几分钟，其中四矾防水剂不超过1min，故在工地上使用时须做到即配即用。可用其调配成水泥防水砂浆，用于堵漏、填缝等局部抢修。

4. 配制耐酸、耐热砂浆和混凝土

利用水玻璃较高的耐酸性，可与耐酸粉料 (常用石英粉)、耐酸骨料配合，配制成耐酸胶泥、耐酸砂浆和耐酸混凝土，主要用于冶金、化工等有耐酸要求的工程，如储酸池等。

利用水玻璃较好的耐热性，也可与耐热骨料配制成水玻璃耐热砂浆和混凝土，主要用于高炉基础、热工设备和其他有耐热要求的工程。

5. 配制水玻璃矿渣砂浆，修补砖墙裂缝

将液体水玻璃、粒化高炉矿渣粉、砂及氟硅酸钠按适当比例拌合后，直接压入砖墙裂缝，可起到黏结和补强的作用。

📖 学习拓展

[1] 侯云芬. 胶凝材料[M]. 北京：中国电力出版社，2012.

该书是一本专门介绍胶凝材料的教材，除对本章介绍的石膏、石灰有更为深入的介绍外，还介绍了各种水泥，可作为对第三章内容的拓展阅读材料。该书突出阐述一些新的相关研究成果和标准，尤其阐述了各种工业固体废弃物在胶凝材料生产、使用中的应用，这也正是新型建材的发展方向。该书单独安排一章介绍新型胶凝材料的有关知识，可使读者获得更为全面、丰富的胶凝材料信息。

[2] 王祁青. 石膏基建材与应用[M]. 北京：化学工业出版社，2009.

该书主要介绍了石膏凝胶材料；内墙腻子、粉刷石膏和胶黏剂；石膏基自流平地坪材料和嵌缝料；其他石膏基建材等内容。全面展现了石膏基建材的种类、特征、应用技术、技术进展等状况，使读者能够站在专业的前沿，全面了解石膏基建材的当前应用情况和某些新技术研究的进展。

🔍 本章小结

1. 生产石膏胶凝材料的原料主要是天然二水石膏和含有二水石膏的工业副产品及废渣。石膏的制备过程就是二水石膏加热脱水转变为不同种类的石膏的过程。建筑石膏是 β 型半水石膏。

2. 建筑石膏加水后，首先溶解于水，由于半水石膏的溶解度比二水石膏的溶解度大得多，当半水石膏仍在溶解的过程中，对于二水石膏来说，已经处于过饱和溶液中，因此首先从溶液中结晶析出，二水石膏的析出使溶液浓度降低，促使半水石膏继续溶解，从而使上述反应连续不断地进行，直至半水石膏全部转变为二水石膏为止。

3. 石膏的水化和凝结硬化并不是独立进行的，而是一个相互交叉并连续进行的过程。从加水开始拌合一直到浆体刚开始失去可塑性的过程称为浆体的初凝，对应的这段时间称为初凝时间；从加水拌合开始一直到浆体完全失去可塑性，并开始产生强度的过程称为浆体的终凝，对应的这段时间称为浆体的终凝时间。

4. 建筑石膏按原材料的种类分为三类。以天然石膏为原料制取的建筑石膏称为天然建筑石膏，代号为N；以烟气脱硫石膏为原料制取的建筑石膏称为脱硫建筑石膏，代号为S；以磷石膏为原料制取的建筑石膏称为磷建筑石膏，代号为P。建筑石膏按2d抗折强度分

为3.0、2.0、1.6三个等级。

5. 建筑石膏具有如下性质：①凝结硬化快；②凝结硬化时体积微膨胀；③防火性好，但耐火性差；④孔隙率大，表观密度小，强度低；⑤具有一定的调湿性；⑥保温性、吸声性好；⑦耐水性、抗冻性差。

6. 建筑石膏在土木工程中应用广泛，主要用于以下用途：①调制粉刷石膏；②配制石膏砂浆；③制作石膏板；④制作石膏砌块；⑤制作石膏装饰制品。

7. 制造石灰的原料主要是以碳酸钙($CaCO_3$)为主要成分的天然岩石，如石灰石。除天然原料外，还可以利用富含碳酸钙和氢氧化钙[$Ca(OH)_2$]的化学工业副产品。

8. 生产石灰实际上就是将石灰石在高温下煅烧，使碳酸钙分解为CaO和CO_2，CO_2以气体逸出。生产得到的CaO称为生石灰。根据煅烧温度和时间的不同，可分为欠火石灰、正火石灰和过火石灰三类。

9. 石灰的熟化是指生石灰加水后产生水化反应的过程，又称为消化或消解。生成的产物为氢氧化钙，称为熟石灰或消石灰。在工程中，石灰的熟化方法有两种：制成石灰膏和制成消石灰粉。石灰浆体的硬化包括干燥硬化和碳化硬化。

10. 生石灰按其化学成分分为钙质石灰和镁质石灰，根据化学成分的含量，钙质石灰分为三个等级，代号分别为CL 90、CL 85、CL 75；镁质石灰分为两个等级，代号分别为ML 85、ML 80。按生石灰的加工情况可分为建筑生石灰和建筑生石灰粉，生石灰块在代号后加Q，生石灰粉在代号后加QP。

11. 将建筑消石灰按扣除游离水和结合水后的($CaO+MgO$)的百分含量分为钙质消石灰和镁质消石灰。钙质消石灰分为三个等级，代号分别为HCL 90、HCL 85、HCL 75；镁质消石灰分为两个等级，代号分别为HML 85、HML 80。

12. 石灰具有如下性质：①保水性、可塑性好；②凝结硬化慢，强度低；③干燥收缩大；④耐水性差。

13. 石灰主要用于以下用途：①调制石灰乳涂料；②配制砂浆；③拌制灰土和三合土；④制作硅酸盐混凝土制品；⑤制作碳化石灰板；⑥配制无熟料水泥。

14. 水玻璃俗称泡花碱，是一种能溶于水的碱金属硅酸盐，由不同比例的碱金属氧化物和二氧化硅组合而成，其化学式为$R_2O \cdot nSiO_2$。式中，R_2O指碱金属氧化物Na_2O或K_2O，n称为水玻璃模数，以SiO_2与碱金属的摩尔比表示。根据碱金属氧化物的不同，可分为硅酸钠水玻璃($Na_2O \cdot nSiO_2$)和硅酸钾水玻璃($K_2O \cdot nSiO_2$)。

15. 水玻璃在空气中吸收二氧化碳，生成二氧化硅凝胶，凝胶逐渐干燥脱水，成为固态二氧化硅而凝结硬化。由于空气中二氧化碳的含量较低，上述反应过程进行缓慢，为了加速水玻璃的硬化，常加入氟硅酸钠（Na_2SiF_6）作为促硬剂，以加速二氧化硅凝胶的析出。

16. 水玻璃的性质为：①黏结力强，强度较高；②耐酸性好；③耐热性好；④耐碱性、耐水性差。

17. 根据水玻璃的性质，土木工程中常用于以下用途：①涂刷建筑材料表面，提高抗风化能力；②加固土壤；③配制速凝防水剂；④配制耐酸、耐热砂浆和混凝土；⑤配制水玻璃矿渣砂浆，修补砖墙裂缝。

复习与思考

1. 气硬性胶凝材料与水硬性胶凝材料的主要区别是什么？

2. 生石灰在使用前为什么要进行熟化？石灰熟化过程有何特点？

3. 石灰"陈伏"有何作用？为什么磨细的生石灰粉不需"陈伏"可直接使用？

4. 煅烧温度对石灰和石膏的生产分别有何影响？

5. 建筑石膏的凝结硬化过程与石灰相比，有何特点？

6. 石膏与石灰的技术性质有哪些异同？用途分别有哪些？

7. 建筑石膏制品为什么可以调节室内湿度？

8. 何谓水玻璃模数？水玻璃模数与其性能有何关系？

9. 水玻璃的技术性质特点是什么？主要有哪些用途？

第3章
水泥

【内容导读】

本章内容以通用硅酸盐水泥为主，并介绍了硅酸盐系的专用和特性水泥以及铝酸盐水泥和硫铝酸盐水泥。

主要内容包括硅酸盐水泥的原材料；硅酸盐水泥的生产过程；硅酸盐水泥熟料的矿物组成、单矿物的水化特性；硅酸盐水泥的水化、凝结硬化过程；影响硅酸盐水泥凝结硬化的主要因素；硅酸盐水泥的技术标准；水泥石的腐蚀与防止措施；硅酸盐水泥的性质和应用；常用的水泥混合材料；普通硅酸盐水泥、矿渣硅酸盐水泥、火山灰质硅酸盐水泥、粉煤灰硅酸盐水泥和复合硅酸盐水泥的技术标准、性质和应用；硅酸盐系的专用和特性水泥以及铝酸盐水泥和硫铝酸盐水泥的性质和应用。

本章重点应掌握硅酸盐水泥熟料的矿物组成及矿物特征；水泥石的腐蚀与防止措施；通用硅酸盐水泥的技术标准、性质和应用，并熟悉其他品种水泥的性质和应用，培养能够根据水泥的性质针对不同工程使用的混凝土正确选用水泥的能力，以及对使用中出现的问题的初步分析能力和解决能力。

将水泥磨成粉末状，加入适量的水后，可成为塑性浆体，既能在空气中硬化，又能在水中硬化，并能将砂石等散粒状材料牢固地胶结成一个整体，是一种水硬性胶凝材料。1796年，英国人詹姆士·帕克(James Parker)用泥灰岩烧制成一种水泥，外观呈棕色，与古罗马时代使用的石灰和火山灰混合物相似，被称为"罗马水泥"。因为它是采用天然泥灰岩做原料，不经配料直接烧制而成的，所以又称为"天然水泥"。1824年，英国人约瑟·阿斯普丁(Joseph Aspdin)用石灰石和黏土烧制成水泥，并取得专利权。因为水泥凝结硬化后的外观颜色与英格兰岛上的波特兰等地用于建筑的石头相似，故被命名为"波特兰水泥"，在我国被称为"硅酸盐水泥"。硅酸盐系水泥自问世以来，一直在土木工程建设中占据主导地位，被广泛且大量地使用。

水泥种类繁多，目前生产和使用的水泥品种已达200多种。按组成水泥的矿物组成，可将其分为硅酸盐系水泥、铝酸盐系水泥、硫铝酸盐系水泥、氟铝酸盐水泥、铁铝酸盐水泥、以火山灰或潜在水硬性材料和其他活性材料为主要组分的水泥，共6个体系；按水泥的用途和性能，又可分为通用水泥 (一般土木建筑工程通常采用的水泥)、特性水泥 (某种性能比较突出的水泥，如快硬硅酸盐水泥、膨胀硫铝酸盐水泥等)和专用水泥 (专门用途的水泥，如油井水泥、道路硅酸盐水泥等)三大类。

3.1 通用硅酸盐水泥

根据《通用硅酸盐水泥》(GB 175—2007)，通用硅酸盐水泥是指以硅酸盐水泥熟料、适量的石膏及规定的混合材料制成的水硬性胶凝材料。按照混合材料的品种和掺量，通用硅酸盐水泥可分为硅酸盐水泥、普通硅酸盐水泥、矿渣硅酸盐水泥、火山灰质硅酸盐水泥、粉煤灰硅酸盐水泥和复合硅酸盐水泥。

3.1.1 硅酸盐水泥

硅酸盐水泥按其是否掺加混合材料可分为两种类型：由硅酸盐水泥熟料和适量的石膏组成，不掺加混合材料的为I型，代号为P·I；由硅酸盐水泥熟料、适量的石膏、不大于水泥质量5%的粒化高炉矿渣或石灰石组成的为II型，代号为P·II。

1. 硅酸盐水泥的生产工艺概述

1) 原料

生产硅酸盐水泥的原料主要是石灰质原料、黏土质原料和少量校正原料。

(1) 石灰质原料主要有石灰岩、泥灰岩、白垩等，为硅酸盐水泥熟料矿物提供所需的CaO。它是水泥生产中用量最大的一种原料。

(2) 黏土质原料有黄土、黏土、页岩、泥岩等，主要为硅酸盐水泥熟料矿物提供所需的SiO_2、Al_2O_3，和少量Fe_2O_3。

(3) 当石灰质原料和黏土质原料配合后所得的生料成分不符合配料组成要求时，则应根据所缺少的组分掺入相应的校正原料。校正原料有铁质和硅质两种。Fe_2O_3含量不够时，可掺入铁矿粉、黄铁矿渣等；SiO_2含量不足时，可掺入砂岩、河砂、粉砂岩等。此外，为了改善煅烧条件，实际生产过程中还须加入一些辅助材料，如矿化剂、助熔剂、助磨剂等。

2) 生产工艺流程

硅酸盐水泥的生产分为三个阶段：首先将原料按适当比例混合后再磨细，并调配成成分合理、质量均匀的生料，称为生料制备；然后将制成的生料入窑(回转窑或立窑)进行高温煅烧，煅烧至部分熔融状态得到以硅酸钙为主要成分的硅酸盐水泥熟料，称为熟料煅烧；再将烧好的熟料配以适当的石膏和混合材料在磨机中磨成细粉，即得到水泥。所以，硅酸盐水泥的生产工艺概括起来就是"二磨一烧"，如图3-1所示。

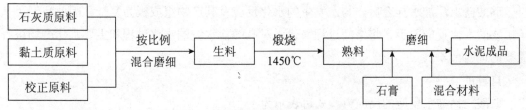

图3-1　硅酸盐水泥的生产工艺流程

2. 熟料的矿物组成

经煅烧得到的硅酸盐水泥熟料中的主要矿物有4种：硅酸三钙、硅酸二钙、铝酸三钙、铁铝酸四钙。《通用硅酸盐水泥》(GB 175—2007)规定熟料中硅酸钙矿物的质量分数不小于66%，氧化钙和氧化硅质量比不小于2.0。4种熟料矿物的化学成分、简写式和矿物含量见表3-1。

表3-1　硅酸盐水泥的矿物组成

矿物名称	化学成分	简写式	矿物含量
硅酸三钙	$3CaO \cdot SiO_2$	C_3S	37%～60%
硅酸二钙	$2CaO \cdot SiO_2$	C_2S	15%～37%
铝酸三钙	$3CaO \cdot Al_2O_3$	C_3A	7%～15%
铁铝酸四钙	$4CaO \cdot Al_2O_3 \cdot Fe_2O_3$	C_4AF	10%～18%

除上述4种主要熟料矿物外，硅酸盐水泥中还含有少量的游离氧化钙、游离氧化镁、碱金属氧化物等成分。

硅酸盐水泥4种主要的熟料矿物在单独与水进行反应时，各自表现出的特性见表3-2。

表3-2　硅酸盐水泥熟料主要矿物的特性

矿物名称	硅酸三钙	硅酸二钙	铝酸三钙	铁铝酸四钙
水化反应速率	快	慢	最快	快
水化热	大	小	最大	中
早期强度	高	低	低	低
后期强度	高	高	低	低

4种熟料矿物中，C_3S水化速度较快，水化热较大，其水化产物主要在早期产生，早期强度最高，且能得到不断增长，因而是决定水泥强度等级的最主要矿物；C_2S水化速度最慢，水化热最小，其水化产物和水化热主要在后期产生，对水泥早期强度贡献很小，但对后期强度增长贡献较大；C_3A水化速度最快，水化热最高，但后期强度较低，硬化时体积收缩也较大；C_4AF水化速度仅次于C_3A，强度发展主要在早期，强度偏低，但其具有抗折强度高、抗冲击性和耐磨性好等特点。

由于各单矿物成分的特性不同，其在水泥中的作用也有所不同，因此，通过改变水泥中各矿物组分的比例，能够改变水泥的性质，制得不同品种的水泥。例如，提高熟料中C_3A、C_3S的含量，可以制得快硬硅酸盐水泥；降低C_3A、C_3S的含量，提高C_2S的含量，可以制得低水化热的大坝水泥；提高C_4AF的含量，可制成耐磨性强的道路水泥。

3. 硅酸盐水泥的水化

硅酸盐水泥加水拌合后，与水发生的水化反应及其产物组成极为复杂，因此我们可从单矿物的水化反应入手，将中间过程简化，对硅酸盐水泥的水化过程和主要水化产物进行简要的说明。

1) 硅酸三钙

硅酸三钙与水反应的反应方程式可表示为

$$2(3CaO \cdot SiO_2) + 6H_2O \longrightarrow 3CaO \cdot 2SiO_2 \cdot 3H_2O + 3Ca(OH)_2$$

硅酸三钙的水化产物是水化硅酸钙和氢氧化钙。水化硅酸钙不溶于水，以胶体微粒析出，并逐渐凝聚成凝胶。事实上，水化硅酸钙凝胶的成分比例并不确定，与水灰比、温度等反应条件有关，故可将其简写为C-S-H。氢氧化钙在溶液中以晶体形态析出。

2) 硅酸二钙

硅酸二钙与水反应的反应方程式可表示为

$$2(2CaO \cdot SiO_2) + 4H_2O \longrightarrow 3CaO \cdot 2SiO_2 \cdot 3H_2O + Ca(OH)_2$$

硅酸二钙的水化反应产物与硅酸三钙相同，但其反应速度较慢，早期生成的C-S-H凝胶较少，因此早期强度低。氢氧化钙的生成量也比硅酸三钙少，且结晶粗大些。

3) 铝酸三钙

铝酸三钙与水反应速度极快，生成水化铝酸三钙晶体，反应方程式可表示为

$$3CaO \cdot Al_2O_3 + 6H_2O \longrightarrow 3CaO \cdot Al_2O_3 \cdot 6H_2O$$

由于铝酸三钙水化反应迅速，可使水泥浆体产生闪凝，导致水泥无法满足施工的要求，因此在生产水泥时，必须加入适量的石膏，石膏与水化铝酸三钙反应生成的高硫型水化硫铝酸钙(又称钙矾石，简写成AFt)为不溶于碱溶液的针棒状晶体，在铝酸三钙表面沉淀形成致密保护层，阻碍水与铝酸三钙进一步反应，延缓了铝酸三钙的快速水化，其反应方程式可表示为

$$3CaO \cdot Al_2O_3 \cdot 6H_2O + 3(CaSO_4 \cdot 2H_2O) + 19H_2O \longrightarrow 3CaO \cdot Al_2O_3 \cdot CaSO_4 \cdot 31H_2O$$

当水泥中的石膏在铝酸三钙完全水化前耗尽，则剩余的铝酸三钙所生成的水化铝酸三钙又能与先前生成的钙矾石继续反应生成低硫型水化硫铝酸钙($3CaO \cdot Al_2O_3 \cdot CaSO_4 \cdot 12H_2O$)，

简写为AFm。

4) 铁铝酸四钙

铁铝酸四钙的水化产物是水化铝酸三钙晶体和水化铁酸钙凝胶，反应方程式可表示为

$$4CaO \cdot Al_2O_3 \cdot Fe_2O_3 + 7H_2O \longrightarrow 3CaO \cdot Al_2O_3 \cdot 6H_2O + CaO \cdot Fe_2O_3 \cdot H_2O$$

硅酸盐水泥的水化主要取决于4种熟料矿物的水化，但硅酸盐水泥的成分很复杂，这些熟料矿物也并不是纯净物，因此硅酸盐水泥的水化反应并不单纯是这4种主要熟料矿物水化的简单综合，而是比之复杂得多的一个过程。如果忽略一些次要和少量的成分，硅酸盐水泥的主要水化产物可分为凝胶体和晶体两类，凝胶体有水化硅酸钙(C-S-H)凝胶和水化铁酸钙(C-F-H)凝胶；晶体有氢氧化钙板状晶体、水化铝酸钙六方晶体和水化硫铝酸钙针状晶体(钙矾石)等。在充分水化的水泥浆体中，水化硅酸钙凝胶约占70%，氢氧化钙约占20%，AFt和AFm约占7%，未水化的熟料残余物和其他微量成分大约占3%。

4. 水泥的凝结和硬化

水泥加水拌合后，很快发生水化，开始具有流动性和可塑性，随着水化反应的不断进行，浆体逐渐失去流动性和可塑性而凝结硬化，由于水化反应的逐渐深入，硬化的水泥浆体不断发展变化，结构变得更加致密，最终形成具有一定机械强度的稳定的水泥石结构。所以，水化和凝结、硬化是一个连续的过程，凝结、硬化是水化不断进行的结果，也是同一过程的不同阶段，凝结标志着水泥浆体失去流动性而具有一定的塑性强度，硬化则表示水泥浆体固化后所形成的结构具有一定的机械强度。

有关硅酸盐水泥凝结和硬化的过程，许多专家通过大量的实验和研究，提出了各种不同的理论和看法，一般可将水泥的凝结硬化过程作如下描述。

水化初期，水泥加水拌合后，水化反应首先从水泥颗粒表面开始，C_3S和水迅速反应生成$Ca(OH)_2$过饱和溶液，并析出$Ca(OH)_2$晶体。同时石膏也很快进入溶液与C_3A和C_4AF反应，生成细小的钙矾石晶体。在这个阶段，由于生成的水化物膜层阻碍了水化反应进一步进行，同时，水化产物尺寸细小，数量又少，不足以在颗粒间架桥连接形成网络状结构，故水泥浆体仍具有可塑性。

随着水化的不断进行，水化物膜层不断增厚，水化产物向外扩散和水分向内渗透的渗透压差最终使水泥颗粒表面的膜层破裂，使周围饱和程度较低的溶液与尚未水化的水泥内核接触，水化开始加速，水化产物不断增加，水泥颗粒上开始长出纤维状的C-S-H，同时生成较多的$Ca(OH)_2$和钙矾石晶体。由于钙矾石晶体的增大和C-S-H的大量形成、增长，接触点增多，相互黏结、交错连接成网状结构，使可塑性不断降低，水泥开始凝结。

随着水化的进一步进行，各种水化产物的数量不断增加，晶体不断增大，水泥颗粒间的空隙不断被填充，使形成的网状结构更加致密，此时水泥浆体逐步产生强度进入硬化阶段。

硬化期是一个相当长的时间过程，在适当的养护条件下，水泥硬化可以持续很长时间，甚至几十年后强度还会继续增加。水泥石强度发展的一般规律是3～7d内强度增加最

快，28d内强度增加较快，超过28d后强度将继续增加但速度较慢。

硬化后的水泥浆体称为水泥石，水泥石由水泥水化产物(凝胶体、结晶体)、未水化的水泥内核、孔隙 (毛细孔、凝胶孔) 和水 (自由水、吸附水)组成。

图2-2为水泥硬化后水化产物电镜(SEM)图。

(a) 1d龄期　　　　　　　　　(b) 3d龄期

(c) 7d龄期　　　　　　　　　(d) 28d龄期

图2-2　水泥水化产物电镜(SEM)图

5. 影响水泥凝结硬化的因素

1) 水泥熟料的矿物组成

水泥各种熟料矿物的凝结硬化特点不同，其在水泥中的相对含量对水泥的凝结硬化具有重要影响。比如提高C_3S的含量，会使水化反应加快，使水泥石的早期强度和后期强度都较高；提高C_2S的含量则会使水化速度减慢，早期强度降低，但后期强度不受影响；提高C_3A的含量则会加快水化速度，但强度不高。

2) 水泥的细度

水泥的水化反应是从水泥颗粒的表面开始的，水泥磨得越细，颗粒越小，比表面积越大，与水接触的面积越大，因此水化反应和凝结硬化的速度就越快。但水泥细度也并非越细越好，水泥磨得过细，会使水泥硬化时收缩加剧，并且使生产能耗和成本增加。

3) 石膏的掺量

石膏的掺入，延缓了C_3A的快速水化，从而会降低水泥的水化和凝结硬化速度。但石膏的掺量要控制好，如果掺量过小，缓凝作用不明显；如果掺量过多，石膏在水泥硬化后没有耗尽，会继续和水化铝酸钙反应生成钙矾石，引起体积膨胀，从而导致水泥石的开裂。

4) 水灰比

水灰比是指水泥在拌合时的用水量和水泥的质量之比。水灰比越大，说明在水泥用量一定的情况下拌合水越多，在水化初期有充足的水使水化反应充分进行。但水灰比大也意味着水泥浆更稀，水泥颗粒的间距较大，水化产物互相接触形成空间网络和填充空隙的时间更长，因此水泥凝结硬化较慢，并且孔隙较多，水泥石的强度较低。

5) 环境的温度、湿度和养护时间

水泥的水化反应和一般的化学反应一样，在温度升高时，水化反应速度加快，早期强度提高，但温度过高可能使后期强度下降；温度降低，水化反应的速度减缓，当环境温度低于0℃时，水化反应基本停止。

环境保持一定湿度，能使水泥石保持足够的水分进行水化反应，有利于水泥石的凝结硬化。

养护是指为使水泥石的强度顺利发展而采取的保持温度和湿度的措施。养护时间越长，对水泥石的凝结硬化越有利。

6. 硅酸盐水泥的技术标准

《通用硅酸盐水泥》(GB 175—2007)对硅酸盐水泥的物理化学指标作出以下规定。

1) 细度

水泥颗粒细对水泥浆的凝结硬化和早期强度有利，一般认为，粒径小于40μm的水泥颗粒才具有较高的活性，但水泥颗粒过细会使硬化时收缩加剧，增加生产成本，并且不利于贮存。

国家标准规定，硅酸盐水泥的细度用比表面积表示，应不小于300m²/kg。

2) 凝结时间

水泥的凝结时间，对施工有重要意义。如果初凝时间过短，可能导致施工时对混凝土的搅拌、运输、浇注和振捣的不足；而如果终凝时间过长，则不利于混凝土在浇注振捣完毕后尽快产生强度，影响后续混凝土的施工。

国家标准规定，硅酸盐水泥的初凝时间不小于45min，终凝时间不大于390min。两项中有任何一项不符合要求时为不合格品。一般来说，国产硅酸盐水泥的初凝时间一般为1~3h，终凝时间一般为4~6h。

在水泥用量一定的情况下，用水量的多少，即水泥浆的稀稠对水泥浆体的凝结时间影响很大。因此，国家标准规定在测定水泥凝结时间时，拌制水泥净浆必须采用标准稠度用水量。水泥的标准稠度用水量是指水泥浆达到某一特定稠度(标准稠度)时所需的用水量，用水与水泥的质量比来表示。测定水泥凝结时间前，需先测出标准稠度用水量，然后按此用水量拌制水泥净浆。

3) 体积安定性

水泥的体积安定性是指水泥在凝结硬化过程中体积变化的均匀性。如果水泥浆体在硬化过程中，水泥石内部发生了不均匀的体积变化，将会产生破坏应力，导致水泥石膨胀开裂、翘曲，称为安定性不良。

引起水泥安定性不良的原因有以下三个。

(1) 游离氧化钙过多。游离氧化钙是熟料中没有以化合态存在，而是以游离态存在的氧化钙。熟料中的游离氧化钙经过高温煅烧，水化速度很慢，在水泥水化硬化并形成一定强度后才开始水化生成$Ca(OH)_2$，产生体积膨胀，使水泥石发生不均匀体积变化。

(2) 游离氧化镁过多。在熟料煅烧中，会有一部分未化合的游离氧化镁。水泥中的氧化镁在水泥凝结硬化后，会与水反应生成$Mg(OH)_2$。该反应比游离氧化钙与水的反应更加缓慢，易产生体积膨胀，会在水泥硬化几个月后导致水泥石开裂。

(3) 石膏掺量过多。熟料粉磨时，如掺入过多的石膏，在水泥硬化后，未消耗完的石膏还会与水化硫铝酸钙反应生成钙矾石，同样会引起体积膨胀，导致水泥石变形、开裂。

国家标准规定，用沸煮法检验水泥的体积安定性必须合格。测试方法可以选用试饼法，也可用雷氏法，有争议时以雷氏法为准。应用试饼法时，用标准稠度的水泥净浆按规定方法制成规定的试饼，经养护、沸煮后，观察饼的外形变化，如未发现翘曲和裂纹，即为安定性合格，反之则为安定性不良。应用雷氏法时，按规定方法制成圆柱体试件，然后测定沸煮前后试件尺寸的变化，以此来评定体积安定性是否合格。

由于游离氧化镁的水化速度比游离氧化钙更缓慢，必须在压蒸条件下才能加速熟化，用沸煮法难以检验。因此，国家标准对水泥中的MgO含量做了限定：硅酸盐水泥中MgO的含量不得超过5.0%，经压蒸试验合格后，允许放宽到6.0%。

由石膏造成的体积安定性不良，须长期浸在常温水中才能发现，也不便于快速检验，而在生产中，石膏的掺量是通过测定水泥中的SO_3含量来控制的。因此，国家标准对水泥中的SO_3的含量做了限定：硅酸盐水泥中SO_3的含量不得超过3.5%。

4) 强度及强度等级

水泥的强度包括抗压强度和抗折强度，是按照《水泥胶砂强度检验方法(ISO)法》(GB/T 17671—1999)规定测定的。该法是将水泥、标准砂和水以规定的质量比(水泥：标准砂：水=1：3：0.5)按规定的方法拌制成水泥胶砂，并按规定的方法制成40mm×40mm×160mm的试件。脱模后在(20±1)℃的水中养护，分别测其3d、28d的抗折强度和抗压强度。

硅酸盐水泥的强度等级分为42.5、42.5R、52.5、52.5R、62.5、62.5R 6个级别，各等级水泥的3d、28d的抗折强度和抗压强度应符合表3-3的规定。

表3-3 硅酸盐水泥各龄期的强度要求

强度等级	抗压强度/MPa		抗折强度/MPa	
	3d	28d	3d	28d
42.5	≥17.0	≥42.5	≥3.5	≥6.5
42.5R	≥22.0		≥4.0	
52.5	≥23.0	≥52.5	≥4.0	≥7.0
52.5R	≥27.0		≥5.0	
62.5	≥28.0	≥62.5	≥5.0	≥8.0
62.5R	≥32.0		≥5.5	

5) 化学指标

《通用硅酸盐水泥》(GB 175—2007)除了对MgO和SO_3的含量做了规定外,还对以下化学指标提出了要求。

(1) 不溶物。不溶物是指水泥用盐酸处理后的不溶渣,滤出后再用氢氧化钠溶液处理,再以盐酸中和、过滤,残渣经灼烧后所剩余的物质。国家标准规定P·I型硅酸盐水泥不溶物量不大于0.75%,P·II型硅酸盐水泥不溶物量不大于1.5%。

(2) 烧失量。烧失量是指将水泥在高温炉中灼烧,驱除CO_2和水分,同时将存在的易氧化的元素氧化之后水泥所损失的数量。国家标准规定P·I型硅酸盐水泥烧失量不大于3%,P·II型硅酸盐水泥烧失量不大于3.5%。

(3) 氯离子。氯离子含量不大于0.06%。

(4) 碱含量。水泥中碱含量用$Na_2O+0.658K_2O$的计算值来表示。这是个选择性指标,在水泥用户有要求时,碱含量应不大于0.6%,或者买卖双方协商确定。

7. 水泥石腐蚀的类型

水泥石在正常使用条件下具有较好的耐久性,但在某些有害的环境介质,如软水或某些具有腐蚀性的液体或气体的长期作用下,水泥石会发生一系列物理、化学变化,使水泥石的结构遭到破坏,强度下降,甚至溃裂破坏,这种现象称为水泥石的腐蚀。

1) 软水侵蚀(溶出性侵蚀)

软水是指重碳酸盐含量较少的水,雨水、雪水、工厂的冷凝水和多数的河水、湖水都属于软水。

当长期和软水接触时,水泥石中的水化产物$Ca(OH)_2$可微溶于水,首先被溶出,如果水量不多,且处于静止状态,由于$Ca(OH)_2$溶解度很低,周围的水很容易达到饱和,使溶解终止,溶解作用仅限于水泥石表层,对结构影响不大。但若接触的水是流水,特别是在有水压作用的情况下,$Ca(OH)_2$的溶解就会不断进行下去,使水泥石中的碱度不断降低,而水泥石中的其他水化产物(C-S-H、C_3AH_6等)必须在一定浓度的碱性环境下才能稳定存在,当$Ca(OH)_2$浓度下降到小于水化产物稳定存在所需的浓度时,C-S-H、C_3AH_6等最终会分解为硅酸凝胶、氢氧化铝等无胶凝能力的物质,使水泥石的结构破坏、强度降低。

如果水中重碳酸盐含量较高,则重碳酸盐与水泥石中的$Ca(OH)_2$反应生成几乎不溶于水的$CaCO_3$,积聚在表层的孔隙中,形成密实的保护层,从而对水泥石起到保护作用,使溶出性侵蚀难以进行,反应式为

$$Ca(HCO_3)_2 + Ca(OH)_2 \longrightarrow 2CaCO_3 + 2H_2O$$
$$Mg(HCO_3)_2 + Ca(OH)_2 \longrightarrow CaCO_3 + MgCO_3 + 2H_2O$$

2) 盐类腐蚀

(1) 硫酸盐腐蚀。绝大部分硫酸盐对水泥石都有明显的腐蚀作用。在一般的河水和湖水中,硫酸盐含量不多,但在海水中SO_4^{2-}的含量很高。有的地下水流经含有石膏、芒硝(硫酸钠)或其他富含硫酸盐成分的岩石夹层时,会将部分硫酸盐溶入水中,也会提高水中SO_4^{2-}浓度从而引起腐蚀。

硫酸盐腐蚀的机理是，由于硫酸钠、硫酸钾等硫酸盐能与水化产物$Ca(OH)_2$反应生成硫酸钙，以硫酸钠为例，反应式为

$$Na_2SO_4 + Ca(OH)_2 + 2H_2O \longrightarrow CaSO_4 \cdot 2H_2O + 2NaOH$$

当生成的$CaSO_4 \cdot 2H_2O$浓度较大时，会有结晶析出，产生体积膨胀，引起水泥石的开裂破坏。在硫酸盐浓度较低的情况下，由于石膏溶解度较大，并不会析出并产生破坏，但能够和水化产物中的水化铝酸钙反应生成钙矾石。钙矾石溶解度很低，易析出并产生体积膨胀，同样会引起水泥石的开裂破坏。因此，硫酸盐腐蚀在浓度低时主要是由钙矾石引起的破坏；而在浓度高时，是由石膏或石膏与钙矾石共同作用的结果。

(2) 镁盐腐蚀。在海水、地下水或某些沼泽水中常含有大量的镁盐，主要是氯化镁和硫酸镁，它们会与水泥石中的氢氧化钙发生反应，反应式为

$$MgCl_2 + Ca(OH)_2 \longrightarrow Mg(OH)_2 + CaCl_2$$
$$MgSO_4 + Ca(OH)_2 + 2H_2O \longrightarrow Mg(OH)_2 + CaSO_4 \cdot 2H_2O$$

由于生成的$CaCl_2$极易溶于水，使水泥石孔隙率增加，$Mg(OH)_2$松软而无胶凝能力，从而导致水泥石结构的破坏。而且$MgSO_4$与$Ca(OH)_2$反应生成的$CaSO_4 \cdot 2H_2O$还会引起硫酸盐腐蚀，因此，硫酸镁腐蚀属于双重腐蚀。

(3) 铵盐腐蚀。铵盐与$Ca(OH)_2$反应能生成极易挥发的氨，而且反应相当迅速，也会对水泥石造成严重腐蚀。以硫酸铵为例，反应式为

$$(NH_4)_2SO_4 + Ca(OH)_2 \longrightarrow CaSO_4 \cdot 2H_2O + 2NH_3$$

3) 酸类腐蚀

(1) 一般酸腐蚀。水泥的水化产物呈碱性，因此一般酸类都会和水泥石中的$Ca(OH)_2$反应，或生成易溶于水的产物，或生成会产生体积膨胀的产物，对水泥石的结构造成破坏。其中，腐蚀作用最强的是无机酸中的硫酸、盐酸、硝酸、氢氟酸及有机酸中的醋酸、乳酸、蚁酸等，这些酸常存在于化工厂及工业废水中。盐酸、硝酸和硫酸与$Ca(OH)_2$的反应式为

$$2HCl + Ca(OH)_2 \longrightarrow CaCl_2 + H_2O$$
$$2HNO_3 + Ca(OH)_2 \longrightarrow Ca(NO_3)_2 + 2H_2O$$
$$H_2SO_4 + Ca(OH)_2 \longrightarrow CaSO_4 \cdot H_2O$$

盐酸和硝酸与$Ca(OH)_2$反应分别生成氯化钙和硝酸钙，都易溶于水；硫酸与$Ca(OH)_2$反应生成石膏或直接结晶膨胀或与水化铝酸钙反应生成钙矾石，造成水泥石的破坏。

(2) 碳酸腐蚀。上述无机酸与有机酸很多是在化工厂或工业废水中才存在。而碳酸除了在工业废水中存在，在自然界中，大气中溶入水中的CO_2也会使水泥石产生碳酸腐蚀。水中有碳酸存在时，首先与水泥石中的$Ca(OH)_2$发生作用，在表面生成难溶于水的$CaCO_3$，其反应式为

$$Ca(OH)_2 + CO_2 + H_2O \longrightarrow CaCO_3 + 2H_2O$$

所生成的$CaCO_3$会再与碳酸反应生成易溶于水的碳酸氢钙，反应式为

$$CaCO_3 + CO_2 + H_2O \Leftrightarrow Ca(HCO_3)_2$$

这个反应是个可逆反应，当水中的CO_2浓度较高时，反应向右进行，从而使$Ca(OH)_2$

不断溶出，$Ca(OH)_2$浓度下降还会引起C-S-H和C_3AH_6的分解，使腐蚀加剧。当水中的CO_2和$Ca(HCO_3)_2$之间的浓度达到平衡时，反应不再进行。

在软水中，由于$Ca(HCO_3)_2$浓度较低，即使CO_2浓度不高，但只要大于平衡浓度，也会使反应向右进行，产生一定的侵蚀作用。而在硬度较大的水中，即使CO_2浓度较高，只要小于平衡浓度，也不会产生腐蚀。而且水中所含的$Ca(HCO_3)_2$或$Mg(HCO_3)_2$还会与水泥石中的$Ca(OH)_2$作用，生成溶解度极小的$CaCO_3$或$MgCO_3$，积聚在水泥石的孔隙内及表面，从而可提高结构的密实性，起到阻止腐蚀的作用。

4) 强碱腐蚀

一般情况下，碱类不会对水泥石造成腐蚀，但当水泥石中铝酸盐的含量较高时，长期处于浓度较高的含碱(如NaOH)溶液中，也会发生破坏。NaOH与C_3AH_6反应生成的铝酸钠易溶于水，反应式为

$$3CaO \cdot Al_2O_3 \cdot 6H_2O + 2NaOH \longrightarrow Na_2O \cdot Al_2O_3 + 3Ca(OH)_2 + 4H_2O$$

NaOH产生破坏作用的另一个原因是当水泥石被碱溶液浸泡后又在空气中干燥时，孔隙中的NaOH会与空气中的CO_2作用，生成碳酸钠结晶并析出，使水泥石体积膨胀产生破坏，其反应式为

$$2NaOH + CO_2 + 9H_2O \longrightarrow Na_2CO_3 \cdot 10H_2O$$

除上述腐蚀介质外，糖、酒精、动物脂肪等多种物质对水泥石都有腐蚀作用。在实际工程环境中，腐蚀很少是由一种介质引起的，往往是多种介质共同作用的结果。

8. 防止水泥石腐蚀的措施

水泥石的腐蚀是由外因和内因共同作用引起的，外因就是各种腐蚀介质的存在和外界环境的影响(如流水和压力水)，而内因主要有两个方面：一方面是水泥石中含有能与介质发生反应的成分，生成或易溶解，或无胶凝能力，或产生体积膨胀的有害产物，从上文中可以看出，这些成分主要是氢氧化钙和水化铝酸钙；另一方面是因为水泥石中含有孔隙，腐蚀介质能够侵入水泥石内部，使腐蚀加剧。针对腐蚀产生的原因，可以采用以下几项预防措施。

(1) 根据工程环境条件，合理选择水泥，使用水化产物中氢氧化钙和水化铝酸钙含量少的品种，以提高水泥石的防腐蚀能力。

(2) 提高水泥石的密实度，降低孔隙率。合理设计混凝土或砂浆的配合比、降低水灰比、掺外加剂、改善施工方法均可提高水泥石的密实度，减少侵入水泥石内部的腐蚀性介质，达到防腐蚀的目的。

(3) 在水泥石表面设置保护层。当水泥石处在较强的腐蚀介质中时，可在其表面设置耐腐蚀性强且不透水的保护层，如涂刷沥青、环氧树脂等涂料或粘贴花岗石板、耐酸瓷砖等板材和块材，使之与腐蚀介质隔离，防止直接接触而造成腐蚀。

9. 硅酸盐水泥的性质与应用

1) 凝结硬化快，早期强度及后期强度高

硅酸盐水泥不掺加混合材料或掺加混合材料的量很少，主要成分是水泥熟料，熟料中

C_3S的含量高，因此凝结硬化速度快，早期强度及后期强度均高，适用于重要结构的高强混凝土、有早强要求的混凝土和预应力混凝土工程。

2) 水化热大

硅酸盐水泥熟料中含有大量的C_3S及较多的C_3A，在水泥水化时，放热速度快且放热量大，可用于冬季施工。但对于大体积混凝土来说，大量快速放热不易散热，会造成混凝土内部温度过高，产生温度应力造成混凝土的破坏，因而硅酸盐水泥不宜用于大体积混凝土工程。

3) 抗冻性好

硅酸盐水泥熟料含量多，水化产物多，硬化后结构密实，孔隙率低，并有足够的强度，因此具有良好的抗冻性，适用于严寒地区水位升降范围内遭受反复冻融的混凝土工程及其他对抗冻性要求较高的工程。

4) 耐腐蚀性差

硅酸盐水泥的水化产物中含有较多的$Ca(OH)_2$和C_3AH_6，因此耐腐蚀性较差，不宜用于经常与流动软水及其他腐蚀介质接触的工程，如海港工程。

5) 不耐高温

水泥的水化产物在高温下会发生脱水或分解，使水泥石的强度下降以至破坏。当环境温度在250℃以上时，C-S-H开始脱水，水泥石体积收缩，强度开始下降；温度达到400℃～600℃时，强度明显下降，$Ca(OH)_2$也开始分解为CaO和H_2O。因此，硅酸盐水泥不宜用于有耐热要求的混凝土工程，如工业窑炉和窑炉基础。

6) 抗碳化性好

水泥石中的$Ca(OH)_2$与空气中的CO_2反应生成$CaCO_3$的过程称为碳化。碳化会使水泥石内部碱度降低，导致钢筋锈蚀。由于硅酸盐水泥在水化后，生成的$Ca(OH)_2$较多，故碳化时碱度降低不明显。适用于空气中CO_2浓度较高的环境，如铸造车间。

7) 耐磨性好

硅酸盐水泥强度高、耐磨性好，可用于路面与地面工程。

8) 干缩小

硅酸盐水泥在硬化过程中，能形成大量的水化硅酸钙凝胶体，使水泥石密实，游离水分少，不易产生干缩裂纹，可用于干燥环境中的混凝土工程。

3.1.2 其他通用硅酸盐水泥

1. 混合材料

与硅酸盐水泥相比，其他通用硅酸盐水泥掺加了较多的混合材料，由于掺加混合材料的种类和数量不同，形成了不同品种的水泥。混合材料是指在熟料粉磨时掺入的人工或天然矿物材料，按其性能可分为非活性混合材料和活性混合材料两类。

1) 非活性混合材料

非活性混合材料是指在常温条件下，在水泥中只起到填充作用，不能与水泥发生化学反应生成水硬性产物的混合材料。非活性混合材料在水泥中主要起到节约熟料、降低生产成本、提高水泥产量、调节水泥强度等级、降低水化热的作用。

石灰石、砂岩等都属于非活性混合材料。对于活性指标达不到国家标准要求的活性混合材料，也可作为非活性混合材料使用。石灰石作为水泥非活性混合材料使用时，其中 Al_2O_3 的质量分数应不大于2.5%。

2) 活性混合材料

单独与水拌合并不具有水硬性，但与硅酸盐水泥熟料、石灰或石膏一起加水拌合后能发生化学反应，并生成具有一定胶凝能力的水硬性产物的矿物材料称为活性混合材料。活性混合材料在水泥中除了能起到上述非活性混合材料所起到的作用外，还能产生一定的强度，改善水泥的性能。通用硅酸盐水泥中常用的活性混合材料有粒化高炉矿渣和矿渣粉、火山灰质混合材料和粉煤灰。

(1) 粒化高炉矿渣和矿渣粉。粒化高炉矿渣是指在高炉冶炼生铁时，所得的以硅铝酸盐为主要成分的熔融物，经淬冷成粒后，具有潜在水硬性的材料。矿渣的化学成分主要是 CaO、SiO_2、Al_2O_3，总含量一般大于90%。其中，CaO、Al_2O_3 的含量越高，矿渣的活性越强，一般而言，$Al_2O_3 > 12\%$、$CaO > 40\%$ 的矿渣活性较强。

粒化高炉矿渣的活性不仅取决于化学成分，而且在很大程度上取决于内部结构。如高炉矿渣熔融物由熔融状态缓慢冷却而结晶，形成块状的慢冷矿渣，活性极小。而当进行水淬急冷处理时，由于液相黏度很快加大，阻滞了晶体的形成，最终形成大量玻璃体结构，这些玻璃体晶格排列不齐，是有缺陷的、处于介稳状态的微晶子，具有较强的化学活性。

粒化高炉矿渣单独与水拌合时，胶凝能力极弱，但与 $Ca(OH)_2$ 共同作用则会激发出活性，发生显著的水化反应，并产生一定的强度。一般把能激发矿渣活性并使矿渣具有凝结硬化作用的物质称为激发剂。常用的激发剂有碱性激发剂和硫酸盐激发剂两类。

碱性激发剂是指石灰以及在水化时能够生成 $Ca(OH)_2$ 的硅酸盐水泥熟料这类物质。碱性激发剂能与矿渣中的活性物质发生反应，生成水化硅酸钙和水化铝酸钙，从而带来一定强度。

硫酸盐激发剂主要是指各类天然石膏和工业副产品石膏。要注意的是，硫酸盐激发剂只有在一定的碱性环境中才能充分发挥作用，与矿渣中的活性氧化铝在碱性条件下生成钙矾石，带来的强度比单独加入碱性激发剂要高得多。

以粒化高炉矿渣为主要原料，可掺加少量石膏磨制成一定细度的粉体，称做粒化高炉矿渣粉，简称矿渣粉。

粒化高炉矿渣应符合《用于水泥中的粒化高炉矿渣》(GB/T 203—2008)的要求。粒化高炉矿渣粉应符合《用于水泥和混凝土中的粒化高炉矿渣粉》(GB/T 18046—2008)的要求。活性不符合国家标准要求的只能作为非活性混合材料使用。

(2) 火山灰质混合材料。火山灰是火山喷发时，随熔岩一起喷发的大量细粒碎屑沉积在地面或水中的疏松沉积物质。由于火山喷发的高温岩浆到达地球表面时因温度降低而遭遇急冷，使岩浆来不及结晶而形成玻璃体物质，这些玻璃体是火山灰活性的主要来源，其成分主要是活性氧化硅和活性氧化铝。

火山灰质混合材料是指火山灰及与火山灰性质相近的一类材料。《用于水泥中的火山灰质混合材料》(GB/T 2847—2005)中对火山灰质混合材料的定义是：具有火山灰性的天然的或人工的矿物质材料。所谓火山灰性是指以SiO_2、Al_2O_3为主要成分，本身磨细与水拌合不能硬化，但在常温下与石灰、水拌合后能生成具有水硬性的产物(C-S-H、C_3AH_6)的性能。天然的火山灰质混合材料有火山灰、凝灰岩、沸石岩、浮石、硅藻土、硅藻石等；人工火山灰质混合材料有煤矸石、烧页岩、烧黏土、煤渣、硅质渣等。

火山灰质混合材料应符合《用于水泥中的火山灰质混合材料》(GB/T 2847—2005)的要求。对于仅烧失量、SO_3含量和放射性符合要求的，作为非活性混合材料使用，若上述三项中任何一项不符合要求，则不能作为水泥混合材料使用。

(3) 粉煤灰。粉煤灰是从电厂煤粉炉烟道气体中收集的粉末，按煤种可分为F类和C类。F类粉煤灰是由无烟煤或烟煤煅烧收集的粉煤灰；C类粉煤灰是由褐煤或次烟煤煅烧收集的粉煤灰，其CaO含量一般大于10%。

粉煤灰是呈玻璃态或空心的球形体，表面光滑、致密，其成分因煤的品种、燃烧条件等的不同有较大波动，但以SiO_2、Al_2O_3为主。它的活性主要取决于活性SiO_2、Al_2O_3和玻璃体的含量。粉煤灰亦具有火山灰性，属于火山灰质材料的一种。

粉煤灰应符合《用于水泥和混凝土中的粉煤灰》(GB/T 1596—2005)的要求。当其强度活性指数小于70%时，可作为非活性混合材料使用。

2. 普通硅酸盐水泥

1) 普通硅酸盐水泥的组分

普通硅酸盐水泥的组分为硅酸盐水泥熟料、适量石膏、大于5%且不大于20%的活性混合材料。其中，允许用不超过水泥质量8%的非活性混合材料或不超过水泥质量5%的窑灰代替。掺加的窑灰应符合《掺入水泥中的回转窑窑灰》(JC/T 742—2009)的要求。普通硅酸盐水泥简称普通水泥，代号为P·O。

2) 普通硅酸盐水泥的技术标准

在国家标准对普通硅酸盐水泥的技术要求中，细度、体积安定性及SO_3、MgO、氯离子含量与硅酸盐水泥相同，烧失量不大于5%，初凝时间不小于45min，终凝时间不大于600min，强度等级分为42.5、42.5R、52.5、52.5R 4个级别，各龄期强度应符合表3-4所列的规定。

表3-4 普通硅酸盐水泥各龄期的强度要求

强度等级	抗压强度/MPa		抗折强度/MPa	
	3d	28d	3d	28d
42.5	≥17.0	≥42.5	≥3.5	≥6.5
42.5R	≥22.0		≥4.0	
52.5	≥23.0	≥52.5	≥4.0	≥7.0
52.5R	≥27.0		≥5.0	

3) 普通硅酸盐水泥的性质与应用

普通水泥中的硅酸盐水泥熟料比例很大，因此和硅酸盐水泥性能相近，区别并不大。但由于普通硅酸盐水泥的混合材料掺量比硅酸盐水泥略高，因此早期强度、水化热、抗冻性、抗碳化性、耐磨性略低于硅酸盐水泥，而耐腐蚀性、耐高温性略优于硅酸盐水泥。

普通硅酸盐水泥的适用范围与硅酸盐水泥大致相同，在工程中的应用更为普遍。

3. 矿渣硅酸盐水泥、火山灰质硅酸盐水泥、粉煤灰硅酸盐水泥

1) 组分

矿渣硅酸盐水泥由硅酸盐水泥熟料、适量石膏和粒化高炉矿渣组成，简称矿渣水泥。按粒化高炉矿渣掺量不同可分为两种类型：矿渣掺量大于20%且不大于50%的为A型，代号为P·S·A；矿渣掺量大于50%且不大于70%的为B型，代号为P·S·B。允许用不超过水泥质量8%且符合国家标准规定的活性混合材料、非活性混合材料及窑灰中的任一种材料代替矿渣。

火山灰质硅酸盐水泥由硅酸盐水泥熟料、适量石膏和大于20%且不大于40%的火山灰质混合材料组成，简称火山灰水泥，代号为P·P。

粉煤灰硅酸盐水泥由硅酸盐水泥熟料、适量石膏和大于20%且不大于40%的粉煤灰组成，简称粉煤灰水泥，代号为P·F。

2) 技术标准

《通用硅酸盐水泥》(GB 175—2007)对矿渣硅酸盐水泥、火山灰质硅酸盐水泥、粉煤灰硅酸盐水泥的技术要求如下所述。

(1) 细度。矿渣水泥、火山灰水泥和粉煤灰水泥的细度以筛余表示，要求80μm方孔筛的筛余百分率不大于10%或45μm方孔筛的筛余百分率不大于30%。

(2) 凝结时间。矿渣水泥、火山灰水泥和粉煤灰水泥的初凝时间不小于45min，终凝时间不大于600mm。

(3) 安定性。与硅酸盐水泥相同，用沸煮法检验水泥的体积安定性必须合格。

(4) 强度等级。矿渣水泥、火山灰水泥和粉煤灰水泥的强度等级分为32.5、32.5R、42.5、42.5R、52.5、52.5R 6个等级，各龄期强度应符合表3-5中的规定。

表3-5 矿渣硅酸盐水泥、火山灰质硅酸盐水泥、粉煤灰硅酸盐水泥各龄期的强度要求

强度等级	抗压强度/MPa		抗折强度/MPa	
	3d	28d	3d	28d
32.5	≥10.0	≥32.5	≥2.5	≥5.5
32.5R	≥15.0		≥3.5	
42.5	≥15.0	≥42.5	≥3.5	≥6.5
42.5R	≥19.0		≥4.0	
52.5	≥21.0	≥52.5	≥4.0	≥7.0
52.5R	≥23.0		≥4.5	

(5) 化学指标。各项规定如下所述。

① 氧化镁含量。除P·S·B型矿渣水泥无要求外，P·S·A型矿渣水泥、火山灰水泥

和粉煤灰水泥中的MgO的质量分数应不大于6.0%。当水泥中的MgO的质量分数大于6.0%时，应进行水泥压蒸试验并确保合格。

② SO_3含量。矿渣水泥中的SO_3的质量分数不得超过4.0%，火山灰水泥和粉煤灰水泥中的SO_3的质量分数不得超过3.5%。

③ 氯离子含量。氯离子的质量分数不得大于0.06%。

3) 三种水泥的水化反应特点

矿渣硅酸盐水泥、火山灰质硅酸盐水泥和粉煤灰硅酸盐水泥与水拌合后，首先是水泥熟料矿物开始水化，然后水化生成的$Ca(OH)_2$再与活性混合材料中的活性SiO_2、活性Al_2O_3反应生成水化硅酸钙、水化铝酸钙等水化产物，这个过程称为二次水化。由于水泥中熟料矿物较少，活性混合材料较多，而活性混合材料的水化是在熟料矿物水化的基础上进行的。因此，这三种水泥凝结硬化速度慢，早期强度低，而且由于熟料矿物少，水泥浆体中$Ca(OH)_2$较少，又有相当多的$Ca(OH)_2$与混合材料的活性组分发生反应，所以水泥石中碱度较低。

4) 三种水泥的性质与应用

这三种水泥都是在较少的熟料中掺加了较多的活性混合材料，虽然掺加的活性混合材料不同，但这三种活性混合材料的化学组成和化学活性差别不大，其水化产物及凝结硬化速度相近，因此这三种水泥的大多数性质和应用相同或相近，在很多情况下可替代使用。但毕竟是三种不同的活性混合材料，其物理特性和表面特征等方面存在差异，因此这三种水泥分别具有一些不同的特性和用途。

(1) 三种水泥的共性。具体如下所述。

① 凝结硬化慢，早期强度低，后期强度增加快。这三种水泥的熟料含量较少，早期水化产物少，而活性混合材料的二次水化是在熟料矿物水化的基础上进行的，反应较慢，因此凝结硬化慢，早期强度较低。后期由于水泥熟料的不断水化和二次水化反应的不断进行，水化产物不断增多，强度增加加快，后期强度可以赶上甚至超过同强度等级的硅酸盐水泥或普通硅酸盐水泥。因此，这三种水泥不适合用于早期强度要求高的混凝土工程。

② 水化热低。这三种水泥中的熟料含量少，因此水化放热量少，尤其是早期放热慢，水化热低，适合用于大体积混凝土工程，不宜用于冬季施工。

③ 抗冻性较差。由于这三种水泥掺加的混合材料较多，使水泥需水量增加，水分蒸发形成的毛细孔通道增多，使水泥石孔隙率较大，因此抗冻性较差，不适用于严寒地区经受冻融循环的混凝土工程。

④ 耐腐蚀性好。这三种水泥由于掺加了较多的混合材料，熟料数量相对较少，水化产物中的$Ca(OH)_2$很少，而且其他水化产物所需碱度较低，在$Ca(OH)_2$少、碱度低的环境下仍能稳定存在，因此耐腐蚀性好，适用于与腐蚀介质接触的混凝土工程，如水利工程、海港、码头等。

需要注意的是，火山灰质硅酸盐水泥中所用的混合材料如果是以活性Al_2O_3为主要活性成分，其水化产物中水化铝酸钙含量较多，则不耐硫酸盐腐蚀。

⑤ 适合湿热养护。采用湿热养护可加速水泥熟料的水化，并使活性混合材料的水化速度加快，早期强度得到极大提高，且不影响后期强度的发展，因此适合采用通过蒸汽养护生产的预制构件。

硅酸盐水泥和普通硅酸盐水泥在湿热养护的条件下虽然也能加快早期水化速度，但由于熟料含量多，水化过快使短时间内生成大量水化产物，对未水化的水泥颗粒的后期水化起到了阻碍的作用，后期强度发展受到影响，比全程常温养护时低，因此，硅酸盐水泥和普通硅酸盐水泥不适合湿热养护。

⑥ 抗碳化能力差。由于这三种水泥在水化硬化后，水泥石中的$Ca(OH)_2$的数量少，碱度较低，因此抵抗碳化的能力差，不适合用于CO_2浓度高的环境，如铸造车间等。

(2) 三种水泥的特性。具体特性如下所述。

① 矿渣硅酸盐水泥。由于粒化高炉矿渣玻璃体对水的吸附能力差，且矿渣不易磨细，磨细后又多是棱角形状，因此矿渣水泥保水性差，与水拌合时易产生泌水，造成较多的连通孔隙，导致矿渣硅酸盐水泥的抗渗性差，且干缩较大。矿渣本身耐热性好，且矿渣硅酸盐水泥水化后$Ca(OH)_2$的含量少，故矿渣硅酸盐水泥的耐热性较好。因此，矿渣硅酸盐水泥适用于有耐热要求的混凝土工程，不适用于有抗渗要求的混凝土工程。

② 火山灰质硅酸盐水泥。火山灰质混合材料颗粒较细，比表面积大，且内部含有大量的微细孔隙，故火山灰质硅酸盐水泥的保水性好，且火山灰质混合材料水化后能生成较多的水化硅酸钙凝胶，可增加水泥石的密实性，因而其抗渗性较好。火山灰水泥的干缩较大，在干燥环境下易产生干缩微细裂纹。此外，火山灰质硅酸盐水泥的耐磨性也较差，因此，火山灰质硅酸盐水泥适合用于有抗渗性要求的混凝土工程，不宜用于干燥环境中的地上混凝土工程，也不宜用于有耐磨性要求的混凝土工程。

③ 粉煤灰硅酸盐水泥。粉煤灰是表面致密的球形颗粒，其吸附水的能力较差，即保水性差、泌水性大，它在施工阶段易使制品表面因大量泌水产生收缩裂纹 (又称失水裂纹)，因而粉煤灰硅酸盐水泥抗渗性差。粉煤灰硅酸盐水泥的干缩较小，这是由粉煤灰的比表面积小、拌合需水量小导致的。此外，粉煤灰硅酸盐水泥的耐磨性也较差。因此，粉煤灰硅酸盐水泥不宜用于有抗渗性要求的混凝土工程，且不宜用于干燥环境中的混凝土工程及有耐磨性要求的混凝土工程。

4. 复合硅酸盐水泥

1) 组分

复合硅酸盐水泥由硅酸盐水泥熟料、适量石膏和大于20%且不大于50%的两种或两种以上的混合材料组成。混合材料为符合《通用硅酸盐水泥》(GB 175—2007)规定的混合材料，活性混合材料或非活性混合材料不限。其中，允许用不超过水泥质量8%且符合标准规定的窑灰代替。掺入矿渣时混合材料掺量不得与矿渣硅酸盐水泥相同。

2) 技术标准

《通用硅酸盐水泥》(GB 175—2007)中，对复合硅酸盐水泥的各项指标要求与火山灰硅酸盐水泥和粉煤灰硅酸盐水泥相同。

3) 复合硅酸盐水泥的性质与应用

复合硅酸盐水泥也掺加了较多的混合材料，因此和矿渣硅酸盐水泥、火山灰质硅酸盐水泥以及粉煤灰硅酸盐水泥的某些性质大致相同，但由于掺加了两种或两种以上的混合材料，它们在水泥中的作用并不是简单地叠加，而是相互补充，从而改善水泥性能。因此，复合硅酸盐水泥具有自身的特点，而其性能与所用混合材料的品种及掺量有关。如矿渣与粉煤灰双掺的复合水泥与矿渣水泥相比，比表面积增大，保水性更好，水泥石孔隙减小，有效地提高了抗压强度。

复合硅酸盐水泥应用范围广泛，在使用时要了解掺加混合材料的品种和掺量，选择适合工程特点和符合要求的水泥。

5. 通用硅酸盐水泥的包装、标志、运输、贮存

1) 包装

水泥可以散装或袋装。对袋装水泥的要求为：每袋净含量为50kg，且不应少于标准质量的99%，随机抽取20袋的总质量(含包装袋)应不少于1000kg。

2) 标志

水泥包装袋上应清楚标明：执行标准、水泥品种、代号、强度等级、生产者名称、生产许可证标志(QS)及编号、出厂编号、包装日期、净含量等。包装袋两侧应根据水泥的品种采用不同的颜色印刷水泥名称和强度等级，硅酸盐水泥和普通硅酸盐水泥采用红色，矿渣硅酸盐水泥采用绿色，火山灰质硅酸盐水泥、粉煤灰硅酸盐水泥和复合硅酸盐水泥采用黑色或蓝色。

散装发运时应提交与袋装标志内容相同的卡片。

3) 运输与贮存

水泥在贮存和运输中不得受潮和混入杂物。不同品种和强度等级的水泥在贮运中应分离，避免混杂。

水泥不可存放太久，即便在良好的贮存环境中，水泥也会吸收空气中的水分和二氧化碳，使水泥颗粒表面水化甚至碳化，从而丧失胶结能力，强度大为下降。所以水泥的存放期不宜超过三个月。存放期超过三个月的水泥，必须重新进行检验，按重新检验确定的强度等级使用。

3.2 铝酸盐水泥

3.2.1 铝酸盐水泥的定义与分类

1. 定义

《铝酸盐水泥》(GB 201—2000)对水泥的定义为：凡以铝酸钙为主的铝酸盐水泥熟

料，磨细制成的水硬性胶凝材料称为铝酸盐水泥，代号为CA。根据需要，也可在磨制Al_2O_3含量大于68%的水泥时掺加适量的α-Al_2O_3粉。

2. 分类

铝酸盐水泥按Al_2O_3的含量百分数可分为以下4类。

CA-50：50%≤Al_2O_3＜60%；

CA-60：60%≤Al_2O_3＜68%；

CA-70：68%≤Al_2O_3＜77%；

CA-80：77%≤Al_2O_3。

3.2.2 铝酸盐水泥的矿物组成与水化

1. 矿物组成及特性

铝酸盐水泥的主要矿物成分是铝酸一钙($CaO \cdot Al_2O_3$，简写CA)和二铝酸一钙($CaO \cdot 2Al_2O_3$，简写CA_2)，还有少量的七铝酸十二钙($12CaO \cdot 7Al_2O_3$，简写$C_{12}A_7$)、硅铝酸二钙($2CaO \cdot Al_2O_3 \cdot SiO_3$，简写$C_2AS$)和硅酸二钙。

铝酸一钙是铝酸盐水泥的主要矿物组成部分，具有很高的水硬活性，凝结时间正常、硬化速度快，是铝酸盐水泥强度的主要来源。但CA含量过高的水泥，强度发展主要集中在早期，后期强度增加不显著。

二铝酸一钙水化、硬化较慢，早期强度低，但后期强度较高。如果CA_2含量过高，将影响铝酸盐水泥的快硬性能，但能提高水泥的强度和耐热性能。

七铝酸十二钙水化、凝结极快，但强度不高。当水泥中$C_{12}A_7$较多时，水泥出现快凝，导致强度下降，耐热性变差。

硅铝酸二钙水化活性很低，含量高时会严重影响水泥的早期强度。

2. 水化反应及产物

铝酸一钙的水化产物随着温度的不同而不同。

当温度小于20℃时，生成水化铝酸一钙(CAH_{10})，反应式为

$$CaO \cdot Al_2O_3 + 10H_2O \longrightarrow CaO \cdot Al_2O_3 \cdot 10H_2O$$

当温度在20℃～30℃时，生成水化铝酸二钙(C_2AH_8)和铝胶(AH_3)，反应式为

$$2(CaO \cdot Al_2O_3) + 11H_2O \longrightarrow 2CaO \cdot Al_2O_3 \cdot H_2O + Al_2O_3 \cdot 3H_2O$$

当温度大于30℃时，生成水化铝酸三钙(C_3AH_6)和铝胶(AH_3)，反应式为

$$3(CaO \cdot Al_2O_3) + 12H_2O \longrightarrow 3CaO \cdot Al_2O_3 \cdot H_2O + 2(Al_2O_3 \cdot 3H_2O)$$

二铝酸一钙的水化产物与铝酸一钙的基本相同，七铝酸十二钙的水化产物为水化铝酸二钙。可见在常温下(＜30℃)，铝酸盐水泥的水化产物主要有CAH_{10}、C_2AH_8和AH_3；而在30℃以上时，水化产物主要是C_3AH_6和AH_3。

水化生成的CAH_{10}和C_2AH_8能迅速形成片状或针状晶体，相互交错搭接、结晶共生，形成较坚固的架状结构。生成的AH_3凝胶填充在晶体骨架的空隙中，可使水泥形成致密结构，并迅速产生很高的强度。

CAH$_{10}$和C$_2$AH$_8$都是亚稳相，随时间的推移逐渐转变为稳定的C$_3$AH$_6$，温度越高，转变越快，在晶型转变时，会放出大量游离水，使孔隙率增加、固相体积缩小、强度大为降低。

3.2.3 铝酸盐水泥的技术标准

《铝酸盐水泥》(GB 210—2000)中对铝酸盐水泥的技术要求如下所述。

1. 化学成分

铝酸盐水泥的化学成分按水泥质量的百分比计应符合表3-6的要求。

表3-6 铝酸盐水泥的化学成分

类型	Al$_2$O$_3$/%	SiO$_2$/%	Fe$_2$O$_3$/%	R$_2$O(Na$_2$O+0.658K$_2$O)/%	S(全硫)/%	Cl/%
CA-50	≥50，<60	≤8.0	≤2.5			
CA-60	≥60，<68	≤5.0	≤2.0	≤0.4	≤0.1	≤0.1
CA-70	≥68，<77	≤1.0	≤0.7			
CA-80	≥77	≤0.5	≤0.5			

2. 细度

铝酸盐水泥的细度要求为：比表面积不小于300m^2/kg，或0.045mm方孔筛的筛余不大于20%。由供需双方约定，无约定的情况下发生争议时以比表面积为准。

3. 凝结时间

铝酸盐水泥的凝结时间应符合表3-7的要求。

表3-7 铝酸盐水泥的凝结时间

水泥类型	初凝时间不得早于/min	终凝时间不得迟于/h
CA-50、CA-70、CA-80	30	6
CA-60	60	18

4. 强度

各类型水泥各龄期强度值不得低于表3-8所列的数值。

表3-8 铝酸盐水泥强度要求

水泥类型	抗压强度/MPa				抗折强度/MPa			
	6h	1d	3d	28d	6h	1d	3d	28d
CA-50	20	40	50	—	3.0	5.5	6.5	—
CA-60	—	20	45	85	—	2.5	5.0	10.0
CA-70	—	30	40	—	—	5.0	6.0	—
CA-80	—	25	30	—	—	4.0	5.0	—

3.2.4 铝酸盐水泥的性质和应用

1. 凝结硬化快、早期强度高、长期强度下降

铝酸盐水泥1d强度一般能达到最高强度的60%～80%。因此，适用于紧急抢修工程和对早期强度要求较高的工程。但由于水泥石中的水化产物在长期使用中会发生转变，引起

强度下降，在湿热条件下更为显著，因此铝酸盐水泥不宜用于长期承载的结构工程和处于湿热环境中的工程，需要使用时应按最低稳定强度值进行设计。铝酸盐水泥也不适合采用蒸汽养护。

2. 水化热大，放热速度快

铝酸盐水泥的水化放热量大且主要集中在早期，因而不宜用于大体积混凝土工程，而适用于冬季施工。

3. 耐高温性好

铝酸盐水泥硬化后，在高温(高于900℃)环境下，可产生固相反应，由烧结结合代替水化结合，在高温下仍能保持一定的强度，因此适用于配制在1200℃～1400℃环境中使用的耐热砂浆和耐热混凝土，如窑炉内衬。

4. 抗硫酸盐腐蚀能力强

铝酸盐水泥在水化后不析出$Ca(OH)_2$，且硬化后结构比较致密，有较强的抗渗性和抗硫酸盐腐蚀性能，同时对碳酸、稀盐酸等侵蚀性溶液也有较好的稳定性，因此铝酸盐水泥可用于经常与硫酸盐等腐蚀性介质接触的工程。

5. 耐碱性很差

水化铝酸钙遇碱即发生化学反应，使水泥石结构疏松，强度大幅度降低。因此，铝酸盐水泥不宜用于与碱接触的混凝土工程。

除特殊情况外，铝酸盐水泥不得与硅酸盐水泥或石灰等能析出$Ca(OH)_2$的材料混合使用，否则会出现"瞬凝"现象，强度也会明显降低。同时，也不得与未硬化的硅酸盐类水泥混凝土拌合物相接触，两类水泥配制的混凝土的接触面也不能长期处在潮湿状态下。此外，铝酸盐水泥的碱度较低，当用于钢筋混凝土时，钢筋保护层厚度不得小于60mm。

3.3 特性水泥

3.3.1 白色硅酸盐水泥与彩色硅酸盐水泥

1. 白色硅酸盐水泥

1) 定义

凡以适当成分的生料烧至部分熔融，所得以硅酸钙为主要成分，氧化铁含量少的硅酸盐水泥熟料，加入适量石膏、0%～10%符合标准规定的混合材料，共同磨细制成的水硬性胶凝材料，即称为白色硅酸盐水泥，简称为白水泥，代号为P·W。

2) 生产特点

硅酸盐水泥的颜色主要是由氧化铁引起的，生产白水泥应严格控制水泥原料中的铁含量，一般采取如下措施。

(1) 选用纯净的原料。白色硅酸盐水泥的原料应选用较纯的石灰石、白垩或方解石，黏土可选用高岭土或含铁量低的砂质黏土等，以避免氧化铁等着色氧化物带入。

(2) 尽量采用无灰分的燃料。生产白色硅酸盐水泥最好采用天然气或重油作为燃料。当用烟煤为燃料时，要求灰分小于7%，灰分中的Fe_2O_3的含量小于7%。

(3) 采用不含着色氧化物的衬板及研磨体。在普通磨机中，常采用铸钢衬板和钢球，而生产白色硅酸盐水泥时应采用硅质石材或坚硬的白色陶瓷作为衬板及研磨体。

(4) 加入氯化物或石膏。在生料中加入适量的$NaCl$、KCl、$CaCl_2$或NH_4Cl等氯化物，可使其在煅烧过程中与Fe_2O_3发生作用生成具有挥发性的$FeCl_3$，从而减少Fe_2O_3含量，保证白度。另外，所加石膏白度应高于熟料的白度。

(5) 对熟料采用漂白工艺。漂白是白色硅酸盐水泥特有的生产工艺环节，可将高温出炉的熟料通过淋水急冷、烘干的方式进行漂白处理，也可将白水泥熟料在还原性气体介质(天然气、丙烷等)中进行漂白处理，使含Fe_2O_3的矿物在还原气体下转变为含FeO的矿物。水中急冷漂白工艺简单，增白效果稳定，但会带来一定的强度损失。

3) 技术标准

白水泥的技术性能应符合《白色硅酸盐水泥》(GB/T 2015—2005)的规定。

(1) 白度。白水泥的白度用样品与氧化镁标准白板反射率的比例来衡量，要求白度值不低于87。

(2) 细度。要求80μm方孔筛筛余百分率不大于10%。

(3) 凝结时间。初凝不得早于45min，终凝不得迟于600min。

(4) 体积安定性。用沸煮法检验必须合格。

(5) SO_3含量。水泥中SO_3的质量分数不得超过3.5%。

(6) 强度等级。白色硅酸盐水泥分为32.5、42.5、52.5三个强度等级，各龄期的强度值不得低于表3-9的要求。

表3-9 白色水泥各龄期的强度要求

强度等级	抗压强度/MPa		抗折强度/MPa	
	3d	28d	3d	28d
32.5	12.0	32.5	3.0	6.0
42.5	17.0	42.5	3.5	6.5
52.5	22.0	52.5	4.0	7.0

4) 应用

白水泥主要用于建筑装饰工程，如地面、楼梯、外墙饰面，大理石及瓷砖镶贴，也可用于制造水刷石、水磨石制品，以及混凝土雕塑工艺制品等。

2. 彩色硅酸盐水泥

彩色硅酸盐水泥简称彩色水泥，主要有两种生产方法。一种是直接烧制法，即在白水泥的生料中加入少量金属氧化物作为着色剂，直接煅烧成彩色熟料，然后加入适量石膏混合磨细制成彩色水泥，彩色水泥熟料颜色的深浅随着色剂掺量的增减而变化。另一种是间接法或染色法，即用白色硅酸盐水泥熟料、适量石膏和碱性颜料共同磨细而成。所用碱性颜料要求不溶于水且分散性好、耐碱性强、抗大气稳定性好、掺入水泥中不显著影响水泥的强度和其他性质，且不含可溶盐类。常用的碱性颜料有氧化铁 (红、黄、褐、黑色)、氧化锰 (褐、黑色)、氧化铬 (绿色)、群青 (蓝色)等。

彩色水泥主要用做建筑装饰材料，常用于配制各类彩色水泥浆、砂浆和混凝土，用于制造各种颜色的水磨石、水刷石、斩假石等饰面及雕塑和装饰部件等制品。

3.3.2 快硬硫铝酸盐水泥

快硬硫铝酸盐水泥是硫铝酸盐水泥的一个品种，《硫铝酸盐水泥》(GB 20472—2006)中规定，以适当成分的生料，经煅烧所得以无水硫铝酸钙和硅酸二钙为主要矿物成分的水泥熟料，掺加不同量的石灰石、适量石膏共同磨细制成的水硬性胶凝材料，称为硫铝酸盐水泥。

硫铝酸盐水泥可分为快硬硫铝酸盐水泥、自应力硫铝酸盐水泥、低碱度硫铝酸盐水泥。

1. 定义

由适当成分的硫铝酸盐水泥熟料和少量石灰石、适量石膏共同磨细制成的，早期强度高的水硬性胶凝材料，称为快硬硫铝酸盐水泥，代号为R·SAC。其中，石灰石掺加量应不大于水泥质量的15%。

2. 水化和硬化

水泥加水后，熟料中的无水硫铝酸钙会与石膏发生反应，生成高硫型水化硫铝酸钙(AFt)晶体和铝胶，AFt在较短时间里形成坚实骨架，而铝胶不断填补孔隙，使水泥石结构很快致密，从而使早期强度发展很快。熟料中的C_2S水化生成水化硅酸钙凝胶，则可使后期强度进一步增长。

3. 技术标准

快硬硫铝酸盐水泥的技术性能应符合《硫铝酸盐水泥》(GB 20472—2006)的规定。

(1) 细度。比表面积不小于350m^2/kg。

(2) 凝结时间。初凝不早于25min，终凝不迟于180min。

(3) 强度等级。根据3d抗压强度分为42.5、52.5、62.5、72.5共4个等级。各龄期强度不得低于表3-10的规定。

表3-10 快硬硫铝酸盐水泥强度要求

强度等级	抗压强度/MPa			抗折强度/MPa		
	1d	3d	28d	1d	3d	28d
42.5	30.0	42.5	45.0	6.0	6.5	7.0
52.5	40.0	52.5	55.0	6.5	7.0	7.5
62.5	50.0	62.5	65.0	7.0	7.5	8.0
72.5	55.0	72.5	75.0	7.5	8.0	8.5

4. 应用

快硬硫铝酸盐水泥具有早期强度高、抗硫酸盐腐蚀能力强、抗渗性好、水化热大、耐热性差的特点，适用于冬期施工、抢修、修补及有硫酸盐腐蚀的工程。

3.3.3 膨胀水泥

多数常用的水泥在空气中硬化时都会产生一定的体积收缩，收缩会使混凝土产生微裂纹，影响混凝土强度并使耐久性下降。而膨胀水泥在其凝结硬化时能产生一定量的体积膨胀，从而减小或消除混凝土的干缩，甚至产生膨胀。

膨胀水泥比一般水泥多了一种膨胀组分，在凝结硬化过程中，膨胀组分使水泥产生一定量的膨胀值。常用的膨胀组分一般为在水化后能形成水化硫铝酸钙的材料。

膨胀水泥分为补偿混凝土收缩用的膨胀水泥和自应力水泥两大类。补偿混凝土收缩用的膨胀水泥的膨胀率较小，主要用于补偿水泥在凝结硬化过程中产生的收缩，因此又称为补偿收缩水泥。自应力水泥的膨胀值较大，除抵消干缩值外，尚有一定的剩余膨胀值。对于钢筋混凝土，由于水泥石的膨胀作用，使与混凝土黏结在一起的钢筋受到拉应力作用而使混凝土受到压应力作用，从而起到了预应力的作用。因为这种压应力是依靠水泥本身的水化而产生的，所以称为自应力水泥。

膨胀水泥按其主要成分可分为以下几种类型。

(1) 硅酸盐型。以硅酸盐水泥熟料为主要成分，加入铝酸盐水泥和天然二水石膏配制而成。

(2) 铝酸盐型。以铝酸盐水泥为主要成分，加入石膏配制而成。

(3) 硫铝酸盐型。以无水硫铝酸盐和C_2S为主要成分，加石膏配制而成。

常用的膨胀水泥有明矾石膨胀水泥、低热微膨胀水泥、自应力硫铝酸盐水泥等。

1. 明矾石膨胀水泥

1) 定义

以硅酸盐水泥熟料为主要成分，加入铝质熟料、石膏和粒化高炉矿渣 (或粉煤灰)，按适当比例共同磨细制成的，具有膨胀性能的水硬性胶凝材料，称为明矾石膨胀水泥，代号为A·EC。其中，铝质熟料是指经一定温度的煅烧后具有活性，Al_2O_3的质量分数在25%以上的材料。

2) 技术标准

明矾石膨胀水泥的技术性能应符合《明矾石膨胀水泥》(JC/T 311—2004)的规定。

(1) 铝质熟料中Al_2O_3的含量。铝质熟料中Al_2O_3的质量分数应不小于25%。

(2) SO_3含量。水泥中SO_3的质量分数应不大于8%。

(3) 细度。比表面积应不小于400m^2/kg。

(4) 凝结时间。初凝时间不早于45min，终凝时间不迟于360min。

(5) 膨胀率。3d应不小于0.015%，28d应不大于0.10%。

(6) 3d不透水性应合格。

(7) 强度等级。明矾石膨胀水泥分为32.5、42.5、52.5三个强度等级，各龄期的强度均不得低于表3-11所列的数值。

表3-11 明矾石膨胀水泥各龄期的强度要求

强度等级	抗压强度/MPa			抗折强度/MPa		
	3d	7d	28d	3d	7d	28d
32.5	13.0	21.0	32.5	3.0	4.0	6.0
42.5	17.0	27.0	42.5	3.5	5.0	7.5
52.5	23.0	33.0	52.5	4.0	5.5	8.5

3) 应用

明矾石膨胀水泥主要适用于补偿收缩混凝土结构工程，防渗抗裂混凝土工程，补强和防渗抹面工程，大口径混凝土排水管以及接缝、梁柱和管道接头、设备底座和地脚螺栓的固结等。

2. 低热微膨胀水泥

1) 定义

以粒化高炉矿渣为主要成分，加入适量硅酸盐水泥熟料和石膏，经共同磨细制成的具有低水化热和微膨胀性能的水硬性胶凝材料，称为低热微膨胀水泥，代号为LHEC。

2) 技术标准

低热微膨胀水泥的技术性能应符合《低热微膨胀水泥》(GB 2938—2008)的规定。

(1) MgO含量。MgO的质量分数不得超过6%。

(2) 游离CaO。游离CaO的质量分数不得超过1.5%。

(3) SO_3含量。SO_3的质量分数应为4%～7%。

(4) 氯离子含量。氯离子的质量分数不得大于0.06%。

(5) 细度。比表面积应不小于300m²/kg。

(6) 凝结时间。初凝时间不早于45min，终凝时间不迟于12h。

(7) 安定性。沸煮法检验合格。

(8) 膨胀率。水泥净浆试体水中养护至各龄期的线膨胀率要求是：1d不得小于0.05%；3d不得小于0.1%；28d不得大于0.60%。

(9) 强度等级。低热微膨胀水泥的强度等级为32.5，各龄期的强度均不得低于表3-12所列的数值。

(10) 水化热。各龄期的水化热应不大于表3-13所列的数值。

表3-12 低热微膨胀水泥各龄期的强度要求

强度等级	抗压强度/MPa		抗折强度/MPa	
	7d	28d	7d	28d
32.5	18.0	32.5	5.0	7.0

表3-13 低热微膨胀水泥各龄期的水化热要求

强度等级	水化热/kJ/kg	
	3d	7d
32.5	≤185	≤220

3) 应用

低热微膨胀水泥主要用于要求补偿收缩的混凝土、大体积混凝土工程，也适用于要求抗渗和抗硫酸盐侵蚀的工程。

3. 自应力硫铝酸盐水泥

1) 定义

由适当成分的硫铝酸盐水泥熟料，加入适量石膏共同磨细制成的具有膨胀性的水硬性胶凝材料，称为自应力硫铝酸盐水泥，代号为S·SAC。

2) 技术标准

自应力硫铝酸盐水泥的技术性能应符合《硫铝酸盐水泥》(GB 20472—2006)的规定。

(1) 细度。比表面积不小于370m^2/kg。

(2) 凝结时间。初凝时间不早于40min，终凝时间不迟于240min。

(3) 自由膨胀率。7d不大于1.30%，28d不大于1.75%。

(4) 水泥中的碱含量。按Na_2O+0.658K_2O计小于0.5%。

(5) 28d自应力增进率。不大于0.01MPa/d。

(6) 抗压强度。7d不小于32.5MPa，28d不小于42.5MPa。

(7) 自应力硫铝酸盐水泥按自应力值分为3.0、3.5、4.0、4.5共4个级别。各级别在各龄期的自应力值应符合表3-14的要求。

表3-14　硫铝酸盐水泥自应力值要求

级别	7d自应力值/MPa	28d自应力值/MPa	
	≥	≥	≤
3.0	2.0	3.0	4.0
3.5	2.5	3.5	4.5
4.0	3.0	4.0	5.0
4.5	3.5	4.5	5.5

3) 应用

自应力硫铝酸盐水泥可用于制造大口径或较高压力的水管或输气管，也可现场浇制储罐，或作为接缝材料使用。

3.3.4　低碱度硫铝酸盐水泥

水泥混凝土抗压强度较高，但抗折强度、抗拉强度低。玻璃纤维增强水泥是将具有较高抗拉强度的玻璃纤维与较高抗压强度的水泥相复合的材料，是一种很有发展前景的高强轻质复合材料。普通硅酸盐水泥水化时析出大量$Ca(OH)_2$，会与玻璃纤维中的SiO_2反应生成水化硅酸钙，使玻璃纤维腐蚀变脆，失去强度。低碱度硫铝酸盐水泥降低了碱度，适合与各种玻璃纤维复合使用。

1. 定义

由适当成分的硫铝酸盐水泥熟料和较多量石灰石、适量石膏共同磨细制成的，具有较低碱度的水硬性胶凝材料,称为低碱度硫铝酸盐水泥,代号为L·SAC。其中,石灰石掺加量应不小于水泥质量的15%,且不大于水泥质量的35%。

2. 技术标准

低碱度硫铝酸盐水泥的技术性能应符合《硫铝酸盐水泥》(GB 20472—2006)的规定。

(1) 细度。比表面积不小于400m²/kg。

(2) 凝结时间。初凝不早于25min,终凝不迟于180min。

(3) 碱度pH值。不大于10.5。

(4) 28d自由膨胀率。规定为0.00~0.15%。

(5) 强度等级。低碱度硫铝酸盐水泥按7d抗压强度可分为32.5、42.5、52.5三个等级。各龄期强度不得低于表3-15所列数值。

表3-15 低碱度硫铝酸盐水泥强度要求

强度等级	抗压强度/MPa		抗折强度/MPa	
	1d	7d	1d	7d
32.5	25.0	32.5	3.5	5.0
42.5	30.0	42.5	4.0	5.5
52.5	40.0	52.5	4.5	6.0

3. 应用

低碱度硫铝酸盐水泥主要用于与各种玻璃纤维复合制备玻璃纤维增强水泥制品,如各种薄板、复合外墙板、通风道、活动房等。

3.4 专用水泥

3.4.1 水工水泥

水工硅酸盐水泥是指专门用于配制水工结构混凝土所用的水泥品种。包括低热硅酸盐水泥、中热硅酸盐水泥和低热矿渣硅酸盐水泥。

1. 定义

低热硅酸盐水泥是指以适当成分的硅酸盐水泥熟料,加入适量的石膏,磨细制成的具有低水化热的水硬性胶凝材料,简称低热水泥,代号为P·LH,强度等级为42.5。

中热硅酸盐水泥是指以适当成分的硅酸盐水泥熟料,加入适量的石膏,磨细制成的具有中等水化热的水硬性胶凝材料,简称中热水泥,代号为P·MH,强度等级为42.5。

低热矿渣硅酸盐水泥是指以适当成分的硅酸盐水泥熟料,加入粒化高炉矿渣和适量的石膏,磨细制成的具有低水化热的水硬性胶凝材料,简称低热矿渣水泥,代号为P·SLH,强度等级为32.5。水泥中矿渣的掺量为20%~60%,允许用不超过混合材料总量50%的粒化电炉磷渣或粉煤灰代替部分粒化高炉矿渣。

2. 技术标准

水工水泥的技术性能应符合《中热硅酸盐水泥、低热硅酸盐水泥、低热矿渣硅酸盐水泥》(GB 200—2003)的规定。

(1) 细度。比表面积不小于250m²/kg。

(2) 凝结时间。初凝不得早于60min，终凝不得迟于12h。

(3) SO_3含量。SO_3的质量分数不得超过3.5%。

(4) MgO含量。中热水泥和低热水泥的MgO的质量分数不宜大于5.0%。

(5) 安定性。沸煮法检验合格。

(6) 强度等级。各龄期的强度应符合表3-16的要求。

(7) 水化热。各龄期水化热应符合表3-17的要求。低热水泥型式检验28d的水化热应不大于310 kJ/kg。

表3-16　低水化热水泥各龄期的强度要求

品种	强度等级	抗压强度/MPa			抗折强度/MPa		
		3d	7d	28d	3d	7d	28d
中热水泥	42.5	12.0	22.0	42.5	3.0	4.5	6.5
低热水泥	42.5	—	13.0	42.5	—	3.5	6.5
低热矿渣水泥	32.5	—	12.0	32.5	—	3.0	5.5

表3-17　低水化热水泥各龄期的水化热要求

品种	强度等级	水化热/(kJ/kg)	
		3d	7d
中热水泥	42.5	≤251	≤293
低热水泥	42.5	≤230	≤260
低热矿渣水泥	32.5	≤197	≤230

3. 应用

这类水泥水化热低，性能稳定，主要适用于要求水化热较低的大坝和大体积混凝土工程，可以克服因水化热引起的温度应力而导致混凝土的破坏。

3.4.2　道路硅酸盐水泥

1. 定义

以适当成分的硅酸盐水泥熟料，加入0～10%的活性混合材料，以及适量石膏磨细制成的水硬性胶凝材料，称为道路硅酸盐水泥，代号为P·R。

2. 熟料矿物组成的要求

道路混凝土结构的使用特点要求道路水泥的抗折强度高、耐磨性好、干缩性小以及具备良好的抗冲击性和耐久性。要满足道路水泥的上述特性，可改变水泥熟料的矿物组成、粉磨细度、石膏加入量及外加剂。与普通水泥熟料相比，道路水泥熟料的矿物组成应具有高铁低铝的特点，即适当提高C_4AF、C_3S的含量，限制C_3A的含量。因为C_4AF的脆性小，抗冲击性强，体积收缩最小，提高C_4AF的含量，可以提高水泥的抗折强度及耐磨性。因此，《道路硅酸盐水泥》(GB 13693—2005)中规定：C_3A不大于5%，C_4AF不小于16%。

3. 技术标准

道路硅酸盐水泥技术性能应符合《道路硅酸盐水泥》(GB 13693—2005)的规定。

(1) 细度。比表面积为300～450m^2/kg。

(2) 凝结时间。初凝不得早于90min，终凝不得迟于600min。

(3) 体积安定性。沸煮法检验合格。

(4) 化学成分。MgO的质量分数不得超过5%；SO_3的质量分数不得超过3.5%；烧失量不得大于3.0%；碱的质量分数不得大于0.6%或由供需双方协商。

(5) 干缩率。28d的干缩率不大于0.10%。

(6) 耐磨性。28d的磨损量不大于3.00kg/m^2。

(7) 强度等级。道路硅酸盐水泥分32.5、42.5、52.5三个强度等级，各龄期的强度值不得低于表3-18中的要求。

表3-18　道路水泥各龄期的强度要求

强度等级	抗压强度/MPa		抗折强度/MPa	
	3d	28d	3d	28d
32.5	16.0	32.5	3.5	6.5
42.5	21.0	42.5	4.0	7.0
52.5	26.0	52.5	5.0	7.5

4. 应用

道路硅酸盐水泥主要用于道路路面、机场跑道路面、城市广场铺面等工程。由于它具有干缩性小、耐磨、抗冲击等特性，可以减少路面的裂缝和磨耗等损害，减少维修量，从而延长道路使用寿命。

3.4.3　砌筑水泥

1. 定义

凡由一种或一种以上的水泥混合材料，掺入适量硅酸盐水泥熟料和石膏，经磨细制成的工作性较好的水硬性胶凝材料，称为砌筑水泥，代号为M。水泥中混合材料的掺入量按质量百分比计应大于50%，允许掺入适量的石灰石或窑灰。

2. 技术标准

砌筑水泥技术性能应符合《砌筑水泥》(GB/T 3183—2003)的规定。

(1) 细度。80μm方孔筛的筛余百分率不大于10.0%。

(2) 凝结时间。初凝时间不早于60min，终凝时间不迟于12h。

(3) 安定性。沸煮法检验合格。

(4) SO_3含量。SO_3的质量分数不得超过4.0%。

(5) 流动性指标为流动度，保水率应不低于80%。

(6) 强度等级。分为12.5和22.5两个强度等级，各龄期的强度不得低于表3-19所列的数值。

表3-19　砌筑水泥各龄期的强度要求

强度等级	抗压强度/MPa		抗折强度/MPa	
	7d	28d	7d	28d
12.5	7.0	12.5	1.5	3.0
22.5	10.0	22.5	2.0	4.0

3. 应用

砌筑水泥硬化慢，强度较低，不能用于钢筋混凝土或结构混凝土，但和易性好，特别适合配置砂浆，也可用于垫层混凝土或蒸养混凝土砌块等。

📖 学习拓展

[1] 张宇震. 中国铝酸盐水泥生产与应用[M]. 北京：中国建材工业出版社，2014.

该书是一部系统阐述铝酸盐水泥生产与应用的技术专著，主要包含下列内容：①我国铝酸盐水泥的发展史及其在国民经济中的地位与作用；②铝酸盐水泥从原料、燃料的选择到产品出厂全过程的工艺技术、过程控制、质量检验和重点生产管理的关键技术等；③铝酸盐水泥的各种生产方法的介绍与对比；④铝酸盐水泥的理论基础、物理化学性能及其应用；⑤目前世界上铝酸盐水泥的生产现状、技术发展的基本趋势和国外检验方法的介绍。

[2] 王燕谋. 中国特种水泥[M]. 北京：中国建材工业出版社，2012.

该书全面、系统地介绍了当今中国的特种水泥，除绪论外，设特种硅酸盐水泥、铝酸盐水泥、硫铝酸盐水泥和其他类水泥4个篇章。在介绍重要特种水泥时，先阐述其物化理论，然后阐述其生产技术、性能与应用。书中既介绍了中国特种水泥各品种的发展历史，又展示了其最新科技成就。

🔍 本章小结

1. 硅酸盐水泥按其是否掺加混合材料可分为两种类型：由硅酸盐水泥熟料和适量的石膏组成，不掺加混合材料的为I型，代号为P·I；由硅酸盐水泥熟料、适量的石膏、不大于水泥质量5%的粒化高炉矿渣或石灰石组成的为II型，代号为P·II。

2. 生产硅酸盐水泥的原料主要是石灰质原料、黏土质原料和少量校正原料。硅酸盐水泥的生产工艺概括起来就是"二磨一烧"。

3. 经煅烧得到的硅酸盐水泥熟料中主要矿物有4种：硅酸三钙、硅酸二钙、铝酸三钙、铁铝酸四钙。

4. 硅酸盐水泥的主要水化产物分为凝胶体和晶体两类，胶体有水化硅酸钙 (C-S-H)凝胶和水化铁酸钙 (C-F-H)凝胶；晶体有氢氧化钙板状晶体、水化铝酸钙六方晶体和水化硫铝酸钙针状晶体(钙矾石)等。

5. 影响水泥凝结硬化的因素有：①水泥熟料的矿物组成；②水泥的细度；③石膏的掺

量；④水灰比；⑤环境的温度、湿度和养护时间。

6. 硅酸盐水泥的细度用比表面积表示，不小于$300m^2/kg$。硅酸盐水泥的初凝时间不小于45min，终凝时间不大于390min。用沸煮法检验水泥的体积安定性必须合格。硅酸盐水泥中MgO的含量不得超过5.0%，经压蒸试验合格后，允许放宽到6.0%。硅酸盐水泥中SO_3的含量不得超过3.5%。硅酸盐水泥的强度等级分为42.5、42.5R、52.5、52.5R、62.5、62.5R 6个级别。

7. 水泥的体积安定性是指水泥在凝结硬化过程中体积变化的均匀性。引起水泥安定性不良的原因有三个：①游离氧化钙过多；②游离氧化镁过多；③石膏掺量过多。

8. 水泥石腐蚀的类型有：软水侵蚀、盐类腐蚀、酸类腐蚀和强碱腐蚀。

9. 硅酸盐水泥的性质与应用有：①凝结硬化快，早期强度及后期强度高。适用于重要结构的高强混凝土、有早强要求的混凝土和预应力混凝土工程。②水化热大。可用于冬季施工，不宜用于大体积混凝土工程。③抗冻性好。适用于严寒地区水位升降范围内遭受反复冻融的混凝土工程及其他对抗冻性要求较高的工程。④耐腐蚀性差。不宜用于经常与流动软水及其他腐蚀介质接触的工程，如海港工程。⑤不耐高温。不宜用于有耐热要求的混凝土工程，如工业窑炉和窑炉基础。⑥抗碳化性好。适用于空气中CO_2浓度较高的环境，如铸造车间。⑦耐磨性好。可用于路面与地面工程。⑧干缩小。可用于干燥环境中的混凝土工程。

10. 混合材料是指在熟料粉磨时掺入的人工或天然矿物材料，按其性能可分为活性混合材料和非活性混合材料两类。通用硅酸盐水泥中常用的活性混合材料有粒化高炉矿渣、火山灰质混合材料和粉煤灰。

11. 普通硅酸盐水泥的组分为硅酸盐水泥熟料、适量石膏、大于5%且不大于20%的活性混合材料。其中，允许用不超过水泥质量8%的非活性混合材料或不超过水泥质量5%的窑灰代替。普通硅酸盐水泥简称普通水泥，代号为P·O，其性能与硅酸盐水泥性能相近。

12. 矿渣硅酸盐水泥、火山灰质硅酸盐水泥、粉煤灰硅酸盐水泥和复合硅酸盐水泥掺加的活性混凝土材料较多，其水化反应的特点是"二次水化"。这4种水泥的性能既有共性也有个性。

13. 凡以铝酸钙为主的铝酸盐水泥熟料，磨细制成的水硬性胶凝材料称为铝酸盐水泥，代号为CA。根据需要，也可在磨制Al_2O_3含量大于68%的水泥时掺加适量的α-Al_2O_3粉。

14. 铝酸盐水泥的性质有：①凝结硬化快、早期强度高、长期强度下降；②水化热大，放热速度快；③耐高温性好；④抗硫酸盐腐蚀能力强；⑤耐碱性很差。

15. 其他品种的水泥主要有白水泥和彩色水泥、快硬硫铝酸盐水泥、膨胀水泥、低碱度硫铝酸盐水泥、水工水泥、道路硅酸盐水泥和砌筑水泥。

复习与思考

1. 硅酸盐水泥熟料的主要矿物组成有哪些？各自的特性如何？

2. 硅酸盐水泥水化后的主要水化产物有哪些？

3. 硅酸盐水泥中加入适量石膏的作用是什么？如果掺加石膏过多会有什么后果？

4. 影响水泥凝结硬化的因素有哪些？

5. 水泥的凝结时间对施工有何意义？

6. 什么是水泥体积安定性？引起水泥体积安定性不良的原因是什么？如何检验水泥体积安定性？

7. 简述水泥石腐蚀的类型和原因以及防止腐蚀的措施。

8. 简述硅酸盐水泥的性质及适用于哪些工程。

9. 什么是活性混合材料？在水泥中加入活性混合材料能起到什么作用？常用的活性混合材料有哪些？

10. 矿渣硅酸盐水泥、火山灰质硅酸盐水泥和粉煤灰硅酸盐的水化反应特点是什么？

11. 为下列工程选用合适的水泥品种并说明理由。

①大体积混凝土工程；②北方地区冬季施工的混凝土工程；③严寒地区水位升降范围内的基础工程；④热工窑炉基础工程；⑤海港工程；⑥道路工程；⑦紧急抢修工程；⑧高强混凝土工程；⑨采用湿热养护的混凝土构件；⑩在干燥环境中使用的混凝土工程。

12. 铝酸盐水泥有哪些性质？适用于哪些工程？

第4章
混凝土

【内容导读】

本章内容以普通水泥混凝土为主,介绍了混凝土的定义和分类;混凝土的各基本组成材料的技术标准以及外加剂和掺合料;混凝土混合物的和易性及硬化后混凝土的强度、变形性能和耐久性;混凝土的质量控制与评定;普通混凝土的配合比设计。另外,还介绍了其他品种的混凝土,包括轻骨料混凝土、多孔混凝土、粉煤灰混凝土、特种混凝土。

本章应重点掌握混凝土的组成及质量要求;掌握混凝土的和易性、强度及耐久性;了解混凝土配合比的设计方法及其他品种的混凝土。

4.1 混凝土概述

由胶凝材料、颗粒状骨料以及化学外加剂和矿物掺合料组成的混合料硬化后形成的固体复合材料，称为混凝土。

混凝土作为土木工程材料的历史颇为久远。早在古罗马时期，人们就用火山灰、石灰、砂、石等材料制备混凝土并广泛用于建筑工程之中，万神殿和罗马圆形剧场就是其中的杰出代表。混凝土发展史中最重要的里程碑是1824年发明的波特兰水泥，从此，水泥逐渐代替了火山灰、石灰用于制造混凝土，主要用于墙体、屋瓦、地面、栏杆等部位。直到1875年，威廉·拉塞尔斯采用改良后的钢筋强化混凝土技术并获得专利，混凝土才逐渐成为主要的现代土木工程材料。

随着混凝土技术的不断发展，现今混凝土已经在各种工业与民用建筑、桥梁、隧道、铁路、公路、水利、海洋、矿山和地下工程中得到广泛应用，是目前用量最大而且也是非常重要的土木工程材料。

4.1.1 混凝土的分类

1. 按所用胶凝材料分类

按所用胶凝材料种类的不同，混凝土可分为水泥混凝土、水玻璃混凝土、石膏混凝土、沥青混凝土、聚合物混凝土等，工程上使用最为广泛的是水泥混凝土，它属于水泥基复合材料。

2. 按用途、特点、施工方式分类

按用途、特点、施工方式的不同，可分为防水混凝土、耐热混凝土、防辐射混凝土、耐火混凝土、水下混凝土、道路混凝土、大体积混凝土、流态混凝土、纤维混凝土、泵送混凝土、喷射混凝土等。

3. 按体积密度分类

1) 重混凝土

体积密度大于2800kg/m³，是采用体积密度大的骨料(如重晶石、铁矿石、钢屑等)配制而成的，具有良好的防辐射功能，因此称为防辐射混凝土，主要作为核反应堆的屏蔽结构材料。

2) 普通混凝土

体积密度大于2300kg/m³且不大于2800kg/m³，以天然砂、石为骨料和水泥配制而成，广泛用于各类土木工程，是目前建筑工程中最常用的承重结构材料。一般情况下，将其简称为混凝土。本章中单独使用"混凝土"时，即指普通混凝土。

3) 次轻混凝土

体积密度大于1950kg/m³且不大于2300kg/m³，除采用轻粗骨料外，还部分使用了普通天然密实的粗骨料，主要用于高层、大跨度结构。

4) 轻混凝土

体积密度不大于1950kg/m³，包括轻骨料混凝土、大孔混凝土和多孔混凝土。轻混凝土具有保温隔热性能好、密度小等优点，主要用于保温材料和轻质结构或高层、大跨度建筑的结构材料。

4. 按强度等级分类

(1) 低强混凝土。抗压强度小于30MPa。

(2) 中强混凝土。抗压强度为30～60MPa。

(3) 高强混凝土。抗压强度大于等于60MPa。

对于抗压强度大于100MPa的混凝土，也称为超高强混凝土。

4.1.2 普通混凝土的组成及各组分的作用

普通混凝土由水泥、细骨料 (砂)、粗骨料 (石)和水组成。硬化前的混凝土称为混凝土拌合物或新拌混凝土。

水和水泥组成水泥浆，水泥浆包裹在骨料的表面并填充在骨料的空隙中。水泥浆在混凝土拌合物中起润滑作用，可使混凝土拌合物具有施工要求的流动性，易于成型密实。水泥浆硬化为水泥石后起胶结作用，将砂、石牢固地胶结为一个整体，使混凝土产生强度。

砂、石在混凝土中起到骨架的作用，能限制与减少混凝土的干缩与开裂，对混凝土的强度和耐久性有重要影响。

现代混凝土中除了以上组分外，还要加入化学外加剂与矿物掺合料。化学外加剂可以改善、调节混凝土的各种性能，而矿物掺合料则可以有效提高混凝土拌合物的工作性和硬化混凝土的耐久性，同时降低成本。

4.1.3 混凝土的结构与性能

混凝土的宏观结构为堆聚结构，它是由骨料和水泥石组成的二相复合材料，因此，混凝土的性能主要取决于水泥石的性能、粗细骨料的性能、它们的相对含量以及水泥石与骨料间的界面黏结强度。

混凝土的亚微观结构具有"毛细管-孔隙"结构的特点，包括粗细骨料、水泥水化产物、未水化的水泥内核、毛细孔、凝胶孔、混凝土成型时留下的气孔、微裂纹及界面过渡层等。

对于混凝土的强度来说，骨料强度一般要高于水泥石的强度，因此混凝土的强度主要取决于水泥石的强度和水泥石与骨料界面间的黏结强度，而界面黏结强度往往是混凝土中最薄弱的环节，界面黏结强度主要取决于水泥石的强度、骨料的表面状况和混凝土拌合物的泌水性。泌水产生界面过渡层，对混凝土的强度和耐久性的影响极大。

混凝土拌合物的离析和泌水是由固体粒子的沉降作用产生的。由于固体粒子的沉降作用，混凝土在浇注成型的过程中和凝结以前，很难保持稳定性，一般都会发生不同程度的分层现象，分为外分层和内分层，见图4-1。外分层造成混凝土拌合物的离析和表面泌水。离析是指混凝土拌合物各组分分离，造成内部组分不均匀和失去连续性。泌水是指由于固体颗粒下沉，导致多余的水分被挤上升，并在表面析出。内分层是指处于粗骨料下方的较大颗粒的细骨料下沉，使靠近粗骨料的部分为较稀的水泥浆或被挤出的水分，从而形成的薄弱的界面过渡层。

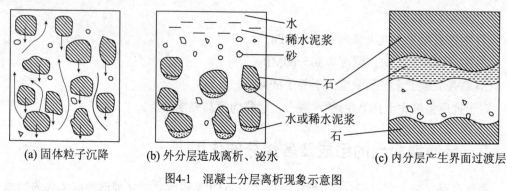

(a) 固体粒子沉降　　　　(b) 外分层造成离析、泌水　　　　(c) 内分层产生界面过渡层

图4-1　混凝土分层离析现象示意图

4.2　混凝土的组成材料

4.2.1　水泥

水泥是混凝土中很重要的组成材料，是影响混凝土强度、耐久性及经济性的重要因素，因此必须正确、合理地选择水泥的品种和强度等级。

水泥品种的选择应根据工程性质与特点、工程所处环境状况以及施工条件等，按各品种水泥的特性合理地进行选择。

水泥强度等级的选择，应与混凝土的设计强度等级相适应。若用高强度等级的水泥配制低强度等级的混凝土，用少量水泥即可满足强度要求，但水泥用量过少会影响其耐久性与和易性；若要兼顾耐久性与和易性，则要增加水泥用量，产生超强现象，经济上不合理。若用低强度等级的水泥配制高强度等级的混凝土，会使水泥用量过多，不仅不经济，而且会使干缩和水化热增大。通常，对于中低强度的混凝土，可采用强度等级为混凝土强度等级的1.5～2.0倍的水泥；对于高强度混凝土，可采用强度等级为混凝土强度等级的0.9～1.0倍的水泥。

一般在实际工程中，当混凝土强度等级为C30及C30以下时，可采用强度等级为32.5的水泥；当混凝土强度等级大于C30时，可采用强度等级为42.5的水泥。

4.2.2　细骨料

混凝土中所用细骨料按产源分为天然砂和机制砂两类。《建设用砂》(GB/T 14684—2011)中对天然砂和机制砂的定义为：天然砂是指自然生成的，经人工开采和筛分的粒径小于4.75mm的岩石颗粒，包括河砂、湖砂、山砂、淡化海砂，但不包括软质、风化的岩石颗粒；机制砂是指经除土处理，由机械破碎、筛分制成的粒径小于4.75mm的岩石、矿山尾矿或工业废渣颗粒，但不包括软质、风化的颗粒，俗称人工砂。

在天然砂中，河砂、湖砂、淡化海砂颗粒表面比较圆滑、洁净，山砂颗粒多棱角，表面粗糙，含泥量及有机质等有害杂质较多；机制砂棱角多，表面粗糙，较为洁净，但含有石粉且成本较高。

砂按技术要求可分为I类、II类和III类。砂的技术要求如下所述。

1. 细度模数与颗粒级配

细度模数是用来衡量砂粒混合后总体粗细程度的指标。砂的粒径越大，在质量相同的情况下，则比表面积越小，包裹砂表面所需的水用量和水泥浆用量就越少。因此，采用较粗的砂配制混凝土，可减少拌合用水量，节约水泥用量，减少混凝土的干缩，若用水量不变，则可提高混凝土拌合物的流动性。但砂过粗时，容易使混凝土拌合物产生离析、分层现象。因此，配制混凝土的用砂即不宜过细也不宜过粗。

细度模数仅反映砂的总体粗细情况，细度模数相同的砂，其各粒径颗粒的搭配情况可能有很大不同，因此，在配制混凝土时，除了考虑砂的细度模数外，还要考虑砂的颗粒级配情况。

砂的颗粒级配是指颗粒大小不同的砂的搭配情况。级配良好的砂应是大颗粒砂的空隙被中等颗粒砂所填充，而中等颗粒砂的空隙被小颗粒砂所填充，依次填充使骨料的空隙率达到最小，见图4-2。级配良好的砂可减少混凝土拌合物的水泥浆用量，节约水泥，提高混凝土拌合物的流动性，减少骨料的离析，并可提高混凝土的密实度及混凝土的强度和耐久性。

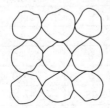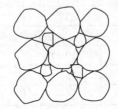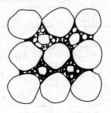

图4-2　骨料的颗粒级配

砂的细度模数与颗粒级配采用筛分析法测定与计算。筛分析法是先用筛孔尺寸为0.95mm的方孔筛，将粒径大于0.95mm的颗粒筛除，然后采用一套筛孔尺寸为4.75mm、2.36mm、1.18mm、$600\mu m$、$300\mu m$、$150\mu m$的方孔筛，将绝干质量为500g的砂由粗到细依次筛分，然后称量每一个筛上剩余砂的质量(称为筛余量)，并计算出各筛的分计筛余百分率 (即各筛上的筛余量与干砂试样质量的百分比)和各筛的累计筛余百分率 (即某筛上的分计筛余百分率与大于该筛的各筛上的分计筛余百分率之和)。筛余量、分计筛余、累计筛余的关系见表4-1。

表4-1　分计筛余百分率与累计筛余百分率的关系

筛孔尺寸	筛余量/g	分计筛余百分率/%	累计筛余百分率/%
4.75mm	m_1	α_1	$A_1=\alpha_1$
2.36mm	m_2	α_2	$A_2=\alpha_1+\alpha_2$

(续表)

筛孔尺寸	筛余量/g	分计筛余百分率/%	累计筛余百分率/%
1.18mm	m_3	α_3	$A_3=\alpha_1+\alpha_2+\alpha_3$
$600\mu m$	m_4	α_4	$A_4=\alpha_1+\alpha_2+\alpha_3+\alpha_4$
$300\mu m$	m_5	α_5	$A_5=\alpha_1+\alpha_2+\alpha_3+\alpha_4+\alpha_5$
$150\mu m$	m_6	α_6	$A_5=\alpha_1+\alpha_2+\alpha_3+\alpha_4+\alpha_5+\alpha_6$
$<150\mu m$	$m_底$	—	—

砂的细度模数计算公式为

$$M_x=\frac{(A_2+A_3+A_4+A_5+A_6)-5A_1}{100-A_1}$$

砂的细度模数越大，表示砂越粗。砂按细度模数分为粗砂、中砂和细砂三种规格：M_x在3.1～3.7之间的，为粗砂；M_x在2.3～3.0之间的，为中砂；M_x在1.6～2.2之间的，为细砂。配制混凝土时一般宜优先选用中砂。

砂的颗粒级配按各筛累计筛余分为三个级配区，各级配区的砂应符合表4-2的规定。砂的实际颗粒级配除4.75mm和$600\mu m$筛外，其他各筛的累计筛余允许略有超出，但各累计筛余超出值的总和应不大于5%。I类、II类和III类砂的级配区应符合表4-3的规定。配制混凝土时宜优先选用2区砂，当采用1区砂时，应适当提高砂率，并保持足够的水泥用量，以满足混凝土的和易性要求；当采用3区砂时，宜适当降低砂率，以保证混凝土的强度。如果砂的级配不合适，可采用人工掺配的方法改善，即将粗砂、细砂按适当比例掺合使用。

表4-2　砂的颗粒级配

砂的分类	天然砂			机制砂		
级配区	1区	2区	3区	1区	2区	3区
方筛孔	累计筛余/%					
4.75mm	10～0	10～0	10～0	10～0	10～0	10～0
2.36mm	35～5	25～0	15～0	35～5	25～0	15～0
1.18mm	65～35	50～10	25～0	65～35	50～10	25～0
$600\mu m$	85～71	70～41	40～16	85～71	70～41	40～16
$300\mu m$	95～80	92～70	85～55	95～80	92～70	85～55
$150\mu m$	100～90	100～90	100～90	97～85	94～80	94～75

表4-3　砂的级配类别

类别	I	II	III
级配区	2区	1、2、3区	

2. 含泥量、石粉含量和泥块含量

含泥量是指天然砂中粒径小于$75\mu m$的颗粒含量。石粉含量是指机制砂中粒径小于$75\mu m$的颗粒含量。泥块含量是指原粒径大于$1.18\mu m$，经水浸洗、手捏后变成粒径小于$600\mu m$的颗粒含量。

砂中颗粒极细的泥会黏附在骨料颗粒表面，降低水泥石和砂的界面黏结强度，从而降低混凝土的强度。同时，由于泥的比表面积大，含量过多时为保证和易性，拌合时水和水

泥用量增加，导致干缩增大，耐久性降低。石粉与泥不同，机制砂经过除土处理，破碎后形成的石粉的矿物组成和化学成分与母岩相同，石粉的掺入能够起到完善混凝土细骨料级配、提高混凝土密实度，进而提高混凝土综合性能的作用。泥块会在混凝土中形成薄弱部分，对混凝土的质量影响更大。

天然砂的含泥量和泥块含量应符合表4-4的规定。

表4-4　天然砂的含泥量和泥块含量

类别	I	II	III
含泥量(按质量计)/%	≤1.0	≤3.0	≤5.0
泥块含量(按质量计)/%	0	≤1.0	≤2.0

机制砂要通过亚甲蓝试验测定MB值，或通过亚甲蓝快速试验以确定砂中粒径小于$75\mu m$的颗粒主要是泥土还是与被加工的母岩化学成分相同的石粉。当MB值≤1.4或快速法试验合格时，石粉和泥块含量应符合表4-5的规定；当MB值>1.4或快速法试验不合格时，应符合表4-6的规定。

表4-5　机制砂的石粉含量和泥块含量(MB值≤1.4或快速法试验合格)

类别	I	II	III
MB值	≤0.5	≤1.0	≤1.4或合格
石粉含量(按质量计)/%		≤10.0	
泥块含量(按质量计)/%	0	≤1.0	≤2.0

注：石粉含量根据使用地区和用途，经试验验证，可由供需双方协商确定。

表4-6　机制砂的石粉含量和泥块含量(MB值>1.4或快速法试验不合格)

类别	I	II	III
石粉含量(按质量计)/%	≤1.0	≤3.0	≤5.0
泥块含量(按质量计)/%	0	≤1.0	≤2.0

3. 有害物质

砂中的有害物质包括云母、轻物质、有机物、硫化物、硫酸盐和氯化物，在海砂中还有贝壳。云母和贝壳表面光滑，与水泥黏结力差，且本身强度低，会降低混凝土的强度。轻物质是指砂中体积密度小于$2000kg/m^3$的软质颗粒，如煤渣、木屑等，这类物质也会导致混凝土强度降低。有机物、硫化物及硫酸盐会导致水泥石的腐蚀。氯化物会使钢筋混凝土中的钢筋发生锈蚀。砂中有害物质的含量应符合表4-7的规定。

表4-7　砂中有害物质限量

类别	I	II	III
云母(按质量计)/%	≤1.0	≤2.0	
轻物质(按质量计)/%		≤1.0	
有机物		合格	
硫化物及硫酸盐(按SO_3质量计)/%		≤0.05	
氯化物(以氯离子质量计)/%	≤0.01	≤0.02	≤0.06
贝壳(按质量计)/%	≤3.0	≤5.0	≤8.0

注：贝壳指标仅适用于海砂，其他砂种不作要求。

4. 坚固性

坚固性是指在自然风化和其他外界物理、化学因素作用下抵抗破裂的能力。《建设用砂》(GB/T 14684—2011)规定天然砂采用硫酸钠溶液法试验，砂试样在硫酸钠溶液中浸泡后取出烘干，经5次循环后，试样的质量损失应符合表4-8的规定。

表4-8　砂的坚固性指标

类别	I	II	III
质量损失/%		≤8.0	≤10.0

机制砂除了满足表4-8的规定外，还要满足压碎指标的要求。将砂筛分成300μm～600μm、600μm～1.18mm、1.18mm～2.36mm、2.36mm～4.75mm 4个粒级，单个粒级的砂放入钢模，按规定的试验方法施加荷载，然后用该粒级的下限筛进行筛分，通过量占总质量的百分数称为压碎指标值，取4个粒级中最大的压碎指标值作为该砂的压碎指标值。机制砂的压碎指标应满足表4-9的要求。

表4-9　砂的压碎指标

类别	I	II	III
单级最大压碎指标/%	≤20	≤25	≤30

5. 砂的表观密度、松散堆积密度和空隙率

《建设用砂》(GB/T 14684—2011)中规定：砂的表观密度不小于2500kg/m³；松散堆积密度不小于1400kg/m³；空隙率不大于44%。

6. 碱-骨料反应

碱-骨料反应是指水泥、外加剂等混凝土组成物及环境中的碱与骨料中碱活性矿物在潮湿环境下缓慢发生并导致混凝土开裂破坏的膨胀反应。

将砂试样与高碱水泥按国家标准规定的试验方法制成试件，按标准养护(24±2h)后，测定其基准长度，经14d、1个月、2个月、3个月、6个月(如有必要时间可以延长)分别测其长度，计算膨胀率。经各龄期观察，试件应无裂纹、酥裂、胶体外溢等现象，在规定的试验龄期内，膨胀率应小于0.10%。

4.2.3　粗骨料

普通混凝土中粒径大于4.75mm的骨料称为粗骨料，简称石。建设用石分为卵石和碎石。卵石是指由自然风化、水流搬运和分选、堆积形成的，粒径大于4.75mm的岩石颗粒。碎石是指天然岩石、卵石、矿山废石经机械破碎、筛分制成的粒径大于4.75mm的岩石颗粒。

卵石表面光滑且空隙率较小，配制混凝土时混凝土拌合物的和易性较好，水泥用量较少。但卵石与水泥石黏结能力较差，在其他条件相同的情况下，相较于用碎石配制的混凝土，用卵石配制的混凝土强度更低。碎石表面粗糙、棱角多，配制混凝土时，在用水量和水泥用量相同的情况下，混凝土拌合物的和易性较差，但它与水泥石的黏结能力强，配制的混凝土强度较高。

《建设用卵石、碎石》(GB/T 14685—2011)中，对卵石和碎石的一般要求是：用矿山废石生产的碎石除应符合该标准的技术要求外，还应符合我国环保和安全相关的标准和规范，不应对人体、生物、环境及混凝土性能产生有害影响。卵石、碎石的放射性应符合《建筑材料放射性核素限量》(GB 6566—2010)的规定。

卵石、碎石按技术要求分为I类、II类和III类。卵石、碎石的技术要求如下所述。

1. 最大粒径和颗粒级配

粗骨料中公称粒级的上限称为该骨料的最大粒径。骨料粒径越大，其总表面积越小，因此包裹它表面所需的水泥浆数量相应减少，可节约水泥，或减少用水量，提高混凝土的强度和耐久性，所以在条件许可的情况下，应尽量选用最大粒径大一些的粗骨料。但最大粒径如果过大，会给搅拌、振捣、浇注带来一定困难。因此，应综合考虑，一般情况下粗骨料的最大粒径不宜大于40mm。

粗骨料的最大粒径还受结构形式和配筋疏密的限制。《混凝土质量标准控制》(GB 50164—2011)中规定：对于混凝土结构，粗骨料最大公称粒径不得大于构件截面最小尺寸的1/4，且不得大于钢筋最小净间距的3/4；对于混凝土实心板，骨料的最大公称粒径不宜大于板厚的1/3，且不得大于40mm；对于大体积混凝土，粗骨料的最大公称粒径不宜小于31.5mm。

粗骨料的颗粒级配原理与细骨料基本相同，也要求具有良好的颗粒级配，使骨料颗粒之间的空隙率尽可能小，从而使拌制的混凝土和易性好、强度高，以节约水泥。

粗骨料的颗粒级配也是通过筛分试验来确定的。一套石子标准筛包括孔径分别为2.36mm、4.75mm、9.50mm、16.0mm、19.0mm、26.5mm、31.5mm、37.5mm、53.0mm、63.0mm、75.0mm、90.0mm共12个筛子，可按需选用进行筛分，然后计算每个筛号的分计筛余百分率和累计筛余百分率。普通混凝土用碎石和卵石的级配应符合表4-10的规定。

表4-10 卵石、碎石的颗粒级配

公称粒级/mm		方孔筛累计筛余/%										
		2.36mm	4.75mm	9.50mm	16.0mm	19.0mm	26.5mm	31.5mm	37.5mm	53.0mm	63.0mm	75.0mmmm	90mm
连续粒级	5～16	95～100	85～100	30～60	0～10	0							
	5～20	95～100	90～100	40～80	—	0～10	0						
	5～25	95～100	90～100	—	30～70	—	0～5	0					
	5～31.5	95～100	90～100	70～90	—	15～45	—	0～5	0				
	5～40	—	95～100	70～90	—	30～65	—	—	0～5	0			
单粒粒级	5～10	95～100	80～100	0～15	0								
	10～16		90～100	80～100	0～15	0							
	10～20		90～100	85～100		0～15	0						
	16～25			95～100	55～70	25～40	0～10		0				
	16～31.5		90～100		85～100			0～10		0			
	20～40			95～100		80～100			0～10		0		
	40～80					95～100			70～100		30～60	0～10	0

粗骨料的级配分为连续粒级和单粒粒级。连续粒级是指石子颗粒由小到大连续分级，每一粒级均占有适当的比例。用连续粒级配制的混凝土拌合物和易性较好，不易产生离析现象，易于保证混凝土的质量。单粒粒级是指缺少粗骨料中的某些粒级颗粒，使粗骨料级配不连续。单粒粒级中大颗粒之间的空隙直接由比它小得多的小粒径颗粒填充，可降低石子的空隙率，减少水泥用量，但混凝土拌合物易产生离析现象，导致施工困难，一般在工程中较少使用。

2. 含泥量和泥块含量

卵石和碎石中的含泥量和泥块含量应符合表4-11的要求。

表4-11 卵石、碎石的含泥量和泥块含量

类别	I	II	III
含泥量(按质量计)/%	≤0.5	≤1.0	≤1.5
泥块含量(按质量计)/%	0	≤0.2	≤0.5

3. 针、片状颗粒含量

针状颗粒是指卵石和碎石颗粒的长度大于该颗粒所属相应粒级平均粒径 (该粒级上限、下限粒径的平均值)的2.4倍的颗粒。片状颗粒是指厚度小于平均粒径0.4倍的颗粒。

粗骨料中的针、片状颗粒不仅受力时容易折断，影响混凝土的强度，而且会增加骨料间的空隙，降低混凝土的和易性，所以必须限制粗骨料中针、片状颗粒的含量。粗骨料中针、片状颗粒的含量应符合表4-12的规定。

表4-12 卵石、碎石的针、片状颗粒含量

类别	I	II	III
针、片状颗粒总含量(按质量计)/%	≤5	≤10	≤15

4. 有害物质

卵石、碎石中的有害物质限量应符合表4-13的规定。

表4-13 卵石、碎石中的有害物质限量

类别	I	II	III
有机物	合格	合格	合格
硫化物及硫酸盐(按SO_3质量计)/%	≤0.5	≤1.0	≤1.0

5. 坚固性

采用硫酸钠溶液法进行试验，卵石、碎石的质量损失应符合表4-14的规定。

表4-14 卵石、碎石的坚固性指标

类别	I	II	III
质量损失/%	≤5	≤8	≤12

6. 强度

粗骨料的强度可用岩石抗压强度和压碎指标值来表示。

岩石抗压强度是将碎石的母岩制成50mm×50mm×50mm的立方体或 φ50mm×50mm的圆柱体试件，在吸水饱和状态下测定的抗压强度值。它的抗压强度要求为：火成岩应不

小于80MPa，变质岩应不小于60MPa，水成岩应不小于30MPa。

粗骨料的压碎指标检验是将粗骨料风干后筛除大于19.0mm及小于9.50mm的颗粒，并去除针、片状颗粒的石子，称取3kg试样装入压碎指标测定仪内，在压力机上以1kN/s的速度均匀加荷至200kN，并稳定5s，卸荷后倒出试样，用孔径为2.36mm的筛子筛除被压碎的细粒，称取留在筛上的试样质量。压碎指标值的计算公式为

$$Q_e = \frac{G_1 - G_2}{G_1} \times 100\%$$

式中：Q_e——压碎指标值，%；

G_1——试样质量，g；

G_2——压碎试验后筛余的试样质量，g。

压碎指标值越小，说明粗骨料抵抗受压破坏的能力越强。卵石和碎石的压碎指标应符合表4-15的规定。

表4-15 卵石、碎石的压碎指标

类别	I	II	III
碎石压碎指标/%	≤10	≤20	≤30
卵石压碎指标/%	≤12	≤14	≤16

7. 表观密度、连续级配松散堆积空隙率

《建设用卵石、碎石》(GB/T 14685—2011)中规定卵石和碎石的表观密度不小于2600kg/m³；连续级配松散堆积空隙率应符合表4-16的规定。

表4-16 卵石、碎石的连续级配松散堆积空隙率

类别	I	II	III
空隙率/%	≤43	≤45	≤47

8. 吸水率

卵石、碎石的吸水率应符合表4-17的规定。

表4-17 卵石、碎石的吸水率

类别	I	II	III
吸水率/%	≤1	≤2	≤2

9. 碱-骨料反应

经碱-骨料反应试验后，试件应无裂纹、酥裂、胶体外溢等现象，在规定的试验龄期膨胀率应小于0.10%。

4.2.4 拌合用水

混凝土拌合用水包括：饮用水、地表水、地下水、再生水、混凝土企业设备洗刷水和海水等。基本要求是不影响混凝土的凝结和硬化；不得有损于混凝土的强度发展和耐久性；不得加快钢筋锈蚀及引起预应力钢筋脆断；不得污染混凝土表面。

符合现行国家标准《生活饮用水卫生标准》(GB 5749—2006)要求的饮用水，可不经

检验使用。地表水、地下水、再生水和混凝土企业设备洗刷水在使用前应进行检验；在使用过程中，应定期检验；当发现水受到污染和对混凝土性能有影响时，应立即检验。

《混凝土用水标准》(JGJ 63—2006)中要求混凝土拌合用水水质应符合表4-18的规定。对于设计使用年限为100年的结构混凝土，氯离子含量不得超过500mg/L；对于使用钢丝或经热处理的钢筋的预应力混凝土，氯离子含量不得超过350mg/L。

表4-18　混凝土用水中物质含量限量值

项目	预应力混凝土	钢筋混凝土	素混凝土
pH值	≥5.0	≥4.5	≥4.5
不溶物/(mg/L)	≤2000	≤2000	≤5000
可溶物/(mg/L)	≤2000	≤5000	≤10000
Cl^-/(mg/L)	≤500	≤1000	≤3500
SO_4^{2-}/(mg/L)	≤600	≤2000	≤2700
碱含量/(mg/L)	≤1500	≤1500	≤1500

注：碱含量按$Na_2O+0.658K_2O$计算值来表示。采用非碱活性骨料时，可不检验碱含量。

除水质检验外，还应针对拌合用水的水样与饮用水样进行水泥凝结时间对比试验和水泥胶砂强度对比试验。水泥凝结时间对比试验的水泥初凝时间差及终凝时间差均不应大于30min；同时，初凝和终凝时间应符合现行国家标准《通用硅酸盐水泥》(GB 175—2007)的规定。在水泥胶砂强度对比试验中，被检验水样配制的水泥胶砂的3d和28d强度不应低于饮用水配制的水泥胶砂的3d和28d强度的90%。

《混凝土用水标准》(JGJ 63—2006)中还规定：①混凝土拌合用水不应有漂浮明显的油脂和泡沫，不应有明显的颜色和异味。②混凝土企业设备洗刷水不宜用于预应力混凝土、装饰混凝土、加气混凝土和暴露于腐蚀环境中的混凝土；不得用于使用碱活性或潜在碱活性骨料的混凝土。③未经处理的海水严禁用于钢筋混凝土和预应力混凝土。④在无法获得水源的情况下，海水可用于素混凝土，但不宜用于装饰混凝土。

4.2.5　外加剂

混凝土外加剂是一种在混凝土搅拌之前或拌制过程中加入的，用以改善新拌混凝土和(或)硬化混凝土性能的材料。它的掺量一般情况下不超过胶凝材料总质量的5%，在设计配合比时，不考虑其对混凝土体积或质量的影响。它的掺量虽少，但对改善新拌混凝土和硬化混凝土的各项性能却能起到很大的作用，已经成为混凝土，特别是高性能混凝土和特种混凝土必不可少的组分之一。

根据《混凝土外加剂的定义、分类、命名与术语》(GB/T 8075—2005)的规定，混凝土外加剂按其主要功能可分为4类。

(1) 改善新拌混凝土流变性能的外加剂，包括各种减水剂和泵送剂等。

(2) 调节混凝土凝结时间、硬化性能的外加剂，包括缓凝剂、促凝剂和速凝剂等。

(3) 改善混凝土耐久性的外加剂，包括引气剂、防水剂、阻锈剂和矿物外加剂等。

(4) 改善混凝土其他性能的外加剂，包括膨胀剂、防冻剂、着色剂等。

下面对常用的外加剂分别进行介绍。

1. 减水剂

减水剂是指在混凝土坍落度基本相同的条件下，能减少拌合用水量的外加剂。常用的减水剂是阴离子表面活性剂。阴离子表面活性剂能显著降低液体表面张力或相互间的界面张力，故又称界面活性剂。根据效果和功能的不同，可分为普通减水剂、高效减水剂、缓凝高效减水剂、早强减水剂、缓凝减水剂和引气减水剂。

1) 减水剂的技术经济效果

根据使用条件和目的的不同，在混凝土中加入减水剂后，一般可取得以下效果。

(1) 保持混凝土拌合物流动性不变时，可以减少用水量。在减少用水量的同时，如果保持水泥用量不变，则水灰比减小，混凝土强度提高；如果水泥用量与用水量同时减少，保持水灰比不变，则可在强度不变的情况下，节约水泥。

(2) 保持用水量不变时，可提高混凝土拌合物的流动性。

(3) 改善混凝土拌合物的泌水、离析现象，延缓混凝土拌合物的凝结，降低水泥水化放热速度等。

(4) 提高混凝土的密实度，从而可提高混凝土的抗渗性、抗冻性、抗腐蚀性等，改善混凝土的耐久性。

2) 减水剂的作用机理

减水剂的作用机理可归纳为两方面：吸附—分散作用和润湿—润滑作用。

(1) 吸附—分散作用。水泥加水拌合后，由于水泥颗粒间分子引力的作用，会形成絮凝结构，絮凝结构中包裹着一部分拌合水没有释放出来，这部分水起不到提高流动性的作用，从而降低了混凝土拌合物的流动性。当加入适量减水剂后，减水剂分子定向吸附于水泥颗粒表面，一方面降低了水泥颗粒的表面能，从而降低了粒子间的黏力；另一方面亲水基团指向水溶液，因亲水基团的电离作用，使水泥颗粒表面带上电性相同的电荷而相互排斥，从而使水泥颗粒分散开来，导致絮凝结构被破坏，包裹在絮凝结构中的游离水被释放出来，从而有效地增大了混凝土拌合物的流动性。

(2) 润湿—润滑作用。加入减水剂后，表面活性剂降低了水和水泥颗粒间的界面张力，水泥颗粒更容易被润湿，同时亲水基吸附了大量极性水分子，在水泥颗粒表面形成溶剂化水膜，使水泥颗粒间易于相对滑动，起到了很好的润滑作用，从而提高流动性。

图4-3为减水剂作用机理的示意图。

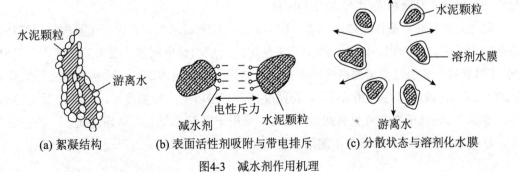

(a) 絮凝结构　　　(b) 表面活性剂吸附与带电排斥　　　(c) 分散状态与溶剂化水膜

图4-3 减水剂作用机理

3) 常用减水剂

(1) 木质素系减水剂。木质素系减水剂包括木质素磺酸钙 (木钙或M型减水剂)、木质素磺酸钠(木钠)和木质素磺酸镁 (木镁)。其中, 使用最为普遍的是木质素磺酸钙, 它属于阴离子表面活性剂, 是由生产纸浆的废液, 经处理后制成的棕黄色粉末。

木钙属于普通减水剂, 兼有缓凝和引气的作用, 是一种缓凝引气型减水剂。木钙的掺量为水泥质量的0.2%~0.3%, 最佳为0.25%。若保持流动性和水泥用量不变, 减水率可达8%~10%, 混凝土28d抗压强度提高10%~20%; 若保持混凝土的流动性和抗压强度不变, 可节约水泥10%; 若保持混凝土用水量不变, 可提高流动性, 坍落度增加80~100mm。木质素系减水剂具有引气性, 可使混凝土含气量增加2%~3%, 使混凝土的的抗渗性和抗冻性提高。此外, 还具有缓凝和降低初期水化热的作用。

木钙广泛用于一般混凝土工程, 宜用于日最低气温在5℃以上的环境中及强度等级在C40以下的混凝土, 不宜单独用于蒸汽养护混凝土和冬季混凝土的施工。

木钙使用时应严格控制掺量, 否则会导致缓凝现象严重, 且含气量增大对强度不利。

(2) 糖蜜系减水剂。糖蜜系减水剂也称糖钙, 是以制糖厂提炼食糖后所得的糖渣为原料, 经石灰中和而制成的液体, 或经喷雾干燥制成的棕色粉末。糖钙与木钙性能基本相同, 但缓凝作用比木钙强, 故通常作为缓凝剂使用。主要用于大体积混凝土、大坝混凝土和有缓凝要求的混凝土工程。

(3) 萘系减水剂。萘系减水剂的主要成分为萘或萘的同系物的磺酸盐与甲醛的缩合物, 是以工业萘或由煤焦油分馏出的馏分为原料, 进行磺化、水解后与甲醛缩合, 再经中和、过滤、干燥等工艺而制成的棕褐色粉末。

萘系减水剂的减水、增强效果显著, 属高效减水剂。萘系减水剂的适宜掺量为水泥质量的0.5%~1.0%。若保持流动性和水泥用量不变, 减水率可达10%~25%, 混凝土28d抗压强度提高20%以上; 若保持混凝土的流动性和抗压强度不变, 可节约水泥10%~20%; 若保持混凝土用水量不变, 可提高流动性, 坍落度增加100~150mm。掺用萘系减水剂后, 混凝土的其他力学性能以及抗渗性、抗冻性等耐久性等均有所改善。

萘系减水剂对不同品种水泥的适应性较强, 宜用于0℃以上的混凝土工程, 适用于配制高强混凝土、早强混凝土、预应力混凝土、流态混凝土和蒸养混凝土, 单独使用时混凝土的坍落度损失较大, 通常与缓凝剂或引气剂复合使用。

(4) 水溶性树脂系减水剂。目前, 国产水溶性树脂系减水剂有磺化三聚氰胺甲醛树脂减水剂和磺化古马隆树脂(代号为CRS)两种。

磺化三聚氰胺甲醛树脂减水剂通常称为密胺树脂系减水剂, 是以三聚氰胺、甲醛和亚硫酸钠为原料, 经合成、磺化、缩聚等工艺生产而成的棕色液体, 我国的主要产品是SM剂。SM剂属于非引气型早强高效减水剂, 性能优于萘系减水剂, 但价格较高, 适宜掺量0.5%~2.0%, 减水率可达20%以上, 1d强度提高一倍以上, 7d强度可达基准混凝土28d强度。混凝土28d抗压强度可提高30%~60%, 可用于高强混凝土、早强混凝土、流态混凝土、蒸汽养护混凝土和铝酸盐水泥耐火混凝土等。掺SM减水剂的混凝土黏聚性较大, 可泵性较差，且坍落度经时损失也较大。

CRS高效减水剂由炼油厂的副产品古马隆-茚树脂经硫酸磺化而制得。它属于非引气型减水剂，减水率达19%～29%，混凝土28d抗压强度可提高21%～27%，可用于配制高强混凝土及大流动性混凝土，同时还可显著提高其抗渗性、抗冻性。它的适用范围与萘系减水剂相似。

(5) 聚羧酸系减水剂。聚羧酸系减水剂是分子结构为含羧基接枝共聚物的一种表面活性剂，外观为橙色透明液体，是一种高性能的减水剂，适宜掺量0.15%～0.25%，减水率可达25%～30%。当掺量达到0.5%的极限掺量时，减水率可达45%以上，28d强度可相应提高30%以上，或节约水泥20%～30%。同时，聚羧酸类减水剂还具有混凝土坍落度经时损失小、与水泥适应性好等特点。

聚羧酸类减水剂适用于高强混凝土、自密实混凝土、泵送混凝土、抗冻混凝土等，还可用于配制超高强混凝土及高耐久性混凝土。

4) 减水剂的相容性

减水剂和含减水组分的复合外加剂在使用过程中存在一个普遍且非常重要的问题，就是其与胶凝材料、细骨料和其他外加剂的相容性问题，特别是与水泥的相容性问题。减水剂与这些材料的相容性不好，会降低减水剂的作用效果，增加掺量，增加成本，还可能带来负面影响。减水剂相容性的好坏可按照《混凝土外加剂应用技术规范》(GB 50119—2013)中规定的试验方法来检测。

2. 早强剂

早强剂是指能促进混凝土凝结硬化、加速混凝土早期强度发展并对后期强度无明显影响的外加剂。早强剂能促进水泥的水化与硬化，缩短混凝土的施工养护期，加快施工速度，提高模板和场地周转率，主要适用于有早强要求的混凝土、有防冻要求的混凝土及在低温、负温环境中施工(最低气温不低于-5℃)的混凝土等。

常用的早强剂有氯盐类早强剂、硫酸盐类早强剂、有机胺类早强剂及复合早强剂等。

1) 氯盐类早强剂

氯盐类早强剂主要有氯化钙、氯化钠、氯化钾、氯化铁及氯化铝等，其中氯化钙应用最为广泛。氯盐类早强剂均有良好的早强作用，能加速水泥混凝土的凝结和硬化，但后期强度不一定能提高，甚至可能低于基准混凝土。氯化钙同时能降低混凝土中的水的冰点，防止混凝土早期受冻。此外，还能使混凝土的其他性能如泌水性、抗渗性等均有所提高。

氯盐类早强剂最大的缺点是含有Cl^-，会使钢筋锈蚀，并导致混凝土开裂。因此，《混凝土结构工程施工质量验收规范》(GB 50204—2002)规定，在预应力混凝土中，严禁使用含氯化物的外加剂，钢筋混凝土中使用含氯化物的外加剂时，混凝土的氯化物总含量应符合现行国家标准的《混凝土质量控制标准》(GB 50164—2011)的规定。

2) 硫酸盐类早强剂

硫酸盐类早强剂主要有硫酸钠 (Na_2SO_4，也称元明粉，俗称无水芒硝)、硫代硫酸钠(即海波)、硫酸钙、硫酸铝及硫酸铝钾 (即明矾)等，其中硫酸钠应用较多。硫酸钠为白色粉状物，一般掺量为水泥质量的0.5%～2.0%。硫酸钠早强效果不及$CaCl_2$，掺入矿渣水泥混凝土早强效果较显著，但后期强度略有下降。

硫酸钠对钢筋无锈蚀作用，能提高混凝土的抗硫酸盐侵蚀性。但若掺量过多，会导致混凝土产生后期膨胀从而开裂破坏，且混凝土表面易析出"白霜"，影响外观与表面装饰效果，因此应严格控制最大掺量。由于硫酸钠与$Ca(OH)_2$作用生成强碱$NaOH$，为防止碱与骨料发生反应，硫酸钠严禁用于含有活性骨料的混凝土中。

3) 有机胺类早强剂

有机胺类早强剂主要有三乙醇胺(TEA)、三异丙醇胺(TP)、二乙醇胺等，其中早强效果以三乙醇胺为最佳。

三乙醇胺为无色或淡黄色油状液体，呈碱性，能溶于水。它的掺量不应大于胶凝材料质量的0.02%～0.05%，早强效果不及$CaCl_2$，但对早期和后期强度都有增强效果，不影响混凝土的耐久性，与其他外加剂(如氯化钠、氯化钙、硫酸钠等)复合使用，效果更加显著。

4) 复合早强剂

复合早强剂是由两种或两种以上早强剂复合而成的。常用的复合早强剂有三乙醇胺+氯化钠、三乙醇胺+亚硝酸钠+氯化钠、三乙醇胺+亚硝酸钠+二水石膏、氯化钙+亚硝酸钠、硫酸盐复合早强剂等，复合早强剂的性能及早强效果取决于其组成成分和掺量，且性能一般优于单一的早强剂。

3. 缓凝剂

缓凝剂是指能延长混凝土的凝结时间，但不显著影响混凝土后期强度发展的外加剂。在气温较高或运距较远的情况下，为防止混凝土发生过早凝结并失去可塑性而影响混凝土的浇注质量，常需掺入缓凝剂。分层浇注的混凝土为防止出现冷缝等质量事故，也常需掺入缓凝剂。

缓凝剂的品种很多，主要有木钙、糖钙、柠檬酸、柠檬酸钠、葡萄糖酸钠、葡萄糖酸钙、山梨醇等。一些无机物也可作为缓凝剂，如磷酸盐、锌盐、硼酸及其盐类等，但无机缓凝剂的作用不稳定，因此较少使用。

有机缓凝剂多为表面活性剂，掺入混凝土中能吸附在水泥颗粒表面，形成同种电荷的亲水水膜，使水泥颗粒相互排斥，阻碍水泥水化产物凝聚，起到缓凝作用。无机缓凝剂往往是在水泥颗粒表面形成一层难溶的薄膜，对水泥颗粒的正常水化起阻碍作用，从而导致缓凝。

缓凝剂适用于夏季施工、泵送及滑模施工等要求缓凝的混凝土工程及远距离运输，可防止混凝土拌合物过早发生坍落度损失。缓凝剂亦适用于大体积混凝土等要求降低水化热的工程。缓凝剂不宜单独用于蒸养混凝土，亦不宜用于在5℃以下的环境中施工的混凝土工程。

4. 引气剂

引气剂是一种能使混凝土在搅拌过程中引入大量均匀分布、稳定而封闭的微小气泡，从而改善混凝土和易性和耐久性的一类化学外加剂。引气剂种类很多，其中松香树脂类引气剂应用最为广泛，该类引气剂包括松香热聚物类、松香皂类及松香酸钠等。

引气剂是一种憎水性表面活性剂，可以显著降低水的表面张力和界面能，使水溶液在搅拌过程中极易产生许多微小的封闭气泡，同时，因引气剂定向吸附在气泡表面，形成较为牢固的液膜，可使气泡稳定而不破裂。由于大量微小、封闭并均匀分布的气泡的存在，可使混凝土的某些性能得到明显的改善或改变。引气剂的掺量极少，仅为胶凝材料质量的 0.005%～0.015%。

引气剂对混凝土性能的影响主要体现在以下几个方面。

(1) 改善混凝土拌合物的和易性。封闭的气泡在混凝土拌合物内犹如滚珠，可减少水泥颗粒间的摩擦而提高流动性。同时，由于水分子均匀分布在大量气泡的表面形成气泡薄膜，能使自由移动的水量减少，在混凝土拌合物中起到了保水作用，黏聚性也随之提高。

(2) 提高混凝土的抗渗性和抗冻性。引气剂引入的封闭气泡能有效隔断毛细孔通道，并能减小泌水造成的孔缝，改变混凝土的孔结构，从而可提高抗渗性。另外，封闭气泡有较大的弹性变形能力，对水结冰时的膨胀能起到缓冲作用，从而提高抗冻性。

(3) 降低混凝土强度。由于大量气泡的存在，可减少混凝土的有效受力面积，使混凝土强度有所降低。一般混凝土中含气量增加1%，抗压强度将降低3%～5%，抗折强度下降 2%～3%，所以引气剂的掺量必须适当。

引气剂可用于抗渗混凝土、抗冻混凝土、抗硫酸盐侵蚀的混凝土、泌水严重的混凝土、轻骨料混凝土等，但引气剂不宜用于蒸养混凝土及预应力混凝土。

5. 泵送剂

泵送剂是指能改善混凝土拌合物泵送性能的外加剂。在混凝土工程中，可以采用一种减水剂或多种减水剂的复合物作为泵送剂，也可采用减水剂与缓凝组分、引气组分、保水组分和黏度调解组分的复合物作为泵送剂。

泵送剂可极大地提高混凝土拌合物的流动性，并且不会在管道输送时发生严重的离析、泌水。主要用于工业与民用建筑及其他构筑物的泵送施工的混凝土，特别是大体积混凝土，也可用于桥梁混凝土、水下灌注桩混凝土、防辐射混凝土和纤维增强混凝土等，还可用于高层建筑和超高层建筑的施工。

6. 防冻剂

防冻剂是指能使混凝土在负温环境下硬化，并在规定的养护条件下达到预期性能的外加剂。防冻剂一般由防冻组分、早强组分、减水组分、引气组分等复合而成。防冻组分能降低水的冰点，使水泥在负温环境下继续水化；早强组分可提高混凝土的早期强度，从而提高抵抗水结冰时产生膨胀应力破坏的能力；引气组分引入适量的封闭微气泡，可减缓结冰应力。上述组分综合作用，可达到防冻效果。

防冻组分可以采用有机物，如某些醇类、尿素等，也可以采用无机盐类。无机盐类的防冻剂可分为以下三类。

(1) 以亚硝酸盐、硝酸盐、碳酸盐等不含氯离子的无机盐类为防冻组分的无氯盐类。

(2) 含有阻锈组分，并以氯盐为防冻组分的氯盐阻锈类。

(3) 以氯盐为防冻组分的氯盐类。

防冻剂主要用于在冬季施工的混凝土。

7. 速凝剂

速凝剂是能使混凝土迅速硬化的外加剂。速凝剂的主要种类有无机盐类和有机盐类，我国常用的速凝剂是无机盐类。

(1) 铝氧熟料加碳酸盐系速凝剂。它的主要速凝成分是铝氧熟料、碳酸钠以及生石灰，这种速凝剂含碱量较高，混凝土的后期强度降低幅度较大，但加入无水石膏后，可以在一定程度上降低碱度并提高后期强度。

(2) 铝酸盐系。它的主要成分是铝矾土、芒硝($Na_2SO_4 \cdot 10H_2O$)，此类产品碱量低，且由于加入了氧化锌而提高了混凝土的后期强度，但却延缓了早期强度的发展。

(3) 水玻璃系。以水玻璃为主要成分。这种速凝剂凝结、硬化速度很快，早期强度高，抗渗性好，而且可在低温下施工；缺点是收缩较大。这类产品用量低于前两类，由于其抗渗性能好，常用于止水堵漏。

掺有速凝剂的混凝土早期强度明显提高，但后期强度均有所降低。速凝剂广泛应用于喷射混凝土、灌浆止水混凝土及抢修补强混凝土工程中，如矿山井巷、隧道涵洞、地下工程等。

8. 膨胀剂

膨胀剂是能使混凝土产生一定体积膨胀的外加剂。按化学成分可分为：硫铝酸盐类膨胀剂、氧化钙类膨胀剂、硫铝酸盐-氧化钙类膨胀剂。

硫铝酸盐类膨胀剂包括硫铝酸钙膨胀剂(代号CSA)、U型膨胀剂(代号UEA)、铝酸钙膨胀剂(代号AEA)、复合型膨胀剂(代号CEA)、明矾石膨胀剂(代号EA-L)。它的膨胀源为钙矾石。

氧化钙类膨胀剂是指与水泥、水拌合后经水化反应生成氢氧化钙的混凝土膨胀剂，其膨胀源为$Ca(OH)_2$。该膨胀剂比CSA膨胀剂的膨胀速率快，且原料丰富、成本低廉、膨胀稳定早、耐热性良好，对钢筋具有很好的保护作用。

膨胀剂主要适用于长期处于水中、地下或潮湿环境中有防水要求的混凝土、补偿收缩混凝土、接缝、地脚螺丝灌浆料、自应力混凝土等。氧化钙类膨胀剂不得用于海水中的工程或有侵蚀性介质作用的工程。硫铝酸钙类、硫铝酸钙-氧化钙复合类膨胀剂不得用于长期处于80℃以上的环境中的工程。

9. 防水剂

防水剂是指能降低砂浆或混凝土在静水压力下的透水性的外加剂。混凝土是一种非均质材料，内部分布着大小不同的孔隙(凝胶孔、毛细孔和大孔)。防水剂的主要作用是减少混凝土内部的孔隙，提高密实度或改变孔隙特征以及堵塞渗水通路，以提高混凝土的抗渗性。常采用引气剂、引气减水剂、膨胀剂、氯化铁、氯化铝、三乙醇胺、硬脂酸钠、甲基硅醇钠、乙基硅醇钠等外加剂作为防水剂。

10. 阻锈剂

阻锈剂是指能抑制或减轻混凝土中的钢筋锈蚀的外加剂，分为阳极型、阴极型和复合型。阳极型阻锈剂为含氧化性离子的盐类，能起到增加钝化膜的作用，主要有亚硝酸钠、亚硝酸钙、铬酸钾、苯甲酸钠等；阴极型阻锈剂大多数是表面活性物质，能在钢筋表面形成吸附膜，起到减缓或阻止电化学反应的作用，主要有氨基醇类、羧酸盐类、磷酸酯等，某些阻锈剂能在阴极生成难溶于水的物质从而起到阻锈作用，如氟铝酸钠、氟硅酸钠等。阴极型阻锈剂的掺量大，效果不如阳极型的好；复合型阻锈剂对阳极和阴极均有保护作用。

在工程中，主要使用亚硝酸盐作为阻锈剂，但亚硝酸钠严禁用于预应力混凝土工程。阻锈剂应复合使用，以增加阻锈效果、减少掺量。

4.2.6　矿物掺合料

掺合料是指在配制混凝土拌合物的过程中，直接加入的人造或天然的矿物细粉材料，也称矿物外加剂，是混凝土的第6种基本组成材料。

活性矿物掺合料绝大多数来自工业固体废渣，主要成分为SiO_2和Al_2O_3，在碱性或兼有硫酸盐成分的液相条件下，可发生水化反应，生成具有固化特性的胶凝物质。所以，掺合料也被称为混凝土的"第二胶凝材料"或辅助胶凝材料。单位体积混凝土的用水量与水泥和掺合料总质量之比称为水胶比。

掺合料用于混凝土中不仅可以取代部分水泥、节约成本，而且可以显著改善混凝土拌合物的和易性和硬化混凝土的耐久性和后期强度。目前，掺合料已成为混凝土中不可缺少的组成部分。特别是在大体积混凝土、高强混凝土和高性能混凝土中起到重要的作用。另外，掺合料的应用，可以充分利用工业废料，节约能源、减少二次污染，对节能环保也有着重要的意义。

工程中常用的混凝土掺合料有粉煤灰、矿渣粉、硅灰和沸石粉等，下面对硅灰和沸石粉做简要介绍。

1. 硅灰

硅灰是冶炼硅钢或硅铁合金时从烟气中收集的颗粒极细的烟尘，也称硅粉。硅灰的主要成分为无定型SiO_2，其平均粒径为$0.1\sim0.2\mu m$，只有水泥粒径的1%～2%。硅灰的密度为$2.2g/cm^3$，堆积密度为$250\sim300kg/m^3$，是非常松散的极细粉末，运输比较困难，多采用团球法制成2～3mm的球形颗粒运输。

硅灰颗粒极细，掺入水泥混凝土后能很好地填充于水泥颗粒空隙之中，使浆体更致密。硅灰还具有火山灰性，即硅灰接触拌合水后，首先形成富硅凝胶，并吸收水分，凝胶在尚未水化的水泥颗粒间聚集，逐渐包裹水泥颗粒，水化产物$Ca(OH)_2$与上述硅凝胶的表面反应生成C-S-H凝胶，该水化物凝胶强度高于$Ca(OH)_2$晶体。C-S-H凝胶多产生于水泥水化的C-S-H凝胶孔隙中，可大大提高混凝土的致密度。

硅灰取代水泥的效果远远高于其他混凝土掺合料，可大幅度提高混凝土的强度，并且由于硅灰的活性极高，在早期也会与$Ca(OH)_2$发生水化反应，因此掺加硅灰后，混凝土的早期强度也得到提高。掺加硅灰还可提高混凝土的抗渗性、抗腐蚀性，并可明显抑制碱-骨料反应，降低水化热，减小温升。由于硅灰的比表面积巨大，因此掺加硅灰后混凝土拌合物的保水性和黏聚性明显改善，但需水量很大，流动性降低，使用时必须同时掺加减水剂，以保证混凝土的流动性。

硅灰的取代水泥量一般为5%～15%，掺入高效减水剂后，性能得到改善，可广泛用于高强或超高强混凝土、泵送混凝土、喷射混凝土、水利工程、港口、桥梁等。但由于我国硅灰产量低、价格高，使用受到限制。

2. 沸石粉

沸石粉是由天然沸石磨细而成的一种掺合料，天然沸石是含有微孔的含水铝硅酸盐矿物，含有一定量的活性SiO_2和Al_2O_3，能与水泥水化析出的氢氧化钙发生作用，生成胶凝物质。

沸石粉掺入混凝土后可以改善混凝土拌合物的和易性，减少泌水，改善可泵性，还可提高混凝土强度、抗渗性和抗冻性以及抑制碱-骨料反应等。

沸石粉主要用于配制高强混凝土、流态混凝土及泵送混凝土。由于沸石粉具有很大的内表面积和开放性结构，还可用于配制调湿混凝土等功能性混凝土。

💡 工程案例分析

某工地在冬季施工时，12层现浇梁板使用的混凝土出现严重的超缓凝现象，涉及混凝土使用量达10 000m^3，施工面积达20 000m^2，经调查，时间最长的达72h才开始凝结，严重影响了工期，并且施工单位和监理单位对缓凝时间过长的混凝土最终能否达到设计强度产生疑问。

1. 原因分析

根据现场状况，相关人员对混凝土超缓凝产生的原因和造成的后果(强度)从外加剂、水泥和施工工艺三个方面进行了初步分析。

1) 外加剂

由于计量系统出现故障引起的外加剂(缓凝组分葡萄糖酸钠)的超掺量，表现在施工现场就是有的部位凝固，有的部位没凝固。对于生产过程中坍落度较小的混凝土，质检人员通过增加外加剂的量来增大坍落度，也是导致外加剂(缓凝组分)的超掺量引起缓凝的一个原因。

另外，现场使用的外加剂有一部分是夏天剩余的，其配方是夏天用外加剂的配方，作为缓凝成分的葡萄糖酸钠含量高，葡萄糖酸钠用于缓凝，正常情况下是稳定的，但随着季节的变化，它对温度及大风敏感性高，用于冬期施工时也可能引起混凝土长时间不凝、缓凝。

2) 水泥

该单位使用的两种水泥的早期强度一直偏低，其优点是夏季施工时的水泥水化热低，便于裂缝控制。进入或邻近冬施时，水泥厂应适当调整配比，以抵消早期水化慢而引起的混凝土缓凝现象。但水泥对此次混凝土缓凝的影响是从属的，水泥对混凝土的影响主要在于强度。

3) 施工工艺

在冬施或邻近冬施时的施工过程中，使用混凝土时必须考虑环境条件的变化(温度、湿度等)。但本工程的施工单位并未采取保温养护措施，这也影响了混凝土的初凝。

2. 防治措施

(1) 混凝土生产企业加强质量控制，校准或更换计量设备，并经常进行检查，以确保正常使用。

考虑到冬期施工，外加剂厂可将作为缓凝成分的葡萄糖酸钠改为对温度敏感性较低的三聚磷酸钠或者柠檬酸钠，以确保温度小幅度变化时外加剂仍然满足施工对凝结的要求。

(2) 水泥厂可增加5%～10%的水泥熟料，并做好水泥与外加剂适应性试验，满足搅拌站所用外加剂对水泥适应性的要求。

(3) 做好浇筑现场的保温措施。

此外，施工单位对缓凝的混凝土做了拆除处理，但尚未拆除的部分已经凝固且强度快速增长导致拆除工作困难较大。

从上述分析可以看出混凝土缓凝的主要原因为外加剂(缓凝组分)掺量过高。从混凝土的强度发展方面分析，由于外加剂(缓凝组分)掺量过高使水泥水化反应放慢，放热速度减缓，混凝土前期强度增长缓慢，但已经凝结硬化的混凝土，后期强度不受影响。因此，尚未拆除的部分可以保留。

4.3 混凝土拌合物的和易性

4.3.1 和易性的含义

混凝土拌合物的和易性也称工作性或工作度，是指混凝土拌合物易于施工，并能获得均匀密实结构的性质。为保证混凝土的质量，混凝土拌合物必须具有与施工条件相适应的和易性。混凝土拌合物的和易性包含三个含义：流动性、黏聚性和保水性。

1. 流动性

流动性是指混凝土拌合物在自重力或机械振捣的作用下，易于产生流动并易于密实地充满混凝土模板的性质。流动性好的混凝土拌合物可保证混凝土构件或结构的形状与尺寸满足要求以及具有一定的密实性。流动性过小，难以振捣密实，易在混凝土内部造成孔隙或孔洞，影响混凝土的强度和耐久性；流动性过大，可能会使混凝土拌合物产生离析和分层，影响混凝土的匀质性和质量。

2. 黏聚性

黏聚性是指混凝土拌合物各组成材料具有一定的黏聚力，在施工过程中保持整体均匀一致的能力。黏聚性差的混凝土拌合物在运输、浇注、成型等过程中，容易产生分层离析，造成混凝土内部结构不均匀。

3. 保水性

保水性是指混凝土拌合物在施工过程中保持水分的能力。保水性好可保证混凝土拌合物在运输、成型和凝结硬化过程中，不出现严重的泌水。泌水会在混凝土内部产生大量的连通毛细孔隙，影响混凝土的密实性。上浮的水会聚集在钢筋和石子的下部，形成稀水泥浆薄弱层，即界面过渡层，严重时会在石子和钢筋的下部形成水隙或水囊，产生孔隙或裂纹，从而严重影响它们与水泥石之间的界面黏结力。上浮到混凝土表面的水，会大大增加表面层混凝土的水灰比或水胶比，造成混凝土表面疏松，若是分层浇注的混凝土，则会在混凝土内部形成薄弱的夹层。

混凝土拌合物的流动性、黏聚性及保水性，三者相互联系，但又相互矛盾。当流动性较大时，往往混凝土拌合物的黏聚性和保水性较差，反之黏聚性和保水性较好。因此，混凝土拌合物和易性良好是指三者相互协调，均为良好。

4.3.2 和易性的测定

和易性并非单一的性质，难以简单地给予一个定量的表达，尽管在国内外的研究中已提出了数十种测定方法，但目前还没有一种全面反映混凝土和易性的测定方法和指标。在我国的工程实践中，混凝土拌合物的和易性应按照《普通混凝土拌合物性能试验方法标准》(GB/T 50080—2002)来测定和评价，该标准中规定用坍落度与坍落度扩展法和维勃稠度法来测定流动性，而黏聚性和保水性则通过观察和经验来判定其好坏。

1. 坍落度法与坍落度扩展法

坍落度与坍落度扩展法的主要设备是坍落度筒，见图4-4。混凝土拌合物按规定分三层装入坍落度筒内并插捣密实，装满后将表面刮平，然后垂直平稳地向上提起坍落度筒，混凝土拌合物因自重而向下坍落，测量筒高与坍落后混凝土试体最高点之间的高度差，即混凝土拌合物的坍落度值。

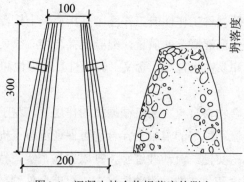

图4-4 混凝土拌合物坍落度的测定

当混凝土拌合物的坍落度大于220mm时，由于流动性很大，坍落后会向四周扩展，用钢尺测量混凝土扩展后最终的最大直径和最小直径，在这两个直径的差小于50mm的条件下，以这两个直径的算数平均值作为坍落扩展度值。坍落度和扩展度越大，说明混凝土拌合物的流动性越好。扩展度适用于描述泵送高强混凝土和自密实混凝土。

黏聚性的检验方法是用捣棒在已经坍落的混凝土锥体侧面轻轻敲打,若锥体逐渐下沉,则表示黏聚性良好;若锥体倒塌或部分崩裂,则表示黏聚性不好。

保水性以混凝土拌合物中稀浆析出的程度来评定。坍落度筒提起后如有较多稀浆自底部析出,混凝土拌合物因失浆而骨料外露,则表示此混凝土保水性差;若无稀浆或仅有少量稀浆从底部析出,则表示此混凝土保水性良好。

坍落度试验适用于骨料最大粒径不大于40mm、坍落度不小于10mm的混凝土拌合物的流动性测定。

2. 维勃稠度试验

坍落度小于10mm的干硬性混凝土拌合物的流动性要用维勃稠度法测定,所用设备为维勃稠度仪,见图4-5。它的测定方法是首先将坍落度筒放入振动台上的圆柱形容器内,然后将混凝土拌合物由漏斗装入坍落度筒内分层捣实后,将坍落度筒垂直向上提起,把透明圆盘转到混凝土拌合物试体的顶面,启动振动台,同时用秒表计时,当振动到透明圆盘底面布满水泥浆时,停止计时,关闭振动台。此时所读秒数为该混凝土拌合物的维勃稠度值。维勃稠度值越小,表示拌合物的流动性越好;维勃稠度值越大,则流动性越差。此方法适用于骨料最大粒径不超过40mm、维勃稠度在5~30s之间的混凝土拌合物的稠度测定。

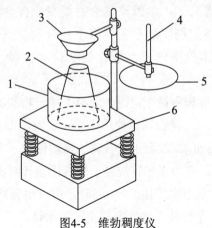

图4-5 维勃稠度仪

1-圆柱形容器 2-坍落度筒 3-漏斗 4-测杆 5-透明圆盘 6-振动台

《混凝土质量控制标准》(GB 50146—2011)中,对坍落度、维勃稠度、扩展度进行了等级划分,见表4-19。

表4-19 混凝土拌合物坍落度、维勃稠度、扩展度的等级划分

等级	坍落度/mm	等级	维勃稠度/s	等级	扩展度/mm
S1	10~40	V0	≥31	F1	≤340
S2	50~90	V1	30~21	F2	350~410
S3	100~150	V2	20~11	F3	420~480
S4	160~210	V3	10~6	F4	490~550
S5	≥220	V4	5~3	F5	560~620
—	—	—	—	F6	≥630

4.3.3　影响和易性的主要因素

1. 单位用水量与水胶比

单位用水量是指1m³混凝土的用水量。水胶比是混凝土中单位用水量与胶凝材料用量的质量比，用W/B表示。胶凝材料用量是指1m³混凝土中水泥用量和活性矿物掺合料用量之和。

影响混凝土混合物和易性的首要因素是单位用水量。在水胶比不变的情况下，混凝土拌合物的单位用水量决定了胶凝材料浆体的数量，单位用水量越多，则浆体的数量越多，包裹在骨料表面的浆层越厚，对骨料的润滑作用越好，因而混凝土拌合物的流动性越大。但单位用水量过多，即浆体的数量过多，会产生流浆和离析，使混凝土拌合物的黏聚性和保水性变差，并对混凝土的强度和耐久性带来负面影响；用水量过少，即浆体数量过少，则不能填满骨料的空隙，或不能很好地包裹骨料的表面，使黏聚性降低，易产生崩塌现象。因此，混凝土拌合物的用水量应以满足流动性为衡量尺度，不宜过多或过少。

在单位用水量一定的情况下，水胶比也会对混凝土拌合物的和易性产生影响，水胶比越大，则胶凝材料浆体的稠度越小，混凝土拌合物的流动性越大，黏聚性与保水性越差。但是在常用水胶比范围内，水胶比的变化对混凝土拌合物流动性的影响并不显著。

实践证明，当骨料的品种和用量一定时，混凝土拌合物的流动性主要取决于混凝土拌合物单位用水量的多少。混凝土拌合物单位用水量一定时，即使水泥用量有所变动(如混凝土水泥用量增减50~100kg/m³)，混凝土拌合物的流动性也基本上保持不变，这种关系称为混凝土的恒定用水量法则。它为在进行混凝土配合比设计时确定拌合用水量带来很大方便。根据上述法则，当采用常用水胶比0.4~0.8时，可以根据粗骨料品种、粒径及施工要求的流动性直接确定配制1m³塑性或干硬性混凝土的用水量。

2. 砂率

砂率是指混凝土中砂的质量占骨料总质量的百分比。由于砂浆可减少粗骨料之间的摩擦力，在混凝土拌合物中起润滑作用，所以在一定的砂率范围内，随着砂率的增大，润滑作用愈加显著，混凝土拌合物的流动性增大。但在砂率增大的同时，骨料的总表面积随之增大，需要润湿的水分增多，在用水量一定的条件下，混凝土拌合物的流动性会降低，所以当砂率增大超过一定范围后，混凝土拌合物的流动性反而随砂率增加而降低。另外，当砂率过小时，石子之间没有足够的砂浆填充，混凝土拌合物的黏聚性和保水性将变差，会产生离析和流浆现象。因此，应在用水量和水泥用量不变的情况下，选取可使混凝土拌合物获得最大的流动性和良好的黏聚性与保水性的合理砂率。图4-6是在水和胶凝材料用量一定的条件下，砂率与坍落度的关系曲线。

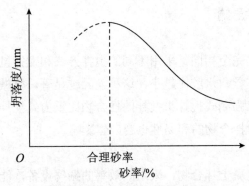

图4-6 砂率与坍落度的关系曲线

3. 混凝土组成材料的性质

1) 水泥的品种与细度

不同品种和细度的水泥由于对水的吸附作用不同，需水量也不同。通常火山灰水泥拌制的混凝土拌合物的流动性较小，但黏聚性和保水性较好。而矿渣水泥的泌水性大，因此用其拌制混凝土拌合物的保水性较差。而比表面积越大的水泥，其需水量也越大，在其他条件相同的情况下，拌制的混凝土的流动性较小。

2) 骨料的品种、规格与质量

卵石和河砂的表面光滑，因而采用卵石、河砂配制混凝土时，混凝土拌合物的流动性大于用碎石、山砂和破碎砂配制的混凝土。采用粒径粗大、级配良好的粗、细骨料时，由于骨料的比表面积和空隙率较小，因而混凝土拌合物的流动性大，黏聚性及保水性好，但细骨料过粗时，会引起黏聚性和保水性下降。采用含泥量、泥块含量、云母含量及针、片状颗粒含量较少的粗、细骨料时，混凝土拌合物的流动性较大。

3) 外加剂和掺合料

混凝土拌合物中加入减水剂或引气剂可明显提高拌合物的流动性，引气剂还可有效地改善拌合物的黏聚性和保水性，减少泌水。在混凝土中掺入掺合料可以减少离析和泌水，使拌合物具有良好的黏聚性。若同时加入优质粉煤灰、硅灰等超细微粒掺合料和高效减水剂，还可以提高混凝土拌合物的流动性。

4. 时间和环境的温湿度

搅拌后的混凝土拌合物，随着时间的延长而逐渐变得干稠，坍落度降低，流动性下降，从而使和易性变差，这种现象称为坍落度损失。导致这种现象的原因是一部分水已与水泥硬化，一部分水被水泥骨料吸收，一部分水蒸发，以及混凝土凝聚结构的逐渐形成，致使混凝土拌合物的流动性变差。

混凝土拌合物的和易性也受温度的影响。因为环境温度升高，水分蒸发及水化反应加快，使流动性降低。因此，施工中为保证一定的和易性，必须注意环境温度的变化，及时采取相应的措施。

5. 生产和施工工艺的影响

1) 搅拌

即使原材料和配合比完全相同，采用不同的搅拌方式和搅拌机械，生产出的混凝土拌合物的和易性也会有所差异，水胶比越小，这种差异越显著。机械搅拌的拌合物比人工搅拌的拌合物的和易性好，强制式搅拌机搅拌的拌合物比重力式搅拌机搅拌的拌合物的和易性好。此外，搅拌制度对拌合物的和易性也会产生影响。

2) 振捣

对于坍落度相同的混凝土拌合物，采用高效率的振捣设备，能使其更易于流动而获得更高的密实度。

4.4　混凝土的强度

由于水化热、干燥收缩及泌水等原因，混凝土在受力前就在水泥石中存在微裂纹，特别是在骨料的表面处存在着部分界面微裂纹。当混凝土受力后，在微裂纹处产生应力集中，会使这些微裂纹不断扩展、数量不断增多，并逐渐汇合连通，最终形成若干条可见的裂缝而使混凝土遭到破坏。因此，混凝土的破坏过程就是内部微裂缝的发生和发展过程，只有当微裂缝发展到一定程度时，混凝土才会整体发生破坏，破坏时的极限应力值即混凝土的强度值。

4.4.1　混凝土立方体抗压强度及强度等级

1. 混凝土立方体抗压强度

《普通混凝土力学性能试验方法标准》(GB/T 50081—2002)中规定，将混凝土拌合物制成150mm×150mm×150mm的立方体标准试件，采用标准养护，养护至28d龄期，用标准试验方法所测得的抗压强度值称为混凝土立方体抗压强度，以f_{cu}表示。标准养护是指成型后在(20±5)℃的环境中静置一昼夜至两昼夜，拆模后立即放入温度为(20±2)℃、相对湿度为95%以上的标准养护室养护，或在温度为(20±2)℃、不流动的Ca(OH)$_2$饱和溶液中养护。

混凝土立方体抗压强度也可采用100mm×100mm×100mm或200mm×200mm×200mm的非标准尺寸的立方体试件来测定，但在计算抗压强度时，应将测定值乘以相应的换算系数，以得到相当于标准试件的强度值。当混凝土强度等级小于C60时，采用100mm×100mm×100mm的立方体试件，换算系数为0.95；采用200mm×200mm×200mm的立方体试件，换算系数为1.05。当混凝土强度等级大于或等于C60时，宜采用标准试件。若使用非标准试件，尺寸换算系数应通过试验确定。

在实际施工时，混凝土的养护条件往往达不到标准养护条件，为了得到混凝土的实际强度，常将混凝土试件放在与工程相同的条件下进行同条件养护，再按所需龄期测出抗压强度,作为施工工地混凝土质量控制的依据。

2. 混凝土立方体抗压强度标准值与强度等级

《混凝土强度检验评定标准》(GB/T 50107—2010)规定,混凝土的强度等级是按立方体抗压强度标准值来划分的。混凝土立方体抗压强度标准值是指按标准方法制作和养护的150mm×150mm×150mm的立方体试件,在28d龄期用标准试验方法测得的混凝土立方体抗压强度总体分布中的一个值,强度低于该值的概率应为5%,即具有95%强度保证率的抗压强度值,以$f_{cu,k}$表示。混凝土强度等级用符号"C"和立方体抗压强度标准值 (以MPa计)表示。

《混凝土质量控制标准》(GB 50164—2011)中将混凝土划分为C10、C15、C20、C25、C30、C35、C40、C45、C50、C55、C60、C65、C70、C75、C80、C85、C90、C95、C100共19个等级。

4.4.2 混凝土的其他强度

1. 轴心抗压强度

在实际工程中,钢筋混凝土的结构形式大部分是棱柱体或圆柱体。因此,为了符合实际情况,在结构设计中,混凝土受压构件的计算采用混凝土轴心抗压强度。

混凝土轴心抗压强度又称为棱柱体抗压强度。《普通混凝土力学性能试验方法标准》(GB/T 50081—2002)中规定,采用150mm×150mm×300mm的标准棱柱体试件,标准养护至28d,进行抗压强度试验所得抗压强度值即轴心抗压强度。也可以采用非标准尺寸的棱柱体试件,但测得的结果须乘以相应的尺寸换算系数。

混凝土的轴心抗压强度小于立方体抗压强度。试验表明,当混凝土的立方体抗压强度在10~55MPa之间时,轴心抗压强度与立方体抗压强度之比为0.70~0.80。

2. 抗拉强度

混凝土是一种脆性材料,它的抗拉强度只有抗压强度的1/10~1/20,而且随着混凝土强度等级的提高,比值逐渐降低。虽然在结构设计中一般不考虑混凝土承受的拉力,但混凝土的抗拉强度与混凝土的裂缝有着密切的关系。在结构设计中,抗拉强度是确定混凝土抗裂能力的重要指标。

由于直接用轴向拉伸试验测定混凝土的抗拉强度,外力作用线不易与轴线重合,且夹具处常发生局部破坏,通常采用劈裂抗拉强度试验法间接得出混凝土的抗拉强度,并称之为劈裂抗拉强度。《普通混凝土力学性能试验方法标准》(CB/T 50081—2002)规定,混凝土的抗拉强度采用立方体劈裂抗拉试验测定,它采用150mm×150mm×150mm的立方体标准试件(采用非标准试件时测定结果乘以尺寸换算系数),用规定的劈裂抗拉装置检测混凝土劈裂抗拉强度,见图4-7。它的原理是在试件的两个相对的表面轴线上,作用着均匀分布的压力,这样就能在外力作用的竖向平面内产生均匀分布的拉应力,如图4-8所示。混凝土劈裂抗拉强度的计算公式为

$$f_{ts} = \frac{2F}{\pi A}$$

式中：f_{ts}——混凝土劈裂抗拉强度，MPa；

F——破坏荷载，N；

A——试件劈裂面面积，mm^2。

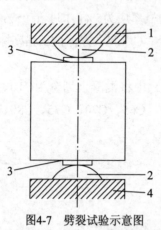
图4-7 劈裂试验示意图

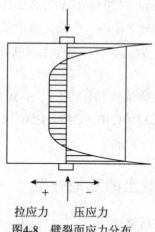
拉应力 压应力
图4-8 劈裂面应力分布

1-上压板 2-垫条 3-垫层 4-下压板

试验表明，用轴心抗拉法测得的混凝土抗拉强度比劈裂抗拉强度略小，两者比值为0.8～0.9。

3. 抗折强度

路面、桥面所用的水泥混凝土以抗折强度为主要强度设计指标，抗压强度仅作为参考指标。按照《公路工程水泥及水泥混凝土试验规程》(JTE E30—2005)的规定，水泥混凝土抗弯拉强度试验采用边长为150mm×150mm×600mm(或550mm)的梁形试件作为标准试件，经28d标准养护后，按三分点加荷方式加载测得其抗折强度，计算公式为

$$f_{ef} = \frac{FL}{bh^2}$$

式中：f_{ef}——混凝土抗折强度，MPa；

F——破坏荷载，N；

L——支座间跨度，mm；

h——试件截面高度，mm；

b——试件截面宽度，mm。

4.4.3 影响混凝土强度的因素

1. 水胶比

混凝土的强度主要取决于水胶比。按照理论计算，胶凝材料水化所需的结合水一般只占胶凝材料质量的23%左右，但在拌制混凝土拌合物时，为了获得必要的流动性，常需要加入较多水，当混凝土硬化后，多余的水分就残留在混凝土中形成水泡，并在蒸发和泌

水过程中形成气孔或泌水通道，从而使混凝土密实度降低、强度下降。

水胶比越小，混凝土硬化后形成的孔隙和通道越少，密实度越大，强度就越高。但要注意的是，如果水胶比过小，混凝土拌合物过于干稠，在一定的施工振捣条件下，混凝土不能被振捣密实，混凝土中会出现较多的蜂窝和孔洞，反而导致强度严重下降，如图4-9所示。

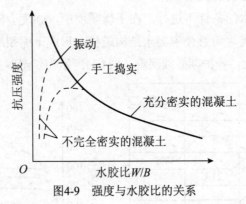

图4-9　强度与水胶比的关系

2. 混凝土组成材料的性质

1) 水泥

在混凝土配合比一定的条件下，混凝土的强度与水泥的强度成正比，即水泥的强度越高，混凝土的强度也就越高。

2) 骨料

在水泥强度等级和水胶比相同的条件下，碎石混凝土的强度往往高于卵石混凝土。因为碎石表面粗糙，所以界面黏结力比较大；而卵石表面光滑，则界面黏结力比较小。

有害杂质含量少、级配良好的骨料，有利于界面黏结，并能组成密集的骨架使水泥浆数量相对减小，使骨料充分发挥骨架作用，从而使混凝土强度有所提高。

3) 外加剂和掺合料

在混凝土中加入外加剂可按要求改变混凝土的强度及强度发展规律，如掺入减水剂可减少拌合用水量，提高混凝土的强度；掺入早强剂可以提高混凝土的早期强度，且不影响后期强度发展。

具有活性的掺合料能发生二次水化，产生胶凝能力，对后期强度发展有利。在配合比一定的情况下，掺加的掺合料活性越大，胶凝能力越强，混凝土的强度就越高。如果掺加超细的掺合料，如硅灰，则能大幅提高混凝土的强度，可用于配制高性能混凝土和超高强混凝土。

3. 养护的温度与湿度

为了获得质量良好的混凝土，混凝土成型后必须在一定的时间内保持适当的温度和足够的湿度，以使胶凝材料充分水化，这就是混凝土的养护。温度和湿度是在混凝土养护期间影响胶凝材料水化程度和速度的重要因素。

养护温度高时，可以增加初期水化速度，使混凝土早期强度得以提高。但初期温度过高将导致混凝土的早期强度发展较快，水化产物分布不均匀，阻碍水与胶凝材料的接触，对混凝土的后期强度发展不利，有可能降低混凝土的后期强度。当养护温度较低时，混凝土硬化缓慢。当温度在冰点以下时，不但水化反应停止，而且有可能因冰冻导致混凝土结构疏松，强度严重降低。特别是早期混凝土强度低，更容易冻坏。图4-10所示为混凝土在不同温度的水中养护时强度的发展规律。

水化反应必须在有水的条件下进行。在干燥环境中，强度会随水分蒸发而停止发展，从而严重降低混凝土强度，而且使混凝土结构疏松，形成干缩裂缝，加大渗水性，从而影响混凝土的耐久性。因此，养护期必须保湿。图4-11所示为保湿养护对混凝土强度的影响。

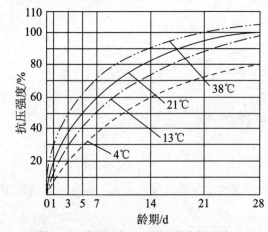

图4-10 养护温度对混凝土强度的影响

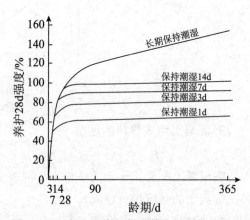

图4-11 混凝土强度与保湿养护时间的关系

混凝土养护常用的方法有以下几种。

(1) 自然养护。养护温度随气温变化，而养护湿度必须充分，可通过覆盖浇水、覆盖包裹塑料薄膜、喷涂养生液等方法来保湿。

(2) 蒸汽养护。蒸汽养护的温度不超过100℃，最佳温度为65℃~80℃，由饱和蒸汽提供充分的湿度。

(3) 蒸压养护。蒸压养护需使用蒸压釜，温度一般为160℃~210℃，与温度相应的蒸汽压力为0.6~2.0MPa，蒸压养护可使混凝土构件的生产周期大为缩短。

(4) 标准养护。将混凝土试件置于温度为(20±2)℃、相对湿度>95%的条件下养护28d。

《混凝土结构工程施工质量验收规范》(2011年版)(GB 50204—2002)规定，在混凝土浇注后的12h内，应加以覆盖或浇水。对于采用硅酸盐水泥、普通水泥和矿渣水泥配制的混凝土，浇水养护时间不得少于7d。如采用粉煤灰水泥或火山灰水泥，或掺有缓凝剂、膨胀剂，或有防水抗渗要求的混凝土，浇水养护期不得少于14d。

4. 龄期

龄期是混凝土在正常养护条件下所经历的时间。在正常的养护条件下，混凝土的强度将随龄期的增长而不断发展，最初7~14d内强度发展较快，以后逐渐缓慢。混凝土强度通常是指28d龄期的强度。28d以后强度仍在发展，其增长过程可延续数十年之久。从混凝土强度与龄期的关系可以看出这一趋势，如图4-10和图4-11所示。

中等强度等级的普通混凝土(非R型水泥配制)在标准养护条件下，其强度的发展大致

与其龄期的对数成正比关系，不同龄期的混凝土强度可用下式推算

$$\frac{f_n}{f_{28}} = \frac{\lg n}{\lg 28}$$

式中：f_n——混凝土n天的抗压强度，MPa；

f_{28}——混凝土28d的抗压强度，MPa；

n——养护龄期($n \geqslant 3$)，d。

这个公式可以用来估算混凝土的强度，由于影响混凝土强度的因素很多，按此式计算的结果只能作为参考。

5. 施工方法与质量控制

采用机械搅拌可使拌合物的质量更加均匀，特别适用于水胶比较小的混凝土拌合物。采用机械振动成型时，机械的振动作用可暂时破坏水泥浆的凝聚结构，降低水泥浆的黏度，从而提高混凝土拌合物的流动性，有利于获得致密结构，这对水胶比小的混凝土或流动性小的混凝土来说尤为显著。此外，计量的准确性、搅拌时的投料次序与搅拌制度、混凝土拌合物的运输与浇灌方式(不正确的运输与浇灌方式会造成离析、分层)对混凝土的强度也有一定的影响。

4.5 混凝土的变形性能

硬化的混凝土在荷载的作用下会产生变形，即使在不受荷载作用的情况下，由于各种物理或化学因素也会引起局部或整体的体积变化，从而产生变形。混凝土的变形在约束作用下会导致裂缝的产生，进而影响混凝土的强度和耐久性。常见的非荷载作用下的变形有混凝土的化学收缩、温度变形及干湿变形等；荷载作用下的变形有弹塑性变形和徐变。

4.5.1 非荷载作用下的变形

1. 化学收缩

由于水泥水化产物的总体积小于水化前反应物的总体积而产生的混凝土收缩称为化学收缩。化学收缩是混凝土在没有干燥和其他外界因素影响下的体积收缩，是由水泥的水化反应所产生的固有收缩。混凝土的体积收缩变形是不能恢复的。它的收缩量随混凝土的龄期延长而增加，一般在混凝土成型后40d内增长较快，以后逐渐趋于稳定。化学收缩的收缩率很小，一般不会对结构物产生破坏作用，但在其收缩过程中，在混凝土内部还是会产生微细裂缝，这些微细裂缝可能会影响混凝土的受力性能和耐久性能。

2. 温度变形

混凝土与其他材料一样，也具有热胀冷缩的性质，这种热胀冷缩的变形称为温度变形。通常温度每升降1℃，每米混凝土胀缩0.01～0.015mm。当混凝土结构面积较大或纵向较长时，变形的累积会使其结构产生温度裂缝，因此对于面积较大或纵向较长的混凝土工

程,应每隔一定长度设置一个伸缩缝。

除了外界温度的升降变化外,混凝土内部与外部的温差也会对其体积稳定性产生影响,这一影响在大体积混凝土中尤为突出。由于混凝土的导热能力很低,水泥水化产生的水化热聚集在混凝土内部不易散失,造成内部温度较高,而混凝土表面散热快、温度较低,从而导致混凝土内外温差较大,在内部约束应力和外部约束应力的作用下就可产生裂缝。因此,大体积混凝土在施工时,温度控制十分重要。

3. 干湿变形

周围环境的湿度发生变化时,混凝土将产生干缩与湿胀。

当混凝土在水中硬化时,由于水泥凝胶体中胶体颗粒表面的吸附水膜增厚,胶体粒子间的距离增大,可使混凝土体积产生微小的膨胀。这种湿膨胀的变形量很小,一般无明显的破坏作用。

混凝土在干燥的空气中硬化时,首先发生游离水的蒸发,游离水的蒸发并不会引起混凝土的收缩。然后毛细孔中的水分也会蒸发,使毛细孔中形成负压,随着毛细孔中的水分的不断蒸发,负压逐渐增大,产生收缩力,导致混凝土收缩。同时,水泥凝胶体颗粒的吸附水也会发生部分蒸发,由于分子引力的作用,粒子间的距离变小,使凝胶体产生紧缩。干缩会导致混凝土的收缩和开裂,致使结构安全性和耐久性降低。混凝土的干缩在重新吸水后可以部分恢复,但仍有残余变形不能完全恢复。通常,残余收缩为收缩量的30%~60%。

影响干缩的因素主要有以下几个。

1) 胶凝材料与水胶比

混凝土干缩变形主要是由混凝土中的硬化胶凝材料的干缩所引起的,因此减少混凝土中的胶凝材料的用量,减小水胶比,是减少干缩的关键。胶凝材料的品种和细度也会对干缩产生影响,如火山灰水泥的干缩率最大,粉煤灰水泥的干缩率较小。而胶凝材料的细度越大,干缩率也越大。

2) 骨料

骨料对干缩具有制约作用,使用弹性模量较大的骨料,混凝土干缩率较小。使用吸水性大的骨料,干缩率较大。当骨料的最大公称粒径较大、级配较好时,能减少用水量,所以混凝土干缩率较小。当骨料中含泥量较多时,会增大混凝土的干缩率。

3) 养护条件

养护的湿度高、时间长,可推迟干缩的发生、延缓干缩的发展,但对混凝土的最终干缩率并无显著影响。采用湿热处理,可减小混凝土的干缩率。

在混凝土结构设计中,必须考虑干缩的影响,干缩率的取值为$(1.5\sim2.0)\times10^{-4}$,即1m混凝土收缩0.15~0.2mm。

4.5.2 荷载作用下的变形

1. 弹塑性变形

混凝土是一种非均质多相复合材料,它是一种弹塑性体,在受到外力作用时,既发生弹性变形，又发生塑性变形，因此其应力应变的关系并非成比例的直线，而是一条曲线，见图4-12。随着应力的增加，混凝土的塑性变形增大，曲线斜率减小，当应力达到B点时，混凝土承载力下降，荷载减小而变形继续增加，直至完全破坏。此时，所对应的荷载为混凝土的极限荷载。

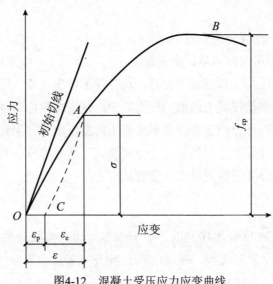

图4-12　混凝土受压应力应变曲线

2. 徐变

混凝土在长期不变的荷载作用下，沿着作用力方向随时间而不断增长的变形称为徐变。

当混凝土受荷载作用后，即时产生瞬时变形，瞬时变形以弹性变形为主。随着荷载持续时间的延长，变形缓慢地增长，即产生徐变。在荷载作用初期，变形增长较快，然后逐渐缓慢，2～3年后趋于稳定。混凝土的徐变变形可达瞬时变形的2～4倍，最终的徐变应变可达$(3\sim15)\times10^{-4}$，即0.3～1.5mm/m。混凝土在变形稳定后，如卸去荷载，则一部分变形可以瞬时恢复，还有一部分要过一段时间才能恢复，称为徐变恢复；剩余不可恢复的部分，称为残余变形，如图4-13所示。

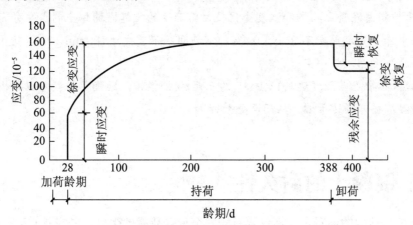

图4-13　混凝土的徐变与恢复

混凝土的徐变，一般认为是由于凝胶体在长期荷载的作用下向毛细孔中的黏性流动，及凝胶粒子上的吸附水因荷载应力而向毛细孔迁移渗透的结果。

影响徐变的主要因素有以下几个。

(1) 胶凝材料用量越多，水胶比越大，徐变越大。

(2) 骨料越多，骨料的弹性模量越大，徐变越小。级配较好及最大粒径较大时，徐变较小。

(3) 养护湿度越高，混凝土徐变越小。

(4) 混凝土受荷载作用时间越早，徐变越大。

混凝土不论是在受压、受拉还是受弯时，均会发生徐变现象。混凝土的徐变对钢筋混凝土构件来说，能消除钢筋混凝土内部的应力集中，使应力较均匀地重新分布；对于大体积混凝土而言，能消除一部分由于温度变形所产生的温度应力。但在预应力钢筋混凝土结构中，混凝土的徐变将使混凝土的预加应力受到损失，从而造成不利影响。因此，在混凝土结构设计时，必须充分考虑徐变带来的影响。

💡 工程案例分析

某工程部位剪力墙的墙厚400mm，设计强度C40。拆模后发现墙面出现竖向裂缝，裂缝形状和间距非常有规律，每隔1.5～1.8m有一条竖向裂缝，裂缝两头尖、中间宽，呈枣核形，裂缝两头不到顶，裂缝最宽处为0.2～0.3mm，个别裂缝为贯通裂缝。混凝土强度均满足要求。

1. 原因分析

(1) 混凝土配合比中的水泥用量偏大，混凝土自收缩产生拉裂；

(2) 设计箍筋少，间距大；

(3) 混凝土养护不到位，养护时间少。

2. 防治措施

(1) 混凝土配合比应在满足强度的前提下尽量减少水泥用量，在保证和易性的前提下尽量多掺矿物掺合料。

(2) 为控制因混凝土收缩和温度变化较大而产生的裂缝，墙体中的水平分布筋除满足强度要求外，其配筋率不宜小于0.4%，钢筋间距不宜大于100mm，墙体宜双排配置分布钢筋。

(3) 加强养护，当强度达到1MPa时(约三天)放松模板，继续养护到可以拆模，加强混凝土的湿养护可预防干缩，从而避免裂缝加大。

4.6 混凝土的耐久性

对用于工程结构的混凝土，不仅要有能安全承受荷载的强度，还应具有耐久性，即要求混凝土在使用环境条件的长期作用下，能抵抗内外不利因素的影响且保持良好的使用性能。耐久性是一项综合性的性质,对于不同的材料,耐久性的要求也不尽相同。对于混凝土来说,包括抗冻性、抗渗性、抗侵蚀性等一系列性质。《混凝土耐久性检验评定标准》(JGJ/T 193—2009)中提出"混凝土耐久性检验评定的项目可包括抗冻性能、抗水渗透性能、抗硫酸盐侵蚀性能、抗氯离子渗透性能、抗碳化性能和早期抗裂性能。当混凝土需要进行检验评定时,检验评定的项目及其等级或限值应根据设计要求确定"。混凝土的碱-骨料反应也会对混凝土的耐久性产生很大的负面影响,需要通过对水泥和骨料等材料进行质量控制来加以避免。

4.6.1 抗冻性

根据《普通混凝土长期性能和耐久性能试验方法标准》(GB/T 50082—2009),抗冻试验有两种方法,即慢冻法和快冻法。

1. 慢冻法

慢冻法以龄期为28d的100mm×100mm×100mm的立方体试件在吸水饱和后承受反复冻融循环作用(-18℃冻4h,18℃~20℃融4h),以抗压强度下降不超过25%或质量损失不超过5%时,所能承受的最大冻融循环次数来确定抗冻标号,用符号D表示,如D50、D100等。

2. 快冻法

对于高抗冻性的混凝土,可采用快冻法试验。以100mm×100mm×400mm的棱柱体试件,标准养护28d龄期后进行试验,试件吸水饱和后承受反复冻融循环,每次循环须在2~4h内完成,以相对动弹性模量值下降至不小于60%或质量损失率不超过5%时所能承受的最大冻融循环次数来确定抗冻等级,用符号F表示,如F50、F100等。

4.6.2 抗渗性

混凝土的抗渗试验采用上部直径为175mm、下部直径为185mm、高度为150mm的圆台体试件,每组6个试件。按照标准试验方法成型并养护至28~60d进行抗渗性试验。试验时将圆台形试件周围密封并装入模具,从圆台试件底部施加水压力,初始压力为0.1MPa,每隔8h增加0.1MPa,以6个试件中有4个试件未出现渗水时的最大水压力表示混凝土的抗渗性。混凝土的抗渗性用抗渗等级表示,符号为P,如P4、P6等,分别表示混凝土可抵抗0.4MPa、0.6MPa的静水压力而不渗透。

4.6.3 抗侵蚀性

混凝土的抗侵蚀性是指混凝土在周围各种侵蚀介质作用下抵抗侵蚀破坏的能力。环境介质对混凝土的侵蚀主要是化学侵蚀。如软水、硫酸盐、镁盐、酸、碱等对水泥石具有侵蚀作用;海水中的氯离子还会对钢筋起到锈蚀作用,破坏混凝土。

《普通混凝土长期性能和耐久性能试验方法标准》(GB/T 50082—2009)中规定混凝土的抗硫酸盐侵蚀性能可通过抗硫酸盐侵蚀试验测定。采用尺寸为100mm×100mm×100mm的立方体试件，养护至28d龄期，通过测定混凝土试件在干湿交替环境中，能够承受的最大干湿循环次数来表示。抗硫酸盐等级以混凝土抗压强度耐蚀系数下降到不低于75%时的最大干湿循环次数来确定，并以符号KS表示，如KS30、KS60等。

《混凝土耐久性检验评定标准》(JGJ/T 193—2009)对混凝土的抗冻性能、抗渗透性能和抗硫酸盐侵蚀性能进行了等级划分，见表4-20。

表4-20 混凝土抗冻性能、抗渗透性能、抗硫酸盐侵蚀性能的等级划分

抗冻等级(快冻法)		抗冻标号(慢冻法)	抗渗等级	抗硫酸盐等级
F50	F250	D50	P4	KS30
F100	F300	D100	P6	KS60
F150	F350	D150	P8	KS90
F200	F400	D200	P10	KS120
>F400		>D200	P12	KS150
			>P12	>KS150

4.6.4 抗碳化性

混凝土的碳化是指空气中的CO_2与硬化胶凝材料中的$Ca(OH)_2$在有水存在的条件下发生化学作用，生成$CaCO_3$和水。碳化对混凝土最主要的影响是使混凝土的碱度降低，减弱了对钢筋的保护作用，导致钢筋锈蚀。碳化还会引起混凝土的碳化收缩，容易使混凝土的表面产生微细裂缝。

混凝土的碳化过程是CO_2由表及里向混凝土内部逐渐扩散的过程，碳化深度随着时间的延续而增大，但增大的速度逐渐减慢。影响碳化速度的主要因素有以下几个。

(1) 二氧化碳的浓度。二氧化碳浓度越高，碳化的速度越快。

(2) 环境湿度。在相对湿度为50%左右的环境中，碳化速度最快；当相对湿度达100%或相对湿度小于25%时，碳化即停止进行。

(3) 水泥品种与掺合料用量。水泥的混合材料掺量多，混凝土的掺合料用量多，则碳化速度加快。

(4) 混凝土的密实度。混凝土的密实度越大，二氧化碳气体和水越不易扩散到混凝土内部，碳化速度减慢。

根据《混凝土耐久性检验评定标准》(JGJ/T 193—2009)，混凝土抗碳化性能的等级划分见表4-21。

表4-21 混凝土抗碳化性能等级划分

等级	L-I	L-II	L-III	L-IV	L-V
碳化深度d/mm	$d \geq 30$	$20 \leq d < 30$	$10 \leq d < 20$	$0.1 \leq d < 10$	$d < 0.1$

4.6.5 碱-骨料反应

混凝土中的碱性氧化物 (Na_2O、K_2O)与骨料中的活性二氧化硅、活性炭酸盐发生化学反应生成碱-硅酸盐凝胶或碱-碳酸盐凝胶,沉积在骨料与水泥胶体的界面上,吸水后体积膨胀三倍以上,导致混凝土开裂破坏。这种碱性氧化物和活性氧化硅之间的化学作用通常称为碱-骨料反应。可通过碱-骨料反应试验来检验混凝土试件在温度为38℃及潮湿条件养护下,混凝土中的碱与骨料反应所引起的膨胀是否具有潜在危害。

发生碱-骨料反应必须同时具备以下三个必要条件:一是水泥中的碱(K_2O+Na_2O)含量高;二是骨料中存在碱活性矿物,如活性二氧化硅;三是环境潮湿,水分渗入混凝土。

可采取以下措施预防碱-骨料反应或降低碱-骨料反应的危害。

(1) 检验混凝土骨料中的碱活性物质,尽量不使用碱活性骨料。

(2) 使用碱含量小于0.60%的水泥,控制外加剂带入混凝土中的碱含量,并应控制混凝土中的碱含量,最高不超过3.0kg/m³。

(3) 掺加磨细的活性矿物掺合料。利用活性矿物掺合料,特别是硅灰与火山灰质混合材料,可吸收和消耗水泥中的碱,使碱-骨料反应的产物均匀分布于混凝土中,而不致集中于骨料的周围,以降低膨胀应力。

(4) 掺加引气剂,利用引气剂在混凝土内产生的微小气泡,使碱-骨料反应的产物能分散嵌入这些微小的气泡内,以降低膨胀应力。

4.6.6 抗氯离子渗透性能

氯离子侵入混凝土钢筋表面,并达到一定的临界浓度时会引起钢筋锈蚀,钢筋锈蚀使其与混凝土的黏结力下降,同时产生的膨胀使保护层开裂破坏,最终导致整个结构的破坏。

《普通混凝土长期性能和耐久性能试验方法标准》(GB/T 50082—2009)中采用电通量法和快速氯离子迁移系数法来反映混凝土抗氯离子渗透性能。电通量法是用混凝土试件的电通量来反映混凝土抗氯离子渗透性能的试验方法。快速氯离子迁移系数法是通过测定混凝土中的氯离子的渗透深度,并计算得到氯离子迁移系数,以此来反映混凝土抗氯离子渗透性能的试验方法,简称RCM法。

《混凝土耐久性检验评定标准》(JGJ/T 193—2009)规定,当采用氯离子迁移系数来划分混凝土抗氯离子渗透性能等级时,应符合表4-22的要求,且混凝土测试龄期应为84d;当采用电通量来划分混凝土抗氯离子渗透性能等级时,应符合表4-23的要求,且混凝土测试龄期宜为28d;当混凝土中的水泥混合材料与矿物掺合料之和超过胶凝材料用量的50%时,测试龄期可为56d。

表4-22　混凝土抗氯离子渗透性能等级划分(RCM法)

等级	RCM-I	RCM-II	RCM-III	RCM-IV	RCM-V
氯离子迁移系数 $D_{RCM}/\times 10^{-12}m^2/s$	$D_{RCM}\geq 4.5$	$3.5\leq D_{RCM}<4.5$	$2.5\leq D_{RCM}<3.5$	$1.5\leq D_{RCM}<2.5$	$D_{RCM}<1.5$

表4-23　混凝土抗氯离子渗透性能等级划分(电通量法)

等级	Q-I	Q-II	Q-III	Q-IV	Q-V
电通量Q_s/C	$Q_s \geqslant 4000$	$2000 \leqslant Q_s < 4000$	$1000 \leqslant Q_s < 2000$	$500 \leqslant Q_s < 1000$	$Q_s < 500$

4.6.7　早期抗裂性能

《普通混凝土长期性能和耐久性能试验方法标准》(GB/T 50082—2009)规定,早期抗裂试验是采用尺寸为800mm×600mm×100mm的平面薄板型试件,在规定的试验条件下,来测定其开裂的长度和宽度,并计算其开裂面积的。

《混凝土耐久性检验评定标准》(JGJ/T 193—2009)对混凝土早期抗裂性能进行了等级划分,应符合表4-24的规定。

表4-24　混凝土早期抗裂性能等级划分

等级	L-I	L-II	L-III	L-IV	L-V
单位面积上的总开裂面积c/mm²/m²	$c \geqslant 1000$	$700 \leqslant c < 1000$	$400 \leqslant c < 700$	$100 \leqslant c < 400$	$c < 100$

4.7　混凝土的质量控制和强度评定

4.7.1　混凝土的质量控制

在实际生产中,由于原材料质量的波动、施工配料称量的误差、施工条件和试验条件的变异等多种因素的影响,混凝土质量会产生波动,当波动程度较大时就会导致混凝土的质量不符合要求。因此,对混凝土的质量必须做严格的控制,以及时发现和排除异常波动,使混凝土生产正常进行。混凝土质量控制的目标,是要生产出质量合格的混凝土,即所生产的混凝土应能按规定的保证率满足设计要求。混凝土质量控制包括以下三个过程。

(1) 混凝土生产前的初步控制,主要包括人员配备、设备调试、组成材料的检验及配合比的确定与调整等多项内容。

(2) 混凝土生产过程中的控制,包括在称量、搅拌、运输、浇注、振捣及养护过程中的控制等多项内容。

(3) 混凝土生产后的合格控制,包括批量划分、确定取样批数、确定检测方法和验收标准等多项内容。

在以上过程的任何一个步骤中都存在着质量的随机波动,故进行混凝土质量控制时须采用数理统计的方法。另外,由于混凝土的抗压强度与其他性能有较强的相关性,能较好地反映混凝土整体的质量情况,因此,工程中通常以混凝土抗压强度作为评定和控制其质量的主要指标。

4.7.2 混凝土强度的波动规律

对同一种混凝土进行系统的随机抽样，测定其强度，以强度为横坐标，以某一强度出现的概率为纵坐标，绘制出的强度概率分布曲线一般为正态分布曲线，说明混凝土强度的波动规律符合正态分布，如图4-14所示。正态分布曲线的高峰对应的强度为强度平均值，以强度平均值为对称轴，距离对称轴越远，强度出现的概率值越小，最后逐渐趋近于零。曲线与横坐标之间围成的面积为概率的总和，等于100%。对称轴两侧的强度出现的概率各为50%。对称轴两侧的曲线上各有一个拐点，两个拐点距对称轴的距离相等，都等于强度标准差。在数理统计方法中，常用强度平均值、标准差、变异系数等统计参数来评定混凝土的质量。

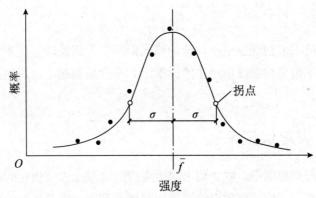

图4-14 混凝土强度正态分布曲线

1. 强度平均值

强度平均值($\bar{f}_{cu}$)的计算公式为

$$\bar{f}_{cu} = \frac{1}{n} \sum_{i=1}^{n} f_{cu,i}$$

式中：n——试件组数；

$f_{cu,i}$——第i组试件的强度值(MPa)。

强度平均值反映了混凝土总体强度的平均水平，但不能反映混凝土强度的波动情况。

2. 强度标准差

强度标准差(σ)又称为均方差，计算公式为

$$\sigma = \sqrt{\frac{\sum_{i=1}^{n}(f_{cu,i} - \bar{f}_{cu})^2}{n-1}} = \sqrt{\frac{\sum_{i=1}^{n} f_{cu,i}^2 - n\bar{f}_{cu}^2}{n-1}}$$

标准差是正态分布曲线上两侧的拐点与对称轴的水平距离，它反映了强度离散程度(即波动程度)。σ值越大，强度分布曲线越矮且宽，说明强度的波动越大，混凝土强度质量也越不稳定。图4-15为离散程度不同的两条强度分布曲线。标准差是评定混凝土质量均匀性的重要指标。

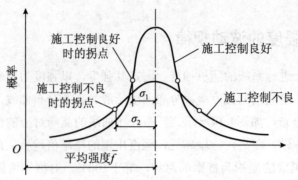

图4-15 离散程度不同的两条强度分布曲线

3. 变异系数

变异系数(C_V)的计算公式为

$$C_v = \frac{\sigma}{\bar{f}_{cu}}$$

混凝土的强度标准差会随强度平均值的增大而增大,它反映了绝对波动量的大小。而变异系数则反映了单位平均强度所产生的标准差。变异系数越小,说明混凝土的质量越稳定,质量控制越好。

4.7.3 混凝土强度保证率

在混凝土强度质量控制中,除了要考虑所生产的混凝土强度质量的稳定性之外,还必须考虑符合设计要求的强度等级的合格率,即强度保证率。它是指在混凝土强度总体分布中,不小于设计要求的强度等级标准值$f_{cu,k}$的概率P。强度保证率以正态分布曲线下的阴影部分来表示,如图4-16所示。在工程中,P值可根据统计周期内混凝土试件强度不低于要求强度等级标准值的组数N_0与试件总组数$N(N \geqslant 25)$之比求得,即

$$P = \frac{N_0}{N} \times 100\%$$

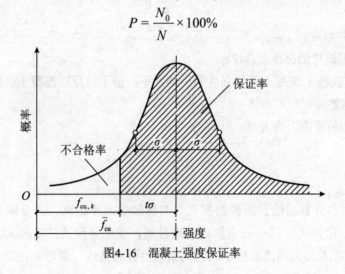

图4-16 混凝土强度保证率

4.7.4　混凝土配制强度

根据混凝土强度保证率的概念，如果按设计的强度等级$f_{cu,k}$配制混凝土，即所配制的混凝土的平均强度$\bar{f}_{cu}$等于设计强度$f_{cu,k}$，则其强度保证率只有50%。为使混凝土强度保证率满足规定的要求，在设计混凝土配合比时，必须使配制强度高于混凝土设计要求的强度。

《普通混凝土配合比设计规程》(JGJ 55—2011)中规定，当混凝土的设计强度等级小于C60时，配制强度$f_{cu,0}$按下式确定

$$f_{cu,0} \geq f_{cu,k} + 1.645\sigma$$

式中：$f_{cu,0}$——混凝土配制强度，MPa；

$f_{cu,k}$——混凝土立方体抗压强度标准值，取混凝土设计强度等级值，MPa；

σ——混凝土强度标准差，MPa。

式中的强度标准差σ根据近1~3个月，同品种、同强度等级的混凝土的强度资料计算得出，试件组数不少于30组，计算公式为

$$\sigma = \sqrt{\frac{\sum_{i=1}^{n} f_{cu,i}^2 - n m_{f_{cu}}^2}{n-1}}$$

式中：$f_{cu,i}$——第i组试件强度，MPa；

$m_{f_{cu}}$——n组试件强度的平均值，MPa；

n——试件组数。

对于强度等级不大于C30的混凝土，当上式计算出的σ小于3.0MPa时，取3.0MPa。

对于强度等级大于C30且小于C60的混凝土，当上式计算出的σ小于4.0MPa时，取4.0MPa。

若无近1~3个月，同品种、同强度等级的混凝土的强度资料，则按表4-25取值。

表4-25　强度标准差取值

混凝土强度等级	≤C20	C25~C45	C50~C55
σ/MPa	4.0	5.0	6.0

当混凝土设计强度等级不小于C60时，配制强度按下式确定

$$f_{cu,0} \geq 1.15 f_{cu,k}$$

4.7.5　混凝土强度的检验评定

混凝土强度应分批检验评定。一个检验批的混凝土应由强度等级相同、试验龄期相同以及生产工艺条件和配合比基本相同的混凝土组成。根据《混凝土强度检验评定标准》(GB/T 50107—2010)的规定，混凝土强度检验评定方法可分为统计方法和非统计方法两种。对于大批量、连续生产的混凝土的强度，应按统计方法评定；对于小批量或零星生产的混凝土的强度，可按非统计方法评定。

1. 统计方法评定

由于混凝土的生产条件不同，混凝土强度的稳定性也不同，统计方法评定又分为以下两种情况。

1) 标准差已知时的统计评定方法

当混凝土的生产条件在较长时间内能保持一致，且同一品种混凝土的强度变异性能保持稳定时，标准差可根据前一时期生产积累的同类混凝土强度数据来确定。每批混凝土的强度标准差可按常数考虑。强度评定应由连续的三组试件组成一个检验批，其强度应同时满足下列要求

$$m_{f_{cu}} \geqslant f_{cu,k} + 0.7\sigma_0$$
$$f_{cu,min} \geqslant f_{cu,k} - 0.7\sigma_0$$

式中：$m_{f_{cu}}$——同一检验批混凝土立方体抗压强度的平均值(MPa)，精确至0.1MPa；

$f_{cu,k}$——混凝土立方体抗压强度标准值(MPa)，精确至0.1MPa；

σ_0——检验批混凝土立方体抗压强度的标准差(MPa)，精确至0.01MPa，当计算值小于2.5MPa时，应取2.5MPa；

$f_{cu,min}$——同一检验批混凝土立方体抗压强度的最小值(MPa)，精确至0.1MPa。

检验批混凝土立方体抗压强度的标准差σ_0的计算公式为

$$\sigma_0 = \sqrt{\frac{\sum_{i=1}^{n} f_{cu,i}^2 - nm_{f_{cu}}^2}{n-1}}$$

式中：$f_{cu,i}$——前一个检验期内同一品种、同一强度等级的第i组混凝土试件的立方体抗压强度代表值 (MPa)，精确至0.1MPa，该检验期应不小于60d，也不得大于90d；

n——前一检验期内的样本容量，在该检验期内样本容量不应少于45。

当混凝土强度等级不高于C20时，其强度最小值应同时满足下式要求

$$f_{cu,min} \geqslant 0.85 f_{cu,k}$$

当混凝土强度等级高于C20时，其强度最小值应同时满足下式要求

$$f_{cu,min} \geqslant 0.90 f_{cu,k}$$

2) 标准差未知时的统计评定方法

当混凝土的生产连续性较差，在生产中无法维持基本相同的生产条件，或生产周期较短，无法累积强度数据以确定检验混凝土的标准差时，检验评定只能直接以每一个检验批抽样的样本强度数据为依据。具体评定时，应由不少于10组的试件组成一个检验批，其强度应同时满足下列公式要求

$$m_{f_{cu}} \geqslant f_{cu,k} + \lambda_1 S_{f_{cu}}$$
$$f_{cu,min} \geqslant \lambda_2 f_{cu,k}$$

式中：$S_{f_{cu}}$——同一检验批混凝土立方体抗压强度标准差(MPa)，精确到0.01MPa，当计算值小于2.5MPa时，应取2.5MPa；

λ_1、λ_2——合格评定系数，按表4-26取值。

表4-26 混凝土强度的合格评定系数

试件组数	10~14	15~19	≥20
λ_1	1.15	1.05	0.95
λ_2	0.90	0.85	

同一检验批混凝土立方体抗压强度的标准差$S_{f_{cu}}$的计算公式为

$$S_{f_{cu}} = \sqrt{\frac{\sum_{i=1}^{n} f_{cu,i}^2 - nm_{f_{cu}}^2}{n-1}}$$

式中：n——本检验期内的样本容量。

2. 非统计方法评定

当用于评定的混凝土试件组数少于10组时，采用非统计方法评定混凝土强度，其强度应同时满足下列条件要求

$$m_{f_{cu}} \geq \lambda_3 f_{cu,k}$$
$$f_{cu,min} \geq \lambda_4 f_{cu,k}$$

式中：λ_3、λ_4——合格评定系数，按表4-27取值。

表4-27 混凝土强度的非统计法合格评定系数

混凝土强度等级	<C60	≥C60
λ_3	1.15	1.10
λ_4	0.95	

3. 混凝土强度的合格性评定

当检验结果能满足上述规定时，则该批混凝土强度评为合格；反之，则评为不合格。对评定为不合格批的混凝土，可按国家现行的有关标准处理。

4.8 混凝土配合比设计

混凝土配合比是指混凝土中所用各种组成材料之间的数量比例关系，设计混凝土配合比就是要确定混凝土中各组成材料的相对用量，使得按此用量拌合的混凝土能够满足各种基本要求。

混凝土配合比通常用以下两种方法表示：一种是以$1m^3$混凝土中所用各材料的质量来表示，如水泥300kg、水183kg、砂780kg、石子1290kg、矿物掺合料120kg等；另一种是以混凝土中各材料间的质量比来表示，假设水泥质量为1，可将上例换算成质量比为水泥：砂：石：水：掺合料=1：2.6：4.3：0.61：0.40。

4.8.1　混凝土配合比设计的基本要求与设计参数

1. 混凝土配合比设计的基本要求

普通混凝土配合比设计的任务就是根据原材料的技术性能及施工条件，合理选择原材料，并确定能满足工程所要求的各项组成材料的用量，在进行设计时，应满足以下几项要求。

(1) 满足混凝土结构设计所确定的强度等级要求；

(2) 满足混凝土施工所需要的和易性要求；

(3) 满足混凝土使用时的耐久性要求；

(4) 在满足上述要求的前提下，注意节约水泥，降低成本。

2. 混凝土配合比设计参数

混凝土配合比设计的目的就是确定水泥、水、砂、石、矿物掺合料和外加剂这6种材料的用量。在设计过程中，要确定这些材料用量之间的三个比例关系，即水胶比、砂率、单位用水量，通过这三个比例关系来控制配合比，确定材料间的相对用量。

水胶比、砂率、单位用水量是混凝土配合比的三个重要参数，它们与混凝土的各项性能之间有着密切的关系。在配合比设计中，正确地确定这三个参数，就能使混凝土满足设计要求。

4.8.2　混凝土配合比设计的步骤

混凝土配合比设计一般要经过4个步骤：初步配合比、基准配合比、试验室配合比、施工配合比。

初步配合比是在掌握原材料的特征、混凝土的各项技术要求、施工方法、施工管理质量水平、混凝土结构特征、混凝土所处的环境条件等基本资料的基础上，利用经验公式和图表按混凝土的技术要求进行初步计算，得出的理论配合比。

基准配合比是在初步配合比的基础上，经试拌对和易性进行调整，得到的符合和易性要求的配合比。

试验室配合比是在基准配合比的基础上，经强度复核获得的配合比。

施工配合比是在试验室配合比的基础上，根据工地砂、石的实际含水情况对试验室配合比进行修正得到的配合比。

1. 初步配合比的计算

1) 确定配制强度

配制强度 $f_{cu, 0}$ 按本章4.7.4节介绍的方法进行计算。

2) 确定水胶比

《普通混凝土配合比设计规程》(JGJ 55—2011)中规定，当混凝土强度等级小于C60时，混凝土的水胶比(W/B)的计算公式为

$$\frac{W}{B} = \frac{\alpha_a f_b}{f_{cu,0} + \alpha_a \alpha_b f_b}$$

式中：α_a、α_b——回归系数；

f_b——胶凝材料28d胶砂抗压强度，MPa。

回归系数可根据工程使用的原材料，通过试验建立的水胶比与混凝土强度关系式来确定，若无试验统计资料，则按表4-28取值。

表4-28　回归系数取值表

回归系数	粗骨料品种	
	碎石	卵石
α_a	0.53	0.49
α_b	0.20	0.18

胶凝材料的28d胶砂抗压强度f_b可按《水泥胶砂强度检验方法(ISO)法》(GB/T 17671—1999)规定的试验方法实测获得，无实测值时，计算公式为

$$f_b = \gamma_f \gamma_s f_{ce}$$

式中：γ_f、γ_s——粉煤灰影响系数和粒化高炉矿渣粉影响系数，可按表4-29取值；

f_{ce}——水泥28d胶砂抗压强度，MPa。

表4-29　粉煤灰影响系数和粒化高炉矿渣粉影响系数

掺量/%	粉煤灰影响系数γ_f	粒化高炉矿渣粉影响系数γ_s
0	1.00	1.00
10	0.85～0.95	1.00
20	0.75～0.85	0.95～1.00
30	0.65～0.75	0.90～1.00
40	0.55～0.65	0.80～0.90
50	—	0.70～0.85

注：1. 采用I、II级粉煤灰时宜取上限值。

2. 采用S75级粒化高炉矿渣粉时宜取下限值，采用S95级粒化高炉矿渣粉时宜取上限值，采用S105级粒化高炉矿渣粉时可取上限值加0.05。

3. 当超出表中的掺量时，粉煤灰和粒化高炉矿渣粉影响系数应经实验确定。

水泥28d胶砂抗压强度f_{ce}可由实测获得，若无实测值可按下式计算

$$f_{ce} = \gamma_c f_{ce,g}$$

式中：γ_c——水泥强度等级的富余系数，可按实际统计资料确定，当缺乏统计资料时，可按表4-30取值；

$f_{ce,g}$——水泥强度等级值，MPa。

表4-30　水泥强度等级值的富余系数

水泥强度等级值	32.5	42.5	52.5
富余系数	1.12	1.16	1.10

按以上方法计算出的水胶比能够满足强度要求，《混凝土结构设计规范》(GB 50010—2010)中根据不同环境下使用的混凝土的耐久性要求，限定了水胶比的最大限值，见表

4-31，取两者中较小的水胶比为确定的水胶比。

表4-31　混凝土的最大水胶比

环境类别	环境条件	最大水胶比
一	室内干燥环境； 无侵蚀性静水浸没环境	0.60
二a	室内潮湿环境； 非严寒和非寒冷地区的露天环境； 非严寒和非寒冷地区与无侵蚀性的水或土壤直接接触的环境； 严寒和非寒冷地区的冰冻线以下与无侵蚀性的水或土壤直接接触的环境	0.55
二b	干湿交替环境； 水位频繁变动的环境； 严寒和寒冷地区的露天环境； 严寒和非寒冷地区的冰冻线以上与无侵蚀性的水或土壤直接接触的环境	0.50(0.55)
三a	严寒和寒冷地区冬季水位变动区环境； 受除冰盐影响的环境； 海风环境	0.45(0.50)
三b	盐渍土环境； 受除冰盐影响的环境； 海岸环境	0.40

注：1. 素混凝土构件的水胶比的要求可适当放宽。

2. 处于严寒和寒冷地区二b、三a类环境中的混凝土应使用引气剂，并可采用括号中的有关参数。

3. 配制C15级及以下等级的混凝土，最小胶凝材料用量可不受本表限制。

3) 确定单位用水量

对干硬性和塑性混凝土，当水胶比为0.40～0.80时，单位用水量可根据粗骨料的品种、粒径及施工要求的混凝土拌合物稠度按表4-32、表4-33选取。水胶比小于0.40的混凝土用水量可通过试验确定。

表4-32　干硬性混凝土的用水量　　　　　　　　　　　　　　kg/m³

拌合物稠度		卵石最大公称粒径			碎石最大公称粒径		
项目	指标	10mm	20mm	40mm	16mm	20mm	40mm
维勃稠度	16～20s	175	160	145	180	170	155
	11～15s	180	165	150	185	175	160
	16～20s	185	170	155	190	180	165

表4-33　塑性混凝土的用水量　　　　　　　　　　　　　　kg/m³

拌合物稠度		卵石最大公称粒径				碎石最大公称粒径			
项目	指标	10mm	20mm	31.5mm	40mm	16mm	20mm	31.5mm	40mm
坍落度	10～30mm	190	170	160	150	200	185	175	165
	35～50mm	200	180	170	160	210	195	185	175
	55～70mm	210	190	180	170	220	205	195	185
	75～90mm	215	195	185	175	230	215	205	195

注：1. 本表用水量系采用中砂时的平均值。采用细砂时，每$1m^3$的混凝土用水量可增加5～10kg；采用粗砂时，则可减少5～10kg。

2. 掺用各种外加剂和掺合料时，用水量可相应调整。

对于流动性或大流动性混凝土，以表4-33中坍落度为90mm的用水量为基础，按坍落度每增大20mm用水量增加5kg/m³的标准，计算出未掺加外加剂时的混凝土的单位用水量 m'_{w0}。当坍落度增大到180mm或更大时，随坍落度相应增加的用水量可减少。掺加外加剂时的混凝土单位用水量 m_{w0} 可按下式计算

$$m_{w0} = m'_{w0}(1-\beta)$$

式中：m_{w0}——混凝土的单位用水量，kg/m³；

m'_{w0}——未掺加外加剂时推定的满足坍落度要求的混凝土的单位用水量，kg/m³；

β——外加剂的减水率，%，应经混凝土试验确定。

4) 计算胶凝材料用量

1m³混凝土中的胶凝材料用量 m_{b0} 按下式计算

$$m_{b0} = \frac{m_{w0}}{W/B}$$

为了保证耐久性要求，胶凝材料用量还应满足表4-34的要求。如果计算出的胶凝材料用量小于规定的最小胶凝材料用量，则按最小胶凝材料用量取值。

表4-34　混凝土的最小胶凝材料用量

最大水胶比	最小胶凝材料用量		
	素混凝土/kg/m³	钢筋混凝土/kg/m³	预应力混凝土/kg/m³
0.60	250	280	300
0.55	280	300	300
0.50	320		
≤0.45	320		

5) 计算矿物掺合料用量

1m³混凝土中的矿物掺合料用量 m_{f0} 按下式计算

$$m_{f0} = m_{b0}\beta_f$$

式中：β_f——矿物掺合料掺量，%，通过试验并结合表4-35、4-36确定。

表4-35　钢筋混凝土中矿物掺合料的最大掺量

矿物掺合料的种类	水胶比	最大掺量	
		采用硅酸盐水泥/%	采用普通硅酸盐水泥/%
粉煤灰	≤0.40	45	35
	>0.40	40	30
粒化高炉矿渣粉	≤0.40	65	55
	>0.40	55	45
钢渣粉	—	30	20
磷渣粉	—	30	20
硅灰	—	10	10
复合掺合料	≤0.40	65	55
	>0.40	55	45

注：1. 采用其他通用硅酸盐水泥时，宜将水泥混合材掺量20%以上的混合材量计入矿物掺合料。

2. 复合掺合料各组分的掺量不宜超过单掺时的最大掺量。

3. 在混合使用两种或两种以上矿物掺合料时，矿物掺合料的总掺量应符合表中复合掺合料的规定。

表4-36　预应力混凝土中矿物掺合料的最大掺量

矿物掺合料的种类	水胶比	最大掺量	
		采用硅酸盐水泥/%	采用普通硅酸盐水泥/%
粉煤灰	≤0.40	35	30
	>0.40	25	20
粒化高炉矿渣粉	≤0.40	55	45
	>0.40	45	35
钢渣粉	—	20	10
磷渣粉	—	20	10
硅灰	—	10	10
复合掺合料	≤0.40	55	45
	>0.40	45	35

注：1. 采用其他通用硅酸盐水泥时，宜将水泥混合材掺量的20%以上的混合材量计入矿物掺合料。

2. 复合掺合料各组分的掺量不宜超过单掺时的最大掺量。

3. 在混合使用两种或两种以上的矿物掺合料时，矿物掺合料总掺量应符合表中复合掺合料的规定。

6) 计算水泥用量

1m³混凝土中的水泥用量m_{c0}按下式计算

$$m_{c0} = m_{b0} - m_{f0}$$

7) 计算外加剂用量

1m³混凝土中的外加剂用量m_{a0}按下式计算

$$m_{a0} = m_{b0}\beta_a$$

式中：β_a——外加剂的掺量，%，经混凝土试验确定。

8) 确定砂率

合理的砂率值主要根据骨料的技术指标、混凝土拌合物性能和施工要求，并参考既有历史资料来确定。

当无历史资料可参考时，混凝土砂率的确定应符合下列规定。

(1) 坍落度小于10mm的混凝土，其砂率应经试验确定。

(2) 坍落度为10～60mm的混凝土，其砂率可以根据粗骨料品种、最大公称粒径及水胶比按表4-37选取。

(3) 坍落度大于60mm的混凝土，其砂率可经试验确定，也可在表4-37的基础上，按坍落度每增大20mm、砂率增加1%的幅度予以调整。

表4-37　混凝土砂率选用表　　　　　　　　　　　　　　　%

水胶比W/B	卵石最大公称粒径			碎石最大公称粒径		
	10mm	20mm	40mm	16mm	20mm	40mm
0.4	26～32	25～31	24～30	30～35	29～34	27～32
0.5	30～35	29～34	28～33	33～38	32～37	30～35
0.6	33～38	32～37	31～36	36～41	35～40	33～38
0.7	36～41	35～40	34～39	39～44	38～43	36～41

注：1. 本表数值是中砂的选用砂率，对于细砂或粗砂，可相应减小或增大砂率。

2. 只用一个单粒级粗骨料配制混凝土时，砂率应适当增大。

3. 采用人工砂配制混凝土时，砂率可适当增大。

9) 计算粗骨料和细骨料用量

粗、细骨料的用量可用质量法或体积法来计算。

(1) 质量法。质量法又称假定表观密度法，当原材料的性能相对稳定时，所配制的混凝土拌合物的表观密度基本不变，这样可以先假设一个混凝土拌合物的表观密度，这个表观密度值可在2350～2450间选取。该法假定混凝土拌合物的质量等于混凝土各组成材料质量之和，与砂率的计算式联立求解，即可得出粗、细骨料的用量。联立式为

$$\begin{cases} m_{f0} + m_{c0} + m_{g0} + m_{s0} + m_{w0} = m_{cp} \\ \beta_s = \dfrac{m_{s0}}{m_{s0} + m_{g0}} \times 100\% \end{cases}$$

式中：m_{f0}——1m³混凝土中的掺合料用量，kg/m³；

m_{c0}——1m³混凝土中的外加剂用量，kg/m³；

m_{g0}——1m³混凝土中的粗骨料用量，kg/m³；

m_{s0}——1m³混凝土中的细骨料用量，kg/m³；

m_{w0}——混凝土的单位用水量，kg/m³；

m_{cp}——1m³混凝土拌合物的假定质量，kg/m³；

β_s——砂率，%。

(2) 体积法。体积法又称绝对体积法，它是假定混凝土拌合物的体积，等于各组成材料在混凝土中所占的体积和混凝土拌合物中所含的空气体积之和，与砂率的计算式联立求解，即可得出粗、细骨料的用量。联立式为

$$\begin{cases} \dfrac{m_{f0}}{\rho_f} + \dfrac{m_{c0}}{\rho_c} + \dfrac{m_{g0}}{\rho_g} + \dfrac{m_{s0}}{\rho_s} + \dfrac{m_{w0}}{\rho_w} + 0.01\alpha = 1 \\ \beta_s = \dfrac{m_{s0}}{m_{s0} + m_{g0}} \times 100\% \end{cases}$$

式中：ρ_f——矿物掺合料密度，kg/m³；

ρ_c——水泥密度，kg/m³；

ρ_g——粗骨料的表观密度，kg/m³；

ρ_s——细骨料的表观密度，kg/m³；

ρ_c——水的密度，kg/m³，可取1000kg/m³；

α——混凝土的含气量百分数，在不使用引气剂或引气型外加剂时，α可取1。

通过以上步骤得到的1m³混凝土中各项材料的用量，可作为混凝土的初步配合比。因为这个初步配合比是利用经验公式或经验资料获得的，所以由此配成的混凝土有可能不符合实际要求，还须对配合比进行试配、调整，进而确定基准配合比和试验室配合比。

2. 基准配合比的确定

先按计算得出的初步配合比试拌，检查该混凝土拌合物的和易性是否符合要求。试拌时应采用强制式搅拌机搅拌，搅拌方法宜与施工时使用的方法相同。当所用骨料的最

大公称粒径不大于31.5mm时，试配的最小拌合量为20L；当最大公称粒径为40mm时，试配的最小拌合量为25L。同时，搅拌量不应小于搅拌机公称容量的1/4，且不应大于公称容量。

在试拌调整和易性的过程中，保持强度不变，即初步配合比的水胶比保持不变，通过调整其他参数使混凝土拌合物的坍落度及和易性等性能满足施工要求。若试拌的混凝土混合料流动性小于要求值，可保持水胶比不变，适当增加胶凝材料浆量或调整外加剂的用量；若流动性大于要求值，可保持砂率不变，适当增加砂、石用量。若黏聚性或保水性不合格，则应适当增加砂率。调整到满足和易性要求后，修正初步配合比，提出基准配合比。

3. 试验室配合比的确定

1) 制作强度试件

基准配合比可满足和易性的要求，在基准配合比的基础上，要进行强度的试验和调整。进行强度试验时，采用三个不同的配合比，其中一个是基准配合比，另外两个配合比的胶水比可比试拌配合比分别增加和减少0.05，其用水量与试拌配合比相同，砂率可分别增加或减小1%。每个配合比至少按标准方法制作一组 (三块)试件，标准养护28d后试压。

2) 确定达到配制强度时的胶水比与胶凝材料用量

将按上述三个配合比制作的试件的强度值与其相应的胶水比绘制成f_{cu}-B/W关系图，见图4-17。混凝土强度与胶水比呈线性关系，在图中可求出与$f_{cu,0}$相对应的B/W，即满足强度要求的胶水比。胶凝材料用量m_b用用水量与选定的胶水比的乘积来确定。

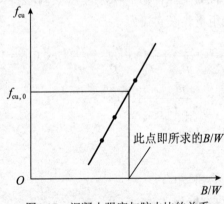

图4-17 混凝土强度与胶水比的关系

3) 校正混凝土表观密度以确定试验室配合比

经试配、调整后得到的配合比，还应根据实测的混凝土拌合物的表观密度ρ_c,进行校正，以确定1m³混凝土拌合物的各材料用量。

首先计算出混凝土拌合物的计算表观密度$\rho_{c,c}$，计算公式为

$$\rho_{c,c} = m_w + m_c + m_g + m_s + m_f$$

然后计算混凝土配合比校正系数δ，计算公式为

$$\delta = \frac{\rho_{c,t}}{\rho_{c,c}}$$

当混凝土表观密度实测值$\rho_{c,t}$与计算值$\rho_{c,c}$之差的绝对值不超过计算值的2%时，由以上

步骤确定的配合比即试验室配合比；当两者之差超过计算值的2%时，应将配合比中的各项材料用量均乘以校正系数δ。

4) 测定氯离子含量与检验耐久性

配合比调整后，应测定拌合物水溶性氯离子含量，试验结果应符合表4-38的规定。对耐久性有设计要求的混凝土，应进行相关的耐久性试验。

表4-38　混凝土拌合物中水溶性氯离子最大含量

环境条件	水溶性氯离子最大含量/%，水泥用量的质量百分比		
	钢筋混凝土	预应力混凝土	素混凝土
干燥环境	0.30		
潮湿但不含氯离子的环境	0.20	0.06	1.00
潮湿且含氯离子的环境、盐渍土环境	0.10		
除冰盐等侵蚀性物质的腐蚀环境	0.06		

4. 施工配合比的确定

混凝土试验室配合比中的砂、石是在干燥状态下计量的，然而工地上使用的砂、石都含有一定的水分。因此，工地实际使用的砂、石称量用量应按砂、石的含水情况进行修正，同时用水量也应做相应修正，修正后的1m³混凝土中的各材料用量称为施工配合比。假定工地上使用的砂的含水率为a，石子的含水率为b，则将上述试验室配合比换算为施工配合比，各材料的称量用量应为

$$m'_f = m_f$$
$$m'_c = m_c$$
$$m'_s = m_s(1+a)$$
$$m'_g = m'_b(1+b)$$
$$m'_w = m_w - (m_s a + m_g b)$$

☀ 工程案例分析

　　某工程现浇混凝土梁，位于干燥的房间内。混凝土设计强度等级为C35，施工要求坍落度为35～50mm，采用机械搅拌和机械振捣。施工单位无混凝土强度历史资料。

　　所采用的原材料条件如下所述。

　　水泥：强度等级为42.5的普通硅酸盐水泥，密度为3.12g/cm³。

　　砂：细度模数为2.3的中砂，表观密度为2550kg/m³。

　　石：碎石，表观密度为2650kg/m³，最大粒径为40mm。

　　拌合水：自来水。

　　掺合料：II级粉煤灰，表观密度为2.8g/cm³，掺量为30%。

　　根据以上条件设计试验室配合比。若已知现场砂含水率为2%，碎石含水率为1%，计算混凝土施工配合比。

1. 确定初步配合比

1) 确定配制强度

由于施工单位无混凝土强度历史统计资料，查表4-25，当混凝土强度等级为C35时，强度标准差取$\sigma=5.0$MPa，则配制强度为

$$f_{cu,0}=f_{cu,k}+1.645\sigma=35+1.645\times5.0=43.23\text{MPa}$$

2) 确定水胶比

混凝土强度等级为C35，小于C60，可按下式计算

$$\frac{W}{B}=\frac{\alpha_a f_b}{f_{cu,0}+\alpha_a\alpha_b f_b}$$

其中：$f_b=\gamma_f\gamma_s f_{ce}$，而$f_{ce}=\gamma_c f_{ce,g0}$。

采用碎石，查表4-28，取$\alpha_a=0.53$、$\alpha_b=0.20$。水泥强度等级$f_{ce,g}=42.5$MPa，强度富余系数查表4-30，取$\gamma_c=1.16$。II级粉煤灰掺量为30%，查表4-29取上限$\gamma_f=0.75$。矿渣粉掺量为0，取$\gamma_s=1.00$。将$f_{cu,0}=43.23$MPa及以上各参数代入三个式子中，可得

$$f_{ce}=\gamma_c f_{ce,g}=1.16\times42.5=49.3\text{MPa}$$

$$f_b=\gamma_f\gamma_s f_{ce}=0.75\times1\times49.3=36.98\text{MPa}$$

$$\frac{W}{B}=\frac{\alpha_a f_b}{f_{cu,0}+\alpha_a\alpha_b f_b}=\frac{0.53\times36.98}{43.23+0.53\times0.20\times36.98}=0.42$$

查表4-31，可知没有超过室内干燥环境使用的混凝土的最大水胶比0.60，因此水胶比取值$W/B=0.42$。

3) 确定单位用水量

水胶比为0.42，在0.40～0.80范围内，坍落度为35～50mm，可查表4-33，碎石最大粒径为40mm，用水量取$m'_{w0}=175$kg/m³。

4) 计算胶凝材料用量

$$m_{b0}=\frac{m_{w0}}{W/B}=\frac{175}{0.42}=417\text{kg/m}^3$$

查表4-34，水胶比小于0.45的混凝土的最小胶凝材料用量为320kg/m³，因此取$m_{b0}=417$kg/m³。

5) 计算矿物掺合料用量

粉煤灰掺量按下式计算

$$m_{f0}=m_{b0}\beta_f=417\times0.3=125\text{kg/m}^3$$

6) 计算水泥用量

$$m_{0c}=m_{b0}-m_{f0}=417-125=292\text{kg/m}^3$$

7) 确定砂率

查表4-37，碎石最大粒径为40mm，水胶比为0.42，砂率取值范围为27%～32%，考虑到中砂偏细，取砂率$\beta_b=27\%$。

8) 计算粗骨料和细骨料用量

(1) 质量法。假定1m³混凝土拌合物质量为2400kg/m³，将已知各材料用量代入下式

$$\begin{cases} m_{f0} + m_{c0} + m_{g0} + m_{s0} + m_{w0} = m_{cp} \\ \beta_s = \dfrac{m_{s0}}{m_{s0} + m_{g0}} \times 100\% \end{cases}$$

得

$$\begin{cases} 125 + 292 + m_{g0} + m_{s0} + 175 = 2400 \\ 27\% = \dfrac{m_{s0}}{m_{s0} + m_{g0}} \times 100\% \end{cases}$$

解得砂、石用量分别为：$m_{s0}=489\text{kg}$，$m_{g0}=1319\text{kg}$。

因此，采用质量法所得 1m^3 混凝土各材料用量为：水泥，292kg；粉煤灰，125kg；水，175kg；碎石，1319kg；砂，489kg。

(2) 体积法。取 $\alpha=1$，将已知各材料用量代入下式

$$\begin{cases} \dfrac{m_{f0}}{\rho_f} + \dfrac{m_{c0}}{\rho_c} + \dfrac{m_{g0}}{\rho_g} + \dfrac{m_{s0}}{\rho_s} + \dfrac{m_{w0}}{\rho_w} + 0.01\alpha = 1 \\ \beta_s = \dfrac{m_{s0}}{m_{s0} + m_{g0}} \times 100\% \end{cases}$$

得

$$\begin{cases} \dfrac{125}{2800} + \dfrac{292}{3120} + \dfrac{m_{g0}}{2650} + \dfrac{m_{s0}}{2550} + \dfrac{175}{1000} + 0.01 = 1 \\ 27\% = \dfrac{m_{s0}}{m_{s0} + m_{g0}} \times 100\% \end{cases}$$

解得砂、石用量分别为：$m_{s0}=481\text{kg}$，$m_{g0}=1299\text{kg}$。

因此，采用体积法所得 1m^3 混凝土各材料用量为：水泥，292kg；粉煤灰，125kg；水，175kg；碎石，1299kg；砂，481kg。可见，采用两种方法所得结果非常接近，在进行配合比设计时可任选一种。

2. 试拌确定基准配合比

按体积法计算的初步配合比试拌30L混凝土拌合物，各材料用量如下所述。

水泥：$292 \times 0.03 = 8.76\text{kg}$

粉煤灰：$125 \times 0.03 = 3.75\text{kg}$

水：$175 \times 0.03 = 5.25\text{kg}$

碎石：$1299 \times 0.03 = 38.97\text{kg}$

砂：$481 \times 0.03 = 14.43\text{kg}$

按规定方法拌合，测得坍落度为55mm，大于施工要求的坍落度35～50mm，则保持砂率不变，砂、石各增加1%的用量，即碎石用量增加到39.36kg，砂用量增加到14.57kg。再拌合测得坍落度为42mm，黏聚性、保水性良好，符合施工要求。因此，各材料用量调整为：水泥，$m_{c1}=8.76\text{kg}$；粉煤灰，$m_{f1}=3.75\text{kg}$；水，$m_{w1}=5.25\text{kg}$；碎

石，m_{g1}=39.36kg；砂，m_{s1}=14.43kg。材料总量为71.55kg，经实测，混凝土拌合物的表观密度为2420kg/m³。

将结果换算成1m³混凝土各材料用量。水泥用量按下式计算

$$m_{c2} = \frac{m_{c1}}{m_{c1} + m_{f1} + m_{w1} + m_{g1} + m_{s1}} \times \rho_{实} = \frac{8.76}{71.55} \times 2420 = 296 \text{kg}$$

同理可得其他材料用量分别为：粉煤灰，m_{f2}=127kg；水，m_{w2}=178kg；碎石，m_{g2}=1331kg；砂，m_{s2}=488kg。

3. 确定试验室配合比

采用水胶比为0.37、0.42和0.47的三个不同的配合比，配制三组混凝土试件，检验水胶比为0.37和0.47的混凝土的和易性，使之满足要求，并测定混凝土拌合物的表观密度。混凝土试件经28天养护后，测定其强度，结果见表4-39。

表4-39　混凝土28天强度值

水胶比 W/B	胶水比 B/W	强度实测值/MPa
0.37	2.79	44.51
0.42	2.38	41.42
0.47	2.13	39.35

由表4-39的数据绘制 f_{cu}-B/W 关系曲线，找出与配制强度43.23MPa相对应的胶水比为2.61，则水胶比为0.38。

符合强度要求的胶凝材料用量为2.61×178=465kg，粉煤灰用量为465×0.3=140kg，水泥用量为465-140=325kg。因此，符合强度要求的各材料用量为：粉煤灰，m_{f3}=140kg；水泥，m_{c3}=325kg；水，m_{w3}=178kg；碎石，m_{g3}=1331kg；砂，m_{s3}=488kg。

经过强度调整后，混凝土拌合物实测密度为2448kg/m³，计算表观密度为140+325+178+1331+488=2462kg/m³，两者之差的绝对值小于计算值的2%，因此，强度调整后的配合比即试验室配合比。

4. 计算施工配合比

已知现场砂含水率为2%，碎石含水率为1%，施工配合比计算结果为

$$m_f' = m_f = 140 \text{kg}$$
$$m_c' = m_c = 325 \text{kg}$$
$$m_s' = m_s(1+a) = 488 \times (1+2\%) = 498 \text{kg}$$
$$m_g' = m_b'(1+b) = 1331 \times (1+1\%) = 1344 \text{kg}$$
$$m_w' = m_w - (m_s a + m_g b) = 178 - (488 \times 2\% + 1331 \times 1\%) = 155 \text{kg}$$

4.9 其他混凝土

4.9.1 轻混凝土

干表观密度小于1950kg/m³的混凝土称为轻混凝土。轻混凝土依据原材料与制造方法的不同,可分为轻骨料混凝土、多孔混凝土和大孔混凝土三大类。

1. 轻骨料混凝土

轻骨料是指堆积密度不大于1200kg/m³的粗、细骨料的总称。轻骨料混凝土是指用轻粗骨料、轻细骨料(或普通砂)和水泥配制而成的干表观密度不大于1950kg/m³的混凝土。轻骨料混凝土按细骨料种类又分为全轻混凝土(粗、细骨料均为轻骨料)和砂轻混凝土(细骨料全部或部分为普通砂)。

轻骨料按其来源可分为以下三类。

天然轻骨料:由火山爆发形成的多孔岩石经破碎、筛分而制成的轻骨料,如浮石、火山渣等。

人造轻骨料:采用无机材料经加工制粒、高温焙烧而制成的轻粗骨料(陶粒等)及轻细骨料(陶砂等)。

工业废渣轻骨料:由工业副产品或固体废弃物经破碎、筛分而制成的轻骨料,如煤矸石、煤渣等。

轻骨料混凝土按立方体抗压强度标准值分为CL5.0、CL7.5、CL10、CL15、CL20、CL25、CL30、CL35、CL40、CL45、CL50、CL55、CL60共13个强度等级。按干表观密度可分为600、700、800、900、1000、1100、1200、1300、1400、1500、1600、1700、1800、1900共14个密度等级。

与普通混凝土相比,轻骨料混凝土的表观密度小、强度和弹性模量低、极限应变大、热膨胀系数小、收缩和徐变大,具有自重轻,保温性能、抗震性能和耐火性能好的特点。轻骨料混凝土在工程中有保温、结构保温和结构三个方面的用途。适用于一般承重构件和预应力钢筋混凝土结构,特别适用于高层及大跨度建筑。它可降低钢筋混凝土结构质量的30%~50%,减少结构基础的处理费用,改善建筑物的保温和抗震性能,同时还可以降低工程造价。

2. 多孔混凝土

多孔混凝土是一种不含骨料且内部分布着大量细小封闭孔隙的轻混凝土。根据孔的生成方式,可分为加气混凝土和泡沫混凝土两种。

1) 加气混凝土

加气混凝土是以硅质材料(砂、粉煤灰及含硅尾矿等)和钙质材料(石灰、水泥)为主要原料,掺加发气剂(铝粉),通过配料、搅拌、浇注、预养、切割、蒸压养护(在0.8~1.5MPa下,养护6~8h)等工艺过程制成的轻质多孔硅酸盐制品。加气混凝土按用途可分为非承重砌块、承重砌块、保温块、墙板与屋面板5种。加气混凝土孔隙率达70%~80%,表观密度为

$300 \sim 1200 kg/m^3$，抗压强度为$0.5 \sim 7.5MPa$。加气混凝土孔隙率大，吸水率高，强度较低，保温性较好，便于加工，是我国推广应用最早、使用最广泛的轻质墙体材料之一。

2) 泡沫混凝土

泡沫混凝土是由水泥浆和泡沫剂为主要原材料制成的一种多孔混凝土，首先通过机械制泡的方法将发泡剂制成泡沫，然后将泡沫加入水泥浆中形成泡沫浆体，经混合搅拌、浇注成型、养护，最后形成含有大量气孔的轻质多孔材料。它的性能和应用都和加气混凝土相近，还可现场浇注施工，提高整体性。

3. 大孔混凝土

大孔混凝土是以粒径相近的粗骨料、水泥和水等配制而成的混凝土。包括不用砂的无砂大孔混凝土和为提高强度而加入少量砂的少砂大孔混凝土。大孔混凝土的水泥浆用量很少，作用是包裹粗骨料的表面和胶结粗骨料，而不是填充粗骨料的空隙。

无砂大孔混凝土根据所用骨料品种的不同，可将其分为普通骨料制成的普通大孔混凝土和轻骨料制成的轻骨料大孔混凝土。前者用天然碎石、卵石配制而成，其表观密度为$1500 \sim 1900 kg/m^3$，抗压强度为$3.5 \sim 10.0MPa$；后者用陶粒、浮石、碎砖等轻骨料配制而成，其表观密度为$800 \sim 1500 kg/m^3$，抗压强度为$3.5 \sim 7.5MPa$。

大孔混凝土的导热系数小，保温性能好，吸湿性差，收缩比普通混凝土小$20\% \sim 50\%$，抗冻性可达$15 \sim 20$次冻融循环。可用于制作墙体用的小型空心砌块和各种板材，也可用于现浇墙体。

4.9.2 泵送混凝土

泵送混凝土是指其拌合物的坍落度不低于$100mm$并用泵送施工的混凝土。泵送混凝土应具有良好的流动性、黏聚性和保水性，在泵压力作用下也不应产生离析和泌水，否则将会堵塞混凝土输送管道。坍落度和压力泌水率是影响混凝土拌合物可泵性的重要指标。泵送高度在$30m$以下时，坍落度应为$100 \sim 140mm$；泵送高度在$100m$以上时，坍落度应为$180 \sim 200mm$。$10s$时的相对压力泌水率不宜超过40%。此外，混凝土拌合物的含气量应控制在$2.5\% \sim 4.0\%$。配制泵送混凝土时，须加入泵送剂和矿物掺合料，水泥或胶凝材料总量不宜小于$300kg/m^3$，砂率应为$38\% \sim 45\%$。所用碎石的最大粒径不应大于输送管道内径的$1/3$，卵石的最大粒径不应大于输送管道内径的$2/5$，当输送高度在$50 \sim 100mm$时，宜为$1/3 \sim 1/4$；当输送高度在$100m$以上时，宜为$1/4 \sim 1/5$。粗骨料应选用连续级配(各级累计筛余量应尽量落在级配区的中间值附近)，且粗骨料的针、片状颗粒含量应小于10%；细骨料宜采用中砂，级配应符合II区要求，且$0.30mm$筛孔上的通过量不应少于15%。

4.9.3 高强混凝土

通常认为高强混凝土是强度等级为C60及以上的混凝土。由于混凝土技术在不断发展，各个国家的混凝土技术水平也不尽相同，因此高强的含义是随时代和国家的不同而变化的。

高强混凝土的抗压强度高，可大幅度提高钢筋混凝土拱壳、柱等受压构件的承载能力。在相同的受力条件下能减小构件体积，降低钢筋用量。高强混凝土的不足之处是脆性比普通混凝土高。虽然高强混凝土的抗拉、抗剪强度随抗压强度的提高而有所增长，但拉压比和剪压比却随之降低。

可通过以下途径来配制高强混凝土。

(1) 改善原材料性能，如采用高品质水泥，水泥的强度等级不低于42.5级；选用致密坚硬、级配良好的骨料；掺用高效减水剂；掺入超细活性掺合料等。

(2) 优化配合比，普通混凝土配合比设计的"强度-水胶比"关系式在这里不再适用，必须通过试配优化后确定。

(3) 加强生产质量管理，严格控制每个生产环节。

目前，我国应用较广的是C60～C80高强混凝土，主要用于桥梁、轨枕、高层建筑的基础和柱、输水管、预应力管桩等。

4.9.4 高性能混凝土

高性能混凝土目前还没有统一的定义，它是一种以耐久性作为主要设计指标，按使用环境、用途和施工方式的不同，有针对性地保证混凝土的体积稳定性(即混凝土在凝结硬化过程中的沉降与塑性开裂、温升与温度变形、自收缩、干缩、徐变等)、耐久性(抗渗性、抗冻性、抗侵蚀性、碳化、碱-骨料反应、磨损等)、强度、抗疲劳性、和易性、适用性等，具有较长使用寿命的混凝土。除耐久性和体积稳定性外，高性能混凝土的其他性能可以随使用环境、用途和施工方式的不同而变化。一般认为，高性能混凝土不一定是高强混凝土。

高性能混凝土所用的骨料的针、片状颗粒含量不宜过多，粒径不宜超过26.5mm，级配要好，黏土等杂质要少，同时应掺加高效减水剂、较大量或大量的具有适当细度的活性矿物掺合料，并且宜掺加引气剂。此外，还需控制混凝土的拌合用水量不应过多，浆集比应在35∶65左右，以此来保证混凝土拌合物的和易性更好、体积稳定性和耐久性更强、密实度和强度更高。

4.9.5 纤维混凝土

纤维混凝土是一种以普通混凝土为基材，加各种短切纤维材料而制成的纤维增强混凝土，在普通混凝土中掺入纤维的目的是有效降低混凝土的脆性，提高其抗拉、抗弯、抗冲击、抗裂等性能。纤维混凝土主要用于路面、桥面、飞机跑道、断面较薄的轻型结构、压力管道、屋面板、墙板等。

混凝土中掺用的短切纤维品种很多，若按纤维的弹性模量划分，可分为低弹性模量纤维(如尼龙纤维、聚乙烯纤维、聚丙烯纤维等)和高弹性模量纤维(如钢纤维、碳纤维、玻璃纤维等)两类。土木工程中应用较多的有钢纤维增强混凝土、玻璃纤维增强混凝土、聚丙烯纤维增强混凝土以及碳纤维增强混凝土。

在纤维混凝土中，纤维的掺量、长径比、弹性模量、耐碱性等对其性能有很大的影响。例如，低弹性模量纤维能提高冲击韧性，但对抗拉强度影响不大；高弹性模量纤维能显著提高抗拉强度。

4.9.6　喷射混凝土

喷射混凝土是指利用压缩空气，借助喷射机械，把按一定标准配比的速凝混凝土高速高压喷向岩石或结构物表面，从而在被喷射面形成混凝土层，使岩石或结构物得到加强和保护。

按混凝土在喷嘴处的状态，喷射混凝土喷射施工可分为干法和湿法两种工艺。将水泥、砂、石按一定配合比例拌合而成的混合料装入喷射机内，送至喷嘴处加水加压喷出，称为干式喷射混凝土；将水泥、砂、石加水拌合成混凝土混合物，输送至喷嘴处加压喷出，称为湿式喷射混凝土。

喷射混凝土一般须掺加速凝剂等外加剂。使用速凝剂的主要目的是使喷射混凝土速凝快硬，减少混凝土的回弹损失，防止喷射混凝土因重力作用而引起脱落，也可以适当增加一次喷射厚度和缩短喷射层间的间隔时间。

喷射混凝土由于高速喷射于基层材料上，因而混凝土与基层材料能紧密地黏结在一起，黏结强度高，可接近于混凝土的抗拉强度。喷射混凝土具有较高的抗渗性和良好的抗冻性。喷射混凝土主要用于隧道工程、地下工程等的支护，坡边、坝堤等岩体工程的护面，薄壁与薄壳工程，修补与加固工程等。

4.9.7　聚合物混凝土

聚合物混凝土是由有机聚合物、无机胶凝材料和骨料结合而成的一种新型混凝土，能在很大程度上克服普通混凝土抗拉强度低、抗裂性和耐腐蚀性等耐久性较差的缺陷。按聚合物引入混凝土中的方法的不同，可分为聚合物浸渍混凝土(PIC)、聚合物水泥混凝土(PCC)和聚合物胶结混凝土(PC)。

1. 聚合物浸渍混凝土

聚合物浸渍混凝土是将已硬化的混凝土浸入有机单体中，之后利用加热或辐射等方法使渗入混凝土孔隙内的有机单体聚合，使聚合物与混凝土结合成一个整体。所用单体主要有甲基丙烯酸甲酯、苯乙烯、醋酸乙烯、乙烯、丙烯脂等，同时加入催化剂或交联剂等助剂。为增强浸渍效果，浸渍前可对混凝土进行抽真空处理。

聚合物填充在混凝土内部的孔隙和微裂缝中，可提高混凝土的密实度，因此聚合物浸渍混凝土的抗渗性、抗冻性、耐蚀性、耐磨性及强度均有明显提高，抗压强度可达

150MPa以上，抗拉强度可达24.0MPa。聚合物浸渍混凝土因造价高、工艺复杂，目前只是利用其高强和耐久性好的特性应用于一些特殊场合，如高压输气管、隧道衬砌、海洋构筑物 (如海上采油平台)、桥面板等。

2. 聚合物水泥混凝土

聚合物水泥混凝土是一种以水溶性聚合物和水泥为胶结材料，以砂、石为骨料的混凝土。它用聚酸乙烯、橡胶乳胶、甲基纤维素等水溶性有机胶凝材料代替普通混凝土中的部分水泥，可使混凝土密实度得以提高。因此，与普通混凝土相比，聚合物水泥混凝土具有较好的耐久性、耐磨性、耐腐蚀性和耐冲击性等，但强度提高较少。目前，主要用于地面、路面、桥面及修补工程中。

3. 聚合物胶结混凝土

聚合物胶结混凝土又称树脂混凝土，是由合成树脂、粉料、粗骨料及细骨料等配制而成的。常用的合成树脂为环氧树脂、聚酯树脂、酚醛树脂等，具有强度高和耐化学腐蚀性、耐磨性、耐水性、抗冻性强等优点。但由于成本高，所以应用不太广泛，仅用于要求高强、高耐腐蚀性的特殊工程或修补工程。

📖 学习拓展

[1] 宋少民，王林. 混凝土学[M]. 武汉：武汉理工大学出版社，2013.

该书是高校无机非金属材料本科专业建筑材料方向所使用的教材，对混凝土的理论和实践有更深入的介绍，对提高和深化对本章的理解很有帮助。该书共13章，重点介绍现代预拌混凝土的知识体系。各章分别为混凝土概述、水泥、矿物掺合料、骨料、化学外加剂、混凝土拌合物的性能、混凝土力学性能、混凝土的耐久性、混凝土配合比设计、混凝土施工、混凝土开裂及裂缝控制、混凝土的技术进展以及混凝土的质量控制与验收。此外，该书还对高性能混凝土、预制混凝土以及几种常见的特种混凝土进行了简单介绍。

[2] 李国新，宋学锋. 混凝土工艺学[M]. 北京：中国电力出版社，2013.

该书主要介绍了混凝土各工艺的相关理论知识、工艺及设备，内容包括混凝土的模板工艺、混凝土的钢筋工艺、混凝土的搅拌工艺、混凝土的输送工艺、混凝土的密实成型工艺及混凝土的养护工艺。在学习本章内容的基础上，通过此书可更加详细地了解混凝土的生产工艺，为今后建筑施工等课程的学习打好基础。

🔍 本章小结

1. 混凝土按体积密度可分为：重混凝土，体积密度大于2800kg/m³；普通混凝土，体积密度大于2300kg/m³且不大于2800kg/m³；次轻混凝土，体积密度大于1950kg/m³且不大于2300kg/m³；轻混凝土，体积密度不大于1950kg/m³。

2. 普通混凝土的组成材料有：水泥、细骨料 (砂)、粗骨料 (石)、水、化学外加剂和矿物掺合料。

3. 一般在实际工程中，当混凝土强度等级为C30及C30以下时，可采用强度等级为32.5的水泥，当混凝土强度等级大于C30时，可采用强度等级为42.5的水泥。

4. 砂按细度模数可分为粗砂、中砂和细砂三种规格：M_x在3.1～3.7之间的为粗砂；M_x在2.3～3.0之间的为中砂；M_x在1.6～2.2之间的为细砂。配制混凝土时一般宜优先选用中砂。砂的颗粒级配按各筛累计筛余可分为三个级配区。

5. 砂的含泥量、石粉含量和泥块含量、有害物质含量、坚固性等应符合国家标准要求。

6. 在条件许可的情况下，应尽量选用最大粒径大一些的粗骨料。但一般情况下粗骨料的最大粒径不宜大于40mm。

7. 粗骨料的颗粒级配、含泥量和泥块含量、有害物质、坚固性、强度及针、片状颗粒含量等应符合国家标准要求。

8. 混凝土拌合用水包括：饮用水、地表水、地下水、再生水、混凝土企业设备洗刷水和海水等。符合国家标准要求的饮用水，可不经检验直接使用。

9. 混凝土外加剂掺量一般情况下不超过胶凝材料总质量的5%。常用的有减水剂、早强剂、缓凝剂、引气剂、泵送剂等。

10. 工程中常用的混凝土掺合料有粉煤灰、矿渣粉、硅灰和沸石粉等。

11. 混凝土拌合物的和易性包含三个含义：流动性、黏聚性和保水性。在我国的工程实践中，混凝土拌合物的和易性应按照《普通混凝土拌合物性能试验方法》(GB/T 50080—2002)来测定和评价，该标准规定用坍落度与坍落度扩展法和维勃稠度法来测定流动性，而黏聚性和保水性则通过观察和经验来判定其好坏。

12. 影响和易性的主要因素有：①单位用水量与水胶比；②砂率；③混凝土组成材料的性质；④时间和环境的温湿度；⑤生产和施工工艺。

13. 将混凝土拌合物制成150mm×150mm×150mm的立方体标准试件，采用标准养护，养护至28d龄期，用标准试验方法所测得的抗压强度值称为混凝土立方体抗压强度，以f_{cu}表示。混凝土强度等级是按立方体抗压强度标准值来划分的。混凝土立方体抗压强度标准值是混凝土立方体抗压强度总体分布中的一个值，强度低于该值的概率应为5%，即具有95%强度保证率的抗压强度值，以$f_{cu,k}$表示。

14. 影响混凝土强度的因素有：①水胶比；②混凝土组成材料的性质；③养护的温度与湿度；④龄期；⑤施工方法与质量控制。

15. 混凝土在非荷载作用下的变形有化学收缩、温度变形和干湿变形；在荷载作用下易产生弹塑性变形，并在长期不变荷载作用下产生徐变。

16. 材料不同，对耐久性的要求也不尽相同。在使用混凝土时，应考虑其抗冻性、抗渗性、抗侵蚀性等一系列性质。本章介绍了抗冻性能、抗水渗透性能、抗硫酸盐侵蚀性能、抗氯离子渗透性能、抗碳化性能和早期抗裂性能以及碱-骨料反应。

17. 当混凝土的设计强度等级小于C60时，配制强度$f_{cu,0}$按下式确定：$f_{cu,0} \geqslant f_{cu,k} + 1.645\sigma$。

18. 混凝土配合比设计一般要经过4个步骤：初步配合比、基准配合比、实验室配合比、施工配合比。

19. 本章还介绍了轻混凝土、泵送混凝土、高强混凝土、高性能混凝土、纤维混凝土、喷射混凝土和聚合物混凝土。

复习与思考

1. 普通混凝土的组成材料有哪些？各自的作用是什么？

2. 砂的粗细程度如何表示？粗砂、中砂、细砂如何划分？

3. 如何选择粗骨料的最大粒径？

4. 骨料中的泥、石粉、云母、轻物质、有机物、硫化物和硫酸盐、氯化物以及针、片状颗粒对混凝土有何影响？

5. 减水剂的作用机理是什么？常用的减水剂有哪些？

6. 早强剂有哪些种类？

7. 引气剂的作用是什么？

8. 什么是和易性？包括哪些内容？如何评定和易性？

9. 影响和易性的因素有哪些？是如何影响的？

10. 什么是立方体抗压强度和立方体抗压强度标准值？

11. 影响混凝土强度的因素有哪些？是如何影响的？

12. 常用的混凝土养护方法有哪些？

13. 什么是干缩？影响干缩的因素有哪些？

14. 什么是徐变？影响徐变的因素有哪些？

15. 混凝土的碳化有什么危害？影响碳化速度的主要因素有哪些？

16. 碱-骨料反应的条件是什么？可采取什么措施来防止或抑制碱-骨料反应的危害？

17. 混凝土的配制强度如何确定？

18. 某工程采用刚出厂的强度等级为52.5的普通硅酸盐水泥和卵石配制混凝土，其施工配合比为水泥336kg、水129kg、砂698kg、石子1260kg。已知现场砂石含水率分别为3.5%、1%。则该混凝土是否满足C30混凝土强度等级要求？($\sigma=5.0$Mpa，水泥富余系数为1.15)

第5章
建筑砂浆

【内容导读】

本章介绍三类建筑砂浆：砌筑砂浆、抹面砂浆和预拌砂浆。主要内容包括各类砂浆的概念；砂浆的组成材料；砌筑砂浆的技术性质、配合比设计；抹面砂浆的分类、特点和应用；预拌砂浆的特点和生产工艺等。

本章应重点掌握砌筑砂浆的技术性质(新拌砂浆的和易性、硬化砂浆的抗压强度)，并了解抹面砂浆的类别和在工程中的应用，熟悉砂浆的发展方向及预拌砂浆的特点，培养在工程中能合理选择和使用各类砂浆并分析解决实际工程问题的能力。

建筑砂浆由胶凝材料、水和细骨料按适当比例配制而成，由于不含粗骨料又可称为细骨料混凝土。

建筑砂浆的应用包括如下几个方面。

(1) 砌筑砖、石、砌块等形成砌体结构；

(2) 建筑物内外表面如墙面、地面、梁柱面、天棚等的抹面；

(3) 粘贴大理石、水磨石、瓷砖、面砖、马赛克等装饰材料；

(4) 填充管道、砖石墙等的勾缝及大型墙板等各种构件的接缝；

(5) 特殊功能(保温、吸声、防水、防腐等)。

建筑砂浆按使用功能可分为砌筑砂浆(砌砖、石等)和抹面砂浆(又称抹灰砂浆，包括普通抹面砂浆、装饰砂浆、防水砂浆、保温砂浆等特殊功能砂浆)。按所用胶凝材料划分：只采用单一胶凝材料，如水泥砂浆、石灰砂浆、石膏砂浆、沥青砂浆、聚合物砂浆等；采用两种或两种以上胶凝材料的称为混合砂浆，如水泥石灰混合砂浆等。

5.1 砌筑砂浆

将砖、石及砌块黏结成为砌体的砂浆，称为砌筑砂浆。它起着黏结砖、石及砌块构成砌体，传递荷载，协调变形的作用。因此，砌筑砂浆是砌体的重要组成部分。

5.1.1 砌筑砂浆的组成材料

1. 胶凝材料

用于砌筑砂浆的胶凝材料有水泥、石灰、石膏等。水泥是砂浆的主要胶凝材料，水泥品种的选择与混凝土相同。常用的水泥品种有普通硅酸盐水泥、矿渣硅酸盐水泥、火山灰硅酸盐水泥、粉煤灰硅酸盐水泥和复合硅酸盐水泥等，可根据设计要求、砌筑部位及所处的环境条件选择适宜的水泥品种。选择中低强度的水泥即能满足要求，水泥强度宜为砂浆强度等级的4～5倍，水泥强度过高，会使水泥用量不足而导致保水性不良。水泥砂浆采用的水泥，其强度等级不宜大于32.5级；水泥混合砂浆采用的水泥，其强度等级不宜大于42.5级。如果水泥强度等级过高，可适当掺加混合材料。如有特殊用途，如配置构件的接头、接缝或用于结构加固、修补裂缝，应采用膨胀水泥。

2. 细骨料

细骨料主要是指天然砂，在砂浆中起着骨架支撑和填充的作用。砂的质量对水泥用量、砂浆的和易性、强度和收缩性等技术性质影响较大。性能良好的细骨料可提高砂浆的流动性和强度，尤其对砂浆的收缩开裂有较好的抑制作用。

砂浆中使用的细骨料，原则上应采用符合混凝土用砂技术要求的优质河砂。

由于砂浆层较薄，对砂子的最大粒径应有所限制。用于砌筑砖砌体的砂浆，砂子的最大粒径不得大于2.5mm；用于砌筑毛石砌体的砂浆，砂子的最大粒径应小于砂浆层厚度的1/5～1/4；用于光滑的抹面和勾缝的砂浆，应采用细砂；用于装饰的砂浆，还可采用彩砂和石碴等。

3. 拌合水

砂浆拌合水的技术要求与混凝土拌合水相同，应选用无有害杂质的洁净的饮用水来拌制砂浆。

4. 掺合料

为提高砂浆的保水性，可在砂浆中适当掺加无机掺合料，如石灰膏、粉煤灰、黏土膏、电石膏等。

5. 外加剂

为改善砂浆的和易性及其他性能，还可在砂浆中掺入外加剂，如增塑剂、早强剂、防水剂等。增塑剂的主要有效成分是引气剂，通常采用松香皂或松香热聚物，以改善砂浆的和易性。砂浆中掺用外加剂，不但要考虑外加剂对砂浆本身性能的影响，还要根据砂浆的用途，考虑外加剂对砂浆使用功能的影响，并通过试验确定外加剂的品种和掺量。

5.1.2 砌筑砂浆的技术性质

在土木工程中，要求砌筑砂浆具有以下几个性质。

(1) 新拌砂浆应具有良好的和易性。新拌砂浆应容易在砖、石及砌块等表面上铺砌成均匀的薄层，以利于砌筑施工和砌筑材料的黏结。

(2) 硬化砂浆应具有一定的强度、良好的黏结力等力学性能。一定的强度可保证砌体强度等结构性能，良好的黏结力有利于砌块与砂浆之间的黏结。

(3) 硬化砂浆应具有良好的耐久性。通常，砂浆起着保护工程结构的作用。耐久性良好的砂浆有利于保证其自身不发生破坏，并对工程结构起到应有的保护作用。

1. 新拌砂浆的和易性

新拌砂浆的要求与新拌混凝土相近，要求具有适宜的和易性。新拌砂浆的和易性包括两个方面：流动性和保水性。

1) 流动性

流动性是指砂浆在自重或外力的作用下产生流动的性质。砂浆的流动性用沉入度来表示，其大小以流动度测定仪测定。先将砂浆按预定配比装入桶内，置于圆锥体(顶角30°)下，放松滑杆下沉，以沉入深度的厘米数作为流动性的指标，称为沉入度。

砂浆的流动性和许多因素有关。胶凝材料的用量、用水量、砂的质量以及砂浆的搅拌时间、放置时间、环境的温度与湿度等均影响其流动性。

砂浆流动性的选择要考虑砌体材料的种类、施工时的气候条件和施工方法等情况。可参考表5-1选择砂浆的流动性。

表5-1　建筑砂浆的流动性

砌体种类	干燥气候/mm	寒冷气候/mm	抹灰工程	机械施工/mm	手工操作/mm
烧结普通砖砌体	80～90	70～80	准备层	80～90	110～120
石砌体	40～50	30～40	底层	70～80	70～80
普通混凝土空心砌块	60～70	50～60	面层	70～80	90～100
轻骨料混凝土砌块	70～90	60～80	石膏浆面层	—	90～120

2) 保水性

保水性是指新拌砂浆保持水分的能力，也反映了砂浆中各组分材料不易分离的性质。新拌砂浆在存放、运输和使用过程中，都应有良好的保水性，这样才能保证在砌体中形成均匀致密的砂浆缝，以保证砌体的质量。如果使用保水性不良的砂浆，在施工过程中，砂浆很容易出现泌水和分层离析现象，使流动性变差，不易铺成均匀的砂浆层，使砌体的砂浆饱满度降低。同时，保水性不良的砂浆在砌筑时，水分容易被砖、石等砌体材料很快吸收，影响胶凝材料的正常硬化。不但降低砂浆本身的强度，而且使砂浆与砌体材料的黏结不牢，最终降低砌体的质量。

影响砂浆保水性的主要因素有：胶凝材料的种类及用量、掺合料的种类及用量、砂的质量及外加剂的品种和掺量等。

砂浆的保水性以"分层度"表示，分层度用砂浆分层度测定仪来测定。将砂浆装入内径为15cm、高为30cm的有底圆桶内测其沉入度，然后静置30min后取容器底部1/3部分的砂浆再测沉入度，两次沉入度的差值即为分层度。保水性良好的砂浆，其分层度应较小，一般分层度为1～2cm的砂浆，砌筑与抹面均可使用。分层度接近于零的砂浆，不必浇水潮湿就可在砖石上应用，但易发生干缩裂缝，不宜用做抹面砂浆。分层度大于3cm的砂浆，在一般施工条件下不宜采用，须掺塑化剂或保水性良好的掺合料。水泥混合砂浆的分层度不宜大于2cm。

2. 硬化砂浆的性质

1) 砂浆的抗压强度

建筑砂浆在砌体或建筑物中主要起承递荷载作用，应具有一定的抗压强度。对于抗震设防地区，还须注意砌体的抗拉、抗剪强度。砂浆的强度等级是采用70.7mm×70.7mm×70.7mm的立方体试件，按照标准的养护条件养护至28d龄期后所测得的抗压强度平均值确定的。

砂浆的强度等级分为M2.5、M5、M7.5、M10、M15、M20共6个等级。对于特别重要的砌体和有较高耐久性要求的工程，宜用强度等级高于M10的砂浆。

影响砂浆抗压强度的因素很多，很难用简单的公式表达砂浆的抗压强度与其组成之间的关系。因此，在实际工程中，对于具体的组成材料，大多根据经验和通过试配，经试验确定砂浆的配合比。

用于不吸水底面(如密实的石材)的砂浆抗压强度，影响强度的因素与混凝土相似，主要取决于水泥的强度和水灰比，计算公式为

$$f_{m,o} = \alpha f_{ce}\left(\frac{C}{W} - \beta\right)$$

式中：$f_{m,o}$——砂浆28d抗压强度，MPa；

f_{ce}——水泥28d实测抗压强度，MPa；

α，β——系数，可根据试验资料统计确定；

C/W——灰水比。

用于吸水底面(如砖或其他多孔材料)的砂浆，即使用水量不同，但因底面吸水且砂浆具有一定的保水性，经底面吸水后，保留在砂浆中的水分几乎是相同的，因此砂浆的抗压强度主要取决于水泥的强度和水泥用量，与砌筑前砂浆中的水灰比基本无关。计算公式为

$$f_{m,o} = \alpha f_{ce} Q_c / 1000 + \beta$$

式中：$f_{m,o}$——砂浆28d抗压强度，MPa；

f_{ce}——水泥28d实测抗压强度，MPa；

α，β——系数，可根据试验资料统计确定；

Q_c——水泥用量，kg。

砌筑砂浆的配合比可根据这两个公式结合经验估算，经试拌检测各项性能后确定。

2) 黏结力

砂浆的黏结力与基层材料的表面状态、清洁程度、润湿情况和施工养护条件有关。黏结力是影响砌体抗剪强度、耐久性和稳定性、建筑物抗震能力和抗裂性的基本因素之一。一般砂浆的抗压强度越高，其黏结力也越大。水泥砂浆在潮湿环境中的黏结力大于干燥环境中的黏结力。

3) 砂浆的耐久性

砂浆应有良好的耐久性，因此，砂浆应与基底材料有良好的黏结力以及较小的收缩变形。当受冻融作用影响时，对砂浆还应有抗冻性要求。具有冻融循环次数要求的砌筑砂浆，经冻融试验后，质量损失率不得大于5%，抗压强度损失率不得大于25%。

💡 工程案例分析

某工地现配制M10砂浆砌筑砖墙，把水泥直接倒在砂堆上，再人工搅拌。该砌体灰缝饱满度及黏结性均很差。试分析引起此砂浆质量问题的原因并提出改善方法。

原因分析及改进措施：

(1) 由于把水泥直接倒在砂堆上采用人工搅拌的方式，导致砂浆拌合物混合不够均匀，致使强度波动较大，宜投入搅拌机中进行机械搅拌，提高砂浆质量。

(2) 仅以水泥与砂配制砂浆，使用少量水泥虽可满足强度要求，但往往流动性和保水性较差，导致砌体灰缝饱满度及黏结性均很差，从而影响砌体强度，可掺入少量石灰膏、石灰粉等来增强保水性以改善砂浆的和易性。

(案例来源：苏达根. 土木工程材料. 北京：高等教育出版社，2003：151)

5.1.3 砌筑砂浆的配合比设计

对于砌筑砂浆的配合比设计，要根据工程类型和砌筑部位确定砂浆的品种和强度等级，再按品种和强度等级确定配合比。

确定砌筑砂浆配合比的方法有查询规范手册或资料和计算两种。无论采用哪种方法，都应通过实验调整及验证后才能应用。

1. 砂浆强度等级的选择

砌筑砂浆的强度等级应根据相关规范或设计要求确定。一般的砖混多层住宅采用M5或M10的砂浆；办公楼、教学楼及多层商店常采用M5～M10的砂浆；平房宿舍、商店常采用M5～M7.5的砂浆；食堂、仓库、锅炉房、变电站、地下室、工业厂房及烟囱等常采用M5～M10的砂浆；检查井、雨水井、化粪池等可用M5的砂浆。特别重要的砌体，可采用M15～M20的砂浆。高层混凝土空心砌块建筑，应采用M20及以上强度等级的砂浆。

2. 砂浆配合比的确定

1) 混合砂浆的配合比计算

(1) 砂浆试配强度的确定。根据《砌筑砂浆配合比设计规程》(JGJ/T 98—2010)，当保证率为95%时，砌筑砂浆的试配强度应为

$$f_{m,o} = f_{m,k} + 1.645\sigma$$

由于砂浆在砌体设计规范中，没有提供参与计算的标准值，而只有砂浆设计强度(即砂浆抗压强度平均值)f_2，所以不能直接套用，要经过换算。

另外，砂浆是为砌体服务的，在砌体中砖是起主要作用的，《砌体结构工程施工质量验收规范》(GB 50203—2011)中规定砌体水平灰缝的砂浆饱满度不得小于80%，故砂浆材料保证率不必为95%，只需达到85%即可。

砂浆强度计算标准值(保证率为85%)为

$$f_{m,k} = f_2 - \sigma$$

试配强度的计算式为

$$f_{m,o} = f_{m,k} + 1.645\sigma = f_2 - \sigma + 1.645\sigma = f_2 + 0.645\sigma$$

式中：$f_{m,o}$——砂浆的试配强度，MPa；

$f_{m,k}$——砂浆的设计强度标准值，MPa；

f_2——砂浆抗压强度平均值，MPa；

σ——砂浆现场强度标准差，MPa。

砂浆现场强度标准差应通过有关资料统计得出，如无统计资料，可按表5-2取用。

表5-2 不同施工水平的砂浆强度标准差

施工水平	砂浆强度等级/MPa					
	M2.5	M5	M7.5	M10	M15	M20
优良	0.5	1.00	1.50	2.00	3.00	4.00
一般	0.62	1.25	1.88	2.50	3.75	5.00
较差	0.75	1.50	2.25	3.00	4.50	6.00

(2) 水泥用量的计算。砂浆中的水泥用量的计算公式为

$$Q_c = \frac{1000(f_{m,o} - \beta)}{\alpha f_{ce}}$$

式中：Q_c——每立方米砂浆的水泥用量，kg；

α，β——砂浆的特征系数，$\alpha=3.03$，$\beta=-15.09$。

在没有水泥的实测强度值时，可按下式计算

$$f_{ce} = \gamma_c f_{ce,k}$$

式中：$f_{ce,k}$——水泥强度等级对应的强度值，MPa；

γ_c——水泥强度等级值的富余系数，应按实际资料统计确定。无统计资料时，可取值1.0。

如计算出水泥砂浆中的水泥用量不足200kg/m³，应按200kg/m³采用。

(3) 砂浆中掺合料的计算。计算公式为

$$Q_D = Q_A - Q_C$$

式中：Q_D——每立方米砂浆的掺合料用量，kg；

Q_C——每立方米砂浆的水泥用量，kg；

Q_A——每立方米砂浆中胶凝材料的总量，kg，一般在300~350kg之间。

(4) 砂用量和用水量的确定。砂浆中的砂用量取干燥状态砂的堆积密度值，kg；砂浆的用水量，根据砂浆流动性等要求可选用270~330kg。

2) 水泥砂浆配合比的选用

水泥砂浆的各材料用量可按表5-3选取。

表5-3　每立方米水泥砂浆中各材料用量

强度等级	水泥用量/kg	砂子用量	用水量/kg
M2.5~M5	200~230		
M7.5~M10	220~280	1m³砂子的堆积密度值	270~330
M15	280~340		
M20	340~400		

水泥用量应根据水泥的强度等级和施工水平合理选择，一般当水泥的强度等级较高（＞32.5)和施工水平较高时，水泥用量选低值；用水量应根据砂的粗细程度、砂浆稠度和气候条件选择，当砂较粗、稠度较小或气候较潮湿时，用水量选低值。

3) 砂浆配合比的试配、调整与确定

砂浆在经计算或选取初步配合比后，应采用实际工程使用的材料进行试拌，测定拌合物的沉入度和分层度。当和易性不满足要求时，应调整至符合要求，将其确定为试配时砂浆的基准配合比。并采用沉入度和分层度符合要求，水泥用量比基准配合比增加和减少10%的另两个配合比，按《建筑砂浆基本性能试验方法》(JGJ/T 70—2009)的规定拌合并使试件成型，按标准养护条件养护至规定的龄期，测定砂浆的强度，从中选定符合试配强度要求且水泥用量较小的配合比作为砂浆配合比。

5.2 抹面砂浆

凡粉刷在土木工程中的建筑物或构件表面的砂浆,统称为抹面砂浆。根据功能的不同,可将抹面砂浆分为普通抹面砂浆、装饰砂浆、防水砂浆和具有某些特殊功能的抹面砂浆(如绝热砂浆、耐酸砂浆、防射线砂浆、吸声砂浆等)。对于抹面砂浆,要求既具有良好的工作性,以便于抹成均匀平整的薄层,便于施工;也应有较高的黏结力,保证砂浆与底面牢固黏结;同时,还应保证变形较小,以防其开裂脱落。

抹面砂浆的组成材料与砌筑砂浆基本相同。但为了防止砂浆开裂,有时需加入一些纤维材料(如纸筋、麻刀、有机纤维等);为了强化某些功能,还需加入特殊骨料(如陶砂、膨胀珍珠岩等)。

5.2.1 普通抹面砂浆

普通抹面砂浆具有保护建筑物、装饰建筑物及美化建筑环境的效果。抹面砂浆一般分两层或三层施工。由于各层的功能不同,每层所选的砂浆性质也应不一样。底层抹灰的作用是使砂浆与底面能牢固地黏结。因此,要求砂浆应具有良好的工作性和黏结力,并有良好的保水性,以防止水分被底面材料吸收掉而影响砂浆的黏结力。中层抹灰主要是为了找平,有时可省去不用。面层抹灰要达到平整美观的效果,要求砂浆细腻抗裂。

用于砖墙的底层抹灰,多用石灰砂浆或石灰灰浆;用于板条墙或板条顶棚的底层抹灰,多用麻刀石灰灰浆;混凝土墙面、柱面、梁的侧面、底面及顶棚表面等的底层抹灰,多用混合砂浆。中层抹灰多用混合砂浆或石灰砂浆;面层抹灰多用混合砂浆、麻刀石灰砂浆、纸筋石灰砂浆。

在容易碰撞或潮湿的地方,应采用水泥砂浆。如地面、墙裙、踢脚板、雨篷、窗台以及水池、水井、地沟、厕所等处,要求砂浆具有较高的强度、耐水性和耐久性,工程上一般用1:2.5的水泥砂浆。

在加气混凝土砌块墙面上做抹面砂浆时,应采取特殊的抹灰施工方法,如在墙面上预先刮抹树脂胶、喷水润湿或在砂浆层中夹一层预先固定好的钢丝网层,以免日久发生砂浆剥离脱落现象。在轻骨料混凝土空心砌块墙面上做抹面砂浆时,应注意砂浆和轻骨料混凝土空心砌块的弹性模量尽量一致。否则,极易在抹面砂浆和砌块界面上开裂。普通抹面砂浆的参考配合比见表5-4。

表5-4 普通抹面砂浆参考配合比

材料	体积配合比	材料	体积配合比
水泥:砂	1:2～1:3	石灰:石膏:砂	1:0.4:2～1:2:4
石灰:砂	1:2～1:4	石灰:黏土:砂	1:1:4～1:2:8
水泥:石灰:砂	1:1:6～1:2:9	石灰膏:麻刀	100:1.3～100:2.5

5.2.2　装饰砂浆

一般抹面砂浆虽也有装饰作用，但毕竟是非常有限的。装饰砂浆是指专门用于建筑物室内外表面装饰，以增加建筑物美观度为主的砂浆。它是在抹面的同时，经各种艺术处理而获得特殊的表面形式，以满足艺术审美需要的一种表面装饰。

1. 装饰砂浆的种类及其饰面特性

装饰砂浆获得装饰效果的具体做法可分为两类，一类是通过水泥砂浆的着色或水泥砂浆表面形态的艺术加工，获得一定的色彩、线条、纹理质感，以达到装饰目的，称为灰浆类饰面。这种以水泥、石灰及砂浆为主形成的饰面装饰做法的主要优点是材料来源广泛，施工操作方便，造价比较低廉，而且通过不同的工艺方法，可以形成不同的装饰效果，如搓毛、拉毛、喷毛以及仿面砖、仿毛石等饰面。另一类是在水泥浆中掺入各种彩色的石碴做骨料，制得水泥石碴浆抹于墙体基层表面，然后用水洗、斧剁、水磨等手段除去表面水泥浆皮，露出石碴的颜色、质感的饰面做法，称为石碴类饰面。

石碴类饰面与灰浆类饰面的主要区别在于：石碴类饰面主要靠石碴的颜色、颗粒形状来达到装饰目的；而灰浆类饰面则主要靠掺入颜料，以及砂浆本身所能形成的质感来达到装饰目的。与石碴相比，水泥等材料的装饰质量及耐污染性均比较差，而且多数石材的耐光性比颜料好。所以，石碴类饰面的色泽比较明亮，质感相对更为丰富，并且不易褪色和污染，但石碴类饰面相对于砂浆而言工效较低，造价较高。当然，随着技术与工艺的演变，这种差别正在日益缩小。

2. 装饰砂浆的组成材料

1) 胶凝材料

装饰砂浆所用的胶凝材料与普通抹面砂浆基本相同，只是更多地采用白水泥和彩色水泥。

2) 骨料

装饰砂浆所用的骨料除普通砂外，还常使用石英砂、彩釉砂和着色砂，以及石碴、石屑、砾石及彩色瓷粒和玻璃珠等。

(1) 石英砂。石英砂分天然石英砂、人造石英砂及机制石英砂三种。人造石英砂和机制石英砂是将石英岩加以焙烧，经人工或机械破碎筛分而成的。它们比天然石英砂质量好、纯净且二氧化硅含量高。除用于装饰工程外，石英砂还可用于配制耐腐蚀砂浆。

(2) 彩釉砂和着色砂。彩釉砂和着色砂均为人工砂，它们是由各种不同粒径的石英砂或白云石粒加颜料焙烧后，再经化学处理而制得的。在高温80℃、低温-20℃的条件下不变色，且具有防酸、耐碱性能。

3) 颜料

掺颜料的砂浆，一般用在室外抹灰工程中，如假大理石、假面砖、喷涂、弹涂、辊涂和彩色砂浆抹面。这些装饰面长期处于风吹、日晒、雨淋之中，且受到大气中有害气体的腐蚀和污染等，因此，选择合适的颜料，是保证饰面质量、避免褪色和变色、延长使用年限的关键。

颜料选择要根据价格、砂浆品种、建筑物所处环境和设计要求而定。建筑物处于受酸侵蚀的环境中时，要选用耐酸性好的颜料；受日光曝晒的部位，要选用耐光性好的颜料；碱度高的砂浆，要选用耐碱性好的颜料；设计要求颜色鲜艳，可选用色彩鲜艳的有机颜料。

3. 灰浆类砂浆饰面

1) 拉毛灰

拉毛灰是用铁抹子或木楔将罩面灰轻压后顺势轻轻拉起，形成一种凹凸质感较强的饰面层。这种工艺所用的灰浆通常是水泥石灰砂浆或水泥纸筋灰浆，是过去较广泛采用的一种传统饰面做法。要求表面拉毛花纹、斑点分布均匀，颜色一致，同一表面上不显接槎。

2) 甩毛灰

甩毛灰是用竹丝刷等工具将罩面灰浆甩洒在墙面上，形成大小不一，但又很有规律的云朵状毛面；也有先在基层上刷水泥色浆，再甩上不同颜色的罩面灰浆，并用抹子轻轻压平，形成两种颜色的套色做法。要求甩出的云朵必须大小相称，纵横相间，既不能杂乱无章，也不能像列队一样整齐划一，以免显得呆板。

3) 搓毛灰

搓毛灰是在罩面灰浆初凝时，用硬木抹子由上至下搓出一条细而直的纹路，也可沿水平方向搓出一条L形细纹路，当纹路明显搓出后即停。这种装饰方法工艺简单、造价低，效果朴实大方。

4) 扫毛灰

扫毛灰是用竹丝扫帚将按设计组合分格的面层砂浆，扫出不同方向的条纹，或做成仿岩石的装饰抹灰。通过扫毛灰可做出假石以代替天然石饰面，工序简单，施工方便，造价便宜，适用于影剧院、宾馆的内墙和庭院的外墙饰面。

5) 拉条

拉条抹灰是采用专门的模具将面层砂浆做出竖向线条的装饰做法。拉条抹灰有细条形、粗条形、半圆形、波形、梯形、方形等多种形式，是一种较新的抹灰做法。一般细条形抹灰可采用同一种砂浆级配，多次加浆抹灰拉模而成；粗条形抹灰则采用底、面层两种不同配合比的砂浆，多次加浆抹灰拉模而成。砂浆不得过干，也不得过稀，以能拉动可塑为宜。它具有美观、大方、不易积灰、成本低等优点，并具有良好的声学性能，适用于公共建筑门厅、会议室、观众厅等。

6) 假面砖

假面砖是采用掺加氧化铁系颜料的水泥砂浆，通过手工操作达到模拟面砖装饰效果的饰面做法，适合于房屋建筑外墙抹灰饰面。

7) 假大理石

假大理石是用掺加适当颜料的石膏色浆和素石膏浆按1∶10的比例配合，通过手工操作，做成具有大理石表面特征的装饰抹灰。这种装饰工艺，对操作技术要求较高，但如果做得好，无论是在颜色、花纹还是光洁度等方面，都接近天然大理石的效果，适用于高级装饰工程中的室内墙面抹灰。

8) 外墙喷涂

外墙喷涂是用挤压式砂浆泵或喷斗将聚合物水泥砂浆喷涂在墙面基层或底灰上，形成饰面层。在涂层表面再喷一层甲基硅醇钠或甲基硅树脂疏水剂，以提高涂层耐久性和减少墙面污染。根据涂层质感可分为波面喷涂、颗粒喷涂、花点喷涂三种。

9) 外墙辊涂

外墙辊涂是将聚合物水泥砂浆抹在墙体表面上，用辊子辊出花纹，再喷罩甲基硅醇钠疏水剂形成饰面层。这种工艺，施工方法简单，容易掌握，工效也高。同时，施工时不易污染其他墙面及门窗，对局部施工尤为适用。

10) 弹涂

弹涂是在墙体表面涂刷一道聚合物水泥色浆后，通过一种电动(或手动)筒形弹力器，分几遍将各种水泥色浆弹到墙面上，形成直径为1～3mm、大小近似、颜色不同、互相交错的圆粒状色点，深浅色点互相衬托，构成彩色的装饰面层。这种饰面黏结力好，对基层适应性广泛，可直接弹涂在底层灰上和底基较平整的混凝土墙板、石膏板等墙面上。由于饰面层凹凸起伏不大，加之外罩甲基硅树脂或聚乙烯醇丁醛涂料，故耐污染性能较好。

4. 石碴类砂浆饰面

1) 水刷石

水刷石是将水泥和石碴按比例配合并加水拌合制成水泥石碴浆，用作建筑物表面的面层抹灰，待其水泥浆初凝后，以硬毛刷蘸水刷洗，或用喷浆泵、喷枪等喷以清水冲洗，冲刷掉石碴浆层表面的水泥浆皮，从而使石碴半露，达到装饰效果。

水刷石饰面的特点是具有石料饰面的朴实的质感效果，如果再结合适当的艺术处理，如分格、分色、凸凹线条等，可使饰面获得自然美观、明快庄重、秀丽淡雅的艺术效果。因此，水刷石是一种颇受人们欢迎的传统外墙装饰工艺，长期以来在我国各地被广泛采用。

水刷石饰面的不足之处是操作技术要求较高，费工费料，湿作业量大，劳动条件较差且不能适应墙体改革的要求，故其应用有日渐减少的倾向。

水刷石饰面除用于建筑物外墙面，檐口、腰线、窗套、阳台、雨篷、勒脚及花台等处亦常使用。

2) 斩假石

斩假石又称剁斧石，它是以水泥石碴浆或水泥石屑浆做面层抹灰，待其硬化到一定强度时，用钝斧及各种凿子工具，在面层上剁斩出类似石材经雕琢的纹理效果的一种人造石材装饰方法。在石碴类饰面的各种做法中，斩假石的效果最好。它既具有貌似真石的质感，又有精工细作的特点，给人以朴实、自然、素雅、庄重的感觉。斩假石饰面存在的问题是费工费力，劳动强度大，施工工效较低。

斩假石饰面所用的材料与前述水刷石等基本相同。不同之处在于骨料的粒径一般较小。通常宜采用石屑(粒径为0.5~1.5mm)，也可采用粒径为2mm的米粒石，内掺30%的石屑(粒径为0.15~1mm)，小八厘的石碴也偶有采用。

斩假石饰面的材料配比，一般采用水泥：白石屑=1：1.5的水泥石屑浆，或采用水泥：石碴=1：1.25的水泥石碴浆(石碴内掺30%的石屑)。为了模仿不同天然石材的装饰效果，如花岗石、青条石等，可以在配比中加入各种彩色骨料及颜料。

斩假石饰面一般多用于局部小面积装饰，如勒脚、台阶、柱面、扶手等。

3) 拉假石

拉假石是用废锯条或5~6mm厚的铁皮加工成锯齿形，钉于木板上构成抓耙，用抓耙挠刮去除表层水泥浆皮露出石碴，并形成条纹效果。这种工艺实质上是斩假石工艺的演变，与斩假石相比，其施工速度快，劳动强度较低，装饰效果类似斩假石，可大面积使用。

拉假石的材料与斩假石相同，不过，可用石英砂来代替石屑。由于石英砂较硬，故在斩假石工艺中不能采用。

4) 干粘石

干粘石是在素水泥浆或聚合物水泥砂浆黏结层上，把石碴、彩色石子等备好的骨料粘在其上，再拍平压实即为干粘石。干粘石的操作方法有手工甩粘和机械甩喷两种。要求石子要粘牢，不掉粒，不露浆，石粒应压入砂浆2/3。

干粘石饰面工艺实际上是由传统水刷石工艺演变而成的，它具有操作简单、造价较低、饰面效果较好等特点，故应用广泛。干粘石一般选用小八厘石碴，因粒径较小，甩粘到砂浆上易于排列密实，暴露的砂浆层少。中八厘也有应用，但很少用大八厘。配制砂浆时常掺入一定量的107胶，它不仅有利石碴粘牢，还可避免拍压石子时挤出砂浆沾污石碴。

5) 水磨石

水磨石是由水泥、彩色石碴或白色大理石碎粒及水按适当比例配合，需要时掺入适量颜料，经拌匀、浇注捣实、养护、硬化、表面打磨、洒草酸冲洗、干后上蜡等工序制成的。既可在现场制作，也可在工厂预制。现场制作水磨石饰面，可分为以下5道工序。

(1) 打底子。即在基层上铺抹水泥砂浆。先刷一遍素水泥浆，随即做灰饼、标筋、抹底灰，底灰一般用1：3或1：4的水泥砂浆，厚度为15~20mm。用木抹子搓实，至少两遍。24h后洒水养护。

(2) 弹线、镶条。按设计要求弹分格线，将分格条用素水泥浆固定就位。分格条有玻璃条、铜条、铝条及不锈钢条等，按设计要求选用。其中，铜分格条装饰效果最好，有豪华感。

(3) 罩面层。将水泥石碴浆拌合均匀，平整地浇注在结合层上，并高出分格条1~2mm，水泥石碴浆的计量必须准确，必要时先将颜料与水泥干拌过筛，再掺入石碴搅拌均匀，然后加水搅拌。石碴应坚硬、耐磨，并有合理的级配，一般水泥与石碴质量比为1：1.5～2.0。拌合前需预留20%的石子用于撒面。

饰面层浇注完毕后，应在面层均匀撒一层石碴，随即用钢抹子由分格条向中间将石碴拍入水泥石碴浆中，拍实压平，再用滚筒纵横碾压平实，边压边补石碴，压至表面出浆后，再用钢抹子抹平。

(1) 水磨。当饰面层石碴浆硬化至一定强度时，进行水磨。一般地坪采用机动磨，墙面、台阶、楼梯等采用手工磨。开磨时间视所用水泥、色粉品种及气候条件而定。具体操作时要边磨边洒水，确保磨盘下有水，并随时清扫磨出的石浆。磨石应分三遍进行，磨头遍用60～80号金刚砂做磨料，要求把石碴磨透磨平，镶条全部露出，磨完后用清水冲洗干净。稍干后刮薄层同色水泥浆养护约三天，再用100～150号金刚砂磨第二遍，磨至表面平滑，用水冲洗并擦上干水泥养护两天，最后用180～240号金刚砂磨第三遍，磨至光亮为止。

(2) 洒草酸及打蜡。将水磨石用清水冲洗干净后洒上草酸，再用280号油石在上面研磨酸洗，以清除磨石面上的所有污垢，最后洗净、擦干。待水磨石面层干燥发白后，擦上地板蜡，打亮至产生镜面光泽，这时各色石子的美丽色彩便可清晰露出。

水磨石若在工厂预制，其工序基本上与现场制作相同，只是开始时要按设计规定的尺寸形状制成模框；另一不同之处是必须在底层加放钢筋。工厂预制因操作条件较好，可制得装饰效果优良的具有华丽花纹的饰面板。

水磨石与前文介绍的干粘石、水刷石和斩假石同属石碴类饰面，但它们的装饰效果，特别在质感方面有明显的不同。首先，水刷石最为粗犷，干粘石粗中带细，斩假石则典雅、凝重，而水磨石则具有润滑细腻之感。其次，在颜色花纹方面，色泽之华丽和花纹之美观首推水磨石；斩假石的颜色一般较浅，很像斩凿过的灰色花岗石；水刷石有青灰、奶黄等颜色；干粘石的色彩主要取决于所用石碴的颜色。这三者都不能像水磨石那样，能在表面制成细巧的图案花纹。

5.2.3 防水砂浆

制作砂浆防水层(又称为刚性防水)所采用的砂浆，称为防水砂浆。砂浆防水层仅适用于不受震动和具有一定刚度的混凝土及砖石砌体工程。

防水砂浆可以采用普通水泥砂浆，也可以在水泥砂浆中掺入防水剂来提高砂浆的抗渗能力。防水剂有氯盐型防水剂和非氯盐型防水剂，在钢筋混凝土工程中，应尽量采用非氯盐型防水剂，以防止由于氯离子的引入，造成钢筋锈蚀。

防水砂浆的配合比一般采用水泥：砂=1：2.5～3，水灰比在0.5～0.55之间。水泥应采用42.5级的普通硅酸盐水泥，砂子应采取级配良好的中砂。

防水砂浆对施工操作技术要求很高。制备防水砂浆应先将水泥和砂干拌均匀，再加入水和防水剂溶液搅拌均匀。粉刷前，先在润湿清洁的底面上抹一层低水灰比的纯水泥浆(有时也用聚合物水泥浆)，然后抹一层防水砂浆，在初凝前，用木抹子压实一遍，第二、

三、四层都是以同样的方法进行操作，最后一层要压光。粉刷时，每层厚度约为5mm，共粉刷4～5层，共计20～30mm厚。粉刷完后，必须加强养护，以防止开裂。

5.2.4 其他特种砂浆

1. 绝热砂浆

采用水泥、石灰、石膏等胶凝材料与膨胀珍珠岩、膨胀蛭石、陶粒、陶砂或聚苯乙烯泡沫颗粒等轻质多孔材料，按一定比例配制的砂浆称为绝热砂浆。绝热砂浆质轻，且具有良好的保温隔热性能。可用于屋面隔热层、隔热墙壁、冷库以及工业窑炉、供热管道隔热层等处。如在绝热砂浆中掺入或在绝热砂浆表面喷涂憎水剂，则这种砂浆的保温隔热效果会更好。

2. 耐酸砂浆

耐酸砂浆是以水玻璃与氟硅酸钠为胶凝材料，加入石英岩、花岗岩、铸石等耐酸粉料和细骨料拌制并硬化而成的砂浆。水玻璃硬化后具有很好的耐酸性能。耐酸砂浆可用于耐酸地面、耐酸容器基座及与酸接触的结构部位。在某些有酸雨腐蚀的地区，建筑物的外墙装修，也可应用耐酸砂浆，以提高建筑物的耐酸雨腐蚀性能。

3. 防射线砂浆

在水泥砂浆中掺入重晶石粉、重晶石砂，可配制防X射线和γ射线的砂浆。它的配合比为水泥∶重晶石粉∶重晶石砂=1∶0.25∶4～5。如在水泥中掺入硼砂、硼化物等可配制具有防中子射线的砂浆。厚重、气密、不易开裂的砂浆也可阻止地基中土壤或岩石里的氡(具有放射性的惰性气体)向室内迁移或流动。

4. 膨胀砂浆

在水泥砂浆中加入膨胀剂，或使用膨胀水泥，可配制膨胀砂浆。膨胀砂浆具有一定的膨胀特性，可补偿水泥砂浆的收缩，防止干缩开裂。膨胀砂浆还可在修补工程和装配式大板工程中应用，靠其膨胀作用而填充缝隙，以达到黏结密封的目的。

5. 自流平砂浆

自流平砂浆是指在自重作用下能流平的砂浆；地坪和地面常采用自流平砂浆。自流平砂浆施工方便、质量可靠。自流平砂浆的关键技术要点是：①掺用合适的外加剂；②严格控制砂的级配和颗粒形态；③选择具有合适级配的水泥或其他胶凝材料。良好的自流平砂浆可使地坪平整光洁、强度高、耐磨性好、无开裂现象。

6. 吸声砂浆

吸声砂浆是指具有吸声功能的砂浆。一般绝热砂浆都具有多孔结构，因而也都具有吸声的功能，工程中常按水泥∶石灰膏∶砂∶锯末=1∶1∶3∶5(体积比)来配制吸声砂浆，或在石灰、石膏砂浆中加入玻璃棉、矿棉或有机纤维或棉类物质。吸声砂浆常用于厅堂的墙壁和顶棚，能达到一定的吸声效果。

5.3 预拌砂浆

5.3.1 预拌砂浆的概念和分类

预拌砂浆是由胶凝材料、细骨料、矿物掺合料及外加剂等组分按一定比例混合，由专业工厂生产的湿拌砂浆或干混砂浆。

根据砂浆的生产方式将预拌砂浆分为湿拌砂浆和干混砂浆两大类。将加水拌合而成的湿态拌合物称为湿拌砂浆，将干态材料混合而成的固态混合物称为干混砂浆。

湿拌砂浆包括湿拌砌筑砂浆、湿拌抹灰砂浆、湿拌地面砂浆和湿拌防水砂浆4种。因特种用途的砂浆黏度较大无法采用湿拌的形式生产，所以湿拌砂浆中仅包括普通砂浆。干混砂浆又分为普通干混砂浆和特种干混砂浆两种。普通干混砂浆主要用于砌筑、抹灰、地面及普通防水工程，而特种干混砂浆是指具有特种性能要求的砂浆。

湿拌砂浆和干混砂浆有相似之处，原材料基本相同，所不同的主要是，湿拌砂浆的水是在工厂直接加入的，类似于预拌混凝土。但预拌混凝土到施工现场后的浇注速度较快，对坍落度和初凝时间的控制主要考虑运输和浇注时间。而预拌砂浆到施工现场后用于砌筑或粉刷(地坪除外)，施工时间要长得多，因此对流动度损失和初凝时间的控制要求更高。

5.3.2 干混砂浆

干混砂浆是由水泥、钙质消石灰粉或有机胶凝材料、砂、掺合料和外加剂按一定比例混合干拌而成的混合物。干混砂浆又常称为干拌砂浆，也曾被称为干粉砂浆、干混料、干粉料等。干混砂浆的特点是生产集中，质量稳定，施工方便，现场只需加水搅拌，即可使用。

干混砂浆的强度等级可分为：M_b5，M_b10，M_b15，M_b20，M_b25，M_b30。强度等级较高的干混砂浆用于高强度混凝土空心砌块。施工时沉入度可控制在60～80mm，分层度在10～20mm，和易性良好。干混砂浆的技术性能稳定，可采用手工或机械施工。

干混砂浆有整吨袋装，亦有小袋(50kg)分装。运输、储存和使用方便。储存期可达3～6个月。干混砂浆的性能优良、品种多样，有砌筑砂浆、抹面砂浆和修补砂浆等。例如，混凝土空心砌块专用干混砂浆，按规定加水拌合后，和易性良好，强度稳定，使混凝土空心砌块砌体的竖缝砌筑质量得到保证；同时，也能提高混凝土空心砌块砌体的抗剪强度。再如，聚合物修补干混砂浆和聚合物防水干混砂浆，其中的胶凝材料采用了部分可溶性树脂。通过大量的工程应用，可证实此类砂浆性能稳定，使用方便，黏结强度较高。

干混砂浆不仅为采用新技术与新材料以及提高砌筑、抹灰、装饰、修补等工程的施工质量创造了有利条件，而且改善了砂浆的现场施工条件，有利于文明施工和环境保护。随着研究开发和推广应用的深入，干混砂浆在品质、效率、经济和环保等方面的优越性正逐步被认识。

5.3.3 预拌砂浆的生产工艺

一般按照结构划分，预拌砂浆生产工艺有三种形式：简易式干混砂浆生产设备、串行式干混砂浆生产设备、塔楼式干混砂浆生产设备。

简易式干混砂浆生产线工艺设备用于特殊产品的生产，设备是半自动化的，但主要成分的配料、称重和装袋也可实现自动化。设备结构紧凑，可实现模块化扩展，投资少、建设快。

串行式干混砂浆生产线工艺设备是专门针对建筑高度受到限制的情况而设计的。该设备的高度和基础截面较小，其生产能力为50～100t/h，设备的机械组件和全自动计算机控制保证了生产系统的高精度。可实现模块化扩展，性价比高。

塔楼式干混砂浆生产线的材料流动基本上是属于重力性质的，即原材料筒仓和称量、混合和包装设备依次上下垂直架设。这样的工艺线一则可以缩小建筑面积，二则省投资后的运营成本。每条生产线的生产能力高达200t/h，设备的全自动计算机控制系统具有完美的配料和称重功能以及常用配方的记录和统计显示数据库、客户简易式干混砂浆生产设备后勤服务组件，设备的投资较大。

不论采用哪种工艺，预拌砂浆的基本生产流程如下所述。

(1) 砂预处理，包括采石场、破碎、干燥、(碾磨)、筛分、储存。若有河砂，则只需干燥、筛分即可，有条件的地方可直接采购成品砂送入砂储仓。

(2) 将胶结料、填料以及添加剂送入相应的储仓。

(3) 根据配方进行配料计量。

(4) 将各种原材料投入混合机进行搅拌混合。

(5) 将成品砂浆送入成品储仓进行产品包装或散装。

(6) 将产品运送至工地。散装预拌砂浆必须采用散装筒仓或专用散装运输车辆运送，以防发生离析现象，影响工程施工质量。

(7) 将预拌砂浆投入砂浆流动罐搅拌机按比例加水混合。

5.3.4 专用砂浆

专用预拌砂浆是指经干燥筛分处理的骨料、胶凝材料、不同块体材料的专用外加剂等，按一定比例在专业生产线上混合而成，在使用地点按规定比例加水或配套组分拌合使用的干混拌合物。

专用预拌砂浆包括专用砌筑砂浆和专用抹灰砂浆。专用砌筑砂浆是指专门用于砌筑某种块体材料砌体，并能有效提高其工作性及砌体结构力学性能的砂浆。专用抹灰砂浆是专门用于某种块体材料砌体墙抹灰，并能显著提高其与基层附着力的砂浆。专用薄层抹灰砂浆是一种抹灰层厚度在10mm以内的砌体墙专用抹灰砂浆。

专用砂浆根据适用块材的种类，可分为蒸压加气混凝土专用砂浆、混凝土小型空心砌块和混凝土砖专用砂浆、蒸压硅酸盐砖专用砂浆、石膏基专用抹灰砂浆4类。

蒸压加气混凝土砌块专用砂浆Ma，是由水泥、砂、水以及根据需要掺入的掺合料和外加剂等组分，按一定比例，采用机械拌合制成，专门用于砌筑蒸压加气混凝土砌块的砌筑砂浆。

混凝土砌块(砖)专用砌筑砂浆Mb，是由水泥、砂、水以及根据需要掺入的掺合料和外加剂等组分，按一定比例，采用机械拌合制成，专门用于砌筑混凝土砌块的砌筑砂浆，简称砌块专用砂浆。

蒸压硅酸盐砖(蒸压灰砂砖、蒸压粉煤灰砖)专用砌筑砂浆Ms，是由水泥、砂、水以及根据需要掺入的掺合料和外加剂等组分，按一定比例，采用机械拌合制成，专门用于砌筑蒸压灰砂砖或蒸压粉煤灰砖砌体的砌筑砂浆。

石膏基专用抹灰砂浆，是专门用于粉刷某种块体材料(蒸压加气混凝土砌块、蒸压硅酸盐砖、混凝土小型空心砌块、混凝土砖)砌体墙面的砂浆。

专用砂浆的分类和强度等级如表5-5所示。

表5-5　专用砂浆的分类和强度等级

分类		强度等级
蒸压加气混凝土砌块专用砂浆	砌筑砂浆	Ma5、Ma7.5
	抹灰砂浆	
	薄层抹灰砂浆	
混凝土小型空心砌块和混凝土砖专用砂浆	砌筑砂浆	Mb5、Mb7.5、Mb10、Mb15、Mb20
	抹灰砂浆	Mb5、Mb10、Mb15
	薄层抹灰砂浆	Mb5、Mb10、Mb15
蒸压硅酸盐砖专用砂浆	砌筑砂浆	Ms5、Ms7.5、Ms10、Ms15
	抹灰砂浆	Ms5、Ms10、Ms15
	薄层抹灰砂浆	Ms5、Ms10、Ms15
石膏基专用抹灰砂浆	石膏抹灰砂浆	—

📖 学习拓展

[1] 赵海江. 砂浆配合比速查速算手册(附软件)[M]. 北京：中国建筑工业出版社，2012.

该书依据《砌筑砂浆配合比设计规程》(JGJ/T 98—2010)编写，内容包括：水泥石灰混合砂浆配合比；粉煤灰混合砂浆配合比；沸石粉混合砂浆配合比；水泥砂浆配合比；粉煤灰水泥砂浆配合比；沸石粉水泥砂浆配合比。所附软件中包含的配合比计算，可以满足常规的砂浆配合比设计要求，同时混合砂浆一类的配合比设计，在软件中可以出具简易的计算书，使用者可根据自己的经验输入数值，调配出符合实践及适应经济成本考虑的砂浆配合比。通过学习该手册和软件，可深入理解和掌握砌筑砂浆配合比设计的内容。

[2] 张秀芳，赵立群，王甲春. 建筑砂浆技术解读470问[M]. 北京：中国建材工业出版社，2009.

该书以问答的形式阐述了发展预拌砂浆的必要性、发展现状及存在的问题，系统地介绍了砂浆原材料及墙体材料的种类、性能及特点，分别论述了湿拌砂浆、干混砂浆及现场拌制砂浆的优缺点、主要性能，重点介绍了各品种砂浆，如砌筑砂浆、抹灰砂浆、黏结类砂浆(如界面处理砂浆、瓷砖黏结砂浆、外保温系统用黏结砂浆等)、地面类砂浆(如自流平砂浆、耐磨砂浆等)的特点及主要性能、配制技术、检测方法、施工工艺以及应注意的问题等，还介绍了砌体工程、抹灰工程等的施工要点及砂浆的质量验收等，内容丰富全面，可为学习者提供学科前沿新知识及工程实践经验。

[3] 尤大晋. 预拌砂浆实用技术[M]. 北京：化学工业出版社，2011.

该书结合相关企业的实际情况，以普通预拌砂浆的生产、施工为主线，融合了预拌砂浆的市场准入、基本性质、基本组成材料、配合比设计、生产设备、生产过程质量控制、施工工艺和不同性质的检测方法，是一本较全面、系统地介绍普通预拌砂浆的专门化教材。内容包括概论、预拌砂浆生产原料及选用、预拌砂浆生产工艺及设备、普通预拌砂浆配合比设计、预拌砂浆生产企业质量管理、普通预拌砂浆应用、预拌砂浆性能试验方法等，是预拌砂浆相关内容的系统补充。

⊕ 本章小结

1. 建筑砂浆按使用功能可分为砌筑砂浆(砌砖、石等)和抹面砂浆(又称抹灰砂浆，包括普通抹面砂浆、装饰砂浆、防水砂浆、保温砂浆等特殊功能砂浆)。

2. 建筑砂浆按所用胶凝材料可划分为：只采用单一胶凝材料的砂浆，如水泥砂浆、石灰砂浆、石膏砂浆、沥青砂浆、聚合物砂浆等；采用两种或两种以上胶凝材料的称为混合砂浆，如水泥石灰混合砂浆等。

3. 砌筑砂浆起着黏结砖、石及砌块构成砌体，传递荷载、协调变形的作用，是砌体的重要组成部分。

4. 为提高砂浆的保水性，可在砂浆中适当掺加无机掺合料，如石灰膏、粉煤灰、黏土膏、电石膏等。

5. 新拌砂浆的和易性包括两个方面：流动性和保水性。流动性用沉入度表示，保水性用分层度表示。

6. 砂浆的强度等级是采用70.7mm×70.7mm×70.7mm的立方体试件，按照标准的养护条件养护至28d龄期后测得的抗压强度平均值确定的。分为M2.5、M5、M7.5、M10、M15、M20共6个等级。

7. 根据《砌筑砂浆配合比设计规程》(JGJ/T 98—2010)设计砂浆配合比。

8. 装饰砂浆可分为两类，一类是通过水泥砂浆的着色或水泥砂浆表面形态的艺术加工，获得一定的色彩、线条、纹理质感，达到装饰目的，称为灰浆类饰面；另一类是在水泥浆中掺入各种彩色石碴做骨料，制得水泥石碴浆抹于墙体基层表面，然后用水洗、斧剁、水磨等手段除去表面水泥浆皮，从而露出石碴的颜色、质感，这种饰面做法称为石碴类饰面。

9. 预拌砂浆是指由胶凝材料、细骨料、矿物掺合料及外加剂等组分按一定比例混合，由专业厂家生产的湿拌砂浆或干混砂浆。

10. 专用砂浆根据适用块材的种类可分为蒸压加气混凝土专用砂浆Ma、混凝土小型空心砌块和混凝土砖专用砂浆Mb、蒸压硅酸盐砖专用砂浆Ms、石膏基专用抹灰砂浆4类。

复习与思考

1. 为什么配制砂浆时常需掺加一些混合材料或塑化剂?

2. 对新拌砂浆的技术要求与对混凝土拌合物的技术要求有何异同?

3. 影响砂浆分层度的因素主要有哪些?如何改进砂浆的保水性能?

4. 某砌筑砂浆做成边长为7.07cm的立方体试件6块,标准养护28d后做抗压强度试验,试件的破坏荷载分别为28.5kN、26.0kN、23.0kN、29.2kN、27.5kN、24.6kN。那么,此砂浆是否达到M5的平均强度要求?

5. 某多层住宅楼工程,要求配制强度等级为M7.5的水泥石灰混合砂浆,其原材料有:水泥,P·O32.5;中砂,级配良好,含水率为2%,堆积密度为1500kg/m³;石灰膏,沉入度为12cm。试设计配合比(质量比)。

6. 配制砂浆时,每立方米砂浆采用(   )来拌制。

(a) 含水率为2%的砂1m³   (b) 含水率为0.5%的砂1m³

(c) 干砂0.9m³   (d) 干砂1m³

7. 抹面砂浆与砌筑砂浆的技术要求有何异同?对墙体的功用如何?

8. 预拌砂浆有何优势?对工程建设有何实际意义?

第6章
钢材

【内容导读】

建筑钢材是三大基本结构材料之一，在建筑工程中有着广泛的应用。建筑钢材是指用于工程建设的各种钢材，包括钢结构用的各种型钢(圆钢、角钢、槽钢和工字钢)、钢板；钢筋混凝土用的各种钢筋、钢丝和钢铰线。除此之外，还包括用于门窗和建筑五金等的钢材。建筑钢材强度高、品质均匀，具有一定的弹性和塑性变形能力，能承受冲击振动荷载。

钢材还具有很好的加工性能，可以铸造、锻压、焊接、铆接和切割，装配施工方便。建筑钢材广泛用于大跨度结构、多层及高层建筑、受动力荷载结构和重型工业厂房结构，广泛用于钢筋混凝土之中，因此建筑钢材是最重要的建筑结构材料之一。钢材的缺点是容易生锈，维护费用大，耐火性差。

通过本章的学习，重点掌握建筑钢材的技术性质、冷加工强化、时效及各种建筑钢材的标准与选用，了解钢材的分类、腐蚀和防护。

6.1 土木工程用钢材的分类和冶炼

6.1.1 土木工程用钢材的分类

1. 按脱氧程度分类

在炼钢过程中,钢水里尚有大量以FeO形式存在的氧分,FeO与碳作用生成CO以致在凝固钢锭中形成许多气泡,降低钢材的力学性能。为了除去钢液中的氧,必须加入脱氧剂锰铁、硅铁及铝锭使之与FeO反应,生成MnO、SiO_2或Al_2O_3等钢渣而被除去,这一过程称为"脱氧"。根据脱氧程度的不同,钢材可分为以下几种。

1) 沸腾钢

脱氧不完全的钢,浇铸后在钢液冷却时产生大量的一氧化碳气体外逸,引起钢液剧烈沸腾,故称为沸腾钢。此种钢的碳和有害杂质磷、硫等的偏析较为严重,钢的致密程度较差,故冲击韧性和焊接性能较差,特别是低温冲击韧性显著降低。但沸腾钢只消耗少量的脱氧剂,钢锭的收缩孔少,成品率较高,故成本低,被广泛应用于建筑结构中。它的代号为"F"。

2) 镇静钢

镇静钢浇铸时,钢液平静地冷却凝固,是脱氧较完全的钢。它含有少量的有害氧化物杂质,而且氮多半是以氮化物的形式存在的。镇静钢钢锭的组织致密度大,气泡少,偏析程度小,各种力学性能优于沸腾钢,用于承受冲击荷载或其他重要的结构中。它的代号为"Z"。

3) 半镇静钢

半镇静钢是指脱氧程度和质量介于上述两种之间的钢,质量较好。它的代号为"b"。

4) 特殊镇静钢

特殊镇静钢是比镇静钢脱氧还要充分、彻底的钢,质量最好,适用于特别重要的结构工程。它的代号为"TZ"。

目前,沸腾钢的产量逐渐下降,并被镇静钢所取代。

2. 按化学成分分类

1) 碳素钢

碳素钢亦称为"碳钢",是含碳量低于2.0%的铁碳合金,常包含硅、锰、磷等杂质。根据碳钢含碳量的不同可分为:①低碳钢,含碳量≤0.25%;②中碳钢,含碳量为0.25%~0.60%;③高碳钢,含碳量≥0.60%。

2) 合金钢

为了改善钢的力学性能、工艺性能或物理、化学性能,在冶炼时特意向钢中加入一些合金元素,这种钢就称为合金钢。经常加入的合金元素有锰、硅、钛、铬、钼、钨等。合金钢按合金元素的不同可分为:①低合金钢,合金元素总含量<5%;②中合金钢,合金元素总含量为5%~10%;③高合金钢,合金元素总含量>10%。

3. 按有害杂质含量分类

钢材按硫(S)和磷(P)的含量可分为：①普通碳素钢(含硫量≤0.050%；含磷量≤0.045%)；②优质碳素钢(含硫量≤0.035%；含磷量≤0.035%)；③高级优质钢(含硫量≤0.025%；含磷量≤0.025%)；④特级优质钢(含硫量≤0.015%；含磷量≤0.025%)。高级优质钢的钢号后加"高"字或"A"；特级优质钢后加"E"。建筑上常用的主要钢种是普通碳素钢中的低碳钢和合金钢中的低合金高强度结构钢。

4. 按用途分类

1) 结构钢

结构钢包括工程结构用钢(建筑用钢、专门用途钢，如船舶、桥梁、锅炉用钢)、机械零件用钢(掺碳钢、调质钢、弹簧钢、轴承钢)，一般为低、中碳钢。

2) 工具钢

工具钢包括量具钢、刀具钢、模具钢，一般为高碳钢。

3) 特殊钢

特殊钢是指具有特殊的物理、化学及力学性能的钢，如不锈钢、耐热钢、耐酸钢、耐磨钢、磁性钢等。

5. 按冶炼分类

1) 平炉钢

平炉钢包括碳素钢和低合金钢。按炉衬材料的不同，又可分为酸性和碱性平炉钢两种。

2) 转炉钢

转炉钢包括碳素钢和低合金钢。按吹氧位置的不同，又可分为底吹、侧吹和氧气顶吹转炉钢三种。

3) 电炉钢

电炉钢主要是合金钢。按电炉种类的不同，又可分为电弧炉钢、感应电炉钢、真空感应电炉钢和电渣炉钢4种。

钢材材质均匀密实、强度高，塑性和抗冲击韧性好，可焊可铆，便于装配，易于加工。因此，在建筑工程中得到广泛的应用，是建筑工程中使用的重要材料之一。但是，钢材也存在着能耗大、成本低、易锈蚀、耐火性差等缺点。

6.1.2 土木工程用钢材的冶炼

建筑钢材是指用于钢结构的各种型材(如圆钢、角钢、槽钢、工字钢等)、钢板和用于钢筋混凝土结构的钢筋、钢丝等。

钢是由生铁冶炼而成的。钢与生铁的区别在于含碳量不同。含碳量小于2.06%的铁碳合金称为钢，含碳量大于2.06%的铁碳合金称为生铁。将铁矿石、焦炭及助熔剂(石灰石)按一定比例装入炼铁高炉，在高炉高温条件下，焦炭中的碳和铁矿石中的氧化铁发生化学反应，促使铁矿石中的铁和氧分离，将铁矿石中的铁还原出来，即可得到生铁，而生成的一氧化碳和二氧化碳则由炉顶排出。在通过冶炼得到的铁中，碳的含量为

2.06%～6.67%，磷、硫等杂质的含量也比较高。生铁硬而脆，无塑性和韧性，在建筑上很少使用。

现代炼铁绝大部分采用高炉炼铁，个别采用直接还原炼铁法和电炉炼铁法。高炉炼铁是将铁矿石在高炉中还原，熔化炼成生铁，此法操作简便、能耗低、成本低廉，可大量生产。生铁除部分用于铸件外，大部分用做炼钢原料。由于适应高炉冶炼的优质焦炭煤日益短缺，相继出现了不用焦炭而用其他能源的非高炉炼铁法。直接还原炼铁法，是将矿石在固态下用气体或固体还原剂还原，在低于矿石熔化温度的条件下，炼成含有少量杂质元素的固体或半熔融状态的海绵铁、金属化球团或粒铁，作为炼钢原料(也可做高炉炼铁或铸造的原料)。电炉炼铁法，多采用无炉身的还原电炉，可用强度较差的焦炭(或煤、木炭)做还原剂。电炉炼铁的电加热代替部分焦炭，并可用低级焦炭，但耗电量大，只能在电力充足、电价低廉的条件下使用。

将生铁在炼钢炉中进一步冶炼，并提供足够的氧气，通过炉内的高温氧化作用，部分碳被氧化为一氧化碳气体逸出，其他杂质则形成氧化物进入炉渣中并被除去。这样，将含碳量降低到2.06%以下，磷、硫等其他杂质也减少到允许的数值范围内，即可得到钢，此过程称为炼钢。

现代炼钢主要是以高炉炼成的生铁和通过直接还原炼铁法炼成的海绵铁以及废钢为原料，用不同的方法炼成。主要的炼钢方法有转炉炼钢法、平炉炼钢法、电弧炉炼钢法三类。以上三种炼钢工艺可满足一般用户对钢的质量要求。为了炼出更高质量、更多品种的高级钢，出现了多种钢水炉外处理(又称炉外精炼)的方法。如吹氩处理、真空脱气、炉外脱硫等，对转炉、平炉、电弧炉炼出的钢水进行附加处理之后，都可以生产高级钢种。对于某些具有特殊用途、要求特高质量的钢，用炉外处理仍达不到要求，则要用特殊炼钢法炼制。如电渣重熔，是指把通过转炉、平炉、电弧炉等冶炼的钢，铸造或锻压成电极，通过熔渣电阻热进行二次重熔的精炼工艺；真空冶金，即在低于一个大气压直至超高真空条件下进行的冶金过程，包括金属及合金的冶炼、提纯、精炼、成型和处理。

钢水在炼钢炉中冶炼完成之后，必须经盛钢桶(钢包)注入铸模，凝固成一定形状的钢锭或钢坯才能进行再加工。钢锭浇铸可分为上铸法和下铸法。上铸钢锭一般内部结构较好，夹杂物较少，操作费用低；下铸钢锭表面质量良好，但因通过中注管和汤道，使钢中夹杂物增多。近年来，在铸锭方面出现了连续铸钢、压力浇铸和真空浇铸等新技术。

钢水脱氧后成为钢锭，在钢锭冷却过程中，由于钢内某些元素在铁的液相中的溶解度高于固相，使这些元素向凝固较迟的钢锭中心集中，导致化学成分在钢锭上分布不均匀，这种现象称为化学偏析。其中，尤以磷、硫等偏析最为严重，偏析对钢的质量影响很大。

6.2　土木工程用钢材的技术性能

钢材在建筑结构中主要承受拉力、压力、弯曲、冲击等外力作用。施工中还经常对钢材进行冷弯或焊接等。因此，钢材的力学性能和工艺性能是设计人员和施工人员选用钢材的主要依据，也是生产钢材、控制材质的重要参数。

6.2.1　钢材的力学性能

力学性能又称机械性能，是钢材最重要的使用性能。在建筑结构中，对于承受静荷载作用的钢材，要求具有一定的力学强度，并要求所产生的变形不致影响结构的正常工作和安全使用；对于承受动荷载作用的钢材，还要求具有较高的韧性而不致发生断裂。

1. 抗拉性能

低碳钢拉伸时变形发展的4个阶段见图6-1。

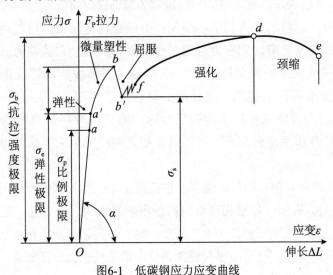

图6-1　低碳钢应力应变曲线

1) 弹性阶段

应力-应变曲线上的oa'段为材料的弹性阶段。在此阶段内，可以认为变形是完全弹性的。如果在试件上加载，使其应力不超过与a'点对应的应力σ_e，然后再卸载，则应力-应变曲线仍沿着oa'退回到原点，表示变形完全消失。试件能恢复到原状，说明在这一阶段内只产生弹性变形，因此这个阶段称为弹性阶段。与这段曲线的最高点a'相对应的应力值σ_e称为材料的弹性极限，它是卸载后试件上不产生塑性变形的应力最大值。

在弹性阶段内，曲线上有一段是直线oa，它表示应力与应变成正比，材料服从胡克定律。过a点后应力-应变曲线开始微弯，表示应力与应变不再成正比，a点所对应的应力值σ_p，即应力与应变成正比例关系的最高值称为比例极限。低碳钢的比例极限在200MPa左右。

另外，由应力-应变曲线也可以知道，在比例极限范围内，oa直线的斜率$tg\alpha = \sigma/\varepsilon = E$，是一个常数，它就是材料的弹性模量。因此，材料的弹性模量可以通过拉伸试验测得。

弹性极限σ_e和比例极限σ_p，两者的意义虽然不同，但由试验测得的结果表明，两者的数值非常接近，很难严格区分。因此，在工程中，也经常说在弹性范围内材料服从胡克定律。

2) 屈服阶段

在应力超过弹性极限σ_e以后，应力-应变曲线逐渐变弯。到达b'点后，应变迅速增加，在应力-应变图上呈现出接近于水平的锯齿形段，这说明应力在很小的范围内波动，而应变却急剧地增加。此时，材料好像对外力屈服了一样，所以此阶段称为屈服阶段，也称流动阶段。

在屈服阶段内，对应于最高点b的应力称为屈服上限，对应于最低点b'的应力称为屈服下限。试验表明，屈服上限不稳定，它随试验时加载的速度、试件的形式和截面的形状而改变；而屈服下限较为稳定，它代表材料抵抗屈服的能力，所以通常取屈服下限作为材料的屈服极限，用σ_S表示。低碳钢的屈服极限为240MPa左右。

在屈服阶段内，材料的应力几乎不增加，但应变迅速增加，材料暂时失去抵抗变形的能力。如果试件表面光滑，则应力达到屈服极限后，就会在其表面出现许多倾斜的条纹，这些条纹与试件轴线的夹角接近45°，一般称为滑移线。滑移线是由于材料内部的晶格之间发生相互滑移而引起的，晶格间的滑移是产生塑性变形的根本原因。在应力到达屈服阶段以后，若将试件所受的荷载卸除，则试件存在显著的残余变形。由于工程中一般不允许构件出现塑性变形，所以通常规定钢材的最大工作应力不能到达屈服极限σ_S。

中碳钢和高碳钢没有明显的屈服现象，规范规定以0.2%残余变形所对应的应力值作为条件屈服强度，用$\sigma_{0.2}$表示。屈服强度对钢材使用意义重大，一方面，当构件的实际应力超过屈服强度时，将产生不可恢复的永久变形；另一方面，当应力超过屈服强度时，受力较高部位的应力不再提高，而自动将荷载重新分配给某些应力较低部位。因此，屈服强度是确定容许应力的主要依据。

3) 强化阶段

经过屈服阶段后，材料内部的结构组织起了变化，使材料重新产生了抵抗变形的能力，故应力-应变曲线又继续上升，到达d点时，与之对应的应力达到最大值。材料经过屈服阶段后抗力增加的现象称为材料的强化，这个阶段(fd段)称为强化阶段。对应于最高点d的应力称为强度极限，用σ_b表示。低碳钢的强度极限σ_b在400MPa左右。

4) 颈缩阶段

材料强化到达最高点d之后，试件不断伸长，它的横截面不断缩小，然后在某一较弱的横截面处显著变细，出现"颈缩"现象。

在这之前，试件在整个标距内的变形是均匀的，但开始颈缩后，"颈"部就急剧地缩细和伸长，同时荷载急剧下降，很快达到应力-应变曲线的终点e，试件突然断裂。

上述每个阶段都是由量变到质变的过程。4个阶段的质变点就是比例极限σ_p，屈服极限σ_S和强度极限σ_b。σ_e表示材料处于弹性状态的范围；σ_s表示材料开始进入塑性变形；σ_b表示材料最大的抵抗力。故σ_s、σ_b是衡量材料强度的重要指标。

抗拉强度虽然不能直接作为计算依据，但屈服强度与抗拉强度的比值，即"屈强比"(σ_s/σ_b)对工程应用有较大意义。屈强比愈小，反映钢材在应力超过屈服强度时的工作可靠性愈大，即延缓结构损坏过程的潜力愈大，因而结构愈安全。但屈强比过小时，钢材强度的有效利用率低，易造成浪费。常用碳素钢的屈强比为0.58～0.63，合金钢的屈强比为0.65～0.75。

2. 塑性

塑性表示钢材在外力作用下产生塑性变形而不破坏的能力。它是钢材的一个重要指标。钢材的塑性通常用拉伸试验时的伸长率来表示。钢筋拉伸试样如图6-2所示。

伸长率反映钢材拉伸断裂时所能承受的塑性变形能力，是衡量钢材塑性的重要技术指标。伸长率是以试件拉断后，标距长度的增量与原标距长度之比的百分率来表示的。

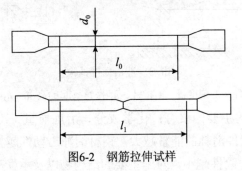

图6-2　钢筋拉伸试样

伸长率的计算公式为

$$\delta = \frac{l_1 - l_0}{l_0} \times 100\%$$

式中：l_1——试件拉断后，标距部分的长度，mm；

l_0——试件的原标距长度，mm。

钢材拉伸时塑性变形在试件标距内的分布是不均匀的，颈缩处的伸长较大，故试件原始标距(l_0)与直径(d_0)之比愈大，颈缩处的伸长值在总伸长值中所占比例愈小，计算所得伸长率也愈小。通常钢材拉伸试件取$l_0=5d$，或$l_0=10d$，其伸长率分别以δ_5和δ_{10}表示。对于相同的钢材，δ_5大于δ_{10}。通常，钢材是在弹性范围内使用的，但在应力集中处，其应力可能超过屈服强度，此时产生一定的塑性变形，可使结构中的应力产生重分布，从而使结构免遭破坏。

3. 冲击韧性

冲击韧性是钢材抵抗冲击荷载的能力。钢材的冲击韧性用试件冲断时单位面积上所吸收的能量来表示(或用摆锤冲断V型缺口试件时单位面积上所消耗的功来表示，单位为J/cm^2)。冲击韧性试验如图6-3所示。

冲击韧性的计算公式为

$$\alpha_k = A_k / A$$

式中：α_k——冲击韧性，J/cm^2；

A——试件槽口处最小横截面积，cm^2；

A_k——冲击吸收功，是指具有一定形状和尺寸的金属试样在冲击负荷作用下折断时所吸收的功，J。

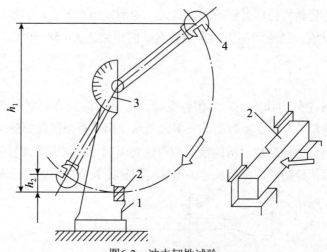

图6-3　冲击韧性试验

1-试验台　2-试件　3-刻度盘　4-指针　h_1-摆锤扬起的高度　h_2-摆锤摆动的高度

影响钢材冲击韧性的主要因素有：化学成分、冶炼质量、冷加工及时效、环境温度等。α_k越大，表示冲断试件消耗的能量越大，钢材的冲击韧性越好，即其抵抗冲击作用的能力越强，脆性破坏的危险性越小。对于重要的结构物以及承受动荷载作用的结构，特别是处于低温条件下，为了防止钢材的脆性破坏，应保证钢材具有一定的冲击韧性。钢材的冲击韧性随温度的降低而下降，规律是：开始冲击韧性随温度的降低而缓慢下降，但当温度降至一定范围(狭窄的温度区间)时，钢材的冲击韧性骤然下降很多而呈脆性，即冷脆性，这时的温度称为脆性临界温度。脆性临界温度越低，表明钢材的低温冲击韧性越好。为此，在负温下使用的结构，设计时必须考虑钢材的冷脆性，应选用脆性临界温度低于最低使用温度的钢材，并满足规范规定的在-20℃或-40℃条件下冲击韧性指标的要求。

钢材随时间的延长，强度逐渐提高、塑性冲击韧性下降的现象称为时效。完成时效变化过程可达数十年，钢材经冷加工或受使用中的振动和反复荷载的影响，时效可迅速发展，因时效而导致性能改变称为时效敏感性。时效敏感性越大的钢材，经过时效以后其冲击韧性的降低越显著。为了保证安全，对于承受动荷载的重要结构，应选用时效敏感性小的钢材。

从上述情况可知，很多因素都能降低钢材的冲击韧性，对于直接承受动荷载而且可能在负温度环境中工作的重要结构，必须按照有关规范要求进行钢材的冲击韧性实验。

4. 硬度

硬度是指钢材抵抗硬物压入表面的能力，即钢材表面局部体积内抵抗变形的能力。它是衡量钢材软硬程度的一个指标。硬度值与钢材的力学性能之间有着一定的相关性。

我国现行标准测定金属硬度的方法有：布氏硬度法、洛氏硬度法和维氏硬度法三种。

常用的硬度指标为布氏硬度和洛氏硬度。

1) 布氏硬度

在进行布氏硬度试验时，按规定选择一个直径为D(mm)的淬硬钢球或硬质合金球，以一定的荷载P(N)将其压入试件表面，持续至规定时间后卸去荷载，测定试件表面上的压痕直径d(mm)，根据计算或查表确定单位面积上所承受的平均应力值(或以压力除以压痕面积即得布氏硬度值)，其值作为硬度指标(无量纲)，称为布氏硬度，代号为HB。布氏硬度值越大，表示钢材越硬。布氏硬度法比较准确，但压痕较大，不宜用于成品检验。

2) 洛氏硬度

在进行洛氏硬度试验时，将金刚石圆锥体或钢球等压头，以一定试验力压入试件表面，以压头压入试件的深度来表示硬度值(无量纲)，称为洛氏硬度，代号为HR。洛氏硬度法的压痕小，所以常用于判断工件的热处理效果。

5. 耐疲劳性

受交变荷载的反复作用，钢材在应力低于其屈服强度的情况下突然发生脆性断裂破坏的现象，称为疲劳破坏。钢材的疲劳破坏一般是由拉应力引起的，首先在局部开始形成细小断裂，随后由于微裂纹尖端的应力集中而使其逐渐扩大，直至突然发生瞬时疲劳断裂。疲劳破坏是在低应力状态下突然发生的，所以危害极大，往往会造成灾难性的事故。

在一定条件下，钢材疲劳破坏的应力值随应力循环次数的增加而降低(如图6-4所示)。钢材在无穷次交变荷载的作用下而不至引起断裂的最大循环应力值，称为疲劳强度极限，实际测量时常以2×10^6次应力循环为基准。钢材的疲劳强度与很多因素有关，如组织结构、表面状态、合金成分、夹杂物和应力集中情况。一般来说，钢材的抗拉强度高，其疲劳极限也较高。

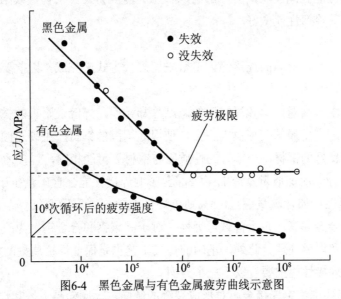

图6-4 黑色金属与有色金属疲劳曲线示意图

6.2.2 钢材的工艺性能

钢材应具有良好的工艺性能，以满足施工工艺的要求。其中，冷弯性能和焊接性能是钢材重要的工艺性能。

1. 冷弯性能

冷弯性能是指钢材在常温下承受弯曲变形的能力。建筑上常把钢筋、钢板弯成要求的形状，因此要求钢材有较好的冷弯性能。在进行冷弯实验时，将钢材按规定的弯曲角度（$\alpha=180°$ 或 $\alpha=90°$）与弯心直径（d）相对于钢材厚度或直径（a）的比值（$n=d/a$）进行弯曲，然后检查受弯部位的外拱面和两侧面，不发生裂纹、起层或断裂的为合格，弯曲角度越大，弯心直径对试件厚度（或直径）的比值越小，则表示钢材冷弯性能越好。冷弯试验如图6-5所示。

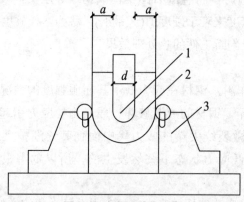

图6-5 冷弯试验示意图

d-压头直径 a-试件直径 冷弯角度为180°

1-弯心 2-试件 3-支座

冷弯是钢材处于不利变形条件下的塑性，与表示均匀变形下的塑性（伸长率）不同，在一定程度上冷弯性能更能反映钢的内部组织状态、内应力及夹杂物等缺陷。一般来说，钢材的塑性愈大，其冷弯性能愈好。

2. 焊接性能

在土木工程中，钢材间的连接绝大多数采用焊接方式来完成，因此要求钢材具有良好的可焊接性能。

在焊接中，由于高温作用和焊接后的急剧冷却作用，焊缝及附近的过热区将发生晶体组织及结构变化，产生局部变形及内应力，使焊缝周围的钢材产生硬脆倾向，降低了焊接的质量。可焊性良好的钢材，焊缝处的性质应与钢材尽可能相同，焊接才牢固可靠。

钢的化学成分、冶炼质量及冷加工等都会影响焊接性能。含碳量小于0.25%的碳素钢具有良好的可焊性，如含碳量超过0.3%则可焊性变差。硫、磷及气体杂质会使可焊性降低，加入过多的合金元素，也会降低可焊性。对于高碳钢和合金钢，为改善焊接质量，一般需要采用预热和焊后处理。此外，正确的焊接工艺也是保证焊接质量的重要措施。

评定钢材的焊接性能主要看以下三个方面。

(1) 根据规范要求测定焊接金属对形成裂缝的倾向，此倾向越大，其焊接性能越差。

(2) 测定焊接接缝附近的基体金属在热作用下产生脆化的倾向，热影响区的脆性倾向越大，说明钢材的可焊性越差。

(3) 测定焊缝金属及整个焊件的各种使用性能是否均已达到规范所规定的技术指标要求。

3. 冲压性

冲压性是指金属经过冲压变形而不发生裂纹等缺陷的性能。许多金属产品的制造都要经过冲压工艺，如汽车壳体、搪瓷制品坯料及锅、盆、盂、壶等日用品。为保证制品的质量和工艺的顺利进行，用于冲压的金属板、金属带等必须具有合格的冲压性能。

4. 热处理工艺性

热处理是指金属或合金在固态范围内，通过一定的加热、保温和冷却方法，以改变金属或合金的内部组织，而得到所需性能的一种工艺操作。热处理工艺就是指金属经过热处理后其组织和性能改变的能力，包括淬硬性、淬透性、回火脆性等。

5. 锻性

锻性是材料在承受锤锻、轧制、拉拔、挤压等加工工艺时会改变形状而不产生裂纹的性能。它实际上是金属塑性好坏的一种表现，金属材料塑性越高，变形抗力就越小，则锻性就越好。锻性的好坏主要取决于金属的化学成分、显微组织、变形温度、变形速度及应力状态等因素。

6. 顶锻性

顶锻性是指金属材料承受打铆、镦头等的顶锻变形的性能。金属的顶锻性，是通过顶锻试验测定的。

7. 切削加工性

金属材料的切削加工性系指金属接受切削加工的能力，也指金属经过加工而成为合乎要求的工件的难易程度。通常以切削后工作表面的粗糙程度、切削速度和刀具磨损程度来评价金属的切削加工性。

8. 铸造性

金属材料能用铸造方法获得合格铸件的能力称为铸造性。铸造性包括流动性、收缩性和偏析倾向等。流动性是指液态金属充满铸模的能力，流动性愈好，愈易铸造细薄精致的铸件；收缩性是指铸件凝固时体积收缩的程度，收缩愈小，铸件凝固时变形愈小。偏析是指化学成分不均匀，偏析愈严重，铸件各部位的性能愈不均匀，铸件的可靠性愈小。

6.3 钢材的化学成分对钢材性能的影响

钢的化学成分对钢材性能有显著影响。在普通碳素钢中，除了含有碳、硅、锰主要元素外，还含有少量的硫、磷、氮、氢等有害杂质，在合金中还特别加入钛、钒、铜、铬、镍等各种合金元素。这些元素在钢中的含量，是决定钢材质量和性能好坏的重要因素。

1. 碳(C)

钢中含碳量增加，会使屈服点和抗拉强度升高，但塑性和冲击性降低，当含碳量超过0.23%时，钢的焊接性能变坏，因此用于焊接的低合金结构钢，含碳量一般不超过0.20%。碳量高还会降低钢的耐大气腐蚀能力，如在露天料场的高碳钢就易锈蚀。此外，碳能增加钢的冷脆性和时效敏感性。碳是决定钢材性能的最重要元素。当钢中含碳量在0.8%以下时，随着含碳量的增加，钢材的强度和硬度提高，而塑性和韧性降低；但当含碳量在1.0%以上时，随着含碳量的增加，钢材的强度反而下降。随着含碳量的增加，钢材的焊接性能变差(含碳量大于0.3%的钢材，可焊性显著下降)，冷脆性和时效敏感性增大，耐大气锈蚀性下降。

2. 硅(Si)

在炼钢过程中，需掺加硅作为还原剂和脱氧剂，所以镇静钢含有0.15%～0.30%的硅。如果钢中含硅量超过0.50%～0.60%，硅就算合金元素。硅能显著提高钢的弹性极限、屈服点和抗拉强度，故广泛用于弹簧钢。在调质结构钢中加入1.0%～1.2%的硅，强度可提高15%～20%。硅和钼、钨、铬等结合，有提高抗腐蚀性和抗氧化的作用，可制造耐热钢。含硅1%～4%的低碳钢，具有极高的导磁率，用于电器工业做矽钢片。硅量增加，会降低钢的焊接性能。

3. 锰(Mn)

在炼钢过程中，锰是良好的脱氧剂和脱硫剂，一般钢中含锰0.30%～0.50%。在碳素钢中加入0.70%以上时就算"锰钢"，锰含量一般的钢不但有足够的韧性，且有较高的强度和硬度，可提高钢的淬透性、改善钢的热加工性能。含锰11%～14%的钢有极高的耐磨性，多用于挖土机铲斗、球磨机衬板等。锰量增高，会减弱钢的抗腐蚀能力，降低焊接性能。

4. 磷(P)

磷由生铁带入钢中，在一般情况下，钢中的磷能全部溶于铁素体中。磷有强烈的固溶强化作用，使钢的强度、硬度增加，但塑性、韧性则显著降低。这种脆化表现在低温时更为严重，故称为冷脆。一般希望冷脆转变温度低于工件的工作温度，以免发生冷脆。而磷在结晶过程中，由于容易产生晶内偏析，使局部含磷量偏高，导致冷脆转变温度升高，从而发生冷脆。冷脆对在高寒地带和其他低温条件下工作的结构件具有严重的危害性，此外，磷的偏析还会使钢材在热轧后形成带状组织。因此，通常情况下，磷也是有害的杂质，在钢中也要严格控制磷的含量。但含磷量较多时，由于脆性较大，在制造炮弹钢以及改善钢的切削加工性方面则是有利的。

5. 硫(S)

硫是由生铁及燃料带入钢中的杂质。在固态下，硫在铁中的溶解度极小，且以FeS的形态存在于钢中。由于FeS的塑性差，使含硫较多的钢脆性较大。更严重的是，FeS与Fe可形成低熔点(985℃)的共晶体，分布在奥氏体的晶界上。当钢加热到约1200℃进行热压力加工时，晶界上的共晶体已溶化，晶粒间的结合被破坏，使钢材在加工过程中沿晶界开裂，这种现象称为热脆性。为了消除硫的有害作用，必须增加钢中的含锰量。锰与硫优先形成高熔点(1620℃)的硫化锰，并呈粒状分布在晶粒内，它在高温下具有一定的塑造性，从而避免了热脆性。硫化物是非金属夹杂物，会降低钢的机械性能，并在轧制过程中形成热加工纤维组织。因此，通常情况下，硫是有害的杂质。在钢中要严格限制硫的含量。但含硫量较多的钢，可形成较多的MnS，在切削加工中，MnS能起到断屑作用，可改善钢的切削加工性，这是硫有利的一面。

6. 铬(Cr)

在结构钢和工具钢中，铬能显著提高强度、硬度和耐磨性，但同时降低塑性和韧性。铬又能提高钢的抗氧化性和耐腐蚀性，因而是不锈钢、耐热钢的重要合金元素。铬是合金结构钢的主加元素之一，在化学性能方面它不仅能提高金属的耐腐蚀性能，也能提高抗氧化性能。当铬含量达到13%时，能使钢的耐腐蚀能力显著提高，并增加钢的热强性。铬能提高钢的淬透性，显著提高钢的强度、硬度和耐磨性，但它会使钢的塑性和韧性降低。

7. 镍(Ni)

镍能提高钢的强度，且又能保持良好的塑性和韧性。镍对酸碱有较高的耐腐蚀能力，在高温下有防锈和耐热能力。但由于镍是较稀缺的资源，故应尽量采用其他合金元素代用镍铬钢。镍对钢铁性能有良好的作用，它能提高淬透性，使钢具有很高的强度，而又保持良好的塑性和韧性。镍能提高耐腐蚀性和低温冲击韧性，镍基合金具有更高的热强性能。目前，镍被广泛应用于不锈耐酸钢和耐热钢中。

8. 钼(Mo)

钼能使钢的晶粒细化，提高淬透性和热强性能，使钢在高温时保持足够的强度和抗蠕变能力(长期在高温下受到应力作用，发生变形，称蠕变)。结构钢中加入钼，能提高机械性能，还可以抑制合金钢由遇火而引起的脆性，在工具钢中可提高红硬性。钼能提高钢的高温强度和硬度，细化晶粒，防止回火脆性，且能抗氢腐蚀。

9. 钛(Ti)

钛是钢的强脱氧剂。它能使钢的内部组织致密，细化晶粒，降低时效敏感性和冷脆性，改善焊接性能。在Cr18Ni9奥氏体不锈钢中加入适当的钛，可避免晶间腐蚀，可提高强度，细化晶粒，提高韧性，减小铸锭缩孔和焊缝裂纹等倾向。在不锈钢中起稳定碳的作用，减少铬与碳化合的机会，防止晶间腐蚀，还可提高耐热性。

10. 钒(V)

钒是钢的优良脱氧剂。钢中加0.5%的钒可细化组织晶粒，提高强度和韧性。钒与碳形成的碳化物，在高温高压下可提高抗氢腐蚀能力。钒用于固溶体中可提高钢的高温强度，细化晶粒，提高淬透性。铬钢中加少量钒，在保持钢的强度情况下，能改善钢的塑性。

11. 钨(W)

钨熔点高，比重大，是质地坚硬的合金元素。钨与碳能形成碳化钨，具有很高的硬度和耐磨性。在工具钢中掺加钨，可显著提高红硬性和热强性，可作切削工具及锻模工具使用。

12. 铌(Nb)

铌能细化晶粒和降低钢的过热敏感性及回火脆性，提高强度，但会致使塑性和韧性有所下降。在普通低合金钢中加铌，可提高抗大气腐蚀及高温下抗氢、氮、氨腐蚀能力。铌可改善焊接性能。在奥氏体不锈钢中掺加铌，可防止晶间腐蚀现象。

13. 钴(Co)

钴是稀有的贵重金属，多用于特殊钢和合金中，如热强钢和磁性材料。

14. 铜(Cu)

铜能提高强度和韧性，特别是提高抗大气腐蚀性能。缺点是在热加工时容易产生热脆。如铜含量超过0.5%，则塑性显著降低；当铜含量小于0.50%时，对焊接性无影响。

15. 铝(Al)

铝是钢中常用的脱氧剂。钢中加入少量的铝，可细化晶粒，提高冲击韧性，如做深冲薄板的08Al钢。铝还具有抗氧化性和抗腐蚀性能，铝与铬、硅合用，可显著提高钢的高温不起皮性能和耐高温腐蚀的能力，降低冷脆性。铝还能提高钢的抗氧化性和耐热性，对抵抗H_2S介质腐蚀有良好的作用。铝的价格比较便宜，所以在耐热合金钢中常以它来代替铬。铝的缺点是影响钢的热加工性能、焊接性能和切削加工性能。

16. 硼(B)

钢中加入微量的硼可改善钢的致密性和热轧性能，提高强度。

17. 氮(N)

氮能提高钢的强度、低温韧性和焊接性，并能增加时效敏感性。

18. 稀土(Xt)

稀土元素是指元素周期表中原子序数为57~71的15个镧系元素。这些元素都是金属，但它们的氧化物很像"土"，所以习惯上称为稀土。钢中加入稀土，可以改变钢中夹杂物的组成、形态、分布和性质，从而改善钢的各种性能，如韧性、焊接性、冷加工性能。如在犁铧钢中加入稀土，可提高耐磨性。稀土元素可提高强度，改善塑性、低温脆性、耐腐蚀性及焊接性能。

19. 氧(O)

氧是钢中的有害元素。随着氧含量的增加，钢材的强度有所提高，但塑性特别是韧性会显著降低，导致可焊性变差。氧的存在会造成钢材的热脆性。

6.4 钢材的冷加工强化和处理

钢材在常温下通过冷拉、冷拔、冷轧产生塑性变形，从而提高屈服强度和硬度，但塑性、韧性降低，这个过程称为冷加工，即钢材的冷加工强化处理。冷加工强化处理只有在超过弹性范围后，钢材产生冷塑性变形时才会发生。在一定范围内，冷加工变形程度越大，屈服强度提高越多，塑性及韧性也降低得越多。

6.4.1 冷拉

冷拉是指在常温前提下，以超过原来钢筋屈服点强度的拉应力，强行拉伸钢筋，使钢筋按要求伸长。经过冷拉后的钢筋，屈服点可提高17%～27%，屈服强度增加可节约钢材10%～20%，钢材的极限抗拉强度基本不变，但塑性和韧性有所下降。由于塑性变形中产生的内应力短时间内难以消除，所以弹性模量有所降低。

钢筋冷拉是指以节约钢材、提高钢筋屈服强度为目的，以超过屈服强度而又小于极限强度的拉应力拉伸钢筋，使其产生塑性变形。钢筋应力-应变图如图6-6所示。

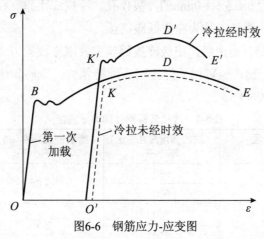

图6-6 钢筋应力-应变图

1. 第一次冷拉效果

取一根钢筋对其施加拉应力冷拉，钢筋会发生变形。随着拉应力的增加，钢筋内部承受的拉应力逐渐增大。当钢筋内部产生的拉应力超过钢筋具有的屈服点B，而达到K后，停止冷拉，卸去荷载。此时可以看到，钢筋已产生塑性变形，在卸荷过程中，应力-应变图有一个变化，直线$O'K$比直线OB要缓一些。

2. 第二次冷拉效果

重新施加拉应力，将钢筋拉伸到破坏，应力-应变图出现新的变化，新的屈服点在K'点四周，显著高于原来的屈服点B。这个变化说明，钢筋的塑性发生了变化，塑性小了、硬度大了，钢筋的强度得到提高，这一现象叫变形硬化。

经由以上两个过程，冷拉钢(筋)制作完成。

3. 冷拉速度控制

要使钢筋充分变形，就要适当控制冷拉速度，一般以0.5～1.0m/min为宜。同时要求，冷拉到规定的应力和冷拉率以后，随即停拉2～3min以后，再放松钢筋，结束冷拉，以给钢筋留出充分变形的时间。

4. 冷拉控制方法

冷拉时只用冷拉率或者冷拉应力控制称为单控；冷拉时冷拉率和冷拉应力同时应用，称为双控。采用单控，施工简单便利，但对于材质不均匀的钢筋，不可能逐根试验(逐根试验，费工费料，不可能这样做，有的钢筋冷拉率也不一致)，冷拉质量得不到保证。采用双控方法可以避免上述问题。冷拉时，对于控制应力已经达到规定值但冷拉率没有超过规定值的，可以判定其合格；如冷拉率已经达到规定值，而冷拉应力还达不到控制应力，这种钢筋要降低强度使用。对于预应力钢筋，必须采用双控方法。

6.4.2　冷拔

钢筋的冷拔多在预制工厂进行，加工方便、成本低、强度高，适用于生产中小型预应力混凝土构件。冷拔是将直径为6.5～8.0mm的碳素结构钢的Q235盘条，通过拔丝机中由钨合金做成的比钢筋直径小0.5～1.0mm的冷拔模孔，冷拔成比原直径小的钢丝，如果经多次冷拔，可得规格更小的钢丝，称为冷拔低碳钢丝。

冷拔低碳钢丝分为甲、乙两级，甲级冷拔钢丝主要用作预应力钢筋；乙级冷拔钢丝用作普通钢筋(非预应力钢筋)，也可用于焊接网、焊接骨架、箍筋和构造钢筋等。冷拔低碳钢丝的力学性能应符合表6-1。

表6-1　冷拔低碳钢丝的力学性能

级别	公称直径 d/mm	抗拉强度 R_a/MPa 不小于	断后伸长率 A_{100}/% 不小于	反复弯曲次数/ (次/180)不小于
甲级	5.0	650	3.0	4
		600		
	4.0	700	2.5	
		650		
乙级	3.0，4.0，5.0，6.0	550	4.0	

冷拔低碳钢丝的性能受原材料质量和冷拔工艺的影响较大，常出现强度和塑性离散性大的情况，故加工过程中应严格控制质量。对于甲级钢丝，不但要逐盘检查外观，确保钢丝表面不得有裂纹和机械损伤，而且应逐盘检验力学性能。具体做法是在每盘一端取两个试样，分别做拉力和反复弯曲试验，以确定该盘钢丝的组别。乙级钢丝可以分批抽样检验力学性能，同一直径的钢丝以5t为一批，按规定取样检验。

6.4.3　冷轧

钢筋的冷轧是将钢材在常温下进行碾轧而形成钢筋，冷轧后的钢筋具有规律的凹凸不平的表面，在轧钢过程中不需要对材料进行加热，或者说加热到该材料的再结晶温度以下。冷轧能提高钢筋与混凝土之间的黏结力。它的优点是成型速度快、产量高，且不损伤涂层，可以做成多种多样的截面形式，以适应使用条件的需要；还可以使钢材产生很大的塑性变形，从而提高钢材的屈服点。缺点是虽然成型过程中没有经过热态塑性压缩，但截面内仍然存在残余应力，对钢材整体和局部屈曲的特性必然产生影响。而且冷轧型钢一般为开口截面，使得截面的自由扭转刚度较低。在受弯时容易出现扭转，受压时容易出现弯扭屈曲，抗扭性能较差。同时，冷轧成型钢壁厚较薄，在板件衔接的转角处又没有加厚，承受局部性的集中荷载的能力弱。

冷轧属于冷加工，包括冷拉、冷拔，能起到去锈、校直的作用，最重要的是，通过冷拉强化和钢材时效作用，可让钢材性能有所改变。一般分为普通级(C<0.12%)、低碳级(C<0.10%)和超低碳级(C<0.08%)三类，含碳量越低冷塑性越好，在电子行业应用较为广泛。板厚一般小于3mm，大于3mm的冷轧钢板冷加工时较困难。

一般冷轧钢如镀锌、彩钢板都须进行退火处理，所以塑性较强、延伸率较高，广泛应用于汽车、家电、五金等行业。

6.5 钢材的标准与选用

6.5.1 钢结构用钢

1. 普通碳素钢

碳素结构钢称为碳素钢，包括一般结构钢和工程用热轧型钢、钢板、钢带、钢管。根据《碳素结构钢》(GB/T 700—2006)，普通碳素钢的牌号和化学成分规定如下所述。

1) 牌号的表示方法

按标准规定，我国碳素结构钢依据屈服点数值分为4个牌号，即Q195、Q215、Q235和Q275。各牌号钢又按硫、磷含量由多到少分为A、B、C、D共4个质量等级。碳素结构钢的牌号由代表屈服点的字母Q、屈服强度数值、质量等级符号、脱氧程度符号(F、b、Z、TZ)4部分按顺序组成，在牌号组成表示法中，"Z"和"TZ"符号可以省略。例如：Q235-A·F表示屈服点为235MPa的A级沸腾钢；Q235-B表示屈服点为235MPa的B级镇静钢。

2) 技术要求

普通碳素结构钢的技术要求包括化学成分、力学性能、冶炼方法、交货状态及表面质量5个方面。

钢的牌号和化学成分应符合表6-2的规定；它的力学性能、冷弯性能应符合表6-3、表6-4的规定。

表6-2 碳素结构钢的化学成分

牌号	统一数字代号	等级	厚度或直径/mm	化学成分/%(不大于)					脱氧方法
				C	Mn	Si	S	P	
Q195	U11952	—	—	0.12	0.50	0.30	0.040	0.035	F、Z
Q215	U12152	A	—	0.15	1.20	0.33	0.500	0.045	F、Z
	U12155	B					0.045		
Q235	U12352	A	—	0.22	1.40	0.35	0.050	0.045	F、Z
	U12355	B		0.20			0.045		
	U12358	C	0.17				0.040	0.040	Z
	U12359	D					0.035	0.035	TZ

(续表)

牌号	统一数字代号	等级	厚度或直径/mm	C	Mn	Si	S	P	脱氧方法
				化学成分/%(不大于)					
	U12752	A	—	0.24			0.050	0.050	F、Z
Q275	U12755	B	≤40	0.21	1.50	0.35	0.045	0.045	Z
			>40	0.22					
	U12758	C	—	0.20			0.040	0.040	Z
	U12759	D					0.035	0.035	TZ

表6-3 碳素结构钢的力学性能

牌号	等级	拉伸试验												冲击试验	
		屈服点R_{eH}/MPa						抗拉强度R_m/MPa	伸长率δ_5/%					温度/℃	V型冲击功(纵向)/J
		钢筋厚度(直径)/mm							钢材厚度(直径)/mm						
		≤16	>16~40	>40~60	>60~100	>100~150	>150		≤40	>40~60	>60~100	>100~150	>150~200		
		≥							≥						≥
Q195	—	195	185	—	—	—	—	315~430	33	32	—	—	—	—	—
Q215	A	215	205	195	185	175	165	335~450	31	30	29	27	26	—	—
	B													+20	27
Q235	A	235	225	215	215	195	185	375~500	26	25	24	22	21	—	27
	B													+20	
	C													0	
	D													−20	
Q275	A	275	265	255	245	225	215	410~540	22	21	20	18	17	—	27
	B													+20	
	C													0	
	D													−20	

表6-4 碳素钢结构的冷弯性能

牌号	试样方向	弯曲角度180° 冷弯试验$B=2a$钢材厚度(直径)/mm	
		≤60	60~100
		弯心直径d	
Q195	纵	0	—
	横	0.5a	
Q215	纵	0.5a	1.5a
	横	a	2a
Q235	纵	a	2a
	横	1.5a	2.5a
Q275	纵	1.5a	2.5a
	横	2a	3a

根据规定，用Q195和Q235B级沸腾钢轧制的钢材，其厚度(或直径)不应大于25mm。做冲击试验时，冲击吸收功值按一组三个试样单值的计算平均值计算。允许其中一个试件的单个值低于规定值的70%。做拉伸和冷弯性能试验时，型钢和钢棒取纵向试样；钢板、钢带取横向试样，断后伸长率允许比表6-3降低2%。窄钢带取横向试样如受到宽度限制，可以取纵向试样。

3) 普通碳素钢结构的性能和用途

建筑工程中常用的碳素结构钢牌号为Q235，由于该牌号钢既具有较高的强度，又具有较好的塑性和韧性，可焊性也很好，故能较好地满足一般钢结构和钢筋混凝土结构的要求。相反，用Q195和Q215号钢，虽塑性很好，但强度太低；而Q275号钢，其强度很高，但塑性较差，可焊性亦差，所以均不适用。

Q235号钢冶炼方便，成本较低，故在建筑中应用广泛。由于塑性好，在结构中能保证在超载、冲击、焊接、温度应力等不利条件下的安全；并适用于各种加工，被广泛用于轧制各种型钢、钢板及钢筋。它的力学性能稳定，对轧制、加热、急剧冷却时的敏感度较小。其中，Q235-A级钢，一般仅适用于承受静荷载作用的结构，Q235-C和D级钢可用于重要焊接结构。另外，由于Q235-D级钢含有足够的能形成细晶粒结构的元素，同时对硫、磷有害元素控制严格，故其冲击韧性很好，具有较强的抗冲击、抗振动荷载的能力，尤其适宜在较低温度下使用。

Q195和Q215号钢常用作生产一般结构中使用的钢钉、铆钉、螺栓及铁丝等。

Q275号钢强度高，塑性、韧性较差，不宜进行冷加工，焊接性能较差，可用于轧制钢筋、制作螺栓配件、制作钢结构构件等，但更多用于制作机械零件和工具。

2. 低合金高强度结构钢

按照国家标准《低合金高强度结构钢》(GB/T 1591—2008)的规定，低合金高强度结构钢共有8个牌号。所加元素主要有锰、硅、钒、钛、铌、铬、镍及稀土元素。它的牌号表示方法由代表屈服点的汉语拼音字母(Q)、屈服强度数值(MPa)、质量等级(分A、B、C、D、E级)三个部分按顺序排列。其中，屈服强度数值分345、390、420、460、500、550、620、690MPa共8种，质量等级按硫、磷等杂质含量由多到少划分，按A、B、C、D、E的顺序逐级提高。例如，Q390A表示屈服强度为390MPa的A级钢。

低合金高强度结构钢的化学成分和力学性能应分别符合表6-5和表6-6中的要求。

表6-5 低合金高强度结构钢的化学成分

牌号	质量等级	化学成分(质量分数)/%														
		C	Si	Mn	P	S	Nb	V	Ti	Cr	Ni	Cu	N	Mo	B	Al
					不大于											不小于
Q345	A	≤0.20	≤0.50	≤1.70	0.035	0.035	0.07	0.15	0.20	0.20	0.50	0.30	0.012	0.10	—	—
	B				0.035	0.035										
	C				0.030	0.030									—	0.015
	D				0.030	0.025										
	E	≤0.18			0.025	0.020										

(续表)

牌号	质量等级	C	Si	Mn	化学成分(质量分数)/%											
					P	S	Nb	V	Ti	Cr	Ni	Cu	N	Mo	B	Al
					不大于											不小于
Q390	A	≤0.20	≤0.50	≤1.70	0.035	0.035	0.07	0.20	0.20	0.30	0.50	0.30	0.015	0.10	—	—
	B				0.035	0.035										
	C				0.030	0.030										0.015
	D				0.030	0.025										
	E				0.025	0.020										
Q420	A	≤0.20	≤0.50	≤1.70	0.035	0.035	0.07	0.15	0.20	0.20	0.80	0.30	0.012	0.20	—	—
	B				0.035	0.035										
	C				0.030	0.030										0.015
	D				0.030	0.035										
	E				0.025	0.020										
Q460	C	≤0.18	≤0.60	≤1.80	0.030	0.030	0.11	0.20	0.20	0.30	0.80	0.55	0.015	0.20	0.004	0.015
	D				0.030	0.025										
	E				0.025	0.020										
Q500	C	≤0.18	≤0.60	≤2.00	0.030	0.030	0.11	0.12	0.20	0.60	0.80	0.55	0.015	0.20	0.004	0.015
	D				0.030	0.025										
	E				0.025	0.020										
Q550	C	≤0.18	≤0.60	≤2.00	0.030	0.030	0.11	0.12	0.20	0.80	0.80	0.80	0.015	0.30	0.004	0.015
	D				0.030	0.025										
	E				0.025	0.020										
Q620	C	≤0.18	≤0.60	≤2.00	0.030	0.030	0.11	0.12	0.20	1.00	0.80	0.80	0.015	0.30	0.004	0.015
	D				0.030	0.025										
	E				0.025	0.020										
Q690	C	≤0.18	≤0.60	≤2.00	0.030	0.030	0.11	0.12	0.20	1.00	0.80	0.80	0.015	0.30	0.004	0.015
	D				0.030	0.025										
	E				0.025	0.020										

在钢结构中，常采用低合金高强度结构钢轧制各种型钢(角钢、槽钢、工字钢)、钢板、钢管及钢筋，广泛用于钢结构和钢筋混凝土结构中，特别适用于各种重型结构、大跨度结构、高层结构及桥梁工程等，尤其用于大跨度和大柱网的结构时，其技术经济效果更为显著。

3. 钢结构用型钢

碳素结构钢和低合金高强度结构钢还可以加工成各种型钢、钢板、钢管等构件，直接供工程选用，构件之间可以采用铆接、螺栓连接、焊接等连接方式。

1) 型钢

型钢有热轧和冷轧成型两种，绝大部分型钢用热轧方式生产。较为常用的热轧型钢有角钢(等边和不等边)、工字钢、槽钢、T形钢、H形钢、Z形钢等。以碳素结构钢为原料热轧加工的型钢，可用于大跨度、承受动荷载的钢结构。冷轧型钢主要有角钢、槽钢等开口薄壁型钢及方形、矩形等空心薄壁型钢，主要用于轻型钢结构。

表6-6 低合金高强度结构钢的力学性能

牌号	质量等级	拉伸试验 以下公称厚度（直径、边长）下屈服强度(R_{eL})/MPa									拉伸试验 以下公称厚度（直径、边长）抗拉强度(R_m)/MPa							断后伸长率(A)/% 公称厚度（直径、边长）					
		≤16mm	>16～40mm	>40～63mm	>63～80mm	>80～100mm	>100～150mm	>150～200mm	>200～250mm	>250～400mm	≤40mm	>40～63mm	>63～100mm	>100～150mm	>150～200mm	>200～250mm	>250～400mm	≤40mm	>40～63mm	>63～100mm	>100～150mm	>150～250mm	>250～400mm
Q345	A, B, C, D, E	≥345	≥335	≥325	≥315	≥305	≥285	≥275	≥265	≥265	470～630	470～630	470～630	470～630	450～600	450～600	450～600	≥20 (≥21)	≥19 (≥20)	≥19 (≥20)	≥18 (≥19)	≥17 (≥18)	≥17
Q390	A, B, C, D, E	≥390	≥370	≥350	≥330	≥330	≥310	—	—	—	490～650	490～650	490～650	490～650	470～620	—	—	≥20	≥19	≥19	≥18	≥18	—
Q420	A, B, C, D, E	≥420	≥400	≥380	≥360	≥360	≥340	—	—	—	520～680	520～680	520～680	520～680	500～650	—	—	≥19	≥18	≥18	≥18	—	—
Q460	C, D, E	≥460	≥440	≥420	≥400	≥400	≥380	—	—	—	550～720	550～720	550～720	550～720	530～700	—	—	≥17	≥16	≥16	≥16	—	—
Q500	C, D, E	≥500	≥480	≥470	≥450	≥440	—	—	—	—	610～770	600～760	590～750	540～730	—	—	—	≥17	≥17	≥17	—	—	—
Q550	C, D, E	≥550	≥530	≥520	≥500	≥490	—	—	—	—	670～830	620～810	590～780	590～780	—	—	—	≥16	≥16	≥16	—	—	—
Q620	C, D, E	≥620	≥600	≥590	≥570	—	—	—	—	—	710～880	690～880	670～860	—	—	—	—	≥15	≥15	≥15	—	—	—
Q690	C, D, E	≥690	≥670	≥660	≥640	—	—	—	—	—	770～940	750～920	730～900	—	—	—	—	≥14	≥14	≥14	—	—	—

2) 钢板

钢板亦有冷轧和热轧两种成型方式。热轧钢板有厚板和薄板两种，冷轧只有薄板一种。一般厚板用于焊接结构；薄板可用于屋面及墙体围护结构等，亦可进一步加工成各种具有特殊用途的钢板。

3) 钢管

钢管分无缝钢管和焊接钢管两大类。焊接钢管采用优质钢材焊接而成，分表面镀锌或不镀锌两种。它按焊接形式分为直纹焊管和螺纹焊管。焊管成本低、易加工，但一般抗压性能较差。无缝钢管多采用热轧-冷拔联合工艺生产，也可采用冷轧方式生产，但成本昂贵。热轧无缝钢管具有良好的力学性能和工艺性能。无缝钢管主要用于压力管道，在特定的钢结构中，往往也设计使用无缝钢管。

6.5.2 钢筋混凝土结构用钢

钢筋混凝土结构用的钢筋和钢丝，主要由碳素结构钢或低合金结构钢轧制而成。主要品种有热轧钢筋、冷轧带肋钢筋、冷拔低碳钢丝、热轧处理钢筋、预应力混凝土用钢丝和钢绞线。按直条或盘条(也称盘圆)供货。

1. 热轧钢筋

热轧钢筋是经热轧成型并自然冷却的成品钢筋，由低碳钢和普通合金钢在高温状态下轧制而成，主要用于钢筋混凝土和预应力混凝土结构的配筋，是土木建筑工程中使用量最大的钢材品种之一，根据其表面状态特征、工艺与供应方式可分为热轧光圆钢筋、热轧带肋钢筋与热轧处理钢筋等。热轧带肋钢筋通常为圆形横截面，且表面通常带有两条纵肋和沿长度方向均匀分布的横肋。按肋纹的形状分为月牙肋和等高肋。月牙肋钢筋有生产简便、强度高、应力集中敏感性小、性能好等优点，但其与混凝土的黏结锚固性能稍逊于等高肋钢筋。根据《钢筋混凝土用热轧带肋钢筋》(GB 1499.2—2007)，热轧钢筋的力学性能及工艺性能应符合表6-7的规定。H、R、B分别为热轧、带肋、钢筋三个词的英文首写字母。

表6-7　热轧钢筋的性能

牌号	R_{eL}/MPa	R_m/MPa	A/%	A_{gt}/%	冷弯试验180º d——弯芯直径 α——钢筋公称直径	
	不小于					
HPB235	235	370	25.0	10.0	$d=\alpha$	
HPN300	300	420				
HRB335 HRBF335	335	455	17		6～25	3d
					28～40	4d
					>40～50	5d
HRB400 HRBF400	400	540	16	7.5	6～25	4d
					28～40	5d
					>40～50	6d
HRB500 HRBF500	500	630	15		6～25	6d
					28～40	7d
					>40～50	8d

热轧钢按其力学性能，分为5级，其强度等级代号分别为HPB235、HPB300、HRB335、HRB400、HRB500。其中，HPB235和HPB300级钢筋由碳素结构钢轧制，其余均由低合金钢轧制而成。

HPB235和HPB300级钢筋的强度较低，但塑性及焊接性能很好，便于各种冷加工，故广泛用做中小型普通混凝土结构的主要受力钢筋，构件的箍筋，以及钢、木结构的拉杆等。HRB335级和HRB400级钢筋的强度较高，塑性和焊接性能也较好，广泛用做大中型钢筋混凝土结构的受力钢筋，冷拉后也可用做预应力钢筋。

2. 冷轧带肋钢筋

热轧圆盘条经冷轧后，在其表面带有沿长度方向均匀分布的三面或两面横肋，称为冷轧带肋钢筋。根据《冷轧带肋钢筋》(GB 13788—2008)的规定，冷轧带肋钢筋按抗拉强度分为4个牌号，分别为CRB550、CRB650、CRB800、CRB970。C、R、B分别是冷轧、带肋、钢筋三个词的英文首写字母，数值代表抗拉强度的最小值。冷轧带肋钢筋的力学性能及工艺性能见表6-8。与冷拔低碳钢丝相比，冷轧带肋钢筋具有强度高、塑性好、与钢筋黏结牢固、节约钢材、质量稳定等优点。CRB550宜用于普通钢筋混凝土结构；其他牌号宜用在预应力混凝土结构中。

表6-8 冷轧带肋钢筋力学性能和工艺性能

牌号	$R_{p0.2}$/MPa 不小于	R_m/MPa 不小于	伸长率/% 不小于		弯曲试验180°	反复弯曲次数	应力松弛 初始应力应相当于公称抗拉强度的70%
			$A_{13.3}$	A_{100}			1000h松弛率/% 不大于
CRB550	500	550	8.0	—	$D=3d$	—	—
CRB650	585	650	—	4.0	—	3	8
CRB800	720	800	—	4.0	—	3	8
CRB970	875	900	—	4.0	—	3	8

3. 冷拔低碳钢丝

冷拔低碳钢丝是由直径为6～8mm的Q195、Q215或Q235热轧圆条经冷拔而成。低碳钢经冷拔后，屈服强度可提高40%～60%，同时塑性大幅度降低。所以，冷拔低碳钢丝变得硬脆，属硬钢类钢丝。目前，已逐渐限用该类钢丝。

4. 预应力混凝土用钢棒

根据《预应力混凝土用钢棒》(GB/T 5223.3—2005)的规定，按钢棒表面形状分为光圆钢棒(P)、螺旋槽钢棒(HG)、螺旋肋钢棒(HR)和带肋钢棒(R)4种，相关技术性能要求见表6-9。

表6-9　预应力混凝土用钢棒技术性能

表面形状类型	公称直径/mm	抗拉强度/MPa 不小于	规定非比例延伸强度/MPa 不小于	弯曲性能	
				性能要求	弯曲半径/mm
光圆	6			反复弯曲不小于 4次/180°	15
	7				20
	8				20
	10				25
	11			反复弯曲 160°～180° 后弯曲处无裂纹	弯芯直径为钢棒公称直径的10倍
	12				
	13				
	14				
	16				
螺旋槽	7.1	对所有规格钢棒 1080 1230 1420 1570	对所有规格钢棒 930 1080 1280 1420	—	
	9				
	10.7				
	12.6				
螺旋肋	6				15
	7				20
	8				20
	10				25
	12			反复弯曲160°～180° 后弯曲处无裂纹	弯芯直径为钢棒公称直径的10倍
	14				
带肋	6			—	
	8				
	10				
	12				
	14				
	16				

5. 预应力混凝土用优质钢丝及钢绞线

(1) 预应力混凝土用钢丝。预应力混凝土用钢丝是优质碳素结构钢盘条经淬火、酸洗、冷拉加工而制成的高强度钢丝。预应力混凝土用钢丝通常按加工状态可分为冷拉钢丝、消除应力钢丝两类。消除应力钢丝按照松弛性能又分为低松弛级钢丝(WRL)及普通松弛级钢丝(WNR)，按外形可分为光圆钢丝(P)、刻痕钢丝(H)、螺旋肋钢丝(I)三种。预应力钢丝具有强度高、柔性好、松弛率低、耐腐蚀等特点，适用于有各种特殊要求的预应力结构，主要用做大跨度屋架及薄腹梁、大跨度吊车梁、桥梁、电杆、轨枕等的预应力钢筋。其中，冷拉钢丝的技术性能应符合表6-10的规定，消除应力光圆及螺旋肋钢丝的技术性能应符合表6-11的规定，消除应力的刻痕钢丝的技术性能应符合表6-12的规定。

表6-10 冷拉钢丝的力学性能

公称直径/mm	抗拉强度/MPa(不小于)	规定非比例伸长应力/MPa(不小于)	最大力下总伸长率/%($l_0=200mm$)(不小于)	弯曲次数(180°)不小于	弯曲半径/mm	断面收缩率/%(不小于)	每210mm转矩的扭转次数(不小于)	初始应力相当于70%的公称抗拉强度时,1000h后应力松弛率(不大于)
3.00	1470	1100		4	7.5	—	—	
4.00	1570	1180		4	10		8	
	1670	1250				35		
5.00	1770	1330		4	15		8	
6.00	1470	1100	1.5	5	15		7	8
7.00	1570	1180		5	20	30	6	
	1670	1250						
8.00	1770	1330		5	20		5	

表6-11 消除应力光圆及螺旋肋钢丝的力学性能

公称直径/mm	抗拉强度/MPa(不小于)	规定非比例伸长应力/MPa(不小于)		最大力下总伸长率/%($l_0=200mm$)(不小于)	弯曲次数(180°)(不小于)	弯曲半径/mm	应力松弛性能		
		WLR	WNR				初始应力相当于公称抗拉强度的比例	1000h后应力松弛率不小于	
								WLR	WNR
4.00	1470	1290	1250		3	10			
	1570	1380	1330						
4.80	1670	1470	1410		4	15			
	1770	1560	1500						
5.00	1860	1640	1580						
6.00	1470	1290	1250		4	15	60	1.0	4.5
6.25	1570	1380	1330	3.5	4	20			
7.00	1670	1470	1410		4	20	70	2.0	8
	1770	1560	1500		4	20			
8.00	1570	1290	1250		4	20			
9.00	1470	1380	1330		4	25	80	4.5	12
10.00					4	25			
12.00	1470	1290	1250		4	30			

表6-12 消除应力的刻痕钢丝的力学性能

公称直径/mm	抗拉强度/MPa(不小于)	规定非比例伸长应力/MPa(不小于)		最大力下总伸长率/%($l_0=200mm$)(不小于)	弯曲次数(180°)(不小于)	弯曲半径/mm	应力松弛性能		
		WLR	WNR				初始应力相当于公称抗拉强度的比例	1000h后应力松弛率不小于	
								WLR	WNR
≤5.0	1470	1290	1250				60		
	1570	1380	1330			15			
	1670	1470	1410						
	1770	1560	1500	3.5	3		70	1.5	4.5
	1860	1640	1580				80		
>5.0	1470	1290	1250					2.5	8
	1570	1380	1330			20		4.5	12
	1670	1470	1410						
	1770	1560	1500						

(2) 预应力混凝土用钢绞线。预应力混凝土用钢绞线是以数根优质碳素结构钢钢丝经绞捻和消除内应力的热处理制成的。根据现行国家标准《预应力混凝土用钢绞线》(GB/T 5224—2014)的规定，预应力钢绞线按结构可分为8类，代号如下所述。

用2根钢丝捻制的钢绞线：1×2

用3根钢丝捻制的钢绞线：1×3

用3根刻痕钢丝捻制的钢绞线：1×3I

用7根钢丝捻制的标准型钢绞线：1×7

用6根刻痕钢丝和1根光圆中心钢丝捻制的钢绞线：1×7I

用7根钢丝捻制又经模拔的钢绞线：(1×7)C

用19根钢丝捻制的1+9+9西鲁式钢绞线：1×19S

用19根钢丝捻制的1+6+6/6瓦林吞式钢绞线：1×19W

钢绞线具有强度高、与混凝土黏结性好、断面面积大、使用根数少、在结构中排列布置方便、易于锚固等优点，主要用于大跨度、大负荷、曲线配筋的后张法预应力屋架、桥梁和薄腹梁等结构的预应力筋，还可用于岩土锚固。

表6-13　部分预应力钢绞线力学性能

钢绞线结构	钢绞线公称直径/mm	强度级别/MPa	整根钢绞线		最大力总伸长率/%不小于	应力松弛性能	
			最大力/kN	固定非比例延伸力/kN		初始负荷相当于公称最大力的百分数/%	1000h后应力松弛率/%不小于
			不小于			对所有结构	
1×2	5.0	1570	15.4	13.9	3.5	70 80	2.5 4.5
		1720	16.9	15.2			
		1860	18.3	16.5			
		1960	19.2	17.3			
1×2	12.0	1470	83.1	74.8	3.5	60 70 80	1.0 2.5 4.5
		1570	88.7	79.8			
		1720	97.2	87.5			
		1860	105	94.5			
1×3	6.2 12.90	1570	31.1	28.0			
		1720	34.1	30.7			
		1860	36.8	33.1			
		1960	38.8	34.9			
		1470	125	113			
		1570	133	120			

（续表）

钢绞线结构	钢绞线公称直径/mm	强度级别/MPa	整根钢绞线		最大力总伸长率/%不小于	应力松弛性能	
			最大力/kN	固定非比例延伸力/kN		初始负荷相当于公称最大力的百分数/%	1000h后应力松弛率/%不小于
			不小于			对所有结构	
1×3	6.2 12.90	1720	146	131	3.5	60	1.0
		1860	158	142			
		1960	166	149			
		1570	60.6	54.5			
		1670	64.5	58.1			
		1860	71.8	64.6			
1×7	9.50	1720	94.3	84.9		70	2.5
		1860	102	91.8			
		1960	107	96.3		80	4.5
	17.80	1720	327	294			
		1860	353	318			
(1×7)C	12.70	1860	208	187			
	15.20	1820	300	270			
	17.80	1720	384	346			

6.5.3 钢材的选用依据

钢材的选用依据一般包括以下几个方面。

1. 荷载性质

对于经常承受动力或振动荷载的结构，容易产生应力集中，从而引起疲劳破坏，需要选用材质高的钢材。

2. 使用温度

对于经常处于低温状态的结构，钢材容易发生冷脆断裂，特别是焊接结构更容易断裂，因而要求钢材具有良好的塑性和低温冲击韧性。

3. 连接方式

对于焊接结构，当温度变化和受力性质改变时，焊缝附近的母体金属容易出现冷、热裂纹，促使结构发生早期破坏。所以焊接结构对钢材的化学成分和机械性能要求较严。

4. 钢材厚度

钢材力学性能一般随厚度增大而降低，钢材经多次轧制后，钢的内部结晶组织更为紧密，强度更高，质量更好，故一般结构用的钢材厚度不宜超过40mm。

5. 结构重要性

选择钢材要考虑结构使用的重要性，如大跨度结构、重要的建筑物结构，须相应选用质量更好的钢材。

6.6 钢材的腐蚀与防护

钢材因受到周围介质的化学或电化学作用而逐渐破坏的现象称为腐蚀。随着我国工业和国民经济的不断发展，钢材的产量和使用量逐年增加，钢材腐蚀的防护措施也成为当前面临的主要问题。

钢材的腐蚀是指其表面与周围介质发生化学反应而遭到的破坏。建筑钢材若遭到腐蚀，将使受力面积缩小，而且由于产生局部锈坑，可能造成应力集中，促使结构提前破坏，尤其是在反复荷载作用的情况下，将产生腐蚀疲劳现象，使疲劳强度大为降低，出现脆性断裂。在钢筋混凝土中的钢筋发生锈蚀时，由于锈蚀产物体积增大，会在混凝土内部产生膨胀应力，严重时会导致混凝土保护层开裂，降低钢筋混凝土构件的承载能力。

6.6.1 腐蚀种类

钢材受腐蚀的原因很多，可根据其与环境介质的作用分为化学腐蚀和电化学腐蚀两类。

1. 化学腐蚀

化学腐蚀亦称干腐蚀，属纯化学腐蚀，是指钢材在常温和高温时发生的氧化或硫化作用。发生氧化作用的原因是钢铁与氧化性介质接触产生化学反应。氧化性气体有空气、氧、水蒸气、二氧化碳、二氧化硫和氯等，反应后生成疏松氧化物。它的反应速度随温度、湿度的提高而加快，在干湿交替环境下腐蚀更为厉害，在干燥环境下腐蚀速度缓慢。

2. 电化学腐蚀

1) 电化学腐蚀的定义

电化学腐蚀也称湿腐蚀，是由于电化学现象在钢材表面产生局部电池作用的腐蚀。例如在水溶液中的腐蚀，在大气、土壤中的腐蚀等。

钢材与潮湿的介质如空气、水、土壤接触时，由于吸附作用，在其表面覆盖一层极薄的水膜，由于表面成分或者受力变形等的不均匀，使邻近的局部产生电极电位的差别，形成许多微电池。在阳极区，铁被氧化成Fe^{+2}进入水膜。因为水中溶有来自空气中的氧，在阴极区氧被还原为OH^-，两者结合生成不溶于水的$Fe(OH)_2$，并进一步氧化成疏松易剥落的红棕色铁锈$Fe(OH)_3$及其脱水产物Fe_2O_3，即红褐色铁锈的主要成分。在工业大气的条件下，钢材较容易锈蚀。

钢材含氮等杂质越多，锈蚀越快。如果钢材表面不平，或与酸、碱和盐接触，都会使锈蚀加快。钢材锈蚀时体积会膨胀，最大可达原体积的6倍，会使钢筋混凝土周围的混凝土胀裂。

2) 电化学腐蚀的防护

(1) 防止形成电化学微电池。防止电化学腐蚀的重要环节是尽量避免装配或连接材料之间出现缝隙，零件连接处应避免形成水的通道，采用焊接形式比机械连接对防止电化学腐蚀更为有利。此外，钢筋混凝土中的混凝土要尽量减少缺陷等。

(2) 采取隔绝保护措施。最常用的方法是在金属表面涂刷油漆、搪瓷、镀锌或铬等保护层，使金属与环境介质隔绝，金属镀层在钢材表面的保护效能，取决于镀层金属与钢材之间电极电位的相对值及其抗腐蚀能力。锌相对于钢材而言为阳极，当镀锌钢板表面的镀锌层被划伤，露出钢材时，因为钢材阴极的面积很小，镀锌层会以极慢的速度被腐蚀，而钢材仍然会受到保护；铬相对于钢材而言为阴极，当镀铬钢板表面的镀铬层被划伤时，将会促进钢材的腐蚀。

(3) 使用缓蚀剂。某些化学物质加入电解质溶液中，会优先移向阳极或阴极表面，阻碍电化学腐蚀反应的进行。

(4) 阴极保护。将起阳极作用的金属电极与结构构件连接起来，可使构件得到保护。

钢材在大气中的腐蚀，实际上是化学腐蚀和电化学腐蚀同时作用所致，但以电化学腐蚀为主。研究表明，周围介质的性质和钢材本身的组织成分对腐蚀影响较大。处在潮湿条件下的钢材比处在干燥条件下的钢材容易生锈，埋在地下的钢材比暴露在大气中的钢材容易生锈，大气中含有较多的酸、碱、盐离子时钢材容易生锈，含有害杂质多的钢材比含杂质少的钢材容易生锈。

6.6.2　钢材防腐措施

钢材的腐蚀有材质的原因，也有使用环境和接触介质等原因。因此，防腐蚀的方法也有所侧重。目前，常用的防腐蚀方法有如下几种。

1. 制成合金钢

在碳素钢中加入能提高抗腐蚀能力的合金元素，如铬、镍、锡、钛和铜等，制成不同的合金钢，能有效地提高钢材的抗腐蚀能力。

2. 金属覆盖

用耐腐蚀性能好的金属，以电镀或喷镀的方法覆盖在钢材的表面，可提高钢材的耐腐蚀能力，如镀锌、镀铬、镀铜和镀镍等。

3. 非金属覆盖

在钢材表面用非金属材料作为保护膜，与环境介质隔离，可避免或减缓腐蚀，如喷涂涂料、搪瓷和塑料等。

防止钢结构腐蚀用得最多的方法是在表面涂油漆。具体做法是在钢材的表面将铁锈清除干净后涂上涂料，使之与空气隔绝。这种方法简单易行，但不耐久，要经常维修。油漆防锈的效果主要取决于防锈漆的质量。

常用底漆有：红丹防锈底漆、环氧富锌漆和铁红环氧底漆等。底漆要求有比较好的附着力和防锈蚀能力。

常用面漆有：灰铅漆、醇酸磁漆和酚醛磁漆等。面漆能有效防止底漆老化，且有较好的外观色彩，因此面漆要求有比较好的耐候性、耐湿性和耐热性，且化学稳定性要好，光敏感性要弱，不易粉化和龟裂。

4.设置阳极或阴极保护

阳极保护是在钢结构附近埋设废钢铁，外加直流电源，将阴极接在被保护的钢结构上，将阳极接在废钢铁上，通电后废钢铁变成阳极而被腐蚀，钢结构成为阴极而被保护。阴极保护是在保护的钢结构上，连接一块比钢铁活泼的金属，如锌、镁等，使锌、镁成为阳极而被腐蚀，钢结构成为阴极而被保护。

一般混凝土配筋的防锈措施是：保证混凝土的密实度，保证钢筋保护层的厚度和限制氯盐外加剂的掺量或使用防锈剂等。预应力混凝土用钢筋易被腐蚀，故应禁止使用氯盐类外加剂。

6.6.3 钢材的保管

钢材与周围环境发生化学、电化学和物理等作用，极易产生锈蚀。如果在日常的保管工作中，采取措施设法消除或减少介质中的有害组分，如去湿、防尘等，以消除空气中所含的水蒸气、二氧化硫等有害组分，则可大大降低钢材的锈蚀程度。

1.存放处所的选择

(1) 保管钢材的场地或仓库，应选择在清洁干净、排水通畅的地方，远离会产生有害气体或粉尘的厂矿。在场地上要清除杂草及一切杂物，保持钢材干净。

(2) 在仓库中，不得将钢材与酸、碱、盐、水泥等对钢材有侵蚀性的材料堆放在一起。不同品种的钢材应分别堆放，防止混淆，防止接触腐蚀。

(3) 一些小型钢材、薄钢板、钢带、硅钢片、小口径或薄壁钢管和各种冷轧、冷拔钢材，以及价格高、易腐蚀的金属制品，可存放入库。

(4) 库房应根据地理条件选定，一般采用普通封闭式库房，即有房顶、有围墙、门窗严密、设有通风装置的库房。

(5) 库房要求晴天注意通风，雨天注意关闭防潮，经常保持适宜的储存环境。

2.合理堆码、先进先放

(1) 堆码的原则要求是在码垛稳固、确保安全的条件下，做到按品种、按规格码垛，不同品种的材料要分别码垛，防止混淆和相互腐蚀。

(2) 禁止在垛位附近存放对钢材有腐蚀作用的物品。

(3) 垛底应垫高、坚固、平整，防止材料受潮或变形。

(4) 同种材料按入库先后顺序分别堆码，便于执行先进先发的原则。

(5) 露天堆放的型钢，下面必须有木垫或条石，垛面略有倾斜，以利排水，并注意材料安放平直，防止造成弯曲变形。

(6) 堆垛高度，人工作业的不超过1.2m，机械作业的不超过1.5m，垛宽不超过2.5m。

3. 保护材料的包装和保护层

钢材在出厂前涂上防腐剂或其他镀层及包装，是防止材料锈蚀的重要措施。在运输装卸过程中，须注意保护，不能损坏，可延长材料的保管期限。

4. 保持仓库清洁、加强材料养护

(1) 材料在入库前要注意防止雨淋或混入杂质，对已经淋雨或弄污的材料要按其性质采用不同的方法擦净，如硬度高的可用钢丝刷，硬度低的用布、棉等。

(2) 材料入库后要经常检查，如有锈蚀，应清除锈蚀层。

(3) 一般钢材表面清除干净后，不必涂油，但对优质钢、合金薄钢板、薄壁管、合金钢管等，除锈后其内外表面均须涂防锈油后再存放。

(4) 对锈蚀较严重的钢材，除锈后不宜长期保管，应尽快使用。

学习拓展

[1] 刘鹤年. 建筑用钢[M]. 北京：冶金工业出版社，2006.

该书的目的主要是向建筑工程界的科技人员介绍现代钢铁材料的发展状况、工艺进步、技术性能的提高、品种规格系列的延伸及目前仍然存在的问题，以便他们在建筑工程的科研、设计、施工、制造等工作中，能对钢铁材料性能有一个较全面的认识，可以在建筑工程中发挥更积极的作用。

[2] 刘新佳. 建筑钢材速查手册[M]. 北京：化学工业出版社，2011.

该书是从满足广大建筑设计、施工、材料营销与采购、材料质检与验收人员等的阅读和参考的实际需要出发，以实用、精练、方便查阅为原则，以建筑钢材产品的现行国家标准和行业标准为主要编写依据编写的一本反映当代建筑钢材领域最新科学技术成果的资料性工具书。《建筑钢材速查手册》分为6章，介绍了钢材基本知识、型钢、钢板和钢带、钢管、钢丝和钢筋、钢丝绳和钢绞线等常用建筑钢材的品种、规格、性能数据、应用范围等。

[3] 陈晓. 高性能建筑结构用钢[M]. 北京：科学出版社，2010.

该书系统介绍了武汉钢铁(集团)公司近20年来率先在国内研制开发的高性能系列建筑结构用钢，其中包括"技术首创，国际领先水平"的高性能耐火耐候建筑用钢、达到"国际先进水平"的大线能量焊接钢、低屈强比抗震钢和耐候钢等高性能建筑用钢。这些钢的技术标准，特别是韧性指标均达到国外同类钢种的先进水平甚至领先水平，是制造高层、超高层、大跨度、轻钢轻板等大型建筑的理想用材。全书汇集了十多个新钢种的研制情况、物理性能、力学性能、焊接性能、冷热加工性能、组织结构机理研究和有关工程典型产品制造及应用情况。

本章小结

本章分别介绍了建筑钢材的分类、化学组成及与钢材性能之间的关系，钢材的技术性质，钢材的冷加工强化，钢结构用钢和钢筋混凝土结构用钢的牌号、标准，钢材的腐蚀和防护等内容，应重点掌握钢材的技术性质和钢材的选择。

1. 钢材按照脱氧程度可分为沸腾钢、镇静钢、半镇静钢、特殊镇静钢；按化学成分可分为碳素钢、合金钢、高合金钢；按照有害杂质含量可分为普通碳素钢、优质碳素钢、高级优质钢、特级优质钢；按照用途可分为结构钢、工具钢、特殊钢；按冶炼方式可分为平炉钢、转炉钢、电炉钢。

2. 碳素钢亦称为"碳钢"，是含碳量低于2.0%的铁碳合金，常包含硅、锰、磷等杂质。碳素钢按含碳量不同可分为：①低碳钢，含碳量≤0.25%；②中碳钢，含碳量为0.25%～0.60%；③高碳钢，含碳量≥0.60%。

3. 为了改善钢的力学性能、工艺性能或物理、化学性能，在冶炼时特意向钢中加入一些合金元素，这种钢就称为合金钢。

4. 钢的力学性能包括抗拉性能、塑性、冲击韧性、硬度、耐疲劳性。

5. 低碳钢拉伸时变形发展的4个阶段分别为：弹性阶段、屈服阶段、强化阶段、颈缩阶段。

6. 我国现行标准测定金属硬度的方法有：布氏硬度法、洛氏硬度法和维氏硬度法三种。

7. 碳含量增加，钢材强度增加、塑性降低、可焊性降低、抗腐蚀性降低。一般控制在0.22%以下，在0.2%以下时，可焊性良好。

8. 硫是有害元素，易导致热脆性，含量不得超过0.05%。

9. 磷是有害元素，易导致冷脆性，能使钢材的抗腐蚀能力略有提高，但会使可焊性降低，含量不得超过0.045%。

10. 钢结构用钢分为普通碳素钢、优质碳素结构钢、低合金高强度结构钢、钢结构用型钢。

11. 型钢有热轧和冷轧成型两种；钢板亦有冷轧和热轧两种成型方式；钢管分无缝钢管和焊接钢管两大类。

12. 钢材的选用依据：荷载性质、使用温度、连接方式、钢材厚度、结构重要性。

13. 腐蚀可分为化学腐蚀、电化学腐蚀两类。

14. 电化学腐蚀的防护原理包括防止形成电化学微电池；采取隔绝保护措施；使用缓蚀剂；阴极保护。

15. 钢材防腐措施包括制成合金钢；金属覆盖；非金属覆盖；设置阳极或阴极保护。

复习与思考

1. 建筑钢材可从哪些角度分类？

2. 建筑钢材主要包括哪些成分？各种成分对钢材的主要性能有何影响？

3. 钢材的主要检测性能指标有哪些？分别反映了钢材的哪些性质？

4. 钢结构用钢和钢筋混凝土结构用钢的牌号是如何划分的？

5. 何谓冷加工强化？何谓时效？何谓时效敏感性？

6. 钢材常用的防腐措施有哪些？

第7章
墙体材料

【内容导读】

本章介绍三类墙体材料：砌墙砖、砌块和墙板。主要内容包括各类墙体材料的概念、工艺、特点和应用。

本章应重点掌握混凝土小型空心砌块等常用砌块的特点和应用，并熟悉墙体材料改革和发展的方向，培养合理选择和正确使用各类墙体材料解决实际工程问题的能力。

　　墙体材料在建筑工程中主要起承重、围护和分隔的作用，具有重要地位。目前，用于墙体的材料主要有砌墙砖、砌块和墙板三大类。为了提高对墙体材料的认识，应首先了解墙体材料的使用情况及分类，了解其发展趋势，结合各类材料的特点，理解其各项主要技术要求及用途，进而能够合理地选择和使用墙体材料。

7.1　砌墙砖

　　砌墙砖是指以黏土、工业废料或其他地方资源为主要原料，以不同工艺制造的，宜于砌筑的墙用砖。

　　砌墙砖按工艺的不同可分为烧结砖和非烧结砖两种。烧结砖包括烧结普通砖、烧结多孔砖和烧结空心砖；非烧结砖包括蒸压灰砂砖、粉煤灰砖等。按所用原料的不同可分为黏土砖、粉煤灰砖、煤矸石砖、页岩砖、炉渣砖等。按有无穿孔及孔洞率大小可分为实心砖、多孔砖和空心砖等。

7.1.1　烧结普通砖

　　烧结普通砖是以黏土或煤矸石、页岩、粉煤灰等为主要原料，经制备、成型、干燥、焙烧而成的实心或孔洞率不大于15%的砖。

1. 烧结普通砖的品种

　　按使用原料的不同可分为：烧结普通黏土砖，烧结粉煤灰砖，烧结煤矸石砖，烧结页岩砖等。它们的原料来源及生产工艺略有不同，但产品的性质和应用几乎完全一样。

　　按砖坯在窑内焙烧气氛及黏土中铁的氧化物的变化情况，可将其分为红砖和青砖。红砖是在隧道窑或轮窑内的氧化气氛中焙烧的，因铁的氧化物是Fe_2O_3，所以砖是淡红色；青砖是在还原气氛中焙烧的，铁的氧化物为Fe_3O_4或FeO，砖呈青灰色。青砖的耐久性较高，但生产效率低，燃料消耗多，故很少生产。

2. 烧结普通砖的技术要求

　　根据《烧结普通砖》(GB 5101—2003)的规定，烧结普通砖的技术要求包括尺寸允许偏差、外观质量、强度等级、泛霜、石灰爆裂、抗风化性能等。强度和抗风化性能合格的砖，根据尺寸偏差、外观质量、泛霜和石灰爆裂等分为优等品(A)、一等品(B)和合格品(C)三个质量等级。优等品用于清水墙和墙体装饰；一等品、合格品可用于混水墙。中等泛霜的砖不能用于潮湿部位。各等级砖的具体技术要求如下所述。

　　(1) 尺寸允许偏差。烧结普通砖外形为直角六面体，其标准尺寸为240mm×115mm×53mm，考虑砌筑灰缝厚度为10mm，则4块砖长、8块砖宽、16块砖厚分别为1m，每立方米砖砌体需用砖512块。尺寸偏差应符合表7-1的规定。

表7-1 烧结普通砖尺寸允许偏差

公称尺寸/mm	优等品		一等品		合格品	
	样本平均偏差/mm	样本极差≤/mm	样本平均偏差/mm	样本极差≤/mm	样本平均偏差/mm	样本极差≤/mm
240	±2.0	6	±2.5	7	±3.0	8
115	±1.5	5	±2.0	5	±2.5	7
53	±1.5	4	±1.6	5	±2.0	6

(2) 外观质量。烧结普通砖的优等品颜色应基本一致，一等品和合格品颜色无要求。其他外观质量应符合表7-2的规定。

表7-2 烧结普通砖的外观质量标准

项目	优等品	一等品	合格品
两条面高度差不大于/mm	2	3	4
弯曲不大于/mm	2	3	4
杂质凸出高度不大于/mm	2	3	4
缺棱掉角的三个破坏尺寸不得同时大于/mm	15	20	30
裂纹长度：不大于/mm 1. 大面上宽度方向及其延伸至条面的长度	30	60	80
2. 大面上长度方向及其延伸至顶面的长度或条、顶面	100	100	150
上水平裂纹的长度/mm			
完整面不得少于	两条面和二顶面	一条面和一顶面	—
颜色	基本一致	—	—

(3) 强度等级。烧结普通砖按抗压强度分为MU30、MU25、MU20、MU15、MU10共5个等级，各强度等级的砖应符合表7-3的规定。

表7-3 烧结普通砖的强度等级

强度等级	抗压强度平均值 $\bar{f} \geqslant$/MPa	变异系数$\delta \leqslant 0.21$	变异系数$\delta > 0.21$
		强度标准值$f_k \geqslant$/MPa	单块最小值$f_{min} \geqslant$/MPa
MU30	30.0	22.0	25.0
MU25	25.0	18.0	22.0
MU20	20.0	14.0	16.0
MU15	15.0	10.0	12.0
MU10	10.0	6.5	7.5

(4) 泛霜。泛霜是砖在使用过程中的一种盐析现象。砖内过量的可溶盐受潮吸水而溶解，随水分蒸发迁移至砖表面，在过饱和状态下结晶析出，形成白色粉状附着物，影响建筑物的美观。如果溶盐为硫酸盐，当水分蒸发呈晶体析出时，产生膨胀，使砖面及砂浆剥落。标准规定：优等品无泛霜，一等品不允许出现中度泛霜，合格品不允许出现严重泛霜。

(5) 石灰爆裂。石灰爆裂是指砖坯中夹杂有石灰块，砖吸水后，由于石灰逐渐熟化而膨胀产生的爆裂现象。这种现象会影响砖的质量，并降低砌体强度。标准规定优等砖不允许出现最大破坏尺寸大于2mm的爆裂区域；一等品砖不允许出现最大破坏尺寸大于10mm的爆裂区域，在2～10mm间的爆裂区域，每组砖样不得多于15处；合格品砖不允许出现最大破坏尺寸大于15mm的爆裂区域，在2～15mm间的爆裂区域，每组砖样不得多于15处，其中大于10mm的不得多于7处。

(6) 抗风化性能。抗风化性能是指烧结普通砖在长期受到风、雨、冻融等作用下，抵抗破坏的能力。该性能属于烧结普通砖的耐久性，是一项重要的综合性能，通常以抗冻性、吸水率及饱和系数(砖在常温下浸水24h后的吸水率与5h沸煮吸水率之比)等指标来判别。

自然条件不同，对烧结普通砖的风化作用的程度也不同，我国的黑龙江省、吉林省、辽宁省、内蒙古自治区、新疆维吾尔自治区、宁夏回族自治区、甘肃省、青海省、陕西省、山西省、河北省、北京市、天津市属于严重风化区，其他省区属于非严重风化区。严重风化区中的前5个省区用砖进行冻融试验，即经15次冻融试验后每块砖样不允许出现裂纹、分层、掉皮、缺棱、掉角等冻坏现象，质量损失不得大于2%。严重风化区的其他省区及非严重风化区用砖，可不做抗冻性试验，但5h沸煮吸水率及饱和系数必须满足表7-4的规定。

表7-4 烧结普通砖的抗风化性能

砖种类	严重风化区				非严重风化区			
	5h沸煮吸水率≤/%		饱和系数≤		5h沸煮吸水率≤/%		饱和系数≤	
	平均值	单块最大值	平均值	单块最大值	平均值	单块最大值	平均值	单块最大值
黏土砖	21	23	0.85	0.87	23	25	0.88	0.90
粉煤灰砖	23	25			30	32		
页岩砖	16	18	0.74	0.77	18	20	0.78	0.80
煤矸石砖	19	21			21	23		

3. 烧结普通砖的应用

烧结普通砖具有强度较高、耐久性和绝热性能均较好的特点，因而主要用于砌筑建筑物的内墙、外墙、柱、拱、烟囱、沟道及其他构筑物。其中，青砖主要用于仿古建筑或古建筑维修。

烧结普通砖是传统的墙体材料。由于烧结普通黏土砖存在毁田取土严重、能耗大、块体小、施工效率低、砌体自重大、抗震性差等缺点，因此，我国在主要大、中城市及地区，开始限制并淘汰烧结普通黏土砖的使用，并重视烧结多孔砖、烧结空心砖、建筑砌块、墙板等新型墙体材料的应用。

7.1.2 烧结多孔砖和烧结空心砖

孔洞率大于或等于15%的砖称为多孔砖。孔洞率大于或等于35%的砖称为空心砖。与烧结普通砖相比，烧结多孔砖与烧结空心砖具有一系列优点：可节省黏土20%～30%，节约燃料10%～20%，提高工效40%，节约砂浆降低造价20%，减轻墙体自重30%～35%，并可改善墙体的绝热和吸声性能。

1. 烧结多孔砖

根据《烧结多孔砖和多孔砌块》(GB 13544—2011)的规定，其主要技术要求如下所述。

(1) 外观质量。烧结多孔砖的外观质量应符合表7-5的规定。

表7-5 烧结多孔砖外观质量

项目	指标
1. 完整面不得少于	一条面和一顶面
2. 缺棱掉角的三个破坏尺寸不得同时大于	30mm
3. 裂纹长度	
a) 大面(有孔面)上深入孔壁15mm以上宽度方向及其延伸到条面的长度不大于	80mm
b) 大面(有孔面)上深入孔壁15mm以上长度方向及其延伸到条面的长度不大于	100mm
c) 条顶面上的水平裂纹不大于	100mm
4. 杂质在砖或砌块上的凸出高度不大于	5mm

注：凡有下列缺陷之一者，不能称为完整面：

a) 缺损在条面或顶面上造成的破坏面尺寸同时大于20mm×30mm；

b) 条面或顶面上裂纹宽度大于1mm，长度超过70mm；

c) 压陷、焦花、粘底在条面和顶面上的凹陷或凸出超过2mm，区域最大投影尺寸同时大于20mm×30mm。

(2) 强度与质量等级。烧结多孔砖按抗压强度分为MU30、MU25、MU20、MU15、MU10共5个强度等级，具体见表7-6。

表7-6 烧结多孔砖强度等级

强度等级	抗压强度平均值$\bar{f}$≥/MPa	强度标准值f_k≥/MPa
MU30	30.0	22.0
MU25	25.0	18.0
MU20	20.0	14.0
MU15	15.0	10.0
MU10	10.0	6.5

2. 烧结空心砖

根据《烧结空心砖和空心砌块》(GB 13545—2014)的规定，主要技术要求如下所述。

(1) 外观质量。烧结空心砖的外观质量应符合表7-7的规定。

表7-7 烧结空心砖外观质量

项目	指标
1. 弯曲不大于	4mm
2. 缺棱掉角的三个破坏尺寸不得同时大于	30mm
3. 垂直度差不大于	4mm
4. 未贯穿裂纹长度	
a) 大面上宽度方向及其延伸到条面的长度不大于	100mm
b) 大面上长度方向或条面上水平方向的长度不大于	120mm
5. 贯穿裂纹长度	
a) 大面上宽度方向及其延伸到条面的长度不大于	40mm
b) 壁、肋沿长度方向、宽度方向及水平方向的长度不大于	40mm
6. 壁、肋内残缺长度不大于	40mm
7. 完整面不少于	一条面或一大面

注：凡有下列缺陷之一者，不能称为完整面：

a) 缺损在大面、条面上造成的破坏面尺寸同时大于20mm×30mm；

b) 大面、条面上裂纹宽度大于1mm，长度超过70mm；

c) 压陷、焦花、粘底在大面、条面上的凹陷或凸出超过2mm，区域最大投影尺寸同时大于20mm×30mm。

(2) 强度及密度等级。烧结空心砖按抗压强度分为MU10.0、MU7.5、MU5.0、MU3.5

共4个强度等级,同时又按其体积密度分为800、900、1000、1100共4个密度级别。各强度等级及具体指标要求如表7-8所示,各密度等级具体指标如表7-9所示。

表7-8　烧结空心砖强度等级

强度等级	抗压强度平均值$\bar{f}$≥/MPa	变异系数δ≤0.21	变异系数δ>0.21
		强度标准值f_k≥/MPa	单块最小值f_{min}≥/MPa
MU10.0	10.0	7.0	8.0
MU7.5	7.5	5.0	5.8
MU5.0	5.0	3.5	4.0
MU3.5	3.5	2.5	2.8

表7-9　烧结空心砖密度级别

密度等级	800	900	1000	1100
5块体积密度平均值/kg/m³	≤800	801～900	901～1000	1001～1100

3. 烧结多孔砖和空心砖的应用

烧结多孔砖因其强度较高、保温性能优于普通砖,一般用于砌筑六层以下建筑物的承重墙;烧结空心砖主要用于填充墙和隔断墙等非承重结构部位。烧结多孔砖和烧结空心砖在运输、装卸过程中,应避免碰撞,严禁倾卸和抛掷。堆放时应按品种、规格、强度等级分别堆放整齐,不得混杂;砖的堆置高度不宜超过2m。

7.1.3　非烧结砖

由于基本不采用黏土,能保护耕地,且生产工艺简单,非烧结砖日益得到广泛应用。非烧结砖主要包括蒸养砖、蒸压砖和碳化砖。蒸养(压)砖属硅酸盐制品,是以砂子、粉煤灰、煤矸石、炉渣、页岩和石灰加水拌合成型,经蒸养(压)而制得的砖,是很有发展前景的墙体材料。根据所用硅质材料的不同,可分为灰砂砖、粉煤灰砖、炉渣砖等。

1. 蒸压灰砂砖

蒸压灰砂砖是以石灰和砂为主要原料,经坯料制备、压制成型、蒸压养护而制得的实心砖或空心砖。

(1) 灰砂砖的技术性质。根据国家标准《蒸压灰砂砖》(GB 11945—1999)的规定,灰砂砖的尺寸为240mm×115mm×53mm,按抗压强度和抗折强度分为MU25、MU20、MU15、MU10共4个强度等级,具体见表7-10,根据尺寸偏差和外观质量可划分为优等品(A)、一等品(B)和合格品(C)3个质量等级。

表7-10　灰砂砖的强度等级

强度等级	抗压强度/MPa		抗折强度/MPa	
	平均值≥	单块值≥	平均值≥	单块值≥
MU25	25.0	20.0	5.0	4.0
MU20	20.0	16.0	4.0	3.2
MU15	15.0	12.0	3.3	2.6
MU10	10.0	8.0	2.5	2.0

(2) 灰砂砖的应用。灰砂砖与其他墙体材料相比具有强度高、蓄热能力显著、隔声性能优越的优点，属于不可燃建筑材料，可用于多层混合结构建筑的承重墙体。其中，MU15、MU20、MU25灰砂砖可用于基础及其他部位，MU10可用于防潮层以上的建筑部位。温度长期高于200℃，急冷、急热或有酸介质的环境禁止使用蒸压灰砂砖。

2. 蒸压(养)粉煤灰砖

蒸压(养)粉煤灰砖是以粉煤灰、石灰、石膏以及骨料为原料，经坯料制备、压制成型、高压蒸汽养护等工艺过程而制成的实心粉煤灰砖。蒸压砖、蒸养砖的区别在于养护工艺不同，但蒸压粉煤灰砖强度高，性能趋于稳定，而蒸养粉煤灰砖砌筑的墙体易出现裂缝。

(1) 蒸压粉煤灰砖的技术性质。根据《蒸压粉煤灰砖》(JC 239—2014)的规定，蒸压粉煤灰砖的尺寸为240mm×115mm×53mm，按抗压强度和抗折强度分为MU10、MU15、MU20、MU25、MU30共5个强度等级，具体见表7-11。

表7-11 蒸压粉煤灰砖强度等级

强度等级	抗压强度/MPa		抗折强度/MPa	
	10块平均值≥	单块最小值≥	10块平均值≥	单块最小值≥
MU10	10.0	8.0	2.5	2.0
MU15	15.0	12.0	3.7	3.0
MU20	20.0	16.0	4.0	3.2
MU25	25.0	20.0	4.5	3.6
MU30	30.0	24.0	4.8	3.8

(2) 蒸压粉煤灰砖的应用。蒸压粉煤灰砖可用于工业与民用建筑的基础、墙体。在长期受热(200℃以上)、受冷、急热和有酸性介质侵蚀的环境中，禁止使用蒸压粉煤灰砖。

3. 炉渣砖

炉渣砖是以炉渣为主要原料，掺入适量石灰、石膏，经混合、压制成型、蒸养或蒸压养护制成的实心炉渣砖。

(1) 炉渣砖的技术性质。炉渣砖的主要规格尺寸为240mm×115mm×53mm，其他规格尺寸由供需双方协商确定。按抗压强度分为MU25、MU20、MU15共3个强度等级，具体见表7-12。

表7-12 炉渣砖强度等级

强度等级	抗压强度平均值$\bar{f}$≥/MPa	变异系数δ≤0.21	变异系数δ>0.21
		强度标准值f_k≥/MPa	单块最小值f_{min}≥/MPa
MU25	25.0	19.0	20.0
MU20	20.0	14.0	16.0
MU15	15.0	10.0	12.0

(2) 炉渣砖的应用。炉渣砖可用于工业与民用建筑的墙体和基础。炉渣砖不得用于长期受热200℃以上、受急冷急热和有酸性介质侵蚀的建筑部位。

7.1.4 混凝土多孔砖

混凝土多孔砖是一种新型墙体材料，是以水泥为胶凝材料，以砂、石等为主要骨料，加水搅拌、成型、养护制成的一种多排小孔的混凝土砖。它的制作工艺简单，施工方便。用混凝土多孔砖代替实心黏土砖、烧结多孔砖，可以不占耕地，节省黏土资源，且不用焙烧设备，可节省能耗。

1. 混凝土多孔砖的规格尺寸

根据《混凝土多孔砖》(GB 25779—2010)的规定，混凝土多孔砖的外形为直角六面体，产品的主规格尺寸(长×宽×高)：240mm×190mm×180mm；240mm×115mm×90mm；115mm×90mm×53mm。最小外壁厚不小于15mm，最小肋厚不应小于10mm。为了减轻墙体自重及增强保温隔热功能，规定其孔洞率不小于30%。

2. 混凝土多孔砖的产品等级

按尺寸偏差与外观质量，可将其分为一等品(B)和合格品(C)；按强度等级，可将其分为MU10、MU15、MU20、MU25、MU30共5个等级。为防止墙体开裂，要求其干燥收缩率不应大于0.045%。

3. 混凝土多孔砖的应用

由于混凝土多孔砖原料来源广泛，生产工艺简单，成本低，保温隔热性能好，强度较高，且有较好的耐久性，故在建筑工程中应用越来越广泛，多用于建筑物的围护结构和隔墙。

7.2 砌块

砌块是一种比砌墙砖形体更大的新型墙体材料，砌块与砖的主要区别是：砌块的长度大于365mm或宽度大于240mm或高度大于115mm。它可用于砌筑或铺砌，在土木建筑工程中应用十分广泛。砌块按有无孔洞可分为实心砌块与空心砌块；按原料不同可分为粉煤灰砌块、加气混凝土砌块、混凝土砌块、轻骨料混凝土砌块、石膏砌块等。

7.2.1 粉煤灰砌块

粉煤灰砌块又称粉煤灰硅酸盐砌块，是以粉煤灰、石灰、石膏和骨料等为原料，按照一定比例加水搅拌、振动成型，再经蒸汽养护而制成的密实砌块。

1. 粉煤灰砌块的技术要求

根据《粉煤灰砌块》(JC 238—1991)的规定，主要技术指标如下所述。

(1) 规格。粉煤灰砌块的主规格外形尺寸(长×宽×高)为880mm×380mm×240mm、880mm×430mm×240mm。砌块的端面应加灌浆槽，坐浆面(又称铺浆面)宜设抗剪槽。粉煤灰砌块外观质量及尺寸允许偏差见表7-13。

表7-13 粉煤灰砌块的外观质量和尺寸允许偏差

项目		指标	
		一等品 (B)	合格品 (C)
外观质量	表面疏松	不允许	
	贯穿面棱的裂缝	不允许	
	任一面上的裂缝长度	不得大于裂缝方向砌块尺寸的1/3	
	石灰团、石膏团	直径大于5mm的，不允许	
	粉煤灰团、空洞和爆裂	直径大于30mm的不允许	直径大于50mm的不允许
	局部凸起高度/mm	≤10	≤15
	翘突/mm	≤6	≤8
	缺棱掉角在长、宽、高三个方向上投影的最大值/mm	≤30	≤50
	高低差/mm 长度方向	6	8
	高低差/mm 宽度方向	4	6
尺寸允许偏差/mm	长度	+4，−6	+5，−10
	宽度	+4，−6	+5，−10
	高度	±3	±6

(2) 等级划分。粉煤灰砌块的强度等级、质量等级见表7-14。立方体抗压强度、碳化后强度、抗冻性能和密度应符合表7-15的要求。

表7-14 粉煤灰砌块的强度等级、质量等级

项目	说明
强度等级	按立方体试件的抗压强度分为MU10和MU13
质量等级	按外观质量、尺寸偏差和干缩性能分一等品(B)和合格品(C)

表7-15 粉煤灰砌块的立方体抗压强度、碳化后强度、抗冻性能和密度

项目	指标	
	10级	13级
抗压强度/MPa	三块试件平均值不小于10.0 单块最小值8.0	三块试件平均值不小于13.0 单块最小值10.5
人工碳化后强度/MPa	不小于6.0	不小于7.5
抗冻性	冻融循环结束后，外观无明显疏松、剥落或裂缝，强度损失不大于20%	
表观密度/kg/m³	不超过设计密度的10%	

2. 粉煤灰砌块的应用

粉煤灰砌块适用于民用和工业建筑的墙体和基础，但不宜用于具有酸性侵蚀介质的建筑部位，也不宜用于经常处于高温环境中的建筑物。

7.2.2 蒸压加气混凝土砌块

蒸压加气混凝土砌块(简称加气混凝土砌块)是以钙质材料(水泥、石灰等)和硅质材料

(矿渣、砂、粉煤灰等)以及加气剂(铝粉等)为主要原料，经配料、搅拌、浇注、发气、切割和蒸压养护等工艺制成的一种轻质、多孔的墙体材料。

1. 加气混凝土砌块的技术要求

根据《蒸压加气混凝土砌块》(GB 11968—2006)的规定，主要技术指标如下所述。

(1) 规格。砌块的公称尺寸有：长度为600mm；高度为200mm、250mm、300mm；宽度为100mm、125mm、150mm、200mm、250mm、300mm或者120mm、180mm、240mm。

(2) 强度、密度、质量等级。蒸压加气混凝土砌块按抗压强度等级可分为A1.0、A2.0、A2.5、A3.5、A5.0、A7.5、A10共7个级别，具体见表7-16；按表观密度可分为B03、B04、B05、B06、B07、B08共6个级别，具体见表7-17；按外观质量、尺寸偏差、表观密度、抗压强度可分为优等品(A)、一等品(B)和合格品(C)3个等级，砌块的强度等级应符合表7-18的规定。

表7-16 蒸压加气混凝土砌块的抗压强度

强度等级	立方体抗压强度/MPa	
	平均值≥	单块最小值≥
A1.0	1.0	0.8
A2.0	2.0	1.6
A2.5	2.5	2.0
A3.5	3.5	2.8
A5.0	5.0	4.0
A7.5	7.5	6.0
A10.0	10.0	8.0

表7-17 蒸压加气混凝土砌块的干表观密度

表观密度级别		B03	B04	B05	B06	B07	B08
表观密度/kg/m³	优等品 (A)≤	300	400	500	600	700	800
	一等品 (B)≤	330	430	530	630	730	830
	合格品 (C)≤	350	450	550	650	750	850

表7-18 蒸压加气混凝土砌块的强度等级

表观密度级别		B03	B04	B05	B06	B07	B08
强度级别	优等品 (A)	A1.0	A2.0	A3.5	A5.0	A7.5	A10.0
	一等品 (B)			A3.5	A5.0	A7.5	A10.0
	合格品 (C)			A2.5	A3.5	A5.0	A7.5

2. 加气混凝土砌块的应用

加气混凝土砌块具有表观密度小、保温及耐火性能好、抗震性能好、易于加工、施工方便等特点，适用于低层建筑的承重墙、多层建筑的间隔墙和高层框架结构的填充墙，也可用于复合墙板和屋面结构中。在无可靠的防护措施时，不得用于处于风中或高湿度和有侵蚀介质的环境中，也不得用于建筑物的基础和温度长期高于80℃的建筑部位。

工程案例分析

某工程采用蒸压加气混凝土砌块砌筑外墙，砌块出釜一周后即砌筑，工程完工一个月后，发现墙体出现裂纹。试分析引起此砌体裂缝的原因。

原因分析：该外墙属于框架结构的非承重墙，所用蒸压加气混凝土砌块出釜仅一周，其收缩率仍较大，在砌筑完工后的干燥过程中会继续产生收缩，墙体易沿着砌块交接处产生裂缝。

(案例来源：苏达根. 土木工程材料. 北京：高等教育出版社，2003：165)

7.2.3 普通混凝土小型砌块

普通混凝土小型砌块是以水泥、矿物掺合料、砂、石、水等为原材料，经搅拌、振动成型、养护等工艺制成的小型砌块，包括空心砌块和实心砌块。

1. 普通混凝土小型砌块的技术要求

根据《普通混凝土小型砌块》(GB/T 8239—2014)的规定，主要技术指标如下所述。

(1) 空心率。空心砌块空心率不小于25%，代号H；实心砌块空心率小于25%，代号S。

(2) 强度等级。承重空心砌块按其抗压强度分为MU7.5、MU10、MU15、MU20、MU25共5个强度等级；非承重空心砌块按其抗压强度分为MU5、MU7.5、MU10共3个强度等级。承重实心砌块按其抗压强度分为MU15、MU20、MU25、MU30、MU35、MU40共6个强度等级；非承重实心砌块按其抗压强度分为MU10、MU15、MU20共3个强度等级。各强度等级应符合表7-19的规定。

表7-19 普通混凝土小型砌块强度等级

强度等级	抗压强度/MPa	
	平均值≥	最小值≥
MU5.0	5.0	4.0
MU7.5	7.5	6.0
MU10	10.0	8.0
MU15	15.0	12.0
MU20	20.0	16.0
MU25	25.0	20.0
MU30	30.0	24.0
MU35	35.0	28.0
MU40	40.0	32.0

普通混凝土砌块的强度以试验的极限荷载除以砌块毛截面积来计算。砌块的强度取决于制作砌块的混凝土的强度和砌块的空心率。

2. 混凝土小型空心砌块的应用

混凝土小型空心砌块适用于建造地震设计烈度为8度及8度以下地区的各种建筑墙体，包括高层与大跨度的建筑，也可以用于围墙、挡土墙、桥梁、花坛等市政设施，应用范围十分广泛。

7.2.4　轻骨料混凝土小型空心砌块

轻骨料混凝土小型空心砌块是由水泥、砂、轻骨料等形成轻骨料混凝土拌合物，经砌块成型、养护制成的一种轻质墙体材料。

1. 轻骨料混凝土小型空心砌块技术要求

根据《轻集料混凝土小型空心砌块》(GB/T 15229—2011)的规定，技术指标如下所述。

(1) 规格。轻骨料混凝土小型空心砌块按孔的排数分为单排孔、双排孔、三排孔和四排孔4类，其主规格尺寸为390mm×190mm×190mm，其他规格尺寸可由供需双方商定。

(2) 强度、密度等级。按干表观密度分为700、800、900、1000、1100、1200、1300、1400共8个等级，具体见表7-20；按抗压强度分为MU2.5、MU3.5、MU5.0、MU7.5、MU10.0共5个强度等级，具体见表7-21。

表7-20　轻骨料混凝土小型空心砌块密度等级

密度等级	干表观密度范围/kg/m³	密度等级	干表观密度范围/kg/m³
700	≥610，≤700	1100	≥1010，≤1100
800	≥710，≤800	1200	≥1110，≤1200
900	≥810，≤900	1300	≥1210，≤1300
1000	≥910，≤1000	1400	≥1310，≤1400

表7-21　轻骨料混凝土小型空心砌块强度等级

强度等级	抗压强度/MPa		密度等级范围/kg/m³
	平均值≥	最小值≥	
MU2.5	2.5	2.0	≤800
MU3.5	3.5	2.8	≤1000
MU5.0	5.0	4.0	≤1200
MU7.5	7.5	6.0	≤1200[a] ≤1300[b]
MU10.0	10.0	8.0	≤1200[a] ≤1400[b]

注：a——除自燃煤矸石掺量不小于砌块质量35%以外的其他砌块；

b——自燃煤矸石掺量不小于砌块质量35%的砌块。

2. 轻骨料混凝土的应用

轻骨料混凝土小型空心砌块因具有轻质、高强度、保温隔热性能好、抗震性能好等优点，主要应用于非承重结构的围护和框架结构填充墙。

7.2.5　石膏砌块

石膏砌块是以石膏为主要原料，掺加适当的填料、添加剂和水制成的新型轻质隔墙材料。石膏砌块目前国内尚无行业标准。它的外形宜为平面长方体，纵横四周分别设有凹凸企口(榫与槽)。根据国际标准推荐草案，一般石膏砌块的表面积小于0.25m²，厚度为60～150mm。最佳砌块的尺寸(长×高×厚)为666mm×500mm×(60mm，70mm，80mm，

100mm），即三块砌块组成1m²的墙面。

石膏砌块除具有石膏制品的轻质、防火、能调节室内温湿度、加工性能好等优点外，还具有以下几个特点。

(1) 制品尺寸准确，表面光洁平整，砌筑的墙面不需抹灰就可进行喷刷涂料、粘贴壁纸等装饰工作，省工省料。

(2) 制品规格尺寸大，一般四周带有榫槽，配合精密，拼装方便，整体性好，而且不需龙骨，施工效率高，墙体造价低。在国外，与纸面石膏板、加气混凝土及一般砖墙相比，石膏砌块隔墙最多能便宜40%。另外，建厂投资也较少。

(3) 石膏砌块有空心、实心、夹心、发泡等多个品种。石膏原料有建筑石膏、高强石膏、化学石膏、硬石膏等。有时掺加硅酸盐水泥和纤维材料，以提高强度和耐水性；加入膨胀珍珠岩，以减轻重量。还可根据不同的使用要求，加入各种不同的增强剂、防水剂等外加剂。可预埋不同部件，制作出具有多种使用功能的产品以用于各种场合，如普通砌块、耐水砌块、高强砌块、保温砌块、钢木门砌块等。

(4) 石膏砌块作为非承重的填充墙体材料，主要用于砌筑内隔墙。砌块施工时，先在底部用石膏胶泥做码砌粘接材料，砌块由其四周的榫槽沿自身水平、垂直方向固定，无须砌筑砂浆，填入极少的嵌缝材料即可；表面用石膏胶罩面1~2遍，干后即可饰面；如有防水要求，可在墙的最下部先砌一定高度的混凝土，或做防水砂浆踢脚处理。

7.3 墙板

7.3.1 石膏墙板

石膏墙板是以石膏为主要原料制成的墙板的统称，包括纸面石膏板、石膏纤维板、石膏空心条板、石膏刨花板等，主要用做建筑物的隔墙、吊顶等。

纸面石膏板是以熟石膏为胶凝材料，掺入适量添加剂和纤维作为板芯，以特制的护面纸作为面层的一种轻质板材。按照其用途可分为普通纸面石膏板、耐水纸面石膏板和耐火纸面石膏板三种。

石膏纤维板由熟石膏、纤维和多种添加剂加水组合而成。它的结构主要有三种：一种是单层均质板，一种是三层板，还有一种是轻质石膏纤维板。石膏纤维板不以纸覆面并采用半干法生产，可减少生产和干燥时的能耗，且具有较好的尺寸稳定性和防火、防潮、隔声性能以及良好的可加工性和二次装饰性。

石膏空心条板是以熟石膏为胶凝材料，掺入适量的水、粉煤灰或水泥以及少量的纤维，同时掺入膨胀珍珠岩作为轻质骨料，经搅拌、成型、抽芯、干燥等工序制成的空心条板，包括石膏、石膏珍珠岩、石膏粉煤灰硅酸盐空心条板等。

石膏刨花板以熟石膏为胶凝材料，以木质刨花碎料为增强材料，外加适量的水和化学缓凝助剂，经搅拌形成半干型混合料，在2.0～3.5MPa的压力下成型并维持在该受压状态下完成石膏和刨花的胶结所形成的板材。

以上几种板材均以熟石膏作为胶凝材料和主要成分，其性质接近，主要有如下几个特点。

(1) 防火性好。石膏板中的二水石膏含20%左右的结晶水，在高温下能释放水蒸气，从而降低表面温度、阻止热的传导或窒息火焰，以达到防火效果，且不会产生有毒气体。

(2) 绝热、隔声性能好。石膏板的热导率一般小于0.20W/(m·K)，因此具有良好的保温隔热性能。石膏板的孔隙率高、表观密度小，特别是空心条板和蜂窝板，表观密度更小，故具有较好的隔声效果。

(3) 抗震性能好。石膏板表观密度小，结构整体性强，能有效减弱地震荷载和承受较大的层间变位，特别是蜂窝板，抗震性能更佳，特别适用于地震区的中高层建筑。

(4) 强度低。石膏板的强度均较低，一般只能作为非承重的隔墙板。

(5) 耐干湿循环性能差，耐水性差。石膏板具有很强的吸湿性，吸湿后体积膨胀，严重时可导致晶型转变、结构松散、强度下降。故石膏板不宜在潮湿环境及常经受干湿循环的环境中使用，若经防水处理如粘贴防水纸后，也可以在潮湿环境中使用。

7.3.2 纤维复合板

纤维复合板的基本形式有三类：第一类是在黏结料中掺加各种纤维质材料经松散搅拌复制在长纤维网上制成的纤维复合板；第二类是在两层刚性胶结材料之间填充一层柔性或半硬质纤维复合材料，通过钢筋网片、连接件和胶结作用构成的复合板材；第三类是以短纤维复合板为面板，再用轻钢龙骨等复制岩棉保温层和纸面石膏板构成的复合墙板。复合纤维板集轻质、高强、高韧性和耐水性于一体，可以按要求制成任意规格的形状和尺寸，适用于外墙及内墙面承重或非承重结构。

根据所用纤维材料的品种和胶结材料的种类，目前主要品种有：纤维增强水泥平板(TK板)、玻璃纤维增强水泥复合内隔墙平板和复合板(GRC板)、混凝土岩棉复合外墙板、石棉水泥复合外墙板、钢丝网岩棉夹芯板(GY板)等十几种。下面，我们重点介绍常见的几种。

1. GRC板(玻璃纤维增强水泥复合墙板)

按照形状的不同，可分为GRC平板和GRC轻质多孔条板。

GRC平板由耐碱玻璃纤维、低碱度水泥、轻骨料和水为主要原料所制成。它具有密度低、韧性好、耐水、不燃烧、可加工性好等特点。它的生产工艺主要有两种，即：喷射-抽吸法和布浆-脱水-辊压法。采用前种方法生产的板材又称为S-GRC板，采用后种方法生产的板材又称为雷诺平板。以上两种板材的主要技术性质有：密度不大于1200kg/m^3，抗弯强度不小于8MPa，抗冲击强度不小于3kJ/m^2，干湿变形不大于0.15%，含水率不大于10%，吸水率不大于35%，热导率不大于0.22W/(m·K)，隔声系数不小于22dB等。GRC平板可以作为建筑物的内隔墙和吊顶板，经过表面压花、覆涂之后也可作为建筑物的外墙。

GRC轻质多孔条板是以耐碱玻璃纤维为增强材料，以硫铝酸盐水泥轻质砂浆为基材制成的具有若干圆孔的条形板。GRC轻质多孔条板的生产方式很多，有挤压成型、立模成型、喷射成型、预拌泵注成型、铺网抹浆成型等。根据板的厚度可分为90型和120型(单位为mm)，按外观质量、尺寸偏差及物理力学性能可分为一等品和合格品。根据《玻璃纤维增强水泥轻质多孔隔墙条板》(GB/T 19631—2005)的规定，主要技术指标有：抗折破坏荷载90型合格品不小于2000N、一等品不小于2200N，120型合格品不小于2800N、一等品不小于3000N；抗冲击次数不小于5次；干燥收缩不大于0.6mm/m；隔声量90型不小于35dB，120型不小于40dB；吊挂力不小于1000N等。该条板主要用于建筑物的内外非承重墙体，抗压强度超过10MPa的板材也可用于建筑物的加层和两层以下建筑的内外承重墙体。

2. TK板(纤维增强水泥平板)

纤维增强水泥平板是以低碱水泥、中碱玻璃纤维或短石棉纤维为原料，在圆网抄取机上制成的薄型建筑平板。根据抗压强度分为100号、150号和200号三种，吸水率分别为<32%、<28%、<28%，抗冲击强度大于0.25J/cm^2，耐火极限为9.3～9.8min，热导率为0.58W/(m·K)。该平板适用于框架结构的复合外墙板和内墙板。

3. 石棉水泥复合外墙板

这种复合板是以石棉水泥平板为覆面板，填充保温芯材，以石膏板或石棉水泥板为内墙板，用龙骨做骨架，经复合而成的一种轻质、保温非承重外墙板。它的主要特性由石棉水泥平板决定，它是以石棉纤维和水泥为主要原料，经抄坯、压制、养护而成的薄型建筑平板。它的表观密度为1500～1800kg/m^3，抗折强度为17～20MPa。

4. GY板(钢丝网岩棉夹芯板)

这是一种采用钢丝网片和半硬质岩棉复合而成的墙板。它的自重约110kg/m^2，热阻为0.8(m^2·K)/W(板厚为100mm，其中岩棉为50mm，两面水泥砂浆各25mm)，隔声系数大于40dB。适用于建筑物的承重或非承重墙体，也可预制门窗及各种异形构件。

5. 纤维增强硅酸钙板

纤维增强硅酸钙板通常称为"硅钙板"，是由钙质材料、硅质材料和纤维作为主要原料，经制浆、成坯、蒸压养护而成的轻质板材。其中，建筑用板材厚度一般为5～12mm。制造纤维增强硅酸钙板的钙质原料为消石灰或普通硅酸盐水泥，硅质原料为磨细石英砂、硅藻土或粉煤灰，纤维可用石棉或纤维素纤维。同时为进一步降低板的密度并提高其绝热性，可掺入膨胀珍珠岩；为进一步提高板的耐火极限温度并降低其在高温下的收缩率，有时也加入云母片等材料。

硅钙板按其密度可分为D0.6、D0.8、D1.0三种，按其抗折强度、外观质量和尺寸偏差可分为优等品、一等品和合格品三个等级。

该板材具有密度低、比强度高、湿胀率小、防火、防潮、防霉蛀、加工性良好等优点，主要用做高层、多层建筑或工业厂房的内隔墙和吊顶，经表面防水处理后可用做建筑物的外墙板。由于该板材具有很好的防火性，因此，特别适用于高层、超高层建筑。

7.3.3　混凝土墙板

混凝土墙板以各种混凝土为主要原料加工制作而成。主要有蒸压加气混凝土板、挤压成型混凝土多孔条板、轻骨料混凝土配筋墙板等。

蒸压加气混凝土板是由钙质材料(水泥+石灰或水泥+矿渣)、硅质材料(石英砂或粉煤灰)、石膏、铝粉、水和钢筋组成的轻质板材。它的内部含有大量微小、非连通的气孔，孔隙率达70%～80%，因而具有自重小、保温隔热性好、吸声性强等特点，同时具有一定的承载能力和耐火性，主要用做内、外墙板，屋面板或楼板。

混凝土多孔条板是以混凝土为主要原料的轻质空心条板。按生产方式分为固定式挤压成型、移动式挤压成型两种；按混凝土的种类分为普通混凝土多孔条板、轻骨料混凝土多孔条板、VRC轻质多孔条板等。其中，VRC轻质多孔条板是以快硬性硫铝酸盐水泥掺入35%～40%的粉煤灰为胶凝材料，以高强纤维为增强材料，掺入膨胀珍珠岩等轻骨料而制成的一种板材。以上混凝土多孔条板主要用做建筑物的内隔墙。

轻骨料混凝土配筋墙板是以水泥为胶凝材料，以陶粒或天然浮石为粗骨料，以陶砂、膨胀珍珠岩砂、浮石砂为细骨料，经搅拌、成型、养护而制成的一种轻质墙板。为增强其抗弯能力，可在内部轻骨料混凝土浇注完后铺设钢筋网片。在每块墙板内部均设置6块预埋铁件，施工时与柱或楼板的预埋钢板焊接相连，墙板接缝处需采取防水措施(主要为构造防水和材料防水两种)。

7.3.4　复合墙板

单独一种墙板很难同时满足墙体的物理、力学和装饰性能要求，因此常常采用复合的方式以满足建筑物内、外隔墙的综合功能要求。由于该复合墙板品种繁多，下面仅介绍常用的几种复合墙板。

GRC复合外墙板是以低碱水泥砂浆为基材，以耐碱玻璃纤维为增强材料制成面层，内设钢筋混凝土肋，并填充绝热材料作为内芯，一次制成的一种轻质复合墙板。

近年来，金属面夹芯板随着轻钢结构的广泛使用应运而生，它通过黏结剂将金属面和芯层材料黏结起来。常用的金属面有钢板、铝板、彩色喷涂钢板、镀锌钢板、不锈钢板等，芯层材料主要有硬质聚氨酯泡沫塑料、聚苯乙烯泡沫塑料、岩棉等。

钢筋混凝土绝热材料复合外墙板包括承重混凝土岩棉复合外墙板和非承重薄壁混凝土岩棉复合外墙板。承重复合墙板主要用于大模和大板高层建筑，非承重复合墙板主要用于框架轻板和高层大模体系的外墙工程。

石膏板复合墙板是以石膏板为面层，以绝热材料(通常采用聚苯乙烯泡沫塑料、岩棉或玻璃棉等)为芯材的预制复合板。石膏板复合墙体是以石膏板为面层，以绝热材料为绝热层，并设有空气层与主体外墙现场复合而成的外墙保温墙体。

7.4 墙体材料现状与发展展望

目前，我国的墙体材料大致可分为淘汰型、过渡型和发展型三类，划分的原则是产品的技术性、政策性、经济性三大要素。不符合三大要素中任何一项均应视为淘汰型产品(如技术不成熟、国家政策不允许或造价昂贵缺少市场竞争力的产品)；过渡型产品则不完全符合三大要素中某一要素的某项要求(如一些地区仍在使用的黏土空心砖、混凝土实心砖等)；对于符合或基本符合三大要素的墙材则应为倡导的发展型产品，设计中应积极采用。调查分析表明，应用淘汰型产品会对建筑质量构成严重隐患，因此大力推广和使用过渡型和发展型产品势在必行，对建筑行业的发展意义深远而重大。

学习拓展

[1] 全国墙体屋面及道路用建筑材料标准化技术委员会. 建筑材料标准汇编：墙体屋面及道路用材料(套装上下册)[M]. 北京：中国标准出版社，2012.

该书分为上、下册，收集了截至2012年4月底墙体屋面及道路用建筑材料产品标准、试验方法、技术规范等方面的国家标准和建材行业标准。其中，上册收录砌墙砖和建筑砌块方面的国家标准19项和建材行业标准20项；下册收录建筑墙板、屋面瓦及道路砖和窑炉及热工标准方面的国家标准15项，建材、建工和农业行业标准36项。该书为墙体材料学习提供了最新、最全的相关标准，密切联系工程实际，是教材内容的有益借鉴和补充。

[2] 广西壮族自治区墙体材料改革办公室. 新型墙体材料施工应用技术[M]. 北京：中国建筑工业出版社，2011.

该书对建筑市场上种类繁多、性能各异的新型墙体材料加以归纳和区分，使建筑工程技术人员能够在经济性和实效性中作出平衡，选择适合的材料；可让施工人员了解各种材料的施工要点，正确施工，保证工程质量和材料性能的正常发挥。该书把主要墙体材料分为砖类、砌块类、板材类和复合类四大类，每类都按照材料性能、施工方法、质量保证三个方面进行叙述，可以说兼顾了设计、施工、管理三方人员的需求，综合性、系统性、实用性较强。

[3] 杨伟军，黎滨. 混凝土小型空心砌块生产及应用技术[M]. 北京：中国建筑工业出版社，2011.

该书从混凝土小型空心砌块的产品设计、生产及其砌体的力学性能到房屋的设计、施工，对混凝土小型空心砌块及其砌体进行了系统的论述，全面提供了该种常用砌块的相关内容。

本章小结

1. 目前，用于墙体的材料主要有砌墙砖、砌块和墙板三大类。

2. 烧结普通砖的技术要求包括尺寸允许偏差、外观质量、强度等级、泛霜、石灰爆裂、抗风化性能等方面。

3. 孔洞率大于或等于15%的砖称为多孔砖。孔洞率大于或等于35%的砖称为空心砖。

与烧结普通砖相比,烧结多孔砖与烧结空心砖具有节土节能、减轻墙体自重、改善墙体绝热和吸声性能好等优点。

4. 由于基本不采用黏土,能保护耕地,且生产工艺简单,非烧结砖日益得到广泛应用。非烧结砖主要包括蒸养砖、蒸压砖和碳化砖。

5. 蒸养(压)砖属硅酸盐制品,是以砂子、粉煤灰、煤矸石、炉渣、页岩和石灰加水拌合成型,经蒸养(压)而制得的砖。

6. 混凝土多孔砖是以水泥为胶凝材料,以砂、石等为主要骨料,加水搅拌、成型、养护制成的一种多排小孔的混凝土砖。它具有制作工艺简单,施工方便的优点。用混凝土多孔砖代替实心黏土砖、烧结多孔砖,可以不占耕地,节省黏土资源,且不用焙烧设备,可节省能耗。

7. 砌块是一种比砌墙砖形体更大的新型墙体材料,长度大于365mm或宽度大于240mm或高度大于115mm。

8. 砌块按有无孔洞分为实心砌块与空心砌块;按原料不同分为水泥混凝土砌块、轻骨料混凝土砌块、加气混凝土砌块、粉煤灰砌块等。

9. 普通混凝土小型砌块是以水泥、矿物掺合料、砂、石、水等为原材料,经搅拌、振动成型、养护等工艺制成的小型砌块。

10. 普通混凝土小型砌块包括空心砌块和实心砌块,空心砌块空心率不小于25%,代号H;实心砌块空心率小于25%,代号S。

11. 轻骨料混凝土小型空心砌块因具有轻质、高强、保温隔热性能好、抗震性能好等特点,主要应用于非承重结构的围护和框架结构填充墙。

12. 根据所用纤维材料的品种和胶结材料的种类,目前纤维复合板的主要品种有:纤维增强水泥平板(TK板)、玻璃纤维增强水泥复合内隔墙平板和复合板(GRC板)、混凝土岩棉复合外墙板、石棉水泥复合外墙板、钢丝网岩棉夹芯板(GY板)等十几种。

13. GRC复合外墙板是以低碱水泥砂浆为基材,以耐碱玻璃纤维为增强材料制成面层,内设钢筋混凝土肋,并填充绝热材料作为内芯,一次制成的一种轻质复合墙板。

14. 近年来,金属面夹芯板随着轻钢结构的广泛使用应运而生,它通过黏结剂将金属面和芯层材料黏结起来。常用的金属面有钢板、铝板、彩色喷涂钢板、镀锌钢板、不锈钢板等,芯层材料主要有硬质聚氨酯泡沫塑料、聚苯乙烯泡沫塑料、岩棉等。

15. 目前,我国的墙体材料大致可分为淘汰型、过渡型和发展型三类,划分的原则是产品的技术性、政策性、经济性三大要素。大力推广和使用过渡型和发展型产品势在必行,对建筑行业的发展意义深远而重大。

复习与思考

1. 烧结砖的种类主要有哪些?

2. 烧结普通砖的技术性质有哪些?

3. 烧结普通砖分为几个强度等级?如何确定砖的强度等级?

4. 普通黏土砖在砌筑施工前为什么一定要浇水湿润？浇水过多或过少为什么不好？

5. 试计算砌筑3000m²的实心二四砖墙(即墙厚240mm)时，需要普通黏土砖多少块？砂浆多少立方米？(灰缝厚10mm，不考虑损耗)

6. 某标准尺寸的黏土砖气干质量为2480g，烘干时质量为2404g，吸水饱和时质量为2820g。求含水率、质量吸水率、体积吸水率、不同含水状态的表观密度、开口孔隙率。

7. 工地上运进一批普通黏土砖，抽样测定其强度结果见表7-22，试确定该砖的强度等级。

表7-22　黏土砖强度测定结果

试件编号	1	2	3	4	5	6	7	8	9	10
破坏荷载/kN	215	226	235	244	208	256	222	238	264	212
受压面积/mm²	13 800	13 650	13 288	13 810	13 340	13 450	13 780	13 780	13 340	13 800

8. 测得砖吸水饱和时的抗压强度为16MPa，干燥时的抗压强度为19MPa，求软化系数，并确认该砖是否能用于在潮湿环境中使用的结构部位。

9. 承重黏土多孔砖与普通黏土砖相比，主要优点有哪些？

10. 某工地备用的红砖在储存一个月后，发现有部分砖自裂成碎块，试解释可能的原因。

11. 常用的建筑砌块有哪些？各有哪些特点？

12. 混凝土砌块的主要技术性质有哪些？

13. 简述我国墙体材料改革的重大意义及发展方向。

第8章
石材

【内容导读】

本章分别介绍了建筑工程中常用的天然石材和人造石材，主要介绍天然石材的组成、形成与性质的关系，常用石材及其技术要求等内容。

通过学习应重点掌握常用天然石材的品种、特点和应用，理解天然石材的主要技术性质以及组成与形成条件对其性质的影响，了解人造石材的特点和应用，从而能够根据工程特点选用合适的建筑石材。

8.1 岩石的组成和分类

天然岩石经不同程度的机械加工后，用于土木工程中的材料统称为天然石材。天然石材具有强度高、耐久性好以及装饰性好等特点，因此，在土木建筑工程中得到广泛应用。

8.1.1 岩石的组成

天然岩石是矿物的集合体，组成岩石的矿物称为造岩矿物。工程中常用岩石的主要造岩矿物有以下几种。

(1) 石英。石英是二氧化硅(SiO_2)晶体的总称。无色透明至乳白色，密度为2.65g/cm³，莫氏硬度为7。非常坚硬，强度高，化学稳定性及耐久性高。但受热时(573℃以上)，因晶型转变会产生裂缝，甚至松散。

(2) 长石。长石是长石族矿物的总称，包括正长石、斜长石等，为钾、钠、钙等的铝硅酸盐晶体。密度为2.5~2.7g/cm³，莫氏硬度为6。坚硬、强度高、耐久性高，但低于石英，具有白、灰、红、青等多种颜色。长石是火成岩中最多的造岩矿物，约占总量的2/3。

(3) 角闪石、辉石、橄榄石。它们是铁、镁、钙等硅酸盐的晶体。密度为3~3.6g/cm³，莫氏硬度为5~7。强度高、韧性好、耐久性好。具有多种颜色，但均为暗色，故也称暗色矿物。

(4) 方解石。方解石为碳酸钙晶体($CaCO_3$)。白色，密度为2.7g/cm³，莫氏硬度为3。强度较高，耐久性次于上述矿物，遇酸后会分解。

(5) 白云石。白云石为碳酸钙与碳酸镁的复盐晶体($CaCO_3$，$MgCO_3$)。白色，密度为2.9g/cm³，莫氏硬度为4。强度、耐酸腐蚀性及耐久性略高于方解石，遇酸时会分解。

(6) 黄铁矿。黄铁矿为二硫化铁晶体(FeS_2)。金黄色，密度为5g/cm³，莫氏硬度为6~7。耐久性差，遇水和氧易生成游离硫酸，且体积膨胀，并产生锈迹。黄铁矿为岩石中的有害矿物。

(7) 云母。云母是云母族矿物的总称，为片状的含水复杂硅铝酸盐晶体。密度为2.7~3.1g/cm³，莫氏硬度为2~3。具有极完全解理(矿物在外力等作用下，沿一定的结晶方向易裂成光滑平面的性质称为解理，裂成的平面称为解理面)特性，易裂成薄片，玻璃光泽，耐久性差，具有无色透明、白色、绿色、黄色、黑色等多种颜色。云母的主要种类为白云母和黑云母，后者易风化，为岩石中的有害矿物。

在天然岩石中，有些岩石由单一造岩矿物组成，如由方解石组成的石灰岩；而大多数岩石是由多种造岩矿物组成的。因此，岩石没有确定的化学组成和物理力学性质。即使同种岩石，因产地不同，各种矿物含量不同以及结构上的差异，都会引起岩石的颜色、强度、耐久性等的差异。因此，造岩矿物的性质及其含量决定着岩石的性质。例如，花岗岩是由石英、长石、云母及一些暗色矿物组成的，几种造岩矿物的组成比例不同，可使花岗岩在颜色、强度、耐酸性、耐风化性等方面有较大的差异。

8.1.2 岩石的分类

按成因不同，岩石分为岩浆岩、沉积岩、变质岩三大类。

1. 岩浆岩

岩浆岩又称为火成岩。它是熔融岩浆在地下或喷出地面，经冷凝结晶而成的岩石。它的主要成分是硅酸盐矿物，按其成因可分为深成岩、喷出岩和火山岩。

1) 深成岩

岩浆在地壳深处，经冷凝结晶而形成的岩石称为深成岩。由于受到覆盖层的压力作用，冷却缓慢，其矿物结晶完全，晶粒较粗，构造致密，所以深成岩具有容重大、吸水率小、抗压强度高及抗冻性良好等性质。常用的深成岩有花岗岩、正长岩、闪长岩、辉长岩等。

2) 喷出岩

喷出岩是岩浆喷出地表冷却后所形成的岩石。岩浆喷出地表时，由于压力骤减、冷却迅速，结晶不完全，多呈细小结晶或玻璃质结构。喷出岩的强度一般也是较高的，接近于深成岩的强度。常用的喷出岩有玄武岩、辉绿岩、安山岩等。

3) 火山岩

火山爆发，岩浆被喷到空气中，冷凝所形成的岩石称为火山岩。熔岩喷出后在空气中受到急冷作用，会形成不同粒径的颗粒。其中，疏松的粉状颗粒称为火山灰；粒径大于5mm的海绵状的多孔岩石称为浮石；由火山灰经胶结和压力作用所形成的岩石称为火山灰凝灰岩。火山灰可做火山灰质硅酸盐水泥原料，浮石可做轻骨料混凝土的骨料，火山灰凝灰岩可做砌墙材料或轻混凝土的骨料。

2. 沉积岩

处于地表的各种岩石，在外力地质作用下经风化、搬运、沉积和成岩4个阶段所形成的岩石称为沉积岩，又称水成岩。它的特点是呈层状，常有解理。它的强度较低，耐久性较差，但分布广泛，加工较容易，因此成为建筑工程常用的一种岩石。按其成因可分为机械沉积岩、化学沉积岩和有机沉积岩。

1) 机械沉积岩

经自然风化作用，岩石逐渐破碎成松散碎屑，然后经风、雨、冰川等搬运、沉积、重新压实、胶结而形成的岩石称为机械沉积岩。如砂岩、砾岩、页岩等。

2) 化学沉积岩

某些矿物溶解于水中，经聚集而成的岩石称为化学沉积岩。如石膏、白云石、菱镁石等。

3) 有机沉积岩

各种有机体死亡后的残骸沉积而成的岩石称为有机沉积岩。如石灰岩、硅藻土等。

3. 变质岩

变质岩是由原生的岩浆岩或沉积岩，经过地壳内部高温、高压等变化作用后而形成的岩石。其中，沉积岩变质后，性能变好，结构变得致密，坚实耐久，如石灰岩(沉积岩)变质为大理石；而火成岩经变质后，性质反而变差，如花岗岩(深成岩)变质而成的片麻岩，易产生分层剥落，使耐久性变差。

由此可见，形成条件的不同使得岩石形成了具有不同特点的结构。如结晶体或玻璃体，晶体粒子的粗细等，因此岩石具有不同的特性。结晶质的岩石具有较高的强度、韧性以及较强的化学稳定性和耐久性；细晶粒的岩石的强度高于粗晶粒的岩石；具有解理的岩石强度不高，易于开采。因此，既要了解岩石的矿物组成情况，又要考虑其形成的条件，才能更好地掌握岩石的性质。

8.2 天然石材的性质和技术要求

1. 表观密度

天然石材按表观密度的大小可分为重石与轻石两类。表观密度大于1800kg/m³者为重石，可用做建筑物的基础、覆面、地面、路面及不采暖房屋的墙壁；表观密度低于1800kg/m³者为轻石，可用做采暖房屋外墙。

2. 抗压强度

石材抗压强度的大小，取决于岩石的矿物成分、结晶粗细、均匀性、胶结物质种类以及荷载与解理方向等因素。

以标准试验方法所测得的抗压强度值(MPa)可作为评定石材强度等级的标准。石材强度分为MU100、MU80、MU60、MU50、MU40、MU30、MU20、MU15和MU10共9个等级。

3. 抗冻性

石材的抗冻性取决于矿物成分、晶粒大小、胶结物质的性质、孔隙率、吸水率等。

石材抗冻指标用冻融循环次数来表示。当冻融循环次数符合规定时，试件无贯穿裂缝，质量损失不超过5%，强度损失不超过25%，则认为抗冻性合格。

4. 耐水性

石材的耐水性按其软化系数分为高、中、低三等。软化系数大于0.9者为高耐水性石材，软化系数为0.7～0.9者为中等耐水性石材，软化系数为0.6～0.7者为低耐水性石材。软化系数低于0.6的石材一般不允许用于重要建筑，如在气候温暖地区，或石材在吸水饱和后仍具有较高的抗压强度，则可慎重考虑使用。

此外，石材还有吸水性、耐磨性及冲击韧性等性质，可根据不同的使用条件加以具体考虑。

8.3 常用建筑石材

8.3.1 常用天然石材

天然石材是从天然岩体中开采出来，经加工成块状或板状材料的总称。天然石材表面经过加工可获得优良的装饰性，其装饰效果主要取决于品种，用做装饰的主要有以下几种。

1. 花岗岩

花岗岩是典型的深成岩，是岩浆岩中分布最广泛的岩石。它的主要矿物组成成分为长石、石英和少量云母等，为全晶质，有细粒、中粒、粗粒、斑状等多种构造，属块状构造，但以细粒构造为好，通常有灰、白、黄、粉红、红、纯黑等多种颜色，具有很好的装饰性。

花岗岩的表观密度为2500～2800kg/m³，抗压强度为120～300MPa，孔隙率低，吸水率为0.1%～0.7%，莫氏硬度为6～7，耐磨性好，抗风化性及耐久性强，耐酸性好，但不耐火。使用年限为数十年至数百年，质量高的可达千年以上。

花岗岩主要用于基础、挡土墙、勒脚、踏步、地面、外墙饰面、雕塑等，属高档材料。破碎后方可用于配制混凝土。此外，花岗岩还可用于耐酸工程。

2. 大理岩

大理岩为沉积岩变质岩，它是由石灰岩或白云岩经变质而成的，主要矿物组成为方解石、白云石，具有等粒、不等粒、斑状结构。常呈白、浅红、浅绿、黑、灰等颜色(斑纹)，抛光后具有优良的装饰性。白色大理石又称汉白玉。

大理岩的表观密度为2500～2800kg/m³，抗压强度为100～300MPa，莫氏硬度为3～4，易于雕琢磨光。城市空气中的二氧化硫遇水后对大理岩中的方解石有腐蚀作用，即生成易溶的石膏，从而使表面变得粗糙多孔，并失去光泽。故不宜用于室外，但吸水率小、杂质少、晶粒细小、纹理细密、质地坚硬，特别是白云岩或白云岩变质而成的某些大理岩也可用于室外，如汉白玉、艾叶青等。

大理岩主要用于室内装修，如墙面、柱面及磨损较小的地面、踏步等。

3. 石灰岩

石灰岩属于生物沉积岩，俗称青石，由海水或淡水中的生物残骸沉积而成，主要由方解石组成，常含有一定数量的白云石、菱镁矿(碳酸镁晶体)、石英、黏土矿物等，分布极广。分为密实、多孔和散粒构造，密实构造的即普通石灰岩。常呈灰、灰白、白、黄、浅红、黑、褐红等颜色。

密实石灰岩的表观密度为2400～2600kg/m³，抗压强度为20～120MPa，莫氏硬度为3～4。当黏土矿物含量超过3%～4%时，抗冻性和耐水性显著降低；当含有较多的氧化硅时，强度、硬度和耐久性有所提高。石灰岩遇稀盐酸时强烈起泡，硅质和镁质石灰岩起泡不明显。

石灰岩可用于大多数基础、墙体、挡土墙等石砌体，破碎后可用于混凝土。石灰岩也是生产石灰和水泥等的原料。石灰岩不得用于酸性水或二氧化碳含量多的水中，因为方解石会被酸或碳酸溶蚀。

4. 砂岩

砂岩为机械沉积岩，主要由石英砂等经胶结而成，根据胶结物的不同分为以下几种。

(1) 硅质砂岩。由氧化硅胶结而成，呈白、淡灰、淡黄、淡红色，强度可达300MPa，耐磨性、耐久性、耐酸性强，性能接近于花岗岩。纯白色硅质砂岩又称白玉石。硅质砂岩可用于各种装饰及浮雕、踏步、地面及耐酸工程。

(2) 钙质砂岩。由碳酸钙胶结而成，为砂岩中最常见和最常用的一种，呈白、灰白色，强度较大，但不耐酸，可用于大多数工程。

(3) 铁质砂岩。由氧化铁胶结而成，常呈褐色，性能较差，密实者可用于一般工程。

(4) 黏土质砂岩。由黏土胶结而成，易风化、耐水性差，甚至会因水作用而溃散，一般不用于建筑工程。

此外，还有长石砂岩、硬砂岩，两者的强度较高，可用于建筑工程。

由于砂岩的性能相差较大，使用时需加以区别。

5. 石英岩

石英岩属沉积岩变质岩，它由硅质砂岩经变质而成。石英岩结构致密均匀、坚硬，加工困难，耐久性、耐酸性强，抗压强度为250～400MPa。主要用于纪念性建筑等的饰面以及耐酸工程，使用寿命可达千年以上。

💡 工程案例分析

赵州桥是一座空腹式的圆弧形石拱桥，是世界上现存最早、保存最好的巨大石拱桥。桥长50.82m，跨径37.02m，拱圈的宽度在拱顶为9m，在拱脚处为9.6m，桥的设计完全合乎科学原理，施工技术更是巧妙绝伦。赵州桥已入选世界纪录协会世界最早的敞肩石拱桥，成为世界之最。

赵州桥建于公元605年，距今已有1400多年，经历了10次水灾、8次战乱和多次地震。特别是1966年3月8日邢台发生的7.6级地震，赵州桥距离震中只有40多公里，都没有被破坏。著名桥梁专家茅以升认为，先不管桥的内部结构如何，仅就它能够存在1400多年就说明了一切。

试从材料和结构的角度分析赵州桥坚固耐久的原因。

原因分析如下所述。

材料方面：建造者李春就地取材，选用附近州县生产的质地坚硬的青灰色石灰岩作为建桥石料，抗压强度非常高，约为100MPa。结构方面：该桥使用了"敞肩拱"的桥型，即大拱的两肩上，各有两个小拱。这个创造性的设计，不但节约了石料，减轻了桥身的重量，而且在河水暴涨的时候，还可以增加桥洞的过水量，减轻洪水对桥身的冲击。同时，拱上加拱，桥身也更美观。综上，赵州桥充分利用了石材坚固耐用的长处，从结构上减轻桥的自重，从而扬长避短，经久不衰，创造了桥梁史上的奇迹。

(案例来源：苏达根.土木工程材料.北京：高等教育出版社，2003：168)

8.3.2　石材的品种

1. 毛石

毛石是指形状不规则，中部厚度不小于200mm的石材。主要用于基础、挡土墙的砌筑及毛石混凝土。

2. 料石

料石外观规则(毛料石除外)，截面的宽度、高度不小于200mm，且不小于长度的1/4。通常用质地均匀的岩石，如砂岩和花岗岩加工而成。按加工程度的粗细，又分为以下几类。

(1) 细料石。叠砌面的凹入深度不大于10mm。

(2) 半细料石。叠砌面的凹入深度不大于15mm。

(3) 粗料石。叠砌面的凹入深度不大于20mm。

(4) 毛料石。外形大致方正，一般不加工或稍加修正，高度不小于200mm，叠砌面的凹入深度不大于25mm。

根据料石的加工程度分别用于建筑物的外部装饰、勒脚、台阶、砌体、石拱等。

3. 板材

装饰用石材多为板材，且主要为大理石板材和花岗岩板材。按板材的形状，主要有普通板材(正方形或长方形)、异形板材(其他形状的板材)。按板材的表面加工程度，分为以下三种。

(1) 粗面板材。它是指表面平整粗糙，具有较规则的加工条纹的机刨板、剁斧板、锤击板、烧毛板等。

(2) 细面板材。它是指表面平整、光滑的板材。

(3) 镜面板材。它是指表面平整，具有镜面光泽的板材。大理石板材一般为镜面板材。

板材的长度和宽度范围为300～1200mm，厚度为10～30mm。

粗面板材和细面板材一般只用于室外墙面、地面、台阶、柱面等；镜面板材既可用于室外，又可用于室内。但大理石板材只适用于室内。

8.3.3　人造石材

人造饰面石材是人造大理石和人造花岗石等的总称，属水泥混凝土或聚酯混凝土的范畴。随着现代建筑业的发展，对装饰材料提出了轻质、高强、美观、多品种的要求，人造石材就是在这种情况下产生的。它的花纹图案可以人为控制，胜过天然石材，且质量轻、强度高、耐腐蚀、耐污染、厚度薄、易黏结、施工方便，故在现代建筑装饰中得到了广泛的应用。

1. 人造石材的特点

人造石材是以大理石碎料、石英砂、石粉等为骨料，拌合树脂、聚酯等聚合物或水泥黏结剂，经过真空强力拌合振动、加压成型、打磨抛光以及切割等工序制成的板材。

(1) 人造大理石。有类似大理石的花纹和质感，其填料最大粒径在0.5～1mm之间，可用石英砂、硅石粉和碳酸钙做填料，用硅石粉做填料具有更好的机械性能，制成的产品具有良好的抗水解性能。

(2) 人造花岗岩。有类似花岗岩的花色和质感，如粉红底黑点、白底黑点等品种。它的填充料配比是按其花色特定的，其性能与人造大理石相同。

(3) 人造玛瑙石。有类似玛瑙的花纹和质感，其填料有很高的细度和纯度，制品具有半透明性，填充料可使用氢氧化铝(三分子结晶水)和合适的大理石粉料。

(4) 人造玉石。有类似玉石的色泽，呈半透明状，其填料有很高的细度和纯度。有仿山田玉、仿芙蓉石、仿紫晶石、仿彩翠石等品种。

2. 人造石材的分类

人造石材按其所用材料的不同，通常分为以下4类。

(1) 树脂型人造石材。树脂型人造石材以有机树脂为胶结剂，与天然碎石、石粉及颜料等配制拌成混合料，经浇捣成型、固化、脱模、烘干、抛光等工序制成。

(2) 水泥型人造石材。水泥型人造石材以白水泥、普通水泥为胶结材料，与大理石碎石和石粉、颜料等配制拌合成混合料，经浇捣成型、养护制成。

(3) 复合型人造石材。复合型人造石材以无机胶凝材料(如水泥)和有机高分子材料(树脂)作为胶结料。制作时先用无机胶凝材料将碎石、石粉等骨料胶结成型并硬化，再将硬化体浸渍于有机单体中，使其在一定条件下集合而成。

(4) 烧结型人造石材。烧结型人造石材的生产方法与陶瓷工艺相似，它将长石、石英、辉绿石、方解石等粉料和赤铁矿粉，以及一定量的高岭土共同混合，一般配合比为：石粉60%，高岭土40%。然后用混浆法制备坯料，用半干压法成型，再在窑炉中以1000℃左右的高温焙烧而成。

目前，普遍使用的是复合型人造石材，其底层用廉价且性能稳定的无机材料制成，面层采用聚酯和大理石粉制成。

3. 人造石材常用品种及用途

(1) 聚酯型人造石材。聚酯型人造石材是以不饱和聚酯树脂为胶结材料而生产的聚酯合成石。聚酯合成石生产时所加颜料不同，采用的天然石料的种类、粒度和纯度不同，制作的工艺方法不同，因此所制成的石材的花纹、图案、颜色和质感也不同。通常制成仿天然大理石、天然花岗岩和天然玛瑙石的花纹和质感，故分别称为人造大理石、人造花岗岩和人造玛瑙石。另外，还可以制成具有类似玉石色泽和透明状的人造石材，称为人造玉石。人造玉石也可仿造出紫晶、彩翠、芙蓉石等名贵玉石产品，达到以假乱真的程度。

聚酯合成石通常可以制作成饰面人造大理石板材、人造花岗岩板材和人造玉石板材，以及制作卫生洁具，如浴缸、带梳妆台的单双盆洗脸盆、立柱式脸盆、坐便器等，还可做成人造大理石壁画等工艺品。

(2) 仿花岗岩水磨石砖。仿花岗岩水磨石砖使用颗粒较小的碎石米，加入各种颜色的色料，采用压制、粗磨、打蜡、磨光等生产工艺制成。砖面的颜色、纹理和天然花岗岩十分相似，光泽度较高，装饰效果好，多用于宾馆、饭店、办公楼、住宅等的内外墙和地面装饰。

(3) 仿黑色大理石。仿黑色大理石主要以钢渣和废玻璃为原料，加入水玻璃、外加剂、水混合成型，烧结而成。它具有利用废料、节电降耗、工艺简单的特点，多用于内外墙、地面装饰贴铺，也可用于台面等。

(4) 透光大理石。透光大理石是将加工成5mm以下具有透光性的薄型石材和玻璃相复合，以丁醛膜为芯层，在140℃～150℃的条件下热压30min而制成的。它具有可以使光线变得很柔和的特点，多用于制作采光天棚、外墙装饰。

(5) 高级石化瓷砖。高级石化瓷砖具有仿天然花岗岩的外观，同时还具有抗折强度高、耐酸、耐碱、耐磨、抗高温、抗严寒、石质感强、不吸水、防污防潮、不爆裂等优良性能，多用于高级豪华型建筑。

(6) 艺术石。艺术石由精选硅酸盐水泥、轻骨料、氧化铁混合加工倒模而成。所有石模都是由精心挑选的天然石材制造而成的，其质感、色泽和纹理与天然石无异，不加雕饰就富有原始、古朴的雅趣，质轻、安装简便。多用于内外墙面、户外景观等场所。

📖 学习拓展

[1] 全国石材标准化技术委员会.天然石材国家标准实施指南[M].北京：中国标准出版社，2010.

该书主要介绍了新发布实施的各个石材标准的制定背景和制定过程，与国外相关先进标准的异同，并对标准条文进行必要的解说和补充叙述。同时增加了与标准实施有关的一些基础内容，如石材标准简介、数据处理、误差理论等，以方便初学者，可作为在工程建设、设计、施工、监理等单位从事石材应用、检测和验收的人员的实用手册。

[2] 侯建华.建筑装饰石材[M].北京：化学工业出版社，2011.

该书介绍了建筑装饰石材的分类和应用领域，加工方法与设备，施工技术，胶黏剂及应用，石材清洗、防护与翻新技术，装饰装修设计。较全面、详尽地介绍了建筑装饰石材的系统知识，编写实用，针对性强，可作为石材设计、施工、维护、生产中的技术人员、操作者、管理者、使用者的学习用书和行业培训参考书，也可作为职业教育加强实训等方面实际操作的辅导教材。

[3] 理查德·威利兹.1001个创意·石材艺术[M].曹治，王长平，冯立，译.南昌：江西美术出版社，2013.

该书是一本综合性的、图文并茂的指南，可有效帮助读者增强对于各类石材的感性认识，指导其准确挑选和运用各类石材。如书中建议墙壁和地面使用板岩、砂岩和石灰岩，以达到美观实用兼具的效果；厨房台面使用花岗岩；水槽使用大理石；浴缸使用石灰岩；

等等。此外，本书还对室外景观和雕塑设计给予详细实用的建议，可作为学习石材知识、开阔视野的有益借鉴。

本章小结

1. 天然岩石经不同程度的机械加工后，用于土木工程中的材料统称为天然石材，具有强度高、耐久性好、装饰性好等特点。

2. 工程中常用岩石的主要造岩矿物有石英、长石、方解石、白云石、云母等。

3. 按成因的不同，岩石分为岩浆岩(又称火成岩)、沉积岩(又称水成岩)、变质岩三大类。

4. 以标准试验方法所测得的抗压强度值(MPa)可作为评定石材强度等级的标准。石材强度分为MU100、MU80、MU60、MU50、MU40、MU30、MU20、MU15和MU10共9个等级。

5. 石材抗冻指标用冻融循环次数来表示。当冻融循环次数符合规定时，试件无贯穿裂缝，质量损失不超过5%，强度损失不超过25%，则认为抗冻性合格。

6. 常用天然石材主要有花岗岩、大理岩、石灰岩、砂岩、石英岩等。

7. 花岗岩抗压强度高，耐磨性强，耐久性强，属高档装饰材料，还可用于耐酸工程。

8. 大理石一般不宜用于室外。

9. 石材包括毛石、料石、板材等品种。

10. 人造石材是以大理石碎料、石英砂、石粉等为骨料，拌合树脂、聚酯等聚合物或水泥黏结剂，经过真空强力拌合振动、加压成型、打磨抛光以及切割等工序制成的板材。

11. 人造石材按其所用材料的不同，通常有树脂型、水泥型、复合型、烧结型4类。

12. 目前，普遍使用的是复合型人造石材，其底层用廉价而性能稳定的无机材料制成，面层采用聚酯和大理石粉制成。

复习与思考

1. 岩石按地质形成条件分为几类？各有何特性？

2. 试比较花岗岩、大理岩、石灰岩、砂岩的主要性质和用途有哪些异同点？

3. 为什么大理岩一般不宜用于室外？

4. 岩石的加工形式主要有哪几种？分别适合用于哪些工程部位？

5. 人造石材按所用材料的不同可分为哪几类？

第9章
木材

【内容导读】

本章着重介绍木材的基础知识，包括木材的分类、木材的构造、木材的主要物理力学性质；简单介绍木材的防腐和防火，以及土木工程中常用的木材及木质材料制品。

本章应重点掌握木材的主要物理力学性质，并了解木材的分类与构造，木材的防腐与防火，土木工程中常用的木材及木质材料制品。

木材是人类使用最早的建筑材料之一。我国在木材建筑技术和木材装饰艺术方面都有很高的水平和独特的风格。如世界闻名的天坛祈年殿全部由木材建造，而全由木材建造的山西佛光寺正殿保存至今已达千年之久。

木材作为建筑材料，具有许多优良性能，如轻质高强，即比强度高；有较高的弹性和韧性，耐冲击和振动；易于加工；在干燥环境或长期置于水中均有很好的耐久性；气干木材是良好的热绝缘和电绝缘材料；大部分木材都具有美丽的天然花纹，给人以淳朴、古雅、亲切的质感，因此木材作为装饰与装修材料，具有独特的功能和价值，被广泛应用。木材也有使其应用从而引起膨胀和收缩构造不均匀，导致各向异性；易随周围环境湿度变化而改变含水量，或引起膨胀或收缩；易腐朽或虫蛀；易燃烧；天然缺陷较多等。不过，对木材进行一定的加工和处理后，可有效改善这些缺点。

9.1 木材的分类和构造

9.1.1 木材的分类

木材可以按树木成长的状况分为外长树木材和内长树木材。外长树是指树干的成长是向外发展的，由细小逐渐长粗成材，且成长情况因季节气候差异而有所不同，因而形成年轮；内长树的成长则主要表现为内部木质的充实。热带地区出产的木材几乎都是内长树木材。

根据树叶的外观形状可将木材分为针叶树木材和阔叶树木材。针叶树树干通直高大，树杈较小而分布较密，易得大材，其纹理顺直，材质均匀。由于多数针叶树木材的木质较轻软而易于加工，习惯上称软材。针叶树木材强度较高，胀缩变形较小，耐腐蚀性强，建筑上广泛用于承重构件和装修材料。常用树种有松、杉、柏、银杏等。

阔叶树树干通直部分一般较短，树杈较大而数量较少。相当数量的阔叶树材的材质较硬而较难加工，故阔叶树材又称硬材。阔叶树材强度高，胀缩变形大，易翘曲开裂。阔叶树材板面通常较美观，具有很好的装饰作用，适用于家具、室内装修及胶合板等。常用树种有桉木、水曲柳、杨木、榆木、柞木、樟木等。

按木材的用途和加工工艺的不同，可以分为原条、原木、普通锯材和枕木4类。原条是指已经去皮、根及树梢，但尚未加工成规定尺寸的木料；原木是指由原条按一定尺寸加工成规定直径和长度的木材，分为直接使用原木和加工用原木；普通锯材是指已经加工锯解成型材的木料；枕木是指按枕木断面和长度加工而成的木材。

9.1.2 木材的构造

1. 木材的宏观构造

木材的宏观构造是指用肉眼或放大镜就能观察到的木材构造特征。从不同的方向锯切树干,可以得到不同的切面,即:横切面(垂直于树轴的切面)、径切面(通过树轴的纵切面)、弦切面(平行于树轴的纵切面),如图9-1所示。

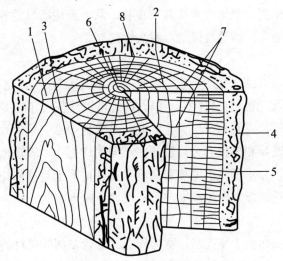

图9-1 木材的宏观构造

1-横切面 2-径切面 3-弦切面 4-树皮 5-木质部 6-髓心 7-髓线 8-年轮

由图9-1可知,树木由树皮、木质部和髓心构成。树皮由外皮、软木组织(栓皮)和内皮组成。髓心位于树干的中心,由最早生成的细胞所构成,其质地疏松而脆弱,易被腐蚀和虫蛀。木质部是位于髓心和树皮之间的部分,是作为建筑材料的主要部分。

1) 年轮、生长轮

树木在生长过程中,如气候交替变化明显则多为轮状结构。该结构即树木在一个生长周期内,形成层向内分生的一层次生木质部围绕着髓心构成的同心圆。

温带、寒带及亚热带地区的树木一年内仅生长一层木材,所以称为年轮。热带或南亚热带地区,部分树木的生长仅与雨季和旱季的交替有关,一年内会形成几圈木质层,所以称为生长轮。实质上,年轮也就是生长轮,但生长轮不能等同于年轮。

2) 早材、晚材

每一个年轮是由两部分木材构成的。每年春季雨水较多,水分、养分较充足,形成层细胞分裂速度快,细胞壁薄,形体较大,构成的木质较疏松,颜色较浅,这一部分木材称为早材或春材,靠近髓心一侧。夏秋两季雨水少,树木营养物质流动缓慢,形成层细胞的活动逐渐减弱,细胞分裂速度缓慢,而后逐渐停止,形成的细胞腔小且壁厚,木材组织致密,材质硬,材色深,这一部分木材称为晚材或夏材,靠近树皮一侧。

3) 边材、心材、熟材

从木材的外表颜色来看,横切面和径切面的颜色有深有浅,有些树种的木材颜色深浅是均匀一致的。一些树种的外围部位水分较多,细胞仍然生活,颜色较浅的木材称为边材;而一些树种的树干中心部位水分较少,细胞已死亡,颜色比较深的木材称为心材;一部分树种,如冷杉、水青冈等,树干中心部分与外围部分的材色无区别,但含水量不同,中心水分较少的部分称为熟材。

心材是由边材转变而来的，其转变过程是一个复杂的生物化学变化过程。在这个过程中，边材中的生活细胞逐渐因缺氧而死亡，水分输导系统阻塞，导管中可能形成侵填体，细胞腔内有树胶、碳酸钙、色素、单宁等沉积物，从而形成心材的各种颜色。在这个过程中，材质变硬，密度增大，渗透性降低，耐久性提高。

4) 髓线

木材横切面上可以看到一些颜色较浅或略带光泽的线条，它们沿着半径方向呈辐射状穿过年轮，这些线条称为髓线(又称木射线)。髓线可以从任一年轮处产生，一旦产生，它随着直径的增大而延长，直到形成层为止。髓线是木材中唯一呈射线状的横向排列组织，它的功能主要是横向输导和储藏养分。髓线在不同的切面上，表现出不同的形状。在弦切面上呈短线或纺锤线，显示髓线的宽度和高度；在径切面上呈横向短带状，有光泽，显示髓线的宽度。顺着木材纹理方向为高度，垂直纹理方向为宽度。

5) 管孔和胞间道

阔叶材的导管在横切面上呈孔状，称为管孔。导管是阔叶树材的轴向输导组织，在纵切面上呈沟槽状。针叶材没有导管，用肉眼在横切面上看不到孔状结构，故称为无孔材。阔叶材具有明显的管孔，称为有孔材。

胞间道是由分泌细胞环绕而成的长度不定的管状细胞间隙。针叶材中储藏树脂的胞间道叫树脂道；阔叶材中储藏树脂的胞间道叫树胶道。

2. 木材的显微构造

木材的显微构造是指从显微镜下观察到的木材组织，各种木材的显微构造是各式各样的。

针叶树显微构造简单而具有规则性，如图9-2所示，它主要由管胞、木薄壁组织、木射线、树脂道组成。管胞是组成针叶材的主要分子，占木材体积的90%以上。木射线是以髓心呈辐射状排列的细胞，占木材体积的7%左右。细胞壁很薄、质软，在木材干燥时最易沿木射线方向开裂而影响木材的使用。木薄壁组织是一种纵行成串的砖形薄壁细胞，有的形成年轮的末缘，有的散布于年轮中。树脂道系木薄壁组织细胞所围成的孔道，能降低木材的吸湿性，可增加木材的耐久性。

阔叶树材的显微构造较复杂，如图9-3所示，其细胞主要有导管、阔叶树材管胞、木纤维、木射线和木薄壁组织、树胶道等。导管是由一连串的纵行细胞形成的无一定长度的管状组织，构成导管的单个细胞称为导管分子，导管分子在横切面上呈孔状，称为管孔。木纤维是阔叶材的主要组成分子之一，占木材体积的50%以上，主要起支持树体和承受机械力的作用，与木材力学性质密切相关。木纤维在木材中含量愈多，其密度和强度会相应增加，胀缩也较大。阔叶树材的组成细胞种类比针叶树材多，且进化比较完全。最显著的是针叶树材的主要组成分子——管胞既有输导功能，又有对树体的支持机能；而阔叶树材则不然，导管起输导作用，木纤维则具有支持树体的机能。针叶树材与阔叶树材的最大差异(除极少数树种例外)是，前者无导管，而后者具有导管，有无导管是区分绝大多数阔叶材和针叶材的重要标志。此外，阔叶树材的木射线比针叶树材宽，列数也多；薄壁组织类型丰富且含量多。

 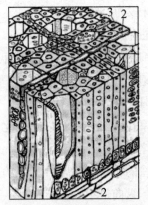

图9-2 松木显微构造立体图　　　　图9-3 枫香显微构造立体图
1-管胞　2-木射线　3-树脂道　　　　1-导管　2-木射线　3-木纤维

9.2 木材的主要性质

9.2.1 木材的物理性质

1. 密度与表观密度

木材的密度是指构成木材细胞壁物质的密度。密度具有变异性，即从髓心到树皮或早材与晚材及树根部到树梢的密度变化规律随木材种类的不同有较大的不同，为 $1.50\sim1.56g/cm^3$，表观密度为 $0.37\sim0.82g/cm^3$。

2. 含水率与吸湿性

木材的含水率是指木材所含水的质量占干燥木材质量的百分数。含水率的大小对木材的湿胀干缩性和强度影响很大。新伐木材的含水率常在35%以上；风干木材的含水率为15%～25%；室内干燥木材的含水率为8%～15%。

木材中所含水分可分为自由水、吸附水及化合水三种。自由水是指存在于细胞腔和细胞间隙中的水分，吸附水是指被吸附在细胞壁内细纤维之间的水分，化合水是指木材化学组成中的结合水。自由水的变化只影响木材的表观密度、燃烧性和抗腐蚀性，而吸附水的变化是影响木材强度和胀缩变形的主要因素，结合水在常温下不发生变化。

当木材中无自由水，而细胞壁内充满吸附水并达到饱和时的含水率称为纤维饱和点。纤维饱和点是木材物理力学性质发生变化的转折点，其值随树种的不同而有所差异，通常为25%～35%，平均值为30%。

木材的吸湿性是双向的，即干燥的木材能从周围的空气中吸收水分，潮湿的木材也能在较干燥的空气中失去水分，其含水率随环境温度和湿度而变化。当木材长时间处于一定温度和湿度的环境中时，其含水率会趋于稳定，此时的含水率称为木材的平衡含水率。

木材的平衡含水率随其所在地区不同而有所差异，我国北方约为12%，南方约为

18%，长江流域一般为15%。

3. 湿胀干缩性

木材的纤维细胞组织构造使木材具有显著的湿胀干缩变形特性。

木材的纤维饱和点是木材发生湿胀干缩变形的转折点，其规律是：当木材的含水率在纤维饱和点以下时，随着含水率的增大，木材体积膨胀；随着含水率的减小，木材体积收缩。当木材含水率在纤维饱和点以上变化时，只是自由水增减、木材的质量改变，而木材的体积不发生变化。

由于木材构造的不均质性，各方向的胀缩变形也不一致。同一木材中，弦向胀缩变形最大，径向次之，纵向最小。

木材的胀缩使其截面形状和尺寸有所改变，甚至产生裂纹和翘曲，致使木构件的结合部凸起或松弛，强度降低。为了避免这种不利影响，通常的措施是在加工制作前将木材进行干燥处理，使其含水率达到与其使用环境的湿度相适应的平衡含水率。

9.2.2　木材的力学性质

1. 强度

土木工程中常利用木材的以下几种强度：抗压、抗拉、抗弯和抗剪。由于木材是各向异性材料，因而其抗压、抗拉和抗剪强度又有顺纹和横纹的区别。

1) 抗压强度

木材的顺纹抗压强度是指压力作用方向与木材纤维方向平行时的强度，这种受压破坏是由细胞壁失去稳定而非纤维的断裂所致。木材的横纹抗压强度是指压力作用方向与木材纤维垂直时的强度，这种破坏是由于细胞腔被压扁产生极大的变形而造成的。

木材的横纹抗压强度比顺纹抗压强度低得多，一般针叶树的横纹抗压强度约为顺纹抗压强度的10%，阔叶树的这个比值为15%～20%。

2) 抗拉强度

木材抗拉强度虽亦有顺纹与横纹两种，但横纹抗拉强度值很小(仅为顺纹抗拉强度的10%～20%)，工程中一般不使用。

顺纹抗拉强度是指拉力方向与木材纤维方向一致时的强度。这种受拉破坏往往不是纤维被拉断而是纤维间被撕裂。顺纹抗拉强度是木材所有强度中最高的，为顺纹抗压强度的2～3倍，强度值波动范围大，通常为70～170MPa。但在实际应用中，由于木材存在的各种缺陷(如木节、斜纹、裂缝等)对其影响极大，同时，受拉构件连接处应力复杂，使木材的顺纹抗拉强度难以充分被利用。

3) 抗弯强度

木材受弯时内部应力十分复杂，在梁的上部会受到顺纹抗压，下部会受到顺纹抗拉，而在水平面中则有剪切力。木材受弯破坏时，通常在受压区首先达到强度极限，开始形成微小的不明显的皱纹，但并不立即破坏，随着外力的增大，皱纹慢慢地在受压区扩展，产生大量塑性变形，以后当受拉区域内的许多纤维达到强度极限时，则因纤维本身及纤维间连接的断裂而遭到破坏。

木材的抗弯强度很高，为顺纹抗压强度的1.5～2倍。因此，在土木工程中应用很广，如用于桁架、梁、桥梁、地板等。但木节、斜纹等对木材的抗弯强度影响很大，特别是当它们分布在受拉区时。另外，裂纹不能承受弯曲构件中的顺纹剪切。

4) 抗剪强度

木材受剪切作用时，因剪切面和剪切方向的不同，分为顺纹剪切、横纹剪切和横纹切断三种，如图9-4所示。

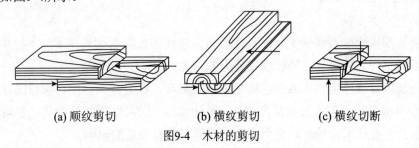

(a) 顺纹剪切 (b) 横纹剪切 (c) 横纹切断

图9-4　木材的剪切

顺纹剪切破坏是由于纤维间连接撕裂产生纵向位移和受横纹拉力作用所致；横纹剪切破坏完全是剪切面中纤维的横向连接被撕裂的结果；横纹切断破坏则是指木材纤维被切断。横纹切断强度最高，顺纹剪切强度次之，横纹剪切强度最低。

假设木材的顺纹抗压强度为1，木材各种强度之间的比例关系如表9-1所示。

表9-1　木材各强度大小关系

抗压		抗拉		抗弯	抗剪	
顺纹	横纹	顺纹	横纹		顺纹	横纹切断
1	1/10～1/3	2～3	1/20～1/3	1.5～2	1/7～1/3	1/2～1

2. 影响木材强度的主要因素

1) 木材的纤维组织

木材受力时，主要靠细胞壁承受外力，细胞纤维组织越均匀密实，强度就越高。例如，晚材比早材的结构密实、坚硬，晚材的含量越高，木材的强度越高。

2) 含水量的影响

木材的强度受含水量影响很大。当木材含水量在纤维饱和点以上时，木材强度不变；在纤维饱和点以下时，随含水量的降低，即吸附水减少，细胞壁趋于紧密，木材强度提高，反之，强度降低。含水量的变化对各强度的影响是不一样的，对顺纹抗压强度和抗弯强度的影响较大，对顺纹抗拉强度和顺纹抗剪强度的影响较小。

为了便于比较，我国标准《木材物理力学试验方法》(GB 1927—1943—2009)规定，测定木材强度以含水率达15%时的强度测定值为标准，其他含水率下的强度可按下式换算成标准含水率时的强度

$$\sigma_{15}=\sigma_w[1+a(w-15)]$$

式中：σ_{15}——含水率为15%时的木材强度；

　　　σ_w——含水率为w%时的木材强度；

w——试验时木材含水率；

a——校正系数，随荷载种类和力作用方式而异。

顺纹抗压强度：$a=0.05$。

横纹抗压强度：$a=0.045$。

顺纹抗拉强度：阔叶树材，$a=0.015$；针叶树材，$a=0.000$。

抗弯强度：$a=0.04$。

顺纹抗剪强度：$a=0.03$。

3) 负荷时间的影响

木材的长期承载能力远低于暂时承载能力。这是在长期承载条件下，木材发生纤维蠕滑，累积后产生较大变形从而降低承载能力的结果。

木材在长期荷载作用下不致引起破坏的最大强度，称为持久强度。木材的持久强度比其极限强度小得多，一般为极限强度的50%~60%。一切木结构都处于某一种负荷的长期作用下，因此在设计木结构时，应考虑负荷时间对木材强度的影响。

4) 温度的影响

随着环境温度的升高，木材的强度会降低。当温度由25℃升到50℃时，针叶树抗拉强度降低10%~15%，抗压强度降低20%~24%；当木材长期处于温度为60℃~100℃的环境中时，会引起水分和所含挥发物的蒸发，而呈暗褐色，强度下降，变形增大；当温度超过140℃时，木材中的纤维素会发生热裂解，颜色渐变黑色，强度明显下降。因此，长期处于高温环境中的建筑物，不宜采用木结构。

5) 疵病的影响

木材在生长、采伐及保存过程中，会产生内部和外部缺陷，这些缺陷统称为疵病。木材的疵病主要有木节、斜纹、腐朽及虫害等，这些疵病将影响木材的力学性质，但同一疵病对木材不同强度的影响不尽相同。

木节分为活节、死节、松软节和腐朽节等几种，活节影响最小。木节使木材顺纹抗拉强度显著降低，对顺纹抗压影响最小。在木材受横纹抗压和剪切时，木节反而会增加其强度。斜纹因木纤维与树轴成一定夹角所致，会严重降低木材的顺纹抗拉强度，抗弯次之，对顺纹抗压强度影响较小。

裂纹、腐朽和虫害等疵病，会造成木材构造的不连续性或木材组织的破坏，因此会严重影响木材的力学性质，有时甚至能使木材完全失去使用价值。

9.3 木材的防护

木材作为土木工程材料，最大的缺点是容易腐蚀和燃烧，会大大缩短木材的使用寿命，并限制它的应用范围。采取有效的措施来提高木材的耐久性，对木材的合理使用具有十分重要的意义。

9.3.1 木材的腐朽与防腐

1. 木材的腐朽

木材的腐朽是真菌和少量细菌在木材中寄生引起的。腐朽对木材材质的影响主要体现在以下几个方面。

(1) 材色。木材腐朽常会发生材色变化。白腐材色变浅，褐腐变暗。腐朽初期常伴有木材自然材色的各种变化，或无材色变化。

(2) 收缩。腐朽材在干燥中的收缩比健全材大。

(3) 密度。由于真菌对木材物质的破坏，导致腐朽材比健全材密度低。

(4) 吸水和含水性能。腐朽材的吸水速度比健全材快。

(5) 燃烧性能。干的腐朽材比健全材更易点燃。

(6) 力学性质。腐朽材比健全材软且强度低，在腐朽后期，一碰就碎。

真菌和细菌在木材中繁殖生存必须同时具备4个条件：适宜的温度；适当的含水率；少量的空气；适当的养料。

真菌生长最适宜的温度是25℃～30℃，最适宜的含水率为35%～50%，即木材含水率在稍稍超过纤维饱和点时易产生腐朽。含水率低于20%时，真菌的活动受到抑制。含水率过大时，空气难以流通，真菌得不到足够的氧或排不出废气，腐朽也难以发生，谚语"干千年、湿千年、干干湿湿两三年"说的就是这个道理。破坏性真菌所需的养分是构成细胞壁的木质素或纤维素。

2. 木材的防腐

木材防腐通常采取两种形式：一种是创造条件，使木材不适宜真菌的寄生和繁殖；另一种是把木材变成有毒的物质，使其不能作为真菌的养料。

第一种形式是将木材进行干燥，使其含水率在20%以下。在储存和使用木材时，要注意通风、排湿，对于木构件表面应刷以油漆。总之，要保证木结构经常处于干燥状态。

第二种形式是把化学防腐剂注入木材内，使木材成为对真菌有毒的物质。常用防腐剂的种类有油溶性防腐剂，能溶于油不溶于水，可用于室外，药效持久，如五氯酚林丹合剂；防腐油，不溶于水，药效持久，但有臭味，且呈暗色，不能刷油漆，主要用于室外和地下(枕木、坑木和拉木等)，如煤焦油的蒸馏物等；水溶性防腐剂，能溶于水，应用方便，主要用于房屋内部，如硅氟酸钠、氯化锌、硫酸铜、硼铬合剂、硼酚合剂和氟砷铬合剂等。

3. 木材的防虫

木材除因真菌侵蚀而腐朽外，在贮运和使用中，经常会受到昆虫危害。因各种昆虫危害而造成的木材缺陷称为虫眼。它们是昆虫在木材内部蛀蚀形成的坑道，会破坏木材结构，使木材改变原有的性质和丧失使用价值。浅的虫眼或小的虫眼对木材强度无影响，大而深的虫眼或深而密集的小虫眼，均会破坏木材的完整性，并降低木材强度，同时也是引起边材变色及边材真菌腐朽的重要因素。

影响木材害虫寄生的因素有以下几个。

(1) 含水率。木材害虫对木材含水率极为敏感，不同的含水率可能会遭受不同的虫害。根据受虫害木材的含水率，木材害虫可分三类：侵害衰弱立木的，是蛀干害虫；树木采伐后，以纤维饱和点为界限，通常把蛀入含水率高的原木中的害虫叫做湿原木害虫；蛀入含水率低的干燥木材的害虫叫做干材害虫。常见的蛀干害虫和湿原木害虫有天牛、象鼻虫、小蠹虫和树蜂等；干材害虫有白蚁、扁蠹等。

(2) 温度。一般情况下，44℃为高温临界点；44℃～66℃为致死高温区，可在短时间内造成死亡；8℃为发育起点；−40℃～−10℃为低温致死区，害虫会因组织结冰而死亡。

(3) 光。昆虫具有辨别不同波长光的能力。与人的视觉不同，400nm～770nm一般为人类可见光波；而昆虫偏于短光波，290nm～700nm是昆虫的可见光波。实验证明，许多害虫对紫外线最敏感，即对这些光波感觉最明亮。用黑光灯诱杀害虫就是根据这个道理设计的。

(4) 营养物质。作为蛋白质来源的氮素是幼虫不可缺少的营养物质，那些以含氮量少并已丧失生活细胞的木质部为食的木材害虫，与以营养价值高的韧皮部为食的昆虫不同，它们必须摄取大量食物。

虫害的防治方法有以下几种。

(1) 生态防治。根据蚀虫的生活特性，使需要保护的木材及其制品尽量避开害虫密集区，避开其生存、活动的最佳区域。从建筑上改善透光、通风和防潮条件，可创造出不利于害虫生存的环境条件。

(2) 生物防治。保护害虫的天敌。

(3) 物理防治。用灯光诱捕纷飞的虫娥或用水封杀。

(4) 化学防治。用化学药物杀灭害虫，是当前木材防虫害的主要方法。

9.3.2　木材的燃烧与防火

1. 木材的燃烧及条件

木材是由纤维素、半纤维素和木素组成的高分子材料，是可燃性建筑材料。木材燃烧通常经过以下4个阶段。

(1) 升温阶段。在热源的作用下，通过热辐射、空气对流、热传导或直接接触热源，可使木材的温度开始升高。升温速度取决于热量供给速度、温度梯度以及木材的比热、密度和含水率等。

(2) 热分解阶段。当木材被加热到175℃左右时，木材的化学键开始断裂，随着温度的升高，木材的热解反应加快。在缺少空气的条件下，木材被加热到100℃～200℃，产生不燃物，例如二氧化碳、微量的甲酸、乙酸和水蒸气；在200℃以上，碳水化合物分解，产生焦油和可燃性挥发气体；随着温度的继续升高，木材热解加剧。

(3) 着火阶段。由于可燃气体的大量生成，木材在氧及氧化剂存在的条件下开始着火。木材自身燃烧，会产生较多的热量，促使木材的温度进一步升高，木材由表及里逐渐分解，可燃性气体生成速度加快，木材进行激烈的有焰燃烧。

(4) 无焰燃烧阶段。木材激烈燃烧后，生成固体残渣，在木材表面形成一个保护层，阻碍热量向木材内部传导，使木材热分解减弱、燃烧速度减慢。热分解全部结束后，有焰燃烧停止，形成的炭化物经过长时间的无焰燃烧完全灰化。

综上所述，燃烧应具备以下条件，有焰燃烧：可燃物、氧气、热量供给及热解链锁反应。无焰燃烧：可燃物、热量供给和氧气。如果破坏其中任一条件，燃烧状态将会改变或停止。

2. 木材的防火

对木材及其制品采取表面覆盖、涂抹、深层浸渍阻燃剂等方法，可实现防火的目的。阻燃机理包括物理阻燃和化学阻燃两个方面。

1) 阻燃剂对木材燃烧的物理阻燃作用

(1) 阻燃剂含有的结晶水放出，吸收热量。

(2) 阻燃剂融化产生的吸热作用和气化产生的散射作用使木材的温度降低，延迟热分解。

(3) 将阻燃剂形成的熔融层覆盖在木材的表面，可切断热及氧的供给，从而限制可燃性表面温度的升高，抑制热分解。

2) 化学阻燃作用

(1) 可燃物的生成速度减慢，使扩散速度大于生成速度，可降低可燃气体的浓度，直到热分解终了。

(2) 某些阻燃剂(无机强酸盐)可加快可燃物的生成速度，在没有达到可燃物的着火温度时，可燃物就已经完全生成并扩散掉，以达到减少燃烧的目的。但是，使用这种方法，如遇明火有立即燃烧的危险，应该特别注意。

(3) 将木材热分解的可燃气体进行转化，促进脱水炭化作用。抑制可燃性气体的生成对于纤维类材料的阻燃处理十分必要。由于脱水作用本身对燃烧有一定的抑制作用，会使热分解产物重新聚合或缩合，由低分子重新变成大分子。这一过程会加速木材的炭化，对木材的继续热分解有一定的抑制作用。

常见方法有浸渍法、表面涂抹密封性油漆或涂料、用非燃烧性材料做贴面处理等。

9.4　土木工程中常用木材及木质材料制品

9.4.1　常用木材

土木工程中常用的木材按其用途和加工程度分为原条、原木、锯材和枕木4类。

原条是指树木伐倒后除去皮、根、树梢，但尚未加工成材的木料。常用做脚手架、建筑用材、家具等。

原木是原条按一定尺寸加工而成的符合规定直径和长度的木料，可直接在建筑中做木桩、搁栅、楼梯和木柱等。

锯材是指已经加工锯解成材的木料。锯材又分为板材和枋材。凡宽度为厚度的三倍及以上的木料称为板材，宽度不足三倍厚度的木料为枋材。枋材可直接用于装饰和制作门窗、扶手、屋架、檩条、家具等。

枕木是指用于铁路标准轨的普通枕木、道岔枕木和桥梁枕木。

承重结构用的木材，其材质按缺陷(木节、腐朽、裂纹、痂皮、虫害、弯曲和斜纹)状况分为三等：一等品主要作为受弯或拉弯构件；二等品作为受弯或压弯构件；三等品则主要作为受压构件及次要受弯构件。

9.4.2 木质材料制品

木质材料制品包括改性木材、木质人造材料和木质复合材料。

1. 改性木材

改性木材是指经过各种物理、化学方法进行特殊处理的木材产品。改性木材克服或减少了木材的吸湿性、胀缩性、变形性、腐朽性、易燃性、低强度、不耐磨和构造的非匀质性，是木材改性后的特殊材料。在处理过程中，应不破坏木材原有的完整性。如化学药剂的浸注，在加热与压力下密实化，或浸注与热压的联合等。浸注的目的就是使药剂沉积在显微镜下可见木材的空隙结构中或细胞壁内，或者使药剂与细胞壁组分起反应而不破坏木材组织。如要提高木材的比强度，提高木材的耐腐性和阻燃性，只需将毒性药剂或阻燃药剂沉积在空隙结构内即可。如化学药剂沉积在细胞壁内或与胞壁组分起化学反应，能使木材具有持久的尺寸稳定性。

2. 木质人造材料

木质人造材料是用木材或木材废料为主要原料，经过机械加工和物理化学处理制成的一类再构成材料。按其几何形状可分为木质人造方材、木质人造板材和木质模压制品等。木质人造方材是用薄木板或厚单板顺纹胶合压制而成的一种结构材料。胶合木是用较厚的零碎木板胶合而成的大型木构件。胶合木可以使小材大用、短材长用，并可将优劣不等的木材放在要求不同的部位，也可克服木材缺陷的影响，用于承重结构。木质人造板材是用各种不同形状的结构单元组坯或铺装成不同结构形式的板坯胶合而成的板状材料，如胶合板、刨花板和纤维板等。胶合板是将一组单板按相邻层木纹方向互相垂直组坯胶合而成的板材。刨花板是利用施加或未施加胶料的木质刨花或木质纤维材料(如木片、锯屑和亚麻等)压制的板材。木质模压制品是用各种不同形状的结构单元组坯或铺装成不同结构形式的板坯，用专门结构的模具压制成各种非平面状的制品。

人造板材是木质材料中品种最多、用途最广的一类材料。具有结构的对称性、纵横强度的均齐性以及材质的均匀性等特点。由于性能差异甚大，可分别作为结构材料、装饰材料和绝缘材料使用。各类人造板材及其制品是室内装饰装修的最主要的材料之一。室内装饰装修用人造板大多数存在释放游离甲醛的问题。游离甲醛是室内环境的主要污染物，对人体危害很大，已引起全社会的关注。国家标准《室内装饰装修用人造板及其制品中甲醛释放限量》(GB 18580—2001)规定了各类板材的甲醛释放限量值。

3. 木质复合材料

木质复合材料是以木质材料为主，复合其他材料构成的具有微观结构和特殊性能的新型材料。它克服了木材和其他木质材料的诸多缺点，扬各个构成组分之长。由于材料协同作用和界面效应，可使木质复合材料具有优良的综合性能，以满足现代社会对复合材料越来越高的要求。木质复合材料研究的深度、应用的广度及其生产发展的速度已成为衡量一个国家木材工业技术水平先进程度的重要标志之一。以木质材料为主的复合材料因其固有的优越性而得到了广泛的使用，却又因其本性上的固有弱点极大地限制了应用范围。

♀ 工程案例分析

某邮电调度楼设备用房位于7楼现浇钢筋混凝土楼板上，铺炉渣混凝土50mm，再铺木地板。完工后设备未及时进场，门窗关闭了一年。当设备进场时，发现木板大部分腐蚀，人踩上即断裂。请分析原因。

原因分析：炉渣混凝土中的水分封闭于木地板内部，慢慢浸透到未做防腐、防潮处理的木格栅和木地板中；门窗关闭使木材含水率增加，此环境条件正好适合真菌的生长，导致木材腐蚀。

📖 学习拓展

[1] 徐有明. 木材学[M]. 北京：中国林业出版社，2006.

本教材以木材生物形成原理为主线，参阅了当前木材科学最新资料和研究成果编写而成。全书内容分为10章，分别为木材宏观构造、木材微观构造、木材识别与鉴定、木材化学性质、木材物理性质(包括木材环境学特性)、木材力学性质、竹材性质与开发利用、人工林定向培育过程中材性变异与材质生物改良、木材缺陷与木材检验和常用造林树种木材性质与利用。该教材可以使读者获得更为全面丰富的木材认识。

[2] 黄见远. 实用木材手册[M]. 上海：上海科学技术出版社，2012.

黄见远主编的《实用木材手册》以我国现行有效的最新版国标和行标为依据，对有关的数据、计算公式、检测方法、规范术语进行了较为合理、系统的编排，为从事木材行业的同仁提供工作和使用的方便。全书由木材常识、世界主要商用木材树种名称及产地、木制品、木质地板、进口木材及木制品的检验、人造板、材积表和附录八大部分组成，按照分类科学合理、术语规范准确、查阅方便快捷等要求选择材料和编排分类，以符合木材产业发展的需要。《实用木材手册》图表详尽、内容丰富、系统全面，适合广大从事木材生产经营、出入境检验检疫、科研教学、进出口贸易、海关和木材检测等的单位和人员参考使用。

[3] 李玉栋. 防腐木材应用指南[M]. 北京：中国建筑工业出版社，2006.

本书以通俗易懂的方式概括了木材的性质和特点，阐述了防腐木材的理论、生产、安全与环保、使用和应用方法，讨论了防腐木材的等级、质量、规格和特点，以及如何选择、设计施工安装与使用防腐木材，并给出了防腐木材在园林景观、儿童游戏设施、建筑、桥梁、隔音设施、枕木和电杆、古建筑维修、海事工程等多个行业中应用的实例。

⊗ 本章小结

1. 木材的分类：按树木成长的状况分为外长树木材和内长树木材；按照树叶的外观形状分为针叶树木材和阔叶树木材；按木材的用途和加工的不同分为原条、原木、普通锯材和枕木4类。

2. 木材的宏观构造是指用肉眼或放大镜就能观察到的木材构造特征。从不同的方向锯切树干，可以得到不同的切面：横切面(垂直于树轴的切面)、径切面(通过树轴的纵切面)、弦切面(平行于树轴的纵切面)。

3. 树木由树皮、木质部和髓心构成。树皮由外皮、软木组织(栓皮)和内皮组成。髓心位于树干的中心，由最早生成的细胞所构成，其质地疏松而脆弱，易被腐蚀和虫蛀。木质部是位于髓心和树皮之间的部分，是作为建筑材料的主要部分。

4. 木材的显微构造是指从显微镜下观察到的木材组织，各种木材的显微构造均有所不同。

5. 木材的物理性质：密度，指构成木材细胞壁物质的密度。密度具有变异性，即从髓心到树皮或早材与晚材及树根部到树梢的密度变化规律随木材种类的不同有较大的不同，平均为$1.50\sim1.56g/cm^3$，表观密度为$0.37\sim0.82g/cm^3$。含水率，指木材所含水的质量占干燥木材质量的百分数。含水率的大小对木材的湿胀干缩性和强度影响很大。湿胀干缩性，木材的纤维细胞组织构造使木材具有显著的湿胀干缩变形特性。

6. 木材的力学性质。土木工程中常利用木材的以下几种强度：抗压、抗拉、抗弯和抗剪。由于木材是各向异性材料，因而其抗压、抗拉和抗剪强度又有顺纹和横纹的区别。

7. 影响木材强度的主要因素：①木材的纤维组织；②含水量；③负荷时间；④温度；⑤疵病。

8. 木材的腐朽是真菌和少量细菌在木材中寄生引起的。腐朽对木材材质的影响主要有：①材色，木材腐朽常伴有材色变化。白腐材色变浅，褐腐变暗。腐朽初期就常伴有木材自然材色的各种变化，或无材色变化。②收缩，腐朽材在干燥中的收缩比健全材大。③密度，由于真菌对木材物质的破坏，腐朽材比健全材密度低。④吸水和含水性能，腐朽材比健全材吸水迅速。⑤燃烧性能，干的腐朽材比健全材更易点燃。⑥力学性质，腐朽材比健全材软且强度低，在腐朽后期，一碰就碎。

9. 木材防腐通常采取两种形式：一种是创造条件，使木材不适于真菌的寄生和繁殖；另一种是把木材变成有毒的物质，使其不能作为真菌的养料。

10. 影响木材害虫寄生的因素：①含水率；②温度；③光；④营养物质。

11. 虫害防治方法有：①生态防治；②生物防治；③物理防治；④化学防治。

12. 木材燃烧的4个阶段：①升温阶段；②热分解阶段；③着火阶段；④无焰燃烧阶段。

13. 对木材及其制品采用表面覆盖、涂抹、深层浸渍阻燃剂等方法，可实现防火的目的。阻燃机理包括物理阻燃和化学阻燃两个方面。

14. 建筑工程中，常用的木材按其用途和加工程度分为原条、原木、锯材和枕木4类。

15. 木质材料制品包括改性木材、木质人造材料和木质复合材料。

复习与思考

1. 从横截面上看，木材的构造与性质有何关系？

2. 简述针叶树与阔叶树在构造、性能和用途上的差别。

3. 什么是木材纤维饱和点、平衡含水率？各有何实际意义？

4. 试解释木材湿胀干缩的原因及各向异性变形的特点。在下料时(如木屋架弦杆)如何防止或减少湿胀干缩带来的不利影响？

5. 影响木材强度的因素有哪些？

6. 木材腐朽的条件有哪些？

第10章
沥青及沥青混合料

【内容导读】

本章介绍沥青、沥青基防水材料、沥青混合料及其配合比设计。主要内容包括石油沥青的生产工艺、分类、组成和结构；石油沥青胶体结构、技术性质；道路石油沥青技术要求；建筑石油沥青技术标准；其他沥青；沥青混合料的分类、组成结构、结构强度影响因素；沥青路面；沥青混合料的路用性能；热拌沥青混合料的组成设计；热拌沥青混合料配合比设计标准；密级配热拌沥青混合料配合比的设计方法；沥青玛蹄脂碎石。

本章重点应掌握沥青及沥青混合料的基本技术性质、沥青混合料的配合比设计，并熟悉提高沥青及沥青混合料耐久性的措施，培养在工程中能合理地使用上述材料以及对材料在使用中出现的问题进行分析和解决的能力。

沥青呈黑色或暗黑色固体、半固体或黏稠状，由天然形成或人工制得，主要由高分子烃类所组成，能完全溶解于二硫化碳。沥青是由一些结构复杂的高分子碳氢化合物和这些碳氢化合物的非金属(氧、硫、氮)衍生物所组成的混合物。

沥青材料属于有机胶凝材料，具有黏结性、塑性、憎水性和耐腐蚀性良好的优异性能。因此，在土木工程中广泛应用于路面、屋面，可防水、耐腐蚀等。其中，使用最广泛的是沥青防水材料和沥青混合料。

10.1 沥青

沥青在现代土木工程中的应用十分重要。常见的沥青种类有：由地壳中的原油经开采加工得到的石油沥青，应用最为广泛；地下原油通过岩石裂缝渗透到地表后并长期暴露在大气中，其中所含轻质部分蒸发，而残留物经氧化后形成的天然沥青，如特立尼达和多巴哥的"沥青湖"；木材、页岩等有机物经干馏加工而得到的焦油经再加工所得的焦油沥青。

10.1.1 石油沥青

1. 石油沥青的生产工艺

石油沥青以石油为原料，经不同工艺炼制而成。石油沥青的生产工艺流程见图10-1。

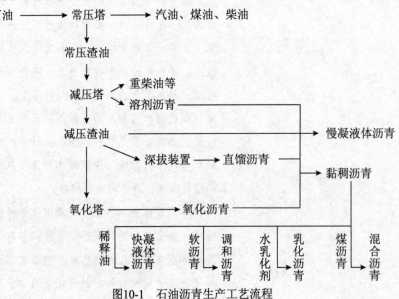

图10-1　石油沥青生产工艺流程

原油经常压蒸馏可得到常压渣油，再经减压蒸馏后，可得到减压渣油。这些渣油都属于慢凝液体沥青。在工程中，为了提高沥青的稠度，常以慢凝液体沥青为原料，采用氧化等加工工艺得到各种黏稠沥青。黏稠沥青可以直接用于土木工程中，也可以进一步加工成多种性能不同的沥青使用。在黏稠沥青中掺加煤油或汽油等挥发速度较快的稀释溶剂，还可获得中凝液体沥青或快凝液体沥青，以满足不同施工需求。

为了使沥青具备不同的稠度，可以采用两种或两种以上不同稠度的沥青，以适当比例调配得到调配沥青。为了节约溶剂和扩大使用范围，也可以将黏稠沥青制备成乳化沥青用于工程施工。乳化沥青是将沥青分散于有乳化剂的水中而形成的一种沥青乳液。为了更好地发挥石油沥青和煤沥青的优点，也可以选择适当比例的煤沥青与石油沥青混合而成一种稳定的胶体，这种胶体称为混合沥青。

2. 石油沥青的分类

石油沥青的分类方法有很多，常见的有以下几种。

1) 按原油的成分分类

(1) 石蜡基沥青。也称多蜡沥青，含蜡量一般大于5%，有的高达10%以上。蜡的存在降低了沥青的黏结性和温度稳定性，导致沥青软化点高、针入度小、延度低、抗老化性能好。

(2) 环烷基沥青。也称沥青基沥青，含蜡量一般小于2%，沥青的黏结性和塑性均较高。我国产量较少。

(3) 中间基沥青。也称混合沥青，性质介于上述两者之间。

2) 按加工方法分类

(1) 直馏沥青。也称残留沥青。

(2) 氧化沥青。具有良好的温度稳定性，常用于道路工程中，氧化程度不能太深，有时也称为半氧化沥青。

(3) 溶剂沥青。石蜡成分相对较少，相较于由石蜡基原油生产的渣油或氧化沥青，性质有很大的改善。

(4) 裂化沥青。硬度大，软化点高，延度小，黏度和温度稳定性不足，不能直接用于道路工程中。

3) 按常温下的稠度分类

(1) 黏稠沥青。常温下为半固体或固体状态。针入度在40~300之间的为半固体，针入度<40的为固体。

(2) 液体沥青。针入度>300，为黏性液体。

4) 按用途分类

(1) 道路石油沥青。主要含直馏沥青。

(2) 建筑石油沥青。主要含氧化沥青。

(3) 普通石油沥青。主要含蜡基沥青，一般不能直接使用，要掺配或调和。

3. 石油沥青的组成和结构

石油沥青是十分复杂的烃类和非烃类的混合物，是石油中相对分子量最大、组成及结构最为复杂的部分。主要原子有C、H，杂原子有S、N、O，微量金属元素有Ne、Fe、Na、Ca、Cu等。产地不同，沥青性质差异非常大，但元素组成相近。元素组成与沥青性质无明显关联。

沥青分子量大、组成和结构十分复杂，研究其化学组成通常有两种方法。

1) 三组分分析法

三组分分析方法采用了选择性溶解和选择性吸附的方法，因此又称为溶解-吸附法。以沥青在吸附剂上的吸附性和在抽提溶剂中的溶解性的差异为基础。例如，先用低分子烷烃沉淀出沥青质，再用白土吸附可溶组分，将其分成吸附部分的胶质和未被吸附部分的油分，共三组分。所得的各组分性状如表10-1所示。

表10-1　石油沥青三组分分析法的各组分性状

性状＼组分	外观特征	平均分子量	碳氢比(原子比)	质量分数/%	物化特征
油分	淡黄色透明液体	200~700	0.5~0.7	45~60	几乎可溶于大部分有机溶剂，具有光学活性，常发现有荧光，相对密度为0.910~0.925
树脂	红褐色黏稠半固体	800~3000	0.7~0.8	15~30	温度敏感性高，熔点低于100℃，相对密度大于1.000
沥青质	深褐色固体微粒	1000~5000	0.8~1.0	5~30	加热不熔化，分解为硬焦炭，沥青呈黑色，相对密度为1.100~1.500

脱蜡后的油分主要起柔软和润滑作用，其含量直接影响沥青的柔软性、抗裂性和施工难度。油分在一定条件下可以转化为树脂甚至沥青质。

树脂又分为中性树脂和酸性树脂。中性树脂使沥青具有一定的塑性、流动性和黏结性，其含量增大，沥青的黏结力和延展性增强。酸性树脂即沥青酸和沥青酸酐，其含量较低，为树脂状黑褐色黏稠物质，是沥青中活性最大的组分，能改善沥青对矿质材料的润湿性，可以提高沥青与碳酸盐类岩石的黏附性，增加沥青的可乳化性。

沥青质为黑褐色到黑色的易碎粉末状固体，决定着沥青的黏结力和温度稳定性，沥青质的含量增加，沥青的黏度、软化点和硬度都随之升高。

2) 四组分分析法

石油沥青的四组分分析法又称色谱法。首先用正庚烷使沥青中的沥青质沉淀并定量。然后再对可溶组分用中性氧化铝作为吸附剂，在液固色谱柱中，先用正庚烷冲洗得到饱和分，然后用甲苯冲洗，得到芳香分，最后用甲苯-乙醇(1∶1)、甲苯、乙醇依次冲洗，所得组分为胶质。对于沥青质含量低(小于10%)的沥青可以省略第一步，直接在色谱柱中进行冲洗，由此得到饱和分(分子结构示意图见图10-2)、芳香分(分子结构示意图见图10-3)、胶质和沥青质(分子结构示意图见图10-4)共4组分，又称为SARA分析。目前，这一分析方法得到广泛应用。

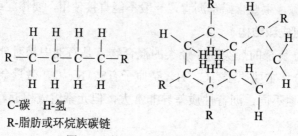

C-碳　H-氢
R-脂肪或环烷族碳链
图10-2　饱和分分子结构示意图

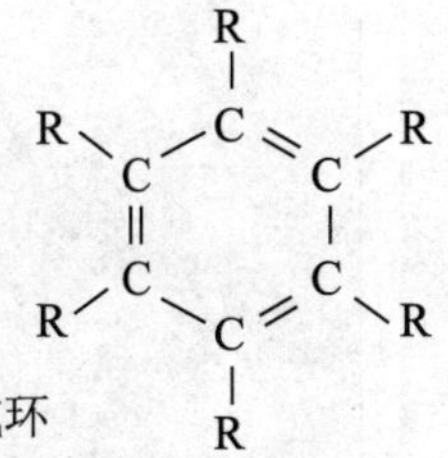

H-芳香族或环
烷族碳链

图10-3 芳香分分子结构示意图

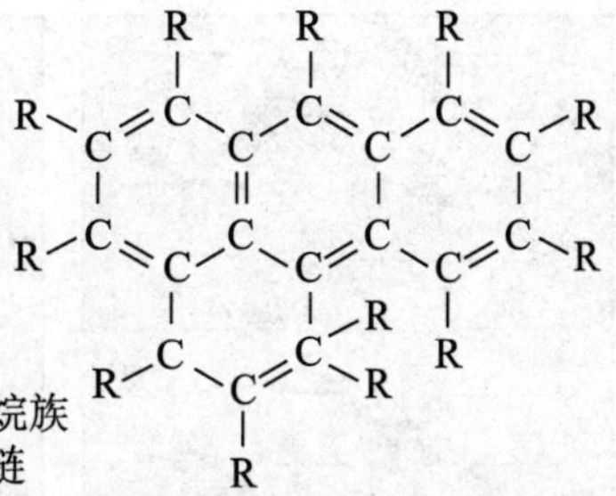

H-脂肪、环烷族
或芳香族碳链

图10-4 沥青质分子结构示意图

石油沥青按4组分分析法所得的各组分性状如表10-2所示。

饱和分含量增大，可使沥青稠度降低(针入度增大)；胶质的含量增大，可使沥青的延性增加；在有饱和分存在的条件下，沥青质的含量增大，可降低沥青的感温性；胶质和沥青质的含量增大，可提高沥青的黏度。

表10-2 石油沥青四组分分析法的各组分性状

性状 \ 组分	外观特征	平均相对密度	平均分子量	主要化学结构
饱和分	无色液体	0.89	625	烷烃、环烷烃
芳香分	黄色至红色液体	0.99	730	芳香烃、含S衍生物
胶质	棕色黏稠液体	1.09	970	多环结构，含S、O、N衍生物
沥青质	深棕色至黑色固态	1.15	3400	缩合环结构，含S、O、N衍生物

不论采用三组分分析法，还是四组分分析法，均可以分离出蜡。蜡是指沥青除去沥青质和胶质后，在油分中含有的、经冷冻能结晶析出的、熔点在25℃以上的混合组分。蜡主要是高熔点的烃类混合物，结构较简单，以正构烷烃及长烷基侧链的少环烃类为主。蜡在高温环境下易软化，在低温环境下延展性降低。沥青含蜡量高时，在高温环境下容易变软，导致沥青路面高温稳定性降低，出现车辙；在低温环境下易变得脆硬，导致沥青路面低温抗裂性降低，出现裂缝。此外，还会影响沥青路面的水稳定性和抗滑性。

4.胶体结构

沥青多属于胶体体系，它主要是由相对分子量大、芳香性强的沥青质分散在分子量较低的可溶性介质中形成的。当沥青中不含沥青质，只含单纯的可溶质时，沥青只具有黏性液体的特征而不构成胶体体系。沥青质分子对极性强大的胶质具有很强的吸附力，因此以沥青质为中心形成胶团核心，而极性相当的胶质则吸附在沥青质周围形成中间相。由于胶团的胶溶作用，使胶团分散和溶解于分子量较低、极性较弱的分散介质(芳香分和饱和分)中，形成稳固的胶体。

根据胶团粒子的大小、数量及其在连续相中的分散状态，沥青的胶体结构可分为三种类型，各类型的结构示意图见图10-5。

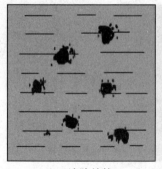 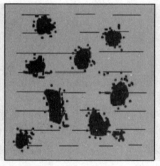 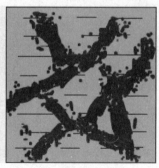

| (a) 溶胶结构 | (b) 溶-凝胶结构 | (c) 凝胶结构 |

图10-5 沥青胶体结构示意图

1) 溶胶型

溶胶型沥青中,沥青质的含量较少,一般小于10%,相对分子量不是很大或分子尺寸较小,与胶质的相对分子质量相近。饱和分和芳香分的溶解能力很强,分散相和分散介质的化学组成比较接近,这样的沥青分散度很高,胶团可以在连续相中自由移动,近似真溶液,具有牛顿流动特性,黏度与应力成比例,称之为溶胶型沥青。这类沥青对温度的变化敏感,高温时黏度很小,低温时由于黏度增大而使流动性变差,冷却时变为脆性固体。

2) 溶-凝胶型

溶-凝胶型沥青中的沥青或沥青质含有较多的烷基侧链,生成的胶团结构比较松散,可能含有一些开式网状结构。网状结构的形成与温度密切相关,在常温时,在变形的最初阶段会表现出明显的弹性效应,但在变形增加至一定阶段时,则表现为牛顿液体状态。高温时具有较低的感温性,低温时又具有较好的形变能力。

3) 凝胶型

凝胶型沥青中沥青质含量很大,可达甚至超过25%~30%。胶质的数量不足以包裹在沥青质周围使之胶溶,沥青质胶团会相互连接,形成三维网状结构,胶团在连续相中移动比较困难。这类沥青在常温下呈现非牛顿流动特性,并具有黏弹性和较好的温度稳定性。随着温度的升高,连续相的溶解能力增强,沥青质胶团可逐渐缩解,或胶质从沥青质吸附中心脱附下来。当温度足够高时,沥青的分散度加大,又近似真溶液从而具有牛顿流特性。

5. 石油沥青的技术性质

石油沥青的技术性质主要包括如下内容。

1) 密度

石油沥青密度是指在15℃下单位体积石油沥青所具有的质量。也可用相对密度表示,相对密度是指在规定温度下,石油沥青质量与同体积的水的质量之比值。石油沥青的相对密度与其化学组成有密切的关系,它取决于石油沥青各组分的比例及排列的紧密程度。含硫量越大、芳香族含量越高、沥青质含量越高,石油沥青相对密度就越大;蜡分含量越多,石油沥青相对密度就越小。同时,石油沥青密度随温度的升高而降低。

2) 体积膨胀系数

当温度上升时，石油沥青材料的体积发生膨胀。这对沥青储罐的设计和沥青作为填缝、密封材料是十分重要的，与沥青路面的路用性能也有密切的关系。体膨胀系数大，沥青路面在夏季易泛油，冬季易因收缩而产生裂缝。石油沥青的体膨胀系数可以通过测定不同温度下的密度来确定，计算公式为

$$A = \frac{D_{T2} - D_{T1}}{D_{T1}(T_1 - T_2)}$$

式中：A——沥青的体膨胀系数；

T_1，T_2——密度测试温度，℃；

D_{T1}，D_{T2}——分别为温度T_1和T_2时的密度，g/cm³。

3) 黏滞性

石油沥青的黏滞性是指在外力作用下，石油沥青粒子产生相互位移，抵抗剪切变形的能力。石油沥青的黏度是石油沥青最重要的技术指标之一。

沥青的绝对黏度有动力黏度和运动黏度两种表达方式，可以采用毛细管法、真空减压毛细管法等多种方法测定。但由于这些测定方法精密度要求高，操作复杂，不适于工程试验，因此工程中通常用条件黏度反映沥青的黏性。目前，主要采用的条件黏度有针入度和黏度两种。

针入度试验是国际上普遍采用的测定黏稠石油沥青稠度的一种方法，也是划分石油沥青标号的一项指标。石油沥青在规定的温度条件下，以规定质量的标准针在规定时间贯入石油沥青试样的深度，被称为针入度，以0.1mm计。针入度以$P_{T, m, t}$表示，P表示针入度，脚标表示试验条件。其中，T为试验温度，m为标准针(包括连杆及砝码)的质量，t为贯入时间。我国现行试验法规定试验条件为：试验温度25℃，标准针质量100g，贯入时间5s。此外，在计算针入度指数时，针入度试验温度常为5℃、15℃、25℃、35℃等，但标准针质量和贯入时间仍为100g和5s。石油沥青的针入度是评价石油沥青稠度的指标。针入度值越大，表示石油沥青越软，稠度越小。通常稠度高的沥青，其黏度也高。

石油沥青的黏度随温度而变化，变化的幅度很大，因而需采用不同的仪器和方法来测定。为了确定石油沥青60℃黏度分级，国际普遍采用真空减压毛细管黏度计测定其动力黏度(Pa·s)，并采用布洛克菲尔德黏度计测定其表观黏度。我国目前采用标准黏度计测定液体沥青的黏度，即将液体状态的石油沥青材料置于标准黏度计中，在规定的温度条件下，通过规定的流孔直径，测定流出50ml体积所需的时间(s)。试验温度和流孔直径应根据液体沥青的黏度选择，常用的流孔有3mm、4mm、5mm和10mm等；规定的温度有25℃、60℃等。黏度的表示符号为C_{Td}，其中T为温度，d为流孔孔径。在同一流孔条件下，石油沥青流出时间越长，表示其黏度越大。

4) 温度敏感性

石油沥青材料是一种非晶质高分子材料，它在液、固两相转变过程中没有明确的凝固点或熔点。石油沥青的温度敏感性常用软化点和针入度指数表示。

软化点的数值受测量所采用的仪器影响较大。目前,我国采用环球法测量软化点。该方法是将沥青试样注于内径为18.9mm的铜环中,环上置一重3.5g的钢球,在规定的加热温度(5℃/min)下进行加热,石油沥青试样逐渐软化,直至在钢球荷重作用下,产生25.4mm垂度(即接触底板)时的温度,称为软化点,以℃计。

针入度是在规定温度下测定石油沥青的条件黏度,而软化点则是石油沥青达到规定条件黏度时的温度。所以软化点既是反映石油沥青热稳定性的一个指标,也是石油沥青条件黏度的一种量度。

针入度-温度感应性系数A,可用针入度和软化点来确定。沥青的黏度随温度而变化,当以对数纵坐标表示针入度,以横坐标表示温度时,可以得到直线关系,如下式所示

$$\lg P = AT + K$$

式中:P——沥青的针入度,0.1mm;

A——针入度-温度感应性系数;

K——回归系数。

研究发现,石油沥青在软化点温度时,针入度在600～1000之间,假定为800(0.1mm)。由此,针入度-温度感应性系数A可由下式表示

$$A = \frac{\lg 800 - \lg P(25℃,\ 100g,\ 5s)}{T_{R\&B} - 25}$$

式中:P(25℃,100g,5s)——在25℃、100g、5s条件下测定的针入度值,0.1mm;

$T_{R\&B}$——环球法测定的软化点温度,℃。

由于达到软化点温度时的针入度常与800相距甚大,因此斜率A应根据不同温度的针入度值来确定,常采用的温度为15℃、25℃及30℃(或5℃),由下式计算

$$A = \frac{\lg P_1 - \lg P_2}{T_1 - T_2}$$

通过回归法求针入度-温度感应性系数A值,如果用3个温度的针入度作回归,相关系数R应在0.997以上;如果用4个温度的针入度作回归,相关系数应不小于0.995,否则说明试验误差过大,此试验结果不能采用。

针入度指数(PI)是应用针入度和软化点的试验结果来表征沥青感温性的一种指标。同时也可采用针入度指数值来判别沥青的胶体结构状态。

针入度指数PI由不同温度的针入度按规定方法计算得到,宜在15℃、25℃、30℃三个或三个以上温度条件下测定针入度后计算得到,也可通过沥青针入度和软化点在事先绘制的诺莫图上查找,相关计算公式为

$$PI = \frac{30}{1 + 50A} - 10$$

按针入度指数可将石油沥青划分为以下三种胶体结构类型。

(1) 针入度指数值<-2,为溶胶型沥青;

(2) 针入度指数值>2,为凝胶型沥青;

(3) 针入度指数值在-2～2之间,为溶凝胶型沥青。

当PI<-2时，石油沥青的温度敏感性强；当PI>2时有明显的凝胶特征，耐久性差；一般认为PI为-1~1的溶凝胶型沥青适宜修筑沥青路面。

5) 低温性能

石油沥青的低温性能常用延性来表征，延性是指当石油沥青材料受到外力拉伸作用时，所能承受的塑性变形的总能力。以延度作为条件延性的表征指标，石油沥青的延度是指将沥青试样制成8字形标准试件，采用延度仪在规定拉伸速度和规定温度下拉断时的长度(cm)。试验温度有0℃、15℃、25℃三个；拉伸速度有1cm/min、5cm/min两种。

石油沥青的延度与其流变特性、胶体结构和化学组分等有着密切的关系。石油沥青的延度随其胶体结构发育成熟度的提高，蜡的质量分数的增加以及饱和蜡和芳香蜡比例的增大等，而相对降低。

针入度、延度和软化点是评价黏稠石油沥青技术性质最常用的经验指标，所以称为石油沥青的三大指标。

6) 脆点

石油沥青材料在低温下受到瞬时荷载时常表现为脆性破坏，石油沥青脆性的测定极为复杂，我国目前主要采用费拉斯脆点作为条件脆性指标。

费拉斯脆点的试验原理是，将沥青试样在一个标准的金属薄片上摊成薄层，将其置于脆点仪内并使其稍稍弯曲。当以1℃/min的速度降温时，沥青薄膜的温度随之逐渐降低，当降至某一温度时，沥青薄膜在规定弯曲条件下会出现一个或多个裂缝，此时的温度即沥青试样的脆点。

目前，世界各国采用的石油沥青材料低温性能指标并未统一，我国目前虽然采用费拉斯脆点指标表征石油沥青的低温性能，但脆点与石油沥青(特别是含蜡沥青)的低温抗裂性还未能获得理想的相关性。

7) 加热稳定性

石油沥青在加热或长时间加热过程中，会发生轻质馏分挥发、氧化、裂化、聚合等一系列物理及化学变化，从而使石油沥青的化学组成及性质相应地发生变化。

8) 安全性

石油沥青在使用时必须加热。当加热至一定温度时，石油沥青中挥发的油分蒸汽与周围空气组成混合气体，此混合气体遇火焰则发生闪火，若继续加热易引起火灾或导致石油沥青烧坏。

加热石油沥青挥发的可燃气体与空气组成混合气体在规定条件下与火接触，产生闪光时的温度称为石油沥青的闪点。加热石油沥青产生的混合气体与火接触能持续燃烧5s以上时的温度称为石油沥青的燃点。石油沥青的闪点、燃点温度一般相差10℃左右。

9) 溶解度

石油沥青的溶解度是指石油沥青在三氯乙烯中溶解的百分率(有效物质含量)。那些不溶解的物质为有害物质(沥青碳、似碳物)，会导致石油沥青的性能降低，应加以限制。

10) 含水量

石油沥青几乎不溶于水，具有良好的防水性能，但石油沥青材料可能含水。石油沥青中含有水分，会降低挥发速度，从而影响施工速度，所以要求石油沥青中的含水量不宜过多。同时，石油沥青中水分过多，加热易产生"溢锅"现象，会损失材料，甚至引起火灾。因此，在加热石油沥青时应加快搅拌速度，促使水分蒸发，并控制加热温度。

11) 老化

石油沥青在自然因素(光、热、氧、水)的作用下，会产生"不可逆"的化学变化，导致路用性能的逐渐劣化，称之为老化。它的组分转化过程见图10-6。

图10-6 石油沥青老化组分转化过程

6. 道路石油沥青的技术要求

1) 道路石油沥青分级

道路石油沥青分为A、B、C三级。A级适用于各等级的公路，以及任何场合和层次。B级适用于高速公路、一级公路沥青下面层及以下层次，二级及二级以下公路的各个层次，还可用做改性沥青、乳化沥青、改性乳化沥青、稀释沥青的基质沥青。C级适用于三级及三级以下公路的各个层次。

2) 道路石油沥青标号

按针入度划分为160号、130号、110号、90号、70号、50号、30号7个标号。

3) 道路液体石油沥青分级与标号

按凝固速度分为快凝、中凝、慢凝三个等级，快凝的液体石油沥青按黏度划分为两个标号，中凝和慢凝液体石油沥青各划分为6个标号。

7. 建筑石油沥青技术标准

建筑石油沥青按针入度值可划分为40号、30号和10号三个标号。与道路石油沥青相比，其特性为：针入度较小、延度较小、软化点较高。按《建筑石油沥青》(GB/T 494—2010)的规定，其技术标准见表10-3。

表10-3 建筑石油沥青技术标准

试验项目		10号	30号	40号
针入度(25℃，100g，5s)/0.1mm		10~25	26~35	36~50
针入度(46℃，100g，5s)/0.1mm		实测值	实测值	实测值
针入度(0℃，100g，5s)/0.1mm		3	6	6
延度(2℃，5cm/min)/cm		≥1.5	≥2.5	≥3.5
软化点(环球法)/℃		≥95	≥75	≥60
溶解度(三氯乙烯)/%		≥99.0		
蒸发损失试验(16℃、5h)	质量损失/%	≥1		
	针入度比/%	≥65		
闪点(开口杯法)/℃		≥260		

10.1.2　其他沥青

1. 改性石油沥青

改性石油沥青是指掺加橡胶、树脂、高分子聚合物、磨细橡胶粉或其他填料等作为改性剂，或对石油沥青采取轻度氧化加工等措施，从而改善石油沥青性能，制得的沥青材料。改性剂可以是天然的或人工的、有机的或无机的材料，其作用是熔融、分散在沥青中，改善或提高沥青路面性能(与沥青发生反应或裹覆在骨料表面上)。

道路改性石油沥青一般指聚合物改性石油沥青。按照改性剂的不同，一般分为热塑性橡胶类改性石油沥青、橡胶类改性石油沥青、热塑性树脂类改性石油沥青、掺加天然沥青的改性石油沥青、其他改性石油沥青。

常见的石油沥青改性方法包括以下几种。

(1) 使用热塑性橡胶类、热塑性树脂类改性剂，提高抗永久变形能力。

(2) 使用热塑性橡胶类、橡胶类改性剂，提高抗低温开裂能力。

(3) 使用热塑性橡胶类、橡胶类、热塑性树脂类改性剂，提高抗疲劳开裂能力。

(4) 使用各类抗剥落剂等改性剂，提高抗水能力。

2. 煤沥青

煤沥青(俗称柏油)是用煤在隔绝空气的条件下干馏，制取焦炭和煤气的副产品煤焦油炼制而成的。根据煤干馏的温度，可分为高温煤焦油(700℃以上)和低温煤焦油(450℃～700℃)两类。路用煤沥青主要是由高温煤焦油加工而得的。

煤沥青主要是芳香族碳氢化合物及氧、硫和氮的衍生物的混合物，其元素组成主要是C、H、O、S、N。煤沥青可以分离为：油分、软树脂、硬树脂和游离碳四组分。

其中，油分与石油沥青中的油分类似，赋予煤沥青流动性；软树脂的稳定性较低，使煤沥青具有塑性，类似于石油沥青中的树脂；硬树脂能增加黏滞性，和石油沥青中的沥青质类似；游离碳，又称自由碳，相当于石油沥青中的沥青质，但颗粒比沥青质大得多。游离碳具有足够的稳定性，能增加沥青的黏滞性，提高其热稳定性，但游离碳超过一定含量时，会导致沥青的低温脆性增加。

此外，煤沥青中还含有少量的碱性物质和酸性物质，且都是表面活性物质，相当于石油沥青中的沥青酸与沥青酸酐。它的活性物质含量比石油沥青高，所以煤沥青表面活性比石油沥青高，与骨料的黏附性较好。

煤沥青是复杂的胶体分散系。其中，游离碳和硬树脂组成的胶体微粒为分散相，油分为分散介质，而软树脂为保护物质，它吸附于固态分散胶粒周围，逐渐向外扩散，并溶解于油分中，使分散系形成稳定的胶体物质。

煤沥青的主要技术性质包括以下几个。

(1) 黏度。黏度表示煤沥青的稠度，随煤沥青中油分含量降低、固态树脂及游离碳含量增加而增高。

(2) 蒸馏试验的馏分含量及残渣性质。

(3) 煤沥青焦油酸含量。焦油酸(酚)溶解于水，易导致路面强度降低，同时它有毒，必须加以限制。

(4) 含萘量。煤沥青中的萘在低温时易结晶析出，使煤沥青产生假黏度而失去塑性；在常温下易升华，使"老化"加剧，降低煤沥青的技术性质。

和石油沥青相比，煤沥青的温度稳定性差、大气稳定性差、塑性差，与矿质材料表面黏附性能好、防腐性能好，含有对人体有害的成分较多，臭味较重。石油沥青与煤沥青的鉴别方法见表10-4。

表10-4　石油沥青和煤沥青的鉴别方法

鉴别项目	石油沥青	煤沥青
密度	接近1.0	1.25～1.28
燃烧	烟少，无色，有松香味，无毒	烟多，黄色，臭味大，有毒
气味	常温下无刺激性气体	常温下有刺激性臭味
颜色	呈辉亮褐色	浓黑色
溶解试验	可溶于汽油或煤油	难溶于汽油或煤油
锤击	韧性好、不易碎	韧性差、较脆
大气稳定性	较高	较低
抗腐蚀性	差	强

3. 乳化沥青

乳化沥青是将黏稠沥青加热至流动状态，再经高速离心、搅拌及剪切等机械作用，使沥青形成细小的微粒(2～5μm)，且以此状态均匀分散在含有乳化剂和稳定剂的水中，形成水包油(O/W)型沥青乳液。它的外观为茶褐色，在常温下具有较好的流动性。

乳化沥青的组成材料主要包括沥青、乳化剂、稳定剂、水等。其中，沥青是组成乳化沥青的主要材料，占55%～70%，沥青的性质将直接决定乳化沥青的成膜性能和路用性质；乳化剂是一种表面活性剂、两亲性分子，是乳化沥青形成的关键材料，对乳化沥青的性质起决定性作用；稳定剂主要采用无机盐类和高分子化合物，用以防止已经分散的沥青乳液在贮存期彼此凝聚，以保证良好的稳定性；水在乳化沥青中主要起着润湿、溶解和促进化学反应的作用。

乳化沥青的优点和缺点都很突出。它的优点主要包括可冷态施工，节约能源，无毒，无臭，不燃，能减少环境污染；扩展了沥青路面的类型，如稀浆封层等；常温下具有较好的流动性，能保证洒布的均匀性，可提高路面修筑质量；与湿骨料拌合仍具有良好的工作性和黏附性，可节约沥青并保证施工质量；施工受低温多雨季节影响较少等。它的缺点主要是稳定性差，贮存期不超过半年，贮存期过长容易引起凝聚分层，且存贮温度需在0℃以上；修筑路面成型期较长，最初需控制车辆行驶速度。

乳化沥青不仅适用于路面的维修与养护，还广泛应用于各类沥青路面，包括沥青表面处理、沥青贯入式、沥青碎石、沥青混凝土等，以及旧沥青路面的冷再生、防尘处理。

10.2 沥青基防水材料

建筑防水是土木工程的主要组成部分，属于一项保障性技术，是一项综合的系统工程。防水工程的质量，会直接影响建筑物或构筑物的使用寿命，影响生产的正常进行以及人们的生活起居。建筑防水是指依靠防水材料经过施工形成整体防水层，以达到防水的目的或增强抗渗漏水的能力。防水材料的主要作用是防潮、防漏、防渗，避免水和盐分对建筑物的侵蚀，保护建筑构件。按防水材料的不同，分为柔性防水和刚性防水两大类。沥青基防水材料属于柔性防水材料，是防水材料的重要品种之一，在建筑防水工程的实践中应用广泛。

10.2.1 沥青基防水卷材

沥青基防水卷材是指以各种石油沥青或煤沥青为防水基材，以原纸、织物、毯等为胎基，用不同矿物粉料、粒料或合成高分子薄膜、金属膜作为隔离材料所制成的可卷曲的片状防水材料。沥青基防水卷材原材料来源广泛、价格相对低廉、施工技术十分成熟，可以满足土木工程的一般防水要求，是目前用量最大的防水卷材品种之一。

1. 纸胎石油沥青防水卷材

纸胎石油沥青防水卷材，简称油毡，是沥青防水卷材中最具代表性的一种，是防水卷材中出现最早的品种。

油毡是用低软化点的石油沥青浸渍原纸，再用高软化点的石油沥青涂盖油纸的两面，并涂撒隔离材料制成的一种防水卷材，见图10-7。表面撒石粉作为隔离材料的油毡称为粉毡，撒云母作为隔离材料的油毡称为片毡。按其原纸纸胎每$1m^2$的质量克数分为200、350和500共3个标号，每一个标号又分粉毡和片毡两种。

图10-7 油毡

纸胎石油沥青防水卷材除使用普通油毡原纸外，常用的纸胎胎基还有矿棉原纸和石棉纸。

使用矿棉原纸时，油毡具有较好的耐腐蚀性和耐久性，适用于地下或平屋面的防水，以及除热管道以外的其他金属管道的耐腐蚀保护层。

矿棉纸油毡的技术性质见表10-5。

表10-5 矿棉纸油毡技术性质

技术性能	指标
每卷质量/kg	≥31.5
宽幅/mm	915
每卷总面积/m²	20±0.3
原纸质量/g/m²	≥400～500
原纸灰分/%	≥60
浸渍材料占原纸质量百分比/%	≥130
单位面积涂盖材料质量/g/m²	≥500
粉状填充料占涂盖材料质量百分比/%	25～35
吸水性：浸水24h后的吸水率/%	≤1.0
吸水后强度损失率/%	≤2
抗热稳定性，85℃下加热5h	挥发分损失应不大于0.5%，涂盖层应无流淌、起泡和撒布料流动等现象
拉力/N，在(18±2)℃时纵向	≥300
柔度，(18±2)℃	油毡围绕φ20mm棒无裂纹

而石棉纸油毡具有耐腐蚀性较好和吸水率低的特点，适用于地下防水等一些要求较高的防水工程。

石棉纸油毡的技术性质见表10-6。

表10-6 石棉纸油毡技术性质

技术性能	指标
浸渍材料软化点(环球法)/℃	50～60
涂盖材料软化点(环球法)/℃	≥90
浸油率/%	≥70
涂油量/g/m²	≥400
拉力/N，在18℃时纵向	≥250
不透水性(昼夜)，5cm水柱压力下	≥20
水饱和情况下，10cm×10cm试件的分层面积/m²	≤15
柔度(次数)，(18±2)℃，双重折叠法	≥10
浸水24h后的水饱和度/%	≤4
水饱和后的拉力损失率/%	≤5
填充料与涂盖材料总量之比/%	≥25
耐热度	(85±2)℃下受热45h，涂盖层应无滑动和集中性气泡

纸胎石油沥青防水卷材各等级产品技术指标见表10-7。

表10-7　纸胎沥青防水卷材技术指标

项目		指标		
		I型	II型	III型
单位面积浸涂材料总量≥/g/m²		600	750	1000
不透水性	压力≥/MPa	0.02	0.02	0.10
	保持时间≥/min	20	30	30
吸水率≤/%		3.0	2.0	1.0
耐热度		(85±2)℃，2h涂盖层无滑动、流淌和集中性气泡		
拉力(纵向)≥/N/50mm		240	270	340
柔度		(18±2)℃，围绕ϕ20mm棒或弯板无裂纹		

注：III型产品物理性能要求为强制性的，其余为推荐性的。

其中，I、II型产品适用于简易防水、临时性建筑防水、建筑防潮及包装等，III型产品适用于屋面、地下、水利等工程的多层防水。

纸胎沥青防水卷材在施工铺贴前，应对基层(找平层)进行检查，必须符合相关国家规范要求。纸胎沥青防水卷材铺贴前，应在干燥、洁净的基层上均匀涂刷一层冷底子油，干燥12小时以上再进行下一道工序。当屋面坡度小于3%时，纸胎沥青防水卷材宜平行于屋脊铺贴；坡度在3%～15%时，可平行或垂直屋脊铺贴。纸胎沥青防水卷材应展平压实，搭接封边应用沥青胶结材料仔细封严。黏结每层的沥青胶结材料的厚度一般为1～1.5mm，最厚不超过2mm。铺贴时应边涂胶边滚铺油毡，要求黏结牢固，铺贴平直。当油毡屋面的防水层铺毡完毕，经检查合格后，应立即黏铺保护层。

2. 煤沥青纸胎油毡

煤沥青纸胎油毡是以低软化点煤沥青浸渍原纸，用高软化点煤沥青涂盖油纸两面，再涂以隔离材料所制成的一种纸胎防水卷材。

按原纸纸胎每1m²的质量克数，煤沥青纸胎油毡分为200号、270号和350号三种。200号煤沥青纸胎油毡适用于简易防水、建筑防潮和包装等；270号和350号煤沥青纸胎油毡适用于建筑防水、建筑防潮和包装，与煤焦油聚氯乙烯涂料配套可用于屋面多层防水；350号煤沥青纸胎油毡可用于一般地下防水工程。

3. 石油沥青玻璃布油毡

石油沥青玻璃布油毡是以石油沥青涂盖材料浸涂玻璃纤维织布的两面，再涂以隔离材料所制成的一种以无机材料为胎体的沥青防水卷材。

石油沥青玻璃布油毡的特点是均匀性好，质量较轻，吸水率低，耐湿性能好，柔韧性较强，耐磨、耐腐蚀性较强，抗裂性好，尺寸稳定性高。石油沥青玻璃布油毡价格相对较低，但抗拉强度高于500号纸胎石油沥青油毡，耐热性也要比纸胎石油沥青油毡提高一倍以上。

石油沥青玻璃布油毡适用于铺设屋面和地下防水层或做防腐层，并可用于金属管道(热管道除外)的防腐保护等。

4. 石油沥青麻布油毡

石油沥青麻布油毡采用麻织品为底胎，先浸渍低软化点石油沥青，然后涂以含有矿物质填充料的高软化点石油沥青,再撒布一层矿物质石粉而制成。

石油沥青麻布油毡抗拉强度高,抗酸碱性强,柔韧性好,但耐热度较低。

石油沥青麻布油毡主要适用于要求比较严格的防水层及地下防水工程,尤其适用于要求具有高强度的多层防水层及基层结构有变形和结构复杂的防水工程和工业管道的包扎等。

5. 铝箔面油毡

铝箔面油毡是采用玻纤毡为胎基,浸涂氧化沥青,在其表面用压纹铝箔贴面,底面撒以细颗粒矿物料或覆盖聚乙烯膜所制成的一种具有热反射和装饰功能的防水卷材。

铝箔面油毡适用于单层或多层防水工程的面层。

6. 带孔油毡

带孔油毡是采用按照规定的孔径和孔距打了孔的胎基制成的一种具有特殊用途的防水卷材和直接在油毡上按照规定打上孔的沥青防水卷材。

带孔油毡适用于屋面叠层防水工程的底层,在防水层屋面基层之间形成点黏结状态,使潮湿基材的水分在变成水蒸气时通过屋面预留的排气通道逸出,避免防水层起鼓和开裂。

7. 沥青复合胎防水卷材

沥青复合胎防水卷材主要是指以涤棉纤维无纺布与玻纤网格布复合胎为胎基,以再生胶粉作为沥青改性材料生产的防水卷材。

采用复合胎体的优点是可以实现不同胎体的性能互补。如聚酯毡延伸率大,但加热后尺寸稳定性较差;而玻纤毡延伸率相对于聚酯毡较低,但尺寸变化小。两者复合后,不但延伸率较好而且热稳定性也好。

沥青复合胎防水卷材适用于工业和民用建筑的屋面、地下室、卫生间、水池等的防水防潮,以及桥梁、停车场、游泳池、隧道等建筑的防水防潮、隔气、抗渗及沥青类屋面的维修工程,尤其适用于寒冷地区的建筑物防水。

8. 高聚物改性沥青防水卷材

高聚物改性沥青防水卷材是以纤维织物或塑料薄膜为胎体,以合成高分子聚合物改性沥青为涂盖层,以粉状、粒状、片状或薄膜材料为防黏隔离层制成的防水卷材。

沥青油毡的价格便宜,但延伸性、耐热性、低温柔性等性能较差。高分子防水卷材的性能优异,但价格较高。在沥青中添加适当的高聚物改性剂,可改善传统沥青防水卷材温度稳定性差、延伸率低的不足。由此制得的高聚物改性沥青防水卷材具有高温不流淌、低温不脆裂、拉伸强度高和延伸率较大等优点。而生产技术成本又不至于增加太多,故改性石油沥青油毡在世界各国的防水材料中都占有重要位置。

高聚物改性沥青防水卷材的关键技术在于沥青的改性、高强胎体的应用和新的施工方法。它的沥青改性目标为改善针入度、弹性延伸、低温柔性和耐老化性。

适用于沥青改性的材料包括丁基橡胶、氯化聚乙烯、氯丁橡胶、乙丙胶-聚烯烃、再生橡胶、各种聚合物等。其中,主要改性材料是SBS(苯乙烯-丁二烯-苯乙烯)和APP(无规聚丙烯)。

适用于改性沥青的胎基材料包括玻纤毡、玻璃布、合成纤维类的聚酯毡、麻布胎、碳纤维和玻纤复合胎体、聚乙烯薄膜材料。

高聚物改性沥青防水卷材主要包括以下三种。

(1) SBS改性沥青防水卷材。它是以玻纤毡、聚酯毡等增强材料为胎体，以SBS改性石油沥青为浸渍涂盖层，以塑料薄膜为防黏隔离层，经过选材、配料、共熔、浸渍、复合成型、收卷曲等工序加工而成的一种柔性防水卷材。SBS改性沥青防水卷材除用于一般工业与民用建筑防水外，尤其适用于高级和高层建筑物的屋面、地下室、卫生间等的防水防潮，以及桥梁、停车场、屋顶花园、游泳池、蓄水池、隧道等的建筑防水。又由于它具有良好的低温柔韧性和极高的弹性延伸性，更适用于北方寒冷地区和结构易变形的建筑物的防水。SBS改性沥青防水卷材见图10-8。

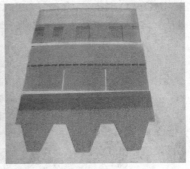

图10-8　SBS改性沥青防水卷材

(2) APP改性沥青防水卷材。它是以玻纤毡或聚酯毡为胎体，以APP改性沥青为预浸涂盖层，在上层撒隔离材料，在下层覆盖聚乙烯薄膜或撒布细砂而成的沥青防水卷材。APP改性沥青防水卷材具有良好的弹塑、耐热和耐紫外线老化性能，软化点在150℃以上，温度适应范围为-15℃～130℃，耐腐蚀性好，自燃点较高(265℃)。APP改性沥青防水卷材广泛用于工业与民用建筑的屋面和地下防水工程，以及道路、桥梁建筑的防水工程，尤其适用于较高气温环境和高湿地区的建筑工程防水。APP改性沥青防水卷材见图10-9。

图10-9　APP改性沥青防水卷材

(3) 其他改性沥青防水卷材。常见品种包括丁苯橡胶改性沥青防水卷材、废胶粉改性纸胎油毡、再生胶改性沥青防水卷材、焦油沥青耐低温油毡、铝箔塑胶聚酯油毡、自黏结油毡、聚乙烯及聚丙烯胎油毡、无胎沥青聚合物油毡等。

10.2.2 沥青基防水涂料

防水涂料是指常温下呈黏稠状态，涂布在结构物表面，经溶剂或水分挥发，或各组分间的化学反应，形成具有一定弹性的连续、坚韧的薄膜，使基层表面与水隔绝，起到防水和防潮作用的物质。防水涂料中以沥青为成膜物质的称为沥青基防水涂料。

1. 沥青胶

沥青胶又称玛蹄脂，是在沥青中加入滑石粉、云母粉、石棉粉、粉煤灰等填充料加工而成的。石油沥青胶适用于粘贴石油沥青类卷材，煤沥青胶适用于粘贴煤沥青类卷材。

2. 冷底子油

冷底子油是用建筑石油沥青加入溶剂配制而成的一种沥青溶液。若在冷底子油层上铺热沥青胶粘贴卷材，可使防水层与基层粘贴牢固。冷底子油施工见图10-10。

图10-10　冷底子油施工

3. 水乳型沥青防水涂料

水乳型沥青防水涂料即水性沥青防水涂料。这种防水涂料采用乳化沥青成膜，主要优点是可以冷施工，不需要加热，避免了采用热沥青施工可能造成的烫伤、中毒等事故。

4. 高聚物改性沥青防水涂料

高聚物改性沥青防水涂料是以沥青为基料，用合成高分子聚合物进行改性，制成的水乳型或溶剂型防水涂料。主要品种有氯丁橡胶沥青防水涂料、水乳型再生橡胶防水涂料等。高聚物改性沥青防水涂料施工见图10-11。

图10-11　高聚物改性沥青防水涂料施工

10.2.3　沥青基密封材料

常见的沥青基密封材料主要是改性沥青嵌缝油膏。它是以石油沥青为基料，加入改性材料及填充料混合制成的，具有黏结性好、延伸率高及防水防潮性能良好的特点。可用做预制大型屋面板四周及槽形板、空心板端头、缝等处的嵌缝材料；也可用做大板、金属、墙板的嵌缝密封材料以及混凝土跑道、车道、桥梁和各种构筑物伸缩缝、施工缝、沉降缝等处的嵌填材料。

10.3　沥青混合料

沥青混合料是由沥青结合料与矿料拌合而成的混合料的总称。主要包含矿质混合料(包含粗、细骨料，矿粉)、沥青及外加剂等几种组分。

10.3.1　沥青混合料基本知识

1. 沥青混合料的分类

沥青混合料主要是根据其中矿料级配组成的特点及压实后剩余空隙率的大小来分类的，包括以下几种。

(1) 连续密级配沥青混凝土混合料。级配为连续密级配，空隙率较低。主要代表类型为AC和ATB。前者适用于任何面层结构；后者主要适用于基层。

(2) 连续半开级配沥青混合料。主要代表类型为沥青碎石混合料(AM)。适用于三级及三级以下公路、乡村公路，此时表面应设置致密的上封层。

(3) 开级配沥青混合料。主要代表类型为排水式沥青磨耗层混合料(OGFC)和排水式沥青稳定碎石基层(ATPB)。

(4) 间断级配沥青混合料。主要代表类型为沥青玛蹄脂碎石混合料(SMA)。

沥青混合料还可以按照矿质混合料公称最大粒径的大小进行分类。沥青混合料中的矿料包括适当比例的粗骨料、细骨料和填料。在沥青混合料骨料筛分试验中，将通过百分率为100%的最小标准筛孔尺寸称为骨料最大粒径，全部通过或允许少量不通过的最小一级标准筛筛孔尺寸被称为骨料公称最大粒径。如AC-16，其最大粒径为19mm，公称最大粒径为16mm。实际上，沥青混合料名称中的数值即公称最大粒径。一般按公称最大粒径的大小可将沥青混合料分为特粗式、粗粒式、中粒式、细粒式和砂粒式，与之相对应的最大粒径和公称最大粒径见表10-8。

表10-8　沥青混合料按公称最大粒径分类

沥青混合料类型	公称最大粒径/mm	最大粒径/mm	密级配		半开级配	开级配		间断级配
			连续密级配沥青混凝土(DAC)	沥青稳定碎石(ATB)	沥青碎石混合料(AM)	排水式沥青磨耗层(OGFC)	排水式沥青稳定碎石(ATPB)	沥青玛蹄脂碎石混合料(SMA)
砂粒式	4.75	9.5	DAC-5		AM-5	—	—	—

(续表)

沥青混合料类型	公称最大粒径/mm	最大粒径/mm	密级配		半开级配	开级配		间断级配
			连续密级配沥青混凝土(DAC)	沥青稳定碎石(ATB)	沥青碎石混合料(AM)	排水式沥青磨耗层(OGFC)	排水式沥青稳定碎石(ATPB)	沥青玛蹄脂碎石混合料(SMA)
细粒式	9.5	13.2	DAC-10		AM-10	OGFC-10	–	SMA-10
	13.2	16	DAC-13		AM-13	OGFC-13	–	SMA-13
中粒式	16	19	DAC-16		AM-16	OGFC16	–	SMA-16
	19	26.5	DAC-20		AM-20			SMA-20
粗粒式	26.5	31.5	DAC-25	ATB-25	–	–	ATPB-25	–
	31.5	37.5	–	ATB-30	–	–	ATPB30	–
特粗式	37.5	53.0	–	ATB-40	–	–	ATPB40	–
设计空隙率/%			3~6	3~6	6~12	>18	>18	3~4

根据所用沥青结合料的不同，沥青混合料可分为石油沥青混合料和煤沥青混合料，但煤沥青对环境污染严重，一般工程中很少采用。

根据沥青混合料拌合与铺筑温度的不同，可以将沥青混合料分为热拌热铺沥青混合料和常温沥青混合料。前者主要采用黏稠石油沥青作为结合料，需要将沥青与矿料在热态下拌合、在热态下摊铺碾压成型；后者则采用乳化沥青、改性乳化沥青或液体沥青在常温下与矿料拌合后铺筑而成。

根据沥青混合料的强度形成原理的不同，沥青混合料可以分为嵌挤类和密实类两大类。沥青混合料的强度形成原理主要和其组成材料有关。一般嵌挤类沥青混合料的结构强度主要是以矿料颗粒之间的嵌挤力和内摩阻力为主，以沥青结合料的黏结力为辅形成的，如沥青贯入式、沥青表处理和沥青碎石等路面结构均属于此类。密实类沥青混合料则主要是以沥青与矿料之间的黏结力为主，以矿料间的嵌挤力和内摩阻力为辅，一般的沥青混凝土都属于此类。

2. 沥青混合料的组成结构

沥青混合料的主要成分包括沥青、粗骨料、细骨料、矿粉填料和外加剂(如抗剥离剂、抗老化剂、聚合物改性剂)等。沥青混合料的组成结构对沥青混合料的性能有严重影响。包括：矿料颗粒的大小和不同粒径的分布；颗粒组成的空间位置关系；沥青的分布特征和矿料颗粒表面沥青层的性质；沥青混合料空隙率的大小；空隙的分布与空隙间的连通情况；外加剂与其他材料的相容性及外加剂对沥青与矿料性能的改善情况等。

目前，关于沥青混合料的组成结构主要有两种理论。

(1) 表面理论。传统的表面理论认为沥青混合料是由粗、细骨料和填料组配而成的矿质骨架和沥青组成的，沥青分布在矿质骨料表面，将矿质骨料胶结成具有强度的整体。其中，沥青的胶结作用是一个相当复杂的过程，包括物理吸附、化学吸附、选择性吸附等。

(2) 胶浆理论。近代胶浆理论认为沥青混合料是一种多级空间网状结构的分散系，即以粗骨料为分散相分散在沥青砂浆中形成粗分散系；而沥青砂浆是以细骨料为分散相分散到沥青胶浆中的细分散系；沥青胶浆则是以填料为分散相分散在沥青介质中形成的微分散系。在这种多级分散体系中，沥青胶浆最为基础，也最为重要，因此，沥青胶浆的组成结构决定了沥青混合料的高低温变形能力。

由于材料组成分布、矿料与矿料及矿料与沥青间的相互作用、剩余空隙率的大小等不同，沥青混合料可分为悬浮密实结构、骨架空隙结构、骨架密实结构三大类，见图10-12。

悬浮密实结构　　　　骨架空隙结构　　　　骨架密实结构

图10-12　沥青混合料结构

(1) 悬浮密实结构。该结构组成采用连续级配。矿料颗粒连续存在，且细骨料含量较多，较小颗粒与沥青胶浆充足，大颗粒分离不能形成骨架，空隙填充密实，从而大颗粒悬浮于较小颗粒与沥青胶浆之间，形成"悬浮-密实"结构。代表类型有按照连续密级配原理设计的AC型沥青混合料。它的力学特点为内摩阻力较小，黏结力值较大。它的路用性能优点为压实后密实度大，水稳定性、低温抗裂性和耐久性较好；缺点为高温性能对沥青的品质依赖性较大，沥青黏度低，易导致混合料高温稳定性变差。

(2) 骨架空隙结构。该结构组成采用连续开级配，粗骨料含量高，但细骨料含量很少，粗骨料之间相互接触形成骨架，且粗骨料间的空隙填充不充分，形成所谓的"骨架-空隙"结构。代表类型有沥青碎石(AM)和开级配磨耗层沥青混合料(OGFC)等。它的力学特点为内摩阻力值较大，黏结力值较低。它的路用性能优点为高温稳定性好；缺点为水稳定性、抗疲劳和耐久性能较差。因此，一般要求采用高黏稠沥青，从而防止沥青老化和剥落。

(3) 骨架密实结构。该结构组成采用间断级配，粗、细骨料含量较高，中间料含量很少，既能使粗骨料形成骨架，又能使细骨料和沥青胶浆充分填充骨架间的空隙，从而形成"骨架-密实"结构。代表类型有沥青玛蹄脂碎石混合料(SMA)。它的力学性能特点为内摩阻力值较大，黏结力值也较大，综合力学性能较优。它的路用性能优点为高低温性能均较好，具有较强的疲劳耐久特性；缺点为由于间断级配在施工拌合过程中易产生离析现象，因此保证施工质量难度较大。

3. 沥青混合料结构强度的影响因素

影响沥青混合料结构强度的因素主要包括以下几个。

(1) 沥青混合料的黏度。沥青混合料的黏度反映了沥青自身的内聚力。沥青黏度增大，会使沥青混合料黏结力增大，内摩阻角稍有增加。

(2) 矿质混合料组成与性能。矿质混合料的岩石种类、级配组成、颗粒形状和表面粗糙度等特性对沥青混合料的嵌锁力或内摩阻角影响较大。矿质混合料尺寸越接近立方体、粗糙、多棱角，矿质混合料间嵌挤锁结能力就越好。采用碱性石料，沥青混合料中矿质混合料间黏结力大，对提高沥青的混合料强度有利。

连续密级配的沥青混合料多是"悬浮-密实"结构，沥青的内聚力大，为主要强度来源，而矿料间的内摩阻力相对较小；"骨架-空隙"结构的沥青混合料以嵌锁力为主，以沥青内聚力为辅，从而形成结构强度；在依据嵌挤原则设计的"骨架-密实"结构中，粗骨料嵌锁力较大，细料与沥青胶浆填充空隙，黏结力较好，故该结构整体强度高，稳定性好。

(3) 沥青与矿料在界面上的交互作用。现有的研究认为沥青与矿料交互作用后，因化学组分重排列，会在化学吸附作用下形成沥青扩散膜，即结构沥青，该沥青膜黏度很高。在结构沥青层外，可以自由运动的是自由沥青，这部分沥青的性能和沥青初始状态保持一致。沥青混合料的性能主要由结构沥青决定。

由于化学吸附有选择性，所以不同矿料的结构沥青膜厚度不一样，混合料中结构沥青占的比例也不同。使用碱性石料(如石灰岩)的混合料，其结构沥青所占比例比酸性石料的要高，所以碱性石料的沥青混合料强度和稳定性优于酸性石料。

(4) 矿料比表面积和沥青用量。矿料比表面积越大，结构沥青的比例越大；矿粉比表面积在矿料体系中所占的比例最大，矿粉用量和性质对沥青膜厚度和结构沥青所占比例的影响巨大。沥青混合料的黏结力与结构沥青的比例和矿料颗粒间的距离有关。结构沥青黏结的矿料间距离越近，沥青混合料的黏结力越高；反之，矿料间距越大，自由沥青起主要黏结作用，则沥青混合料的黏结力越低。

当沥青用量较少，不足以包裹骨料颗粒表面时，沥青混合料的整体强度较低。随着沥青用量的增加，沥青对矿料表面的包裹逐渐充分，使得结构沥青用量增加，矿料间的黏结力增强，沥青混合料的整体强度增高，最终整个矿料表面完全被"结构沥青"包裹。而当沥青用量再进一步增加时，过剩的沥青形成"自由沥青"，这部分沥青在矿料间主要起润滑作用，从而导致沥青混合料的整体强度下降。

结构沥青的作用在于对矿料起到约束作用，使得矿料间的内摩阻力增大。由于沥青用量过剩产生的自由沥青主要起润滑作用，致使矿料间更容易相互滑移，内摩阻力下降。

(5) 使用条件。环境温度和荷载作用特性对沥青混合料的强度影响也较大。随着温度的升高，沥青黏度会降低，混合料的黏结力也会下降，矿料间的约束减小，使得矿料间的内摩阻力也降低，导致沥青混合料整体强度下降。荷载作用的影响主要体现在荷载作用时间或变形速率上，一般沥青黏度随变形速率增加而增加，而混合料的内摩阻力随变形速率变化较小。变形速率增加，沥青混合料的黏结力也增大，强度增高。

总之，在使用条件一定的情况下，要想获得较高的沥青混合料结构强度，就应该采用嵌挤密实的矿料骨架，高黏度的沥青结合料，适宜的沥青用量，以及能产生化学吸附作用的活性矿料等。

10.3.2 沥青路面

沥青混合料主要用于沥青路面。施工工艺不同、沥青种类不同、矿质骨料组成不同，所建造的沥青路面的结构也不同。

1. 沥青路面的种类

常用的沥青路面包括以下几种。

(1) 沥青表面处理和沥青贯入式。它属于次高级路面，对矿料级配没有严格要求，一般是以现场进行矿料摊铺并洒热沥青后进行碾压成型的。

(2) 沥青碎石。它属于次高级路面，有厂拌和路拌之分，前者质量与性能较为稳定。沥青碎石对矿料级配有一定要求，但没有沥青混凝土的严格，其中不使用或较少使用矿粉，孔隙率较大。

(3) 沥青混凝土。级配要求严格，使用矿粉(填料)较多，拌合要求严格(厂拌)。它的级配有连续级配、间断级配之分，近年来沥青路面中出现了许多新的结构形式，如SMA、OGFC、SUPERPAVE等。

2. 沥青路面的优缺点

沥青路面的主要优点包括以下几个。

(1) 沥青路面具有优良的结构力学性能和表面功能特性。一般沥青路面均具有良好的受力特性，且路面平整、无裂缝或接缝、柔韧舒适、货物损失率低、噪音小。

(2) 沥青路面表面抗滑性能好。沥青路面平整且表面粗糙，有一定的粗、细纹理构造，能保证车辆高速安全行驶。

(3) 沥青路面施工方便。沥青路面可以集中拌合(厂拌)、机械化施工(摊铺、碾压等)，完全可以实现大面积施工，质量能够得以保障，开放交通早。

(4) 沥青路面经济耐久性好。与水泥路面相比，沥青路面一次性投资要低得多。它的设计使用寿命一般为15年(高速公路和机场跑道)，实际使用寿命甚至可达20年。

(5) 沥青路面便于再生利用。路面破坏后的沥青材料可以再次用于生产，矿质混合料也可回收再利用。

(6) 其他优点。如抗震性好、日照下不反射不致引起眩光、晴天无扬尘、雨后不泥泞等。

沥青路面的主要缺点包括以下几个。

(1) 沥青易老化。沥青是多组分有机材料，随着使用期的延长，沥青的胶体结构和组成成分会发生变化，使沥青黏性变差、塑性降低，导致沥青路面表面易松散、整体性降低，从而导致结构破坏。

(2) 沥青路面温度敏感性较差。高温稳定性差，夏季高温易流淌；低温易发脆，抗裂性能差。

3. 沥青路面的破坏

沥青路面的破坏主要包括以下几种情况。

(1) 高温时，沥青路面由于沥青混合料抗剪强度不足，塑性变形过大，致使路面产生波浪、车辙、拥包与推移等高温变形破坏。

(2) 低温时，沥青路面抗拉强度或抗变形能力不足，而混合料收缩受阻产生的拉应力超过了混合料的抗拉强度，从而在混合料内产生裂缝，导致脆性断裂。

(3) 沥青路面的疲劳破坏。这是在车辆反复作用下引起的，由于路面材料和路基的疲劳作用，产生变形累积。

(4) 环境因素综合影响导致沥青路面破坏。气温下降时，材料产生收缩，在路面边界约束下，收缩受阻，沥青混合料内产生拉应力。当拉应力超过抗拉强度时，会产生裂缝。而随着水分渗入裂缝，又会引起下卧层水损坏、承载力下降、裂缝扩展，最终导致路面结构损坏。特别是在春融季节，水从裂缝下渗，进入路基，会使路基强度下降。而沥青路面不具有刚性，汽车在路面上行驶，会使路基内的静态水变为动态水，从而在路基内产生冲刷作用，使路基内的水涌出、沥青层下陷，发生翻浆现象。

沥青路面常见的破坏情况见图10-13。

图10-13　沥青路面破坏

10.3.3　沥青混合料的路用性能

沥青混合料受自然环境因素和交通荷载作用的影响，所以沥青混合料必须具有高温稳定性、低温抗裂性、水稳定性、耐久性、抗滑性和施工和易性等路用性能。

1. 高温稳定性

沥青混合料的高温稳定性是指沥青混合料在高温条件下，能够抵抗车辆荷载的反复作用，不发生显著永久变形，保证路面平整度的特性。

高温稳定性的评价方法有圆柱体试件的单轴静载、动载、重复荷载试验；三轴静载、动载、重复荷载试验；简单剪切的静载、动载、重复荷载试验等；马歇尔稳定度、维姆稳定度和哈费氏稳定度等工程试验；反复碾压模拟试验如车辙试验等。我国最常用的评价方法是：马歇尔试验和车辙试验。马歇尔稳定度实验方法是由美国密西西比州公路局的布鲁斯·马歇尔提出的，该试验的最大特点是设备简单、操作方便。马歇尔试验用于测定沥青混合料试件的破坏荷载和抗变形能力，可得到马歇尔稳定度、流值和马歇尔模数。

将沥青混合料制备成规定尺寸的圆柱状试件，试验室将试件横向置于两个半圆形压模中，使试件受到一定的侧限。在规定的温度和加荷速度下，对试件施加压力，记录试件所受压力与变形曲线。主要力学指标为马歇尔稳定度和流值。稳定度是指试件受压至破坏时承受的最大荷载，以kN计；流值是指达到最大破坏荷载时试件的垂直变形，以0.1mm计。试件尺寸包括以下几种。

(1) $\phi101.6mm\times63.5mm(\pm1.3mm)$，两侧高度差不大于2mm。适用于公称最大粒径<26.5mm的混合料，试件成型击实次数根据公路等级、混合料类型、气候条件选择，一般为75次或50次。在试验中，一组试件所需的平行试件通常为4个。

(2) $\phi152.4mm\times95.3mm(\pm2.5mm)$，两侧高度差不大于2mm。适用于公称最大粒径为31.5mm和37.5mm的混合料，击实次数一般为112次。试验中一组试件所需的平行试件通常为4个，必要时要增至5～6个(根据试验结果离散性而定)。

将马歇尔试件置于恒温水浴(60℃)中。小型马歇尔试件保温30～40min，大型马歇尔试件保温45～60min。然后取出试件，在马歇尔稳定度仪上测马歇尔稳定度和流值。

马歇尔稳定度与流值在我国沥青路面工程中被作为沥青混合料配合比设计的主要指标，同时又是沥青路面施工质量控制的重要实验项目。但仅用马歇尔试验指标预估沥青混合料的性能是不够的，具有一定的局限性，不能确切反映沥青混合料永久变形产生的机理，与沥青路面的抗车辙能力相关性不好。有时，即使马歇尔稳定度和流值都满足技术要求，也无法避免沥青路面出现车辙。因此，在评价沥青混合料的高温抗车辙能力时，还需要采用其他试验，比如车辙试验、残留稳定度试验、冻融劈裂试验和低温弯曲试验，对沥青用量进行检验。

车辙实验方法是由英国运输与道路研究试验所开发的，并经过法国、日本等道路工作者的改进与完善。车辙实验是一种模拟车辆轮胎在路面上滚动形成车辙的工程试验方法，试验结果较为直观，与沥青路面车辙深度之间有着较好的相关性。

车辙试验方法采用标准方法成型沥青混合料板状试件，(300mm×300mm×50mm板式试件)在规定的温度条件下(一般为60℃)，试验轮以(42±1)次/min的频率，沿着试件表面同一轨迹反复行走，测试试件表面在试验轮反复作用下所形成的车辙深度。以产生1mm车辙变形所需要的行走次数，即动稳定度指标来评价沥青混合料的抗车辙能力，动稳定度的计算公式为

$$DS = \frac{(t_2 - t_1) \times 42}{d_2 - d_1} c_1 c_2$$

式中：DS——沥青混合料的动稳定度，次/mm；

t_1，t_2——试验时间，通常为45min和60min；

d_1，d_2——与实验时间t_1和t_2对应的试件表面的变形量，mm；

42——每分钟行走次数，次/min；

c_1，c_2——试样机或试样修正系数。

在我国，使用马歇尔试验进行路面沥青混合料配合比设计时，必须采用车辙试验对沥青混合料的抗车辙能力进行检验。不满足要求时，应对矿料级配或沥青用量进行调整，重新进行配合比设计。

沥青混合料高温稳定性主要取决于矿质骨料颗粒间的嵌锁作用及沥青的高温黏度。在沥青混合料的组成材料中，矿料性质对沥青混合料高温性能的影响是至关重要的。采用表面粗糙、多棱角、颗粒接近立方体的碎石骨料，有利于提高沥青混合料的高温稳定性。沥青的高温黏度越大，与骨料的黏附性越好，相应的沥青混合料的抗高温变形能力就越强。

可以使用合适的改性剂来提高沥青的高温黏度，降低感温性，提高沥青混合料的黏结力，从而改善沥青混合料的高温稳定性。

随着沥青用量的增加，沥青膜厚度增加，自由沥青比例增加，在高温条件下，易发生明显的流动变形，从而导致沥青混合料抗高温变形能力的降低。随着沥青膜厚度的增加，车辙深度随之增加。

2. 低温抗裂性

沥青混合料低温抗裂性是指沥青路面在低温时不产生裂缝的能力。冬季气温低，沥青面层易产生体积收缩，而在基层结构与周围材料的约束作用下，沥青混合料不能自由收缩，从而在结构层中产生温度应力。由于沥青混合料具有一定的应力松弛能力，当降温速率较慢时，所产生的温度应力会随着时间的延长而松弛减小，不会对沥青路面产生较大的危害。但当气温骤降时，所产生的温度应力来不及松弛，温度应力一旦超过沥青混合料的容许应力值，沥青混合料会被拉裂，导致沥青路面出现裂缝，从而造成路面的损坏。沥青混合料的低温强度越大，低温变形能力越大，其低温抗裂性就越好。

目前，用于研究和评价沥青混合料低温抗裂性的方法可以分为三类：预估沥青混合料的开裂温度，评价沥青混合料的低温变形能力或应力松弛能力，评价沥青混合料的断裂能。

低温抗裂性相关的试验主要包括：等应变加载的破坏试验，如间接拉伸试验、直接拉伸试验；低温收缩试验；低温蠕变弯曲试验(现规范推荐方法)；受限试件温度应力试验；应力松弛试验等。

预估沥青混合料的开裂温度就是通过间接拉伸试验或直接拉伸试验，建立沥青混合料低温抗拉强度与温度的关系。再根据理论方法，计算沥青面层可能出现的温度应力与温度的关系。根据温度应力与抗拉强度的关系，预估沥青面层出现低温缩裂的程度，温度越低，沥青混合料的开裂温度越低，低温抗裂性越好。

低温蠕变试验就是在规定温度下(如-10℃)，对规定尺寸的沥青混合料小梁试件(30mm×35mm×250mm，梁式试件)的跨中施加恒定的集中荷载，测定试件随时间不断增长的蠕变变形。蠕变变形曲线可分为三个阶段：第一阶段为蠕变迁移阶段；第二阶段为蠕变稳定阶段；第三阶段为蠕变破坏阶段。以蠕变稳定阶段的蠕变速率评价沥青混合料的低温变形能力，蠕变速率越大，沥青混合料在低温下的变形能力越大，松弛能力越强，低温抗裂性能越好。沥青混合料的低温蠕变速率的计算公式为

$$\varepsilon_{speed} = \frac{(\varepsilon_2 - \varepsilon_1)/(t_2 - t_1)}{\sigma_0}$$

式中：ε_{speed}——沥青混合料的低温蠕变速率，1/s·MPa；

σ_0——沥青混合料小梁试件跨中梁底的蠕变拉应力，MPa；

t_1、t_2——蠕变稳定器的初始时间和终止时间，s。

低温弯曲试验是在试验温度下，以50mm/min的速率，对小梁试件(30mm×35mm×250mm，梁式试件)跨中施加集中荷载直至断裂破坏，记录试件跨中荷载与扰度的关系曲线。由发生破坏时的跨中扰度计算沥青混合料的破坏弯拉应变。沥青混合料在低温下破坏

弯拉应变越大，低温柔韧性越好，抗裂性越好。相关计算公式为

$$\varepsilon_B = \frac{6hd}{L^2}$$

式中：ε_B——试件破坏时的最大弯拉应变；

  d——试件破坏时的跨中扰度，mm；

  L——试件的跨径，mm。

实验证明，在评价改性沥青混合料的低温性能时，采用低温蠕变试验方法所得结果对于改性剂种类和改性剂剂量都不够敏感，数据较为分散；而采用低温弯曲试验的破坏应变指标则相对稳定。所以在我国行业标准中，采用低温弯曲试验的破坏应变指标来评价改性沥青混合料的低温抗裂性能。

影响沥青混合料低温性能的主要因素包括沥青的低温劲度和矿质混合料的级配。沥青的低温劲度，取决于沥青的黏度和温度敏感性。在寒冷地区，可采用稠度较低、劲度较低的沥青，或选择松弛性能较好的橡胶类改性沥青来提高沥青混合料的低温抗裂性。密级配的沥青混合料低温抗拉强度高于开级配的沥青混合料，但是粒径大、空隙率大的沥青混合料内部微空隙发达，应力松弛能力略强，温度应力有所减小，两方面的影响相互抵消，故级配类型与沥青路面开裂程度之间没有显著关系。

3. 水稳定性

沥青混合料的水稳定性是指沥青路面在水作用下保持性能的能力。沥青混凝土水稳定性不足会导致沥青剥离、黏结强度降低、骨料松散，易形成坑槽，即"水损坏"。当沥青混合料压实空隙率较大、沥青路面排水系统不完善时，车辆行驶产生的动水压力也会对沥青产生剥离作用，从而加剧沥青路面的"水损害"。

沥青混合料的水稳定性主要与沥青和矿质混合料的黏附性有关，在很大程度上取决于矿质混合料的化学组成。如花岗岩骨料与沥青的黏附性明显低于碱性骨料石灰岩与沥青的黏附性，也明显低于中性骨料玄武岩与沥青的黏附性。通过掺加抗剥落剂可以显著改善矿质混合料与沥青的黏附性。沥青混合料压实空隙率大小及沥青膜厚度也对沥青混合料的水稳定性有影响。当空隙率较大、沥青膜较薄时，沥青混合料的水稳定性较差。此外，成型方法和矿质混合料级配情况也对沥青混合料的水稳定性有影响。当成型温度较低时，要么压实度达不到要求，要么大颗粒矿质混合料被压碎，从而使混合料水稳定性下降。而开级配压实空隙率较大，往往对水稳定性不利。当沥青用量不足时，即使是密级配的沥青混合料也会出现水稳定性不好的问题。

4. 耐久性

沥青混合料的耐久性是指沥青混合料在使用过程中抵抗环境因素及行车荷载反复作用的能力，它包括沥青混合料的抗老化性、抗疲劳性等综合性质。

沥青混合料在使用过程中，会受到空气中的氧、水、紫外线等介质的作用。这些环境作用促使沥青发生诸多复杂的物理化学变化，逐渐老化或硬化，致使沥青混合料变脆易裂，从而导致沥青路面出现各种与沥青老化有关的裂纹或裂缝。在气候温暖、日照时间较

长的地区，沥青的老化速度快；而在气温较低、日照时间短的地区，沥青的老化速率相对较慢。沥青混合料的空隙率越大，环境介质对沥青的作用就越强烈，其老化程度也越高。沥青混合料压实空隙率增大，回收沥青针入度减小，老化程度增加。对于沥青路面而言，由于道路中部车辆作用次数较多，对路面的压密作用较大，所以中部的沥青比边缘部位沥青的老化程度轻些。

提高沥青混合料的抗老化性的措施主要有选择耐老化沥青，保证足量的沥青含量。而且在施工过程中，应控制拌合加热温度，并保证沥青路面的压实密度。

5. 抗滑性

沥青混合料的抗滑性是指车辆轮胎受到制动时沿沥青混合料表面滑移所产生的力。沥青路面的抗滑性对于保障道路交通安全至关重要，而沥青路面的抗滑性能必须通过合理地选择沥青混合料组成材料、正确地设计与施工来保证。沥青路面的抗滑性与所用矿料的表面构造深度、颗粒形状与尺寸、抗磨性有着密切的关系。矿质混合料表面构造深度取决于矿质混合料的矿物组成、化学成分及风化程度；颗粒形状与尺寸既受到矿物组成的影响，也与矿料的加工方法有关；抗磨性则受到上述所有因素加上矿物成分硬度的影响。因此，沥青混合料表层的粗骨料应选择粗糙、坚硬、耐磨、抗冲击性好、磨光值大的碎石骨料。

6. 施工和易性

沥青混合料的施工和易性是指沥青混合料制备和摊铺时难易的程度。影响沥青混合料施工和易性的因素很多，诸如组成材料的技术品质、用量比例，以及施工条件等。目前，尚无直接评价混合料施工和易性的方法和指标。

组成材料的影响主要在于矿质混合料级配和沥青用量。在间断级配的矿质混合料中，粗细骨料的颗粒尺寸相差过大，中间尺寸颗粒缺乏，沥青混合料容易离析。如果细料太少，或矿粉用量过多时，沥青混合料容易产生疏松且不易压实；反之，如果沥青用量过多，或矿粉质量不好，则容易使沥青混合料结团，不易摊铺。

施工的影响条件主要是温度，较高温度可保证沥青的流动性，在拌合中能够充分均匀地黏附在矿料颗粒表面。在压实期间，矿质混合料颗粒能相互移动就位，达到规定的压实密度。当地气温越高，施工和易性越好。但温度过高既会引起沥青老化，也会严重影响沥青混合料的使用性能。

10.4 沥青混合料的配合比设计

现阶段，制备和使用沥青混合料主要采用热拌方式。热拌沥青混合料是由矿质混合料与黏稠沥青在专门设备中加热拌合而成，然后用保温设备运输至现场，并在热态下进行摊铺和压实的混合料，简称"热拌沥青混合料"，以HMA表示。

10.4.1　热拌沥青混合料的组成设计

1. 沥青路面使用性能的气候分区

我国幅员辽阔，地区气候差异较大，各地区所需求的沥青路面使用性能不同。因此，相关部门有针对性地建立了沥青路面的气候分区。以工程所在地最近30年内最热月份最高气温的平均值，作为反映高温和重载条件下出现车辙等流动变形的气候因子，并作为气候分区的一级指标，划分为3个区(夏炎热区、夏热区、夏凉区)。以工程所在地最近30年内的极端最低气温，作为反映温度收缩产生裂缝的气候因子，并作为气候分区的二级指标，划分为4个区(冬严寒区、冬寒区、冬冷区、冬温区)。以工程所在地最近30年的年降雨量的平均值，作为受雨水影响的气候因子，并作为气候区划的三级指标，划分为4个区(潮湿区、湿润区、半干区、干旱区)。最终，工程所在地的沥青路面使用性能气候分区由一、二、三级区划组合而成，综合反映该地区的气候特征，见表10-9。如1-4-1气候区，即为夏炎热冬温潮湿，对沥青混合料的高温稳定性和水稳定性要求较高。每级区的数值越小，表明该气候因子对路面的影响越严重。

表10-9　沥青路面使用性能气候分区

气候分区指标		气候分区			
按照高温指标	高温气候区	1		2	3
	气候名称	夏炎热区		夏热区	夏凉区
	七月平均最高温度/℃	>30		20～30	<20
按照低温指标	低温气候区	1	2	3	4
	气候名称	冬严寒区	冬寒区	冬冷区	冬温区
	极端最低气温/℃	<-37	-21.5～-37	-21.5～-9	>-9
按照雨量指标	雨量气候区	1	2	3	4
	气候区名称	潮湿区	湿润区	半干区	干旱区
	年降雨量/mm	>1000	1000～500	500～250	<250

2. 沥青路面组成材料的技术要求

影响沥青混合料的技术性质的决定性因素为组成材料的质量品质、用量比例及沥青混合料的制备工艺等，其中组成材料是关键。

(1) 沥青。拌制沥青混合料时，沥青的选择应根据气候条件和沥青混合料类型、道路等级、交通性质、路面类型施工方法以及当地使用经验等，经技术论证后确定。黏度较大的黏稠沥青混合料具有较高的力学强度和稳定性，但黏度过高，则混合料的低温变形能力较差，路面易开裂；而黏度较低的沥青混合料虽然在低温时变形能力较好，但在高温时往往会产生较大的高温变形。因此，在夏季温度高或高温持续时间长的地区，应采用黏度高的沥青；而在冬季寒冷地区，则宜采用稠度低、低温劲度较小的沥青。对于日温差较大的地区，还应考虑选择针入度指数较大、感温性较低的沥青。对于重载交通路段、高速公路实行渠化交通的路段、山区及丘陵区上坡路段、服务区、停车场等行车速度慢的路段，应选用稠度大的沥青；对于交通量小、公路等级低的路段可选用稠度略小的沥青。

(2) 粗骨料。拌制沥青混合料可选用的粗骨料包括碎石、破碎砾石、筛选砾石、矿渣等。用于高速公路、一级公路、城市快速公路、主干路沥青路面表层的粗骨料应选用坚硬、耐磨、抗冲击性好的碎石或破碎砾石，不得使用筛选砾石、矿渣及软质骨料，该类粗骨料应满足的磨光值和黏附性要求见表10-10。当坚硬石料来源缺乏时，允许掺加一定比例的较小粒径的普通粗骨料，掺加比例应由试验确定。特别应注意的是，在依据骨架原则设计的沥青混合料中不得掺加其他粗骨料。

表10-10 粗骨料磨光值及其与沥青黏附性的技术要求

雨量气候地区技术指标		1(潮湿区)	2(湿润区)	3(半干区)	4(干旱区)
粗骨料磨光值/psv		≥42	≥40	≥38	≥36
粗骨料与沥青的黏附性	表层	≮5	≮5	≮4	≮3
	其他层次	≮4	≮4	≮3	—

沥青混合料用粗骨料的质量要求见表10-11。

表10-11 沥青混合料用粗骨料质量要求

技术指标		高速公路、一级公路、城市快速路、主干路		其他等级的公路与城市道路
		表面层	其他层次	
石料压碎值≤/%		25	28	30
洛杉矶磨耗损失≤/%		28	30	40
视密度[1]≤/t/m³		2.60	2.50	2.45
吸水率[1]≤/%		2.0	3.0	3.0
坚固性[2]≤/%		12	12	—
软石含量≤/%		1	5	5
<0.075mm颗粒含量(水洗法)≤/%		1	1	1
针片状颗粒含量≤/%	粒径>9.5mm	12	18	—
	粒径<9.5mm	18	20	—
破碎砾石的破碎面≥	1个破碎面	100	90	80(70)[3]
	2个破碎面	90	80	60(50)[3]

注：① 当粗骨料用于高速公路、一级公路和主干路时，多孔玄武岩的视密度可放宽至2.45t/m³，吸水率可放宽至3%，但须得到主管部门的批准；

② 坚固性实验根据需要进行；

③ 括号外数据为对表层用骨料的要求，括号中数据为对其他层次的要求。

在高速公路、一级公路、城市快速路和主干路的沥青路面中，应当使用坚硬的粗骨料，而使用花岗岩、石英岩等酸性岩轧制粗骨料时，若达不到表10-10对粗骨料与沥青黏附性等级的要求，必须采取抗剥落措施。工程中常用的抗剥落方法包括使用高黏度沥青；在沥青中掺加抗剥落剂；用干燥的生石灰、消石灰粉或水泥作为填料的一部分，其用量宜为矿料总量的1%～2%；将粗骨料用石灰浆处理后再使用。

在工程中，粗骨料的粒径规格应参照表10-12。如某一档粗骨料不符合表10-12的规格，但确认与其他骨料组配后的合成级配符合设计级配的要求时，也可以使用。

表10-12 沥青面层用粗骨料规格

规格	公称粒径/mm	通过下列筛孔(方孔筛/mm)的质量百分率/%								
		37.5	31.5	26.5	19	13.2	9.5	4.75	2.36	0.6
S6	15~30	100	90~100	–	–	0~15	–	0~5		
S7	10~30	100	90~100		–	–	0~15	0~5		
S8	15~25		100	95~100		0~15	–	0~5		
S9	10~20			100	95~100		0~15	0~5		
S10	10~15				100	95~100	0~15	0~5		
S11	5~15				100	95~100	40~70	0~15	0~5	
S12	5~10					100	95~100	0~10	0~5	
S13	3~10				95~100	100	95~100	40~70	0~20	0~5
S14	3~5								0~25	0~5

(3) 细骨料。拌制沥青混合料的细骨料可以采用天然砂、机制砂或石屑。细骨料应洁净、干燥、无风化、不含杂质，并有适当的级配范围。细骨料应与沥青有良好的黏结能力，在高速公路、一级公路、城市快速路、主干路沥青面层用沥青黏结性能差的天然砂或用由花岗岩、石英岩等酸性岩石破碎的人工砂及石屑时，应采取前述粗骨料的抗剥离措施对细骨料进行处理。在高速公路、一级公路、城市快速路、主干路沥青路面层及抗滑磨耗层中，所用石屑总量不宜超过天然砂或机制砂的用量。沥青面层用天然砂的规格见表10-13，石屑的规格见表10-14。

表10-13 沥青面层用天然砂的规格

筛孔尺寸/mm		砂的分类		
		粗砂	中砂	细砂
各筛孔的通过量/%	9.5	100	100	100
	4.75	90~100	90~100	90~100
	2.36	65~95	75~100	85~100
	1.18	35~65	50~90	75~100
	0.6	15~29	30~59	60~84
	0.3	5~20	8~30	15~45
	0.15	0~10	0~10	0~10
	0.075	0~5	0~5	0~5
细度模数M_x		3.7~3.1	3.0~2.3	2.2~1.6

表10-14 沥青面层用石屑的规格

规格	公称粒径/mm	通过下列筛孔的质量分数/%					
		9.5mm	4.75mm	2.36mm	0.6mm	0.3mm	0.075mm
S15	0~5	100	85~100	40~70	–	–	0~15
S16	0~3		100	85~100	20~50		0~15

(4) 填料。拌制沥青混合料时，填料最好采用石灰岩或岩浆岩中的强极性岩石等憎水性石料经磨细得到的矿粉，生产矿粉的原石料中泥土杂质应清除。矿粉要求干燥、洁净，能自由地从石粉仓中流出。粉煤灰烧失量应小于12%，与矿粉混合后的塑性指数应小于4%，其余质量要求与矿粉相同。粉煤灰的用量不宜超过填料总量的50%，与沥青黏结力好，且水稳性应满足要求。高速公路、一级公路、城市快速路和主干路不宜采用粉煤灰做填料。为改善水稳定性，可采用干燥的磨细生石灰粉、消石灰粉或水泥作为填料，用量不宜超过矿料总量的1%~2%。沥青面层用矿粉技术要求见表10-15。

表10-15　沥青面层用矿粉技术要求

指标		高速公路、一级公路	一般道路
表观密度/10^3kg/m³		≥2.50	≥2.45
含水量/%		≤1	≤1
粒度范围/%	<0.6mm	100	100
	<0.15mm	90~100	90~100
	<0.075mm	75~100	70~100
外观		无团粒结块	
亲水系数		<1	

10.4.2　热拌沥青混合料配合比设计标准

1. 沥青混合料类型选择

沥青混合料类型应根据道路等级与所处位置的功能要求进行选择。矿质混合料的最大粒径宜从上层至下层逐渐增大，并与结构层的设计厚度相匹配。各种等级道路沥青路面的各层结构所用沥青混合料的建议类型及公称最大粒径见表10-16，相应的沥青混合料级配范围及沥青参考用量见表10-17。

表10-16　沥青混合料建议类型与公称最大粒径

沥青路面结构层类型	道路等级	高速公路、一级公路、城市快速路、主干路			二级以下等级公路、一般城市道路			行人道路
磨耗层、表面层	沥青混合料类型	AC	SMA	OGFC	AC	SMA		AC
	骨料公称最大粒径/mm	4.75	*x*	*x*	*x*	*x*	*x*	10
		9.5	30	25	20	25	25	20
		13.2	40	35	25	35	35	25
		16	50	40	*x*	45	40	*x*
中面层、下面层、基层	沥青混合料类型	AC		ATB	AC	AM	ATB	AC	AM
	骨料公称最大粒径/mm	13.2	*x*		*x*	35	35	*x*	35	35
		16	50		*x*	45	40	*x*	40	40
		19	60		*x*	60	50	*x*	55	*x*
		26.5	80		80	*x*	60	80	*x*	*x*
		31.5	*x*		100	*x*	*x*	90	*x*	*x*
		37.5	*x*		120	*x*	*x*	100	*x*	*x*

表10-17 沥青混合料级配范围及沥青参考用量表

级配类型			下列尺寸标准筛/mm的通过量/%															供参考的沥青用量/%
			53.0	37.8	31.5	26.5	19.0	16.0	13.2	9.5	4.75	2.36	1.18	0.6	0.3	0.15	0.075	
沥青混凝土	粗粒	AC-30 I	100	100	90~100	79~92	66~82	59~77	52~72	43~63	32~52	25~42	18~32	13~25	8~18	5~13	3~7	4.0~6.0
		II		100	90~100	65~85	52~70	45~65	38~58	30~50	18~38	12~28	8~20	4~14	3~11	2~7	1~5	3.0~5.0
		AC-25 I			100	9~100	75~90	62~80	53~73	43~63	32~52	25~42	18~32	13~25	8~18	5~13	3~7	4.0~6.0
		II			100	90~100	65~85	52~70	42~62	32~52	20~40	13~30	9~23	6~16	4~12	3~8	2~5	3.0~5.0
	中粒	AC-20 I				100	95~100	75~90	62~80	52~72	38~58	28~46	20~34	15~27	10~20	6~14	4~8	4.0~6.0
		II				100	95~100	65~85	52~70	40~60	26~45	16~33	11~25	7~18	4~13	3~9	2~5	3.5~5.5
		AC-16 I					100	95~100	75~90	58~78	42~63	32~50	22~37	16~28	11~21	7~15	4~8	4.0~6.0
		II					100	90~100	65~85	50~70	30~50	18~35	12~25	7~19	4~14	3~9	2~5	3.5~5.5
	细粒	AC-13 I						100	95~100	70~88	48~68	36~53	24~41	18~30	12~22	8~16	4~8	4.5~6.5
		II						100	95~100	60~80	34~52	22~38	14~28	8~20	5~14	3~10	2~6	4.0~6.0
		AC-10 I							100	95~100	55~75	38~58	26~43	17~33	10~24	6~16	4~9	5.0~7.0
		II							100	90~100	40~60	24~42	15~30	9~22	6~15	4~10	2~6	4.5~6.5
	砂粒	AC-5 I								100	95~100	55~75	35~55	20~40	12~26	7~18	5~10	6.0~8.0
沥青碎石	粗粒	AM-40	100	90~100	50~80	40~65	30~54	25~30	20~45	13~38	5~25	2~15	0~10	0~8	0~6	0~5	0~4	2.5~3.5
		AM-30		100	90~100	50~80	38~65	32~57	25~50	17~42	8~30	2~20	0~15	0~10	0~8	0~5	0~4	3.0~4.0
		AM-25			100	90~100	50~80	43~73	38~65	25~55	10~33	2~20	0~14	0~10	0~8	0~5	0~5	3.0~4.5
	中粒	AM-20				100	90~100	60~85	50~75	40~65	15~40	5~22	2~16	1~12	0~10	0~8	0~5	3.0~4.5
		AM-16					100	90~100	60~85	45~68	18~42	6~25	3~18	1~14	0~10	0~8	0~5	3.0~4.5
	细粒	AM-13						100	90~100	50~80	20~45	8~26	4~20	2~16	0~12	0~9	0~6	3.0~4.5
		AM-10							100	85~100	35~65	10~35	5~22	2~16	0~12	0~9	0~6	3.0~4.5
抗滑表面		AK-13 I						100	90~100	60~80	30~53	20~40	15~30	10~23	7~18	5~12	4~8	3.5~5.5
		AK-13B						100	85~100	50~70	18~40	10~30	8~22	5~7	3~12	3~9	2~6	3.5~5.5
		AK-16					100	90~100	60~82	45~70	25~45	15~35	10~25	8~18	6~13	4~10	3~7	3.5~5.5

2. 热拌沥青混合料马歇尔试验配合比设计技术标准

沥青混合料体积特征参数有密度、空隙率(VV)、矿料间隙率(VMA)和饱和度(VFA)等。

其中,密度是指压实混合料试件单位体积的干质量。在实际使用中,密度(或相对密度)的测试方法非常重要又有一定难度,常用的密度有沥青混合料的理论最大密度和沥青混合料毛体积密度。理论最大密度是指假设沥青混合料试件在完全密实、没有空隙的理想状态下,即压实沥青混合料试件内部全为矿质混合料(包括矿质混合料内部孔隙)和沥青,空隙率为零时的最大密度。毛体积密度是指单位毛体积(含沥青混合料实体矿物成分体积、不吸收水分的闭口孔、能吸收水分的开口孔等颗粒表面轮廓所包围的全部毛体积)的干密度。

空隙率是指压实状态下沥青混合料中的矿料与沥青实体之外的空隙(不包含矿料本身或表面已被沥青封闭的孔隙)的体积占试件总体积的百分率。空隙率是沥青混合料最重要的体积特征参数,对沥青混合料的稳定性和耐久性有重大影响。空隙率过低,因塑性流动会引发路面车辙;空隙率过高,沥青的氧化速率和老化程度增加,水分更容易进入沥青混合料内部,导致沥青剥落,从而降低混合料的耐久性。

矿料间隙率是指压实沥青混合料试件中的矿质混合料实体以外的空间体积占试件总体积的百分率。

沥青饱和度是指压实沥青混合料试件中的沥青实体体积占矿质混合料骨架实体以外的空间体积的百分率。

对热拌沥青混合料采用马歇尔试验方法进行配合比设计时,沥青混合料马歇尔试件的体积特征参数、稳定度与流值等技术要求见表10-18与表10-19。

表10-18　热拌沥青混合料马歇尔试验技术标准

沥青混合料类型 试验项目		密级配热拌沥青混合料DAC				其他等级道路	行人道路	密级配沥青碎石(ATB)	沥青碎石(AM)	排水式开级配沥青混合料(OGFC)
		高速公路、一级公路、城市快速路、主干路								
		中轻交通	重交通	中轻交通	重交通					
		夏炎热区		夏热区及夏凉区						
击实次数		75	75	75	75	50	50	75	50	50
空隙率/%	深100mm以内	3～5	4～6	2～4	3～5	3～6	2～4	3～6	6～10	≥18
	深100mm以下	3～6	3～6	2～4	3～6					
沥青饱和度/%		见表10-19的要求						55～70	40～70	－
矿料间隙率/%		见表10-19的要求						≥11	－	－
稳定度≥/kN		8	8	8	8	5	3	7.5	3.5	3.5
流值/mm		2～4	1.5～4	2～4.5	2～4	2～4.5	2～5	1.5～4	－	－

表10-19　密级配热拌沥青混合料的沥青拌合度与矿料间隙率的要求

骨料公称最大粒径/mm		4.75	9.5	13.2	16.0	19.0	26.5	31.5	37.5	50.0
沥青饱和度(VFA)/%		70～85		60～75			55～70			
在右侧设空隙率时的矿料间隙率(VMA)≥/%	空隙率(VV)/% 2	15	13	12	11.5	11	10	9.5	9	8.5
	3	16	14	13	12.5	12	11	10.5	10	9.5
	4	17	15	14	13.5	13	12	11.5	11	10.5
	5	18	16	15	14.5	14	13	12.5	12	11.5
	6	19	17	16	15.5	15	14	13.5	13	12.5

3. 沥青混合料的高温稳定性指标

对于高速公路、一级公路、城市快速路和主干路沥青路面的上面层和中面层的沥青混合料进行配合比设计时，应进行车辙试验。

沥青混合料的车辙动稳定度要求见表10-20。特别注意的是，对于交通量特别大、超载车辆特别多的道路，可以通过提高气候分区等级来提高对动稳定度的要求；对于以轻交通为主的旅游区道路，可以根据情况适当降低要求。

表10-20　沥青混合料车辙动稳定度技术要求

气候条件与技术指标		相应于下列气候分区所要求的动稳定度/次/mm								
七月平均最高气温/℃及气候分区		>30夏炎热区				20～30夏热区				<20夏凉区
		1-1	1-2	1-3	1-4	2-1	2-2	2-3	2-4	3-2
普通沥青混合料	非改性≥	800		1000		600		800		600
	改性≥	2400		2800		2000		2400		1800

4. 沥青混合料的低温稳定性指标

为了提高沥青路面的低温抗裂性，应对沥青混合料进行低温弯曲试验。试验温度为-10℃，加载速度为50mm/min。沥青混合料的破坏应变应满足表10-21的要求。

表10-21　沥青混合料低温抗裂性试验破坏应变技术要求

气候条件与技术指标		相应于下列气候分区所要求的破坏应变							
年极端最低气温/℃及气候分区		-37.0冬严寒区		-21.5～37.0冬寒区			-9.0～21.5冬冷区		>-9.0冬温区
		1-1	2-1	1-2	2-2	3-2	1-3	2-3	1-4	2-4
普通沥青混合料	非改性≥	2600		2300			2000		
	改性≥	3000		2800			2500		

5. 沥青混合料的水稳定性指标

在沥青混合料配合比设计及性能评价中，除了对沥青与石料的黏附性等级进行检验外，还应在规定条件下进行沥青混合料的浸水马歇尔试验和冻融劈裂试验，残留稳定度和冻融劈裂强度比要求见表10-22。改性沥青混合料的残留稳定度和冻融劈裂强度比均不得小于80%。

表10-22　沥青混合料水稳定性技术要求

年降雨量/mm及气候分区		>1000潮湿区	500~1000湿润区	250~500半干区	<250干旱区
浸水马歇尔试验的残留稳定度≥/%	非改性	80		75	
	改性	85		80	
冻融劈裂试验的残留强度比≥/%	非改性	75		70	
	改性	80		75	

10.4.3　密级配热拌沥青混合料配合比设计方法

密级配热拌沥青混合料配合比设计主要包括三个阶段，即目标配合比设计阶段、生产配合比设计阶段和生产配合比验证(即试验路试铺)阶段。其中，后两个阶段是在目标配合比的基础上进行的，需借助施工单位的拌合设备、摊铺和碾压设备完成。整个配合比设计的目的就是确定沥青混合料中各组成材料品种、矿质混合料级配和沥青用量。设计流程见图10-14。

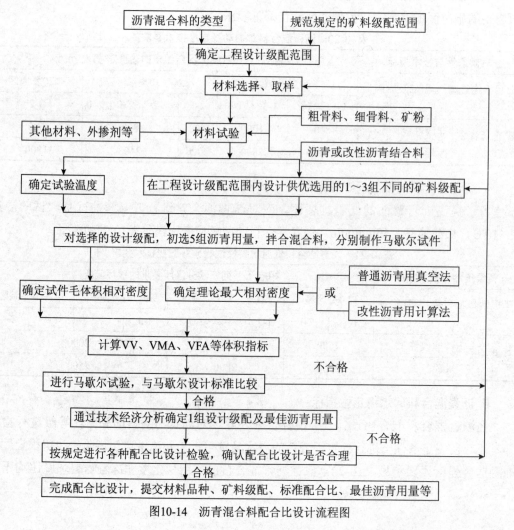

图10-14　沥青混合料配合比设计流程图

1. 矿质混合料的组成设计

1) 沥青混合料类型和矿质混合料级配的确定

设计中，先根据道路等级、路面结构层位等按照表10-16选择沥青混合料类型，并按照表10-17确定相应的矿质混合料级配范围，也可以根据现有试验研究成果选择其他类型的沥青混合料类型及相应的矿质混合料级配范围，再经技术经济认证后最终确定。

2) 矿质混合料配合比计算

首先，测定各组成材料的原始数据。按照规定方法对工程实际使用的材料进行取样，测试粗骨料、细骨料及矿粉的密度，并进行筛分试验，确定各种规格骨料的级配组成。然后，确定各档骨料的用量比例。根据各档骨料的筛分结果，采用计算法或图解法，确定各档骨料的用量比例，计算矿质混合料的合成级配。

矿质混合料的合成级配曲线要求必须符合设计级配范围的要求，不得有过多的犬牙交错。当经过反复调整仍有两个以上的筛孔超出设计级配范围时，必须对原材料进行调整或更换原材料，重新进行设计。合成级配曲线宜尽量接近设计级配中值，应使0.075mm、2.36mm、4.75mm等筛孔的通过量尽量接近设计级配范围的中限。对于交通量大、承载重的道路，合成级配应偏向级配范围的下限；而对于中、轻交通量或人行道路等，合成级配应偏向级配范围的上限。

2. 沥青混合料马歇尔试验

要确定最佳沥青用量(OAC)，通常采用马歇尔试验法。

(1) 按确定的矿质混合料配合比，计算各种规格骨料的用量。根据经验估计一个适宜的沥青用量(或油石比)。以估计的沥青用量为中值，以0.5%为间隔变化，取5个不同的沥青用量，拌制沥青混合料，制备马歇尔试件。

(2) 测定沥青混合料试件的密度，并计算试件的空隙率、沥青饱和度、矿料间隙率、粗骨料间隙率等体积参数。在马歇尔试验仪上，测定试件的马歇尔稳定度和流值。

3. 最佳沥青用量的确定

以沥青用量为横坐标，以沥青混合料试件的密度、空隙率、沥青饱和度、马歇尔稳定度和流值指标为纵坐标，将试验结果绘制成关系曲线，见图10-15。

1) 确定最佳沥青用量的初始值OAC_1

一般情况根据图10-15，取马歇尔稳定度和密度最大值相对应的沥青用量a_1和a_2，以及与设计要求空隙率范围中值对应的沥青用量a_3和与沥青饱和度范围中值相对应的沥青用量a_4，计算几部分的平均值作为最佳沥青用量的初始值OAC_1，计算公式为

$$OAC_1 = \frac{(a_1 + a_2 + a_3 + a_4)}{4}$$

如果选定的沥青用量范围未能涵盖沥青饱和度的要求范围，则按下式计算平均值作为OAC_1

$$OAC_1 = \frac{(a_1 + a_2 + a_3)}{3}$$

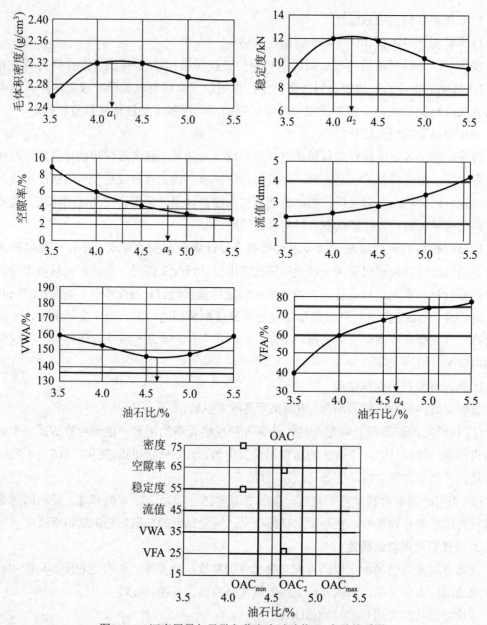

图10-15 沥青用量与马歇尔稳定度试验物理-力学关系图

如果选定试验的沥青用量范围、密度或稳定度没有出现峰值(最大值经常在曲线的两端),可直接以目标空隙率所对应的沥青用量a_3作为OAC_1,但OAC_1必须介于OAC_{min}~OAC_{max}之间,否则应重新进行配合比设计。

2) 确定沥青最佳用量的初始值OAC_2

根据确定的沥青混合料的马歇尔试验技术标准,在图10-15上找出各项指标均符合技术标准的沥青用量范围OAC_{min}~OAC_{max},计算出沥青最佳用量的初始值OAC_2,计算公式为

$$OAC_2 = \frac{(OAC_{min} + OAC_{max})}{2}$$

在图10-15中，首先校核当沥青用量为OAC_1时，沥青混合料的各项指标是否符合设计要求，同时检验VMA是否符合要求。当符合要求时，由OAC_1及OAC_2综合决定最佳沥青用量OAC。否则应调整级配，重新进行马歇尔试验配合比设计，直至各项指标均符合要求为止。

3) 根据OAC_1及OAC_2综合确定最佳沥青用量

最佳沥青用量OAC的确定应考虑沥青路面的工程实践经验、道路等级、交通特性、气候条件等因素。通常可取OAC_1及OAC_2的平均值为最佳沥青用量。

对热区道路以及车辆渠化交通的高速公路、一级公路、城市快速路、主干路，预计有可能出现大车辙时，可以在下限值OAC_{min}与中限值OAC_2的范围内决定最佳沥青用量，但一般不宜小于$OAC_2-0.5\%$。

对寒区道路、旅游区道路，最佳沥青用量可以在中限值OAC_2与上限值OAC_{max}的范围内选取，但一般不宜大于$OAC_2+0.3\%$。

4. 沥青混合料的性能检验

对于经过配合比设计后得到的沥青混合料配比，必须进行性能检验。

(1) 沥青混合料的水稳定性检验。按最佳沥青用量OAC制作马歇尔试件进行浸水马歇尔试验和冻融劈裂试验，检验试件的残留稳定度或冻融劈裂强度比是否满足要求。

(2) 沥青混合料的高温稳定性检验。按最佳沥青用量OAC制作车辙试验试件，在规定的条件下进行车辙试验，检验沥青混合料的高温抗车辙能力。当其动稳定度不符合规定时，应对矿质混合料级配或沥青用量进行配合比设计。

(3) 沥青混合料低温抗裂性检验。对改性沥青混合料，应按照最佳沥青用量OAC制成车辙试验试件，再用切割机将试件锯成规定尺寸的棱柱体试件，按照规定方法进行低温弯曲试验，检验其破坏应变是否符合规范要求，否则应对矿质混合料级配或沥青用量进行调整，必要时可更换改性沥青品种，重新进行配合比设计。

当最佳沥青用量OAC与两个初始值OAC_1及OAC_2相差甚大时，宜按OAC与OAC_1(或OAC_2)分别制成试件，进行上述性能检验，并根据检验结果对OAC进行适当调整。

10.4.4 沥青玛蹄脂碎石

沥青玛蹄脂碎石的缩写为SMA，是由高含量粗骨料、高含量矿粉、较大沥青用量、低含量中间粒径颗粒组成的骨架密实结构型沥青混合料。

在SMA的结构组成中，粗骨料多、矿粉多、沥青多、细骨料少，可概括为"三多一少"。SMA沥青用量较多，高达6.5%～7%，且黏结性要求高，并优先选用针入度小、软化点高、温度稳定性好的沥青(最好采用改性沥青)。由于加入较多的沥青，应适当增加矿粉用量，同时可使用纤维材料。作为一种间断级配的沥青混合料，SMA中5mm以上的粗骨料比例高达70%～80%，矿粉的用量达7%～13%，很少使用细骨料。

在高温条件下，因骨架作用，SMA抵抗荷载变形的能力较强，高温抗车辙能力较强；在低温条件下，由于相当数量的沥青玛蹄脂的存在，低温变形能力良好，SMA沥青路面抗裂性较好。总之，使用SMA时，沥青路面的整体强度、抗滑性、耐磨性和稳定性均较好。

在SMA中，沥青应具有较高的黏度，且与骨料有良好的黏附性。

在SMA中，细骨料优先选用坚硬的机制砂，也可以使用粒径范围为0.5～3mm的洁净石屑。当采用普通石屑作为细骨料时，宜采用石灰岩石屑，且其中不得含有泥土类杂物。当与天然砂混合使用时，天然砂的含量不宜超过机制砂或石屑。细骨料的棱角性最好大于45%。

在SMA中，粗骨料优先选用高质量的轧制碎石，要求坚韧性高，且具有较高的强度和刚度。粗骨料的颗粒形状应接近立方体，有棱角，表面粗糙，应严格控制针片状颗粒含量。

在SMA中，填料必须采用石灰岩等碱性岩石磨细的矿粉，不得使用粉煤灰。

此外，SMA中常使用纤维材料。SMA中使用的纤维必须能够耐240℃的高温条件，化学稳定性好，对环境无污染。主要品种包括木质素纤维、矿物纤维、腈纶纤维、涤纶纤维、玻璃纤维等聚合物化学纤维。纤维材料的主要作用是吸油、增加稳定性、提高高温下的抗剪强度。

工程案例分析

河南省某高速公路，沥青路面结构为三层式结构，上面层结构设计厚度为4cm。该市气候数据显示7月份平均最高气温为33℃，年极端最低气温为-5.3℃，年降雨量为1480mm。

选用的沥青材料密度为1.024g/cm³，经检验各项技术性能均符合要求。

3档骨料的级配组成见表10-23，骨料为石灰石，抗压强度为125MPa，洛杉矶磨耗率为11%，黏附性等级为5级，表观密度为2.72 g/cm³。

表10-23　矿质骨料级配与设计级配范围

材料名称	下列筛孔/mm的通过百分率/%									
	16.0	13.2	9.5	4.75	2.36	1.18	0.6	0.3	0.15	0.075
骨料A	100	94	16	0	—	—	—	—	—	—
骨料B	100	100	100	83	15	8	4	0	—	—
骨料C	100	100	100	100	91	81	42	21	11	4
骨料D	100	100	100	100	100	100	100	100	96	87
AC-13I级配范围	100	95～100	70～88	46～68	36～53	24～41	18～30	12～22	8～16	4～8
级配范围中值	100	98	79	57	45	33	24	17	12	6

石灰石磨细石粉，粒度范围符合技术要求，无团粒结块，表观密度为2.67g/cm³。

要求设计该沥青路面上面层沥青混合料，设计要求如下所述。

(1) 确定沥青混合料类型，并进行矿质混合料配合比设计；

(2) 确定最佳沥青用量；

(3) 根据高速公路用沥青混合料要求，检验沥青混合料的水稳定性和抗车辙能力。

1. 矿质混合料配合比设计

(1) 确定沥青混合料类型以及矿质混合料的级配范围。根据设计资料，所铺筑道路为高速公路，沥青路面为上面层，结构层厚度为4cm。选择AC-13I型沥青混合料。

(2) 采用图解法进行矿质混合料配合比设计。采用图解法，确定骨料A用量所占比例为30%、骨料B用量所占比例为31%、骨料C用量所占比例为30%、矿粉D用量所占比例为9%。

(3) 配合比校核与调整。按照骨料A：骨料B：骨料C：矿粉D=30%：31%：30%：9%的比例，计算矿质混合料的合成级配，结果见表10-24。从表中可知，合成级配在筛孔为0.075mm的通过百分率为9.1%，超出设计级配范围(4%～8%)的要求，需要对骨料比例进行调整。采用增加骨料A、C，减少骨料B和矿粉D用量的方法来调整配合比。

经调整后的配合比为骨料A：骨料B：骨料C：矿粉D=31%：26%：37%：6%。调整后，矿质混合料的合成级配见表10-24中括号内的数值，合成级配符合设计要求，并且接近中值。因此，配合比设计结果为：碎石用量31%，石屑用量26%，砂用量37%，矿粉用量6%。

表10-24　矿质混合料合成级配校核计算用表

材料名称		下列筛孔/mm的通过百分率/%									
		16.0	13.2	9.5	4.75	2.36	1.18	0.6	0.3	0.15	0.075
各种矿料在混合料中的级配	A骨料 30%(31%)	30.0 (31.0)	28.2 (28.8)	4.8 (5.3)	0 (0)						
	B骨料 31%(26%)	31.0 (26.0)	31.0 (26.0)	31.0 (26.0)	25.7 (21.8)	4.6 (3.6)	2.5 (2.1)	1.2 (1.0)	0 (0)		
	C骨料 30%(37%)	30.0 (37.0)	30.0 (37.0)	30.0 (37.0)	30.0 (37.0)	27.1 (34.0)	24.2 (30.3)	12.6 (15.5)	6.3 (7.8)	3.3 (4.1)	1.2 (1.5)
	D矿粉9% (6%)	9.0 (6.0)	9.0 (6.0)	9.0 (6.0)	9.0 (6.0)	9.0 (6.0)	9.0 (6.0)	9.0 (6.0)	9.0 (6.0)	8.9 (5.8)	7.9 (5.2)
矿质混合料的合成级配		100 (100)	98.2 (97.8)	74.8 (74.3)	64.7 (64.2)	40.7 (43.6)	35.7 (38.4)	22.8 (22.6)	15.3 (13.8)	12.2 (9.9)	9.1 (6.7)
设计级配范围		100	95～100	70～88	48～68	36～53	24～41	18～30	12～22	8～16	4～8

2. 沥青混合料马歇尔试验

依据当地以往工程经验，AC-13I型沥青混合料的沥青用量范围为4.5%～6.5%。采用0.5%的间隔变化，分别选择沥青用量4.5%、5.0%、5.5%、6.0%、6.5%拌制5组沥青混合料，每面各击实75次成型5组试件。

根据沥青混合料的材料组成，计算在各种沥青用量下试件的理论最大密度。采用表干法测定试件的空气中质量和表干质量，计算试件的毛体积密度、矿料间隙率、沥青饱和度等体积参数指标，具体见表10-25。测定温度为60℃时各组试件的马歇尔稳定度和流值，结果见表10-25中最后两列。

表10-25　马歇尔试验体积参数-力学指标测定结果汇总

试件组号	沥青用量/%	理论最大密度/g/cm³	空气中质量/g	水中质量/g	表干质量/g	毛体积密度/g/cm³	VV/%	VMA/%	VFA/%	Ms/kN	Fl/mm
A1	4.5	2.514	1157.3	670.0	1161.9	2.353	6.4	16.7	61.7	7.8	2.1
A2	5.0	2.495	1177.3	685.4	1180.5	2.378	4.7	16.3	71.2	8.6	2.5
A3	5.5	2.476	1201.9	704.0	1206.5	2.392	3.4	16.2	79.0	8.7	3.2
A4	6.0	2.458	1225.7	716.9	1227.5	2.401	2.3	16.4	85.8	8.1	3.7
A5	6.5	2.440	1250.2	731.5	1253.3	2.396	1.8	17.0	89.4	7.0	4.4
技术标准							3~6	≥15	70~85	≥7.5	2~4

根据表10-25中的数据，绘制沥青用量与毛体积密度、空隙率、沥青饱和度、马歇尔稳定度和流值等指标的关系曲线图，见图10-16。

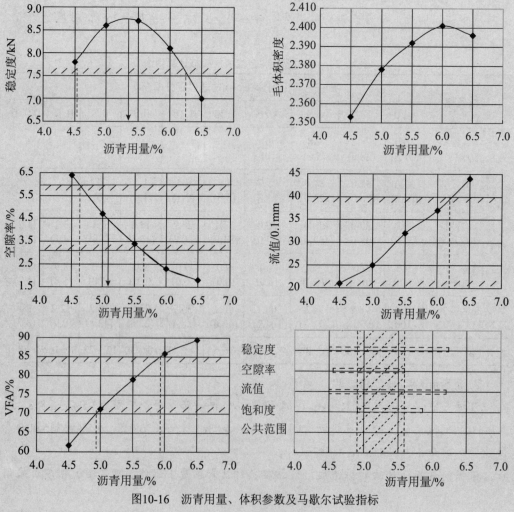

图10-16　沥青用量、体积参数及马歇尔试验指标

3. 最佳沥青用量确定

由图10-16可知，a_1=5.4%、a_2=6.0%、a_3=5.1%，最佳沥青初始值为

OAC_1=(5.4%+6.0%+5.1%)/3=5.5%

确定各项指标均符合沥青混合料技术标准要求的沥青用量范围，见图10-16中阴影部分，其中OAC_{min}=4.9%，OAC_{max}=5.7%，则

OAC_2=(4.9%+5.7%)/2=5.3%

OAC=(5.3%+5.5%)/2=5.4%

当取沥青最佳用量初始值OAC_1=5.5%时，沥青混合料试件的各项指标均符合技术要求。

当地7月平均最高气温为33℃，年极端最低气温为-5.3℃，该沥青路面的气候分区属于夏炎热冬温区(1-4)，考虑是高速公路沥青路面，预计可能出现车辙，故取OAC_2与下限值OAC_{min}之间的一个值OAC'=5.1%，作为沥青最佳用量。

4. 沥青混合料的水稳定性检验

采用5.1%和5.4%的沥青用量分别制备沥青混合料试件，按照规定方法进行浸水马歇尔试验和冻融劈裂试验。试验结果表明，在OAC=5.4%和OAC'=5.1%这两个沥青用量下，沥青混合料的浸水残留稳定度大于80%，冻融劈裂强度比大于75%，满足对沥青混合料水定性技术要求。

5. 沥青混合料抗车辙能力检验

采用沥青用量5.4%和5.1%分别制备车辙试件，按照规定方法进行车辙试验，试件的动稳定度均大于1000次/mm，符合高等级道路对沥青混合料抗车辙性能的技术要求。

综合考虑，当沥青用量为5.1%时，沥青混合料的动稳定度更高，所以选择沥青用量5.1%作为最佳沥青用量。

📖学习拓展

[1] 谭忆秋. 沥青与沥青混合料[M]. 哈尔滨：哈尔滨工业大学出版社，2007.

该书是一本专门介绍沥青与沥青混合料的教材，主要介绍沥青与沥青混合料的基本理论和基础知识，主要包括沥青、石料与骨料、沥青混合料的组成结构、技术性质、检测方法和技术标准，沥青混合料的配合比设计方法以及级配设计的算例，沥青流变学，改性沥青、沥青混合料的路用性能、配合比设计方法及算例，沥青混合料施工质量控制和新型沥青与沥青混合料等内容。同时，为了扩大知识面，介绍了目前常用的新型沥青与沥青混合料评价方法、设计方法和质量控制方法等。该书既可用做高等学校交通土建工程专业、道路桥梁与渡河工程专业本科生教材，还可作为道路与铁道工程专业的硕士研究生的教材。同时，也可供相关部门的科研、设计、施工、管理、生产人员参考。通过对该书的阅读，可以加深对本章重要知识点的记忆，拓宽在沥青混合料配合比设计与应用方面的知识面。

[2] 张宜洛. 沥青路面施工工艺及质量控制[M]. 北京：人民交通出版社，2011.

该书以沥青路面施工的整体质量控制为主线，详细介绍沥青混合料路面每一种施工工

艺的特点、具体要求、质量控制的措施和方法。全书共分四部分。第一部分简述沥青路面的使用性能要求，道路的病害机理、影响因素及解决措施；第二部分介绍沥青、骨料和矿粉的选择标准和方法以及混合料配合比设计程序；第三部分介绍沥青混合料拌合、摊铺、压实等工艺的要求标准和控制方法；第四部分介绍施工过程中的质量控制措施和方法，以及交工检查与验收质量标准及试验方法。该书内容丰富，系统性和实用性强，可供沥青路面研究、设计、施工、养护、管理人员和科研人员参考使用，也可供相关专业的在校师生学习使用。该书是对本章内容的有益补充，特别是对工程质量控制方面加以强化。

[3] 沈春林，等. 沥青防水材料[M]. 北京：中国标准出版社，2007.

该书主要以现行防水材料标准、施工规范、相关学术著作和工具书、产品说明书、报刊资料数据及笔者长期的工作体会总结等为依据，按照沥青防水材料的类别，系统地介绍了沥青材料在建筑防水领域中的具体应用，对沥青材料的生产、改性、乳化及沥青防水材料的使用和施工做了较为详细的介绍。本书以一定的理论深度和较强的实用性为特色，对从事防水材料科研、生产和使用的工程技术人员具有参考价值。该书是对本章中沥青材料工程应用方面知识的有益补充，强化了沥青防水材料方面的知识点。

本章小结

1. 石油沥青是十分复杂的烃类和非烃类混合物，主要原子有C、H，杂原子有S、N、O，微量金属元素有Ne、Fe、Na、Ca、Cu等。

2. 石油沥青组成三组分分析法分为油分、树脂、沥青质，四组分分析法分为饱和分、芳香分、胶质、沥青质。

3. 石油沥青的胶体结构分为溶胶型、凝胶型、溶-凝胶型。

4. 石油沥青的针入度是评价石油沥青稠度的指标。针入度值越大，石油沥青越软，稠度越小。石油沥青的温度敏感性常用软化点和针入度指数表示。石油沥青的低温性能常用延性来表征。针入度、延度和软化点是评价黏稠石油沥青技术性质最常用的经验指标，所以称为石油沥青的三大指标。

5. 和石油沥青相比，煤沥青的温度稳定性差、大气稳定性差、塑性差，与矿质材料表面黏附性能好、防腐性能好，含有对人体有害的成分较多、臭味较重。

6. 沥青基防水卷材是指以各种石油沥青或煤沥青为防水基材，以原纸、织物、毯等为胎基，用不同矿物粉料、粒料或合成高分子薄膜、金属膜作为隔离材料所制成的可卷曲片状防水材料。

7. 沥青混合料按照矿料级配组成的特点及压实后剩余空隙率的大小分为连续密级配沥青混凝土混合料、连续半开级配沥青混合料、开级配沥青混合料、间断级配沥青混合料。

8. 沥青混合料的主要成分包括沥青、粗骨料、细骨料、矿粉填料和外加剂(如抗剥离剂、抗老化剂、聚合物改性剂)等。

9. 沥青混合料可分为悬浮密实结构、骨架空隙结构、骨架密实结构。

10. 影响沥青混合料结构强度的因素主要包括：①沥青混合料的黏度；②矿质混合料

的组成与性能；③沥青与矿料在界面上的交互作用；④矿料比表面积和沥青用量；⑤使用条件。

11. 常用沥青路面种类包括：①沥青表面处理和沥青贯入式；②沥青碎石；③沥青混凝土。

12. 沥青路面的主要优点包括：①沥青路面具有优良的结构力学性能和表面功能特性；②沥青路面表面抗滑性能好；③沥青路面施工方便；④沥青路面经济耐久性好；⑤沥青路面便于再生利用；⑥抗震性好。

13. 沥青路面的主要缺点包括：①沥青易老化；②沥青路面温度敏感性较差。

14. 沥青路面的破坏主要包括：①高温时，沥青路面由于沥青混合料抗剪强度不足，引起塑性变形过大，致使路面产生波浪、车辙、拥包与推移等高温变形破坏；②低温时，沥青路面抗拉强度或抗变形能力不足，而混合料收缩受阻产生的拉应力超过了混合料的抗拉强度，在混合料内产生裂缝，导致脆性断裂；③沥青路面的疲劳破坏，是在车辆反复作用下引起的，路面材料和路基的疲劳作用产生变形累积；④环境因素综合影响导致的沥青路面破坏。

15. 沥青混合料配合比设计一般要经过4个步骤：矿质混合料的组成设计、沥青混合料马歇尔试验、最佳沥青用量的确定、沥青混合料的性能检验。

16. 取马歇尔稳定度和密度最大值对应的沥青用量a_1和a_2，以及与设计要求的空隙率范围中值对应的沥青用量a_3和与沥青饱和度范围中值对应的沥青用量a_4，计算最佳沥青用量的初始值

$$OAC_1 = \frac{(a_1 + a_2 + a_3 + a_4)}{4}$$

17. 根据确定的沥青混合料的马歇尔试验技术标准，取各项指标均符合技术标准的沥青用量范围$OAC_{min} \sim OAC_{max}$，计算出沥青最佳用量的初始值

$$OAC_2 = \frac{(OAC_{min} + OAC_{max})}{2}$$

18. 通常可取OAC_1及OAC_2的平均值作为最佳沥青用量。对热区道路以及车辆渠化交通的高速公路、一级公路、城市快速路、主干路，预计有可能出现大车辙时，可以在与下限值OAC_{min}与中限值OAC_2的范围内决定最佳沥青用量，但一般不宜小于$OAC_2-0.5\%$；对寒区道路、旅游区道路，最佳沥青用量可以在中限值OAC_2与上限值OAC_{max}范围内决定，但一般不宜大于$OAC_2+0.3\%$。

19. 沥青玛蹄脂碎石是由高含量粗骨料、高含量矿粉、较大沥青用量、低含量中间粒径颗粒组成的骨架密实结构型沥青混合料。它的结构组成可概括为"三多一少"，即：粗骨料多、矿粉多、沥青多、细骨料少。

🌐 复习与思考

1. 石油沥青的胶体结构有哪几种？各自有哪些特点？

2. 石油沥青的主要技术指标有哪些？

3. 常见沥青基防水材料的种类有哪些？

4. 沥青路面的种类包括哪些？

5. 沥青混合料的路用性能有哪些？分别受哪些因素影响？

6. 采用马歇尔法设计沥青混合料配合比时，为什么要注重水稳定性和车辙试验？

7. 采用马歇尔试验法确定某沥青混合料中沥青的最佳用量。已知相对于表观密度最大值的沥青用量为6.0%，相对于稳定度最大值的沥青用量为6.4%，相对于规定空隙率范围中值的沥青用量为5.8%，各指标符合沥青混合料技术指标要求的沥青用量范围为5.3%～6.5%，且该沥青混合料应用的道路无特殊要求，试计算该沥青混合料中沥青的最佳用量。若该沥青混合料应用于广西高速公路时，试选取沥青的最佳用量。

第11章
合成高分子材料

【内容导读】

本章介绍合成高分子材料的相关知识。主要内容包括合成高分子材料的定义、分类、主要性能、发展趋势；常用合成高分子材料种类；塑料、纤维、橡胶等材料的技术性质；合成高分子材料在工程中的实际应用；胶黏剂、涂料、功能高分子材料的主要品种、组成、技术性质及应用。

本章重点应掌握合成高分子材料的技术性质和应用，并熟悉常用合成高分子材料的种类，培养在工程中能合理地使用合成高分子材料以及对其使用中出现的问题进行分析和解决的能力。

合成高分子材料是以不饱和的小分子碳氢化合物为主要成分，含少量氧、氮、硫等，通过人工加聚或缩聚的化学合成方法，制得的大分子量物质，常称为高分子聚合物。

合成高分子材料品种很多，土木工程中常用的有塑料、纤维、橡胶，被称为三大合成材料。此外，还广泛用于制成胶黏剂、涂料及各种功能材料。

通常，分子链之间吸引力大、链节空间对称性和结晶性强的高分子聚合物，适合制造纤维和塑料；分子链间吸引力小、链柔顺性高的高分子聚合物，适合制造橡胶。有些高分子聚合物，例如聚乙烯、聚氯乙烯等，既可用于制成塑料，也可用于制成纤维；而聚丙烯酸甲酯，既可用于制成塑料，也可用于制成橡胶。虽然有些高分子聚合物的化学成分相同，但通过控制生产条件，可以形成不同的结构，使其具有不同的性质，因而也就可以用于制作不同的合成高分子材料。

11.1 高分子材料的基本知识

高分子材料按来源分为天然、半合成(改性天然高分子材料)和合成高分子材料。天然高分子材料是人类最早使用的高分子材料；19世纪30年代末期，出现了半合成高分子材料；1907年，高分子酚醛树脂的成功合成，标志着合成高分子材料时代的来临。在当代，高分子材料已与金属材料、无机非金属材料一并成为科学技术、经济建设中的重要材料。

11.1.1 高分子材料的分类

1. 按照聚合物的来源分类

按照聚合物的来源，可将高分子材料分为天然高分子材料，如由棉、毛构成的织物，由木材、麻制备的纸；改性的天然高分子材料，如由纤维素制备的硝基纤维素；合成高分子材料，如由小分子原料经化学反应和聚合方法合成的PE、PVC、PP等；改性合成高分子材料，即聚合物再经化学、物理方法改性而得到的材料。

2. 按照聚合物的主链结构分类

按照聚合物的主链结构，可将高分子材料分为碳链聚合物材料，见图11-1，聚合物主链完全由碳原子组成，如PVC、PS、PE等；杂链聚合物材料，见图11-2，聚合物主链中除碳外，还有氧、氮、硫等杂原子，如PA等；元素有机聚合物材料，见图11-3，聚合物主链中没有碳原子，主要由硅、硼等原子组成，侧链为有机基团，如有机硅等。

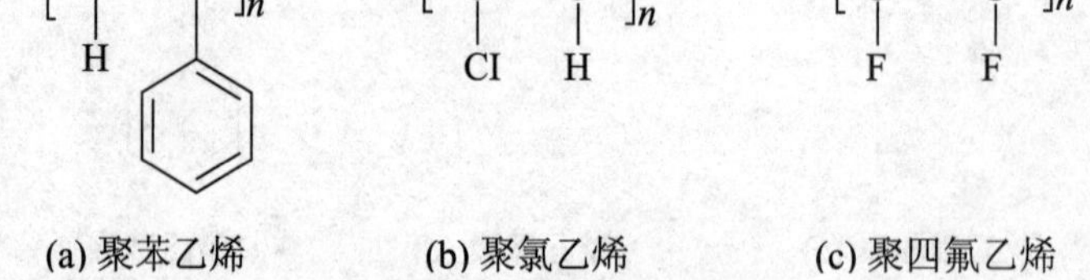

    (a) 聚苯乙烯   (b) 聚氯乙烯   (c) 聚四氟乙烯

图11-1 碳链聚合物材料

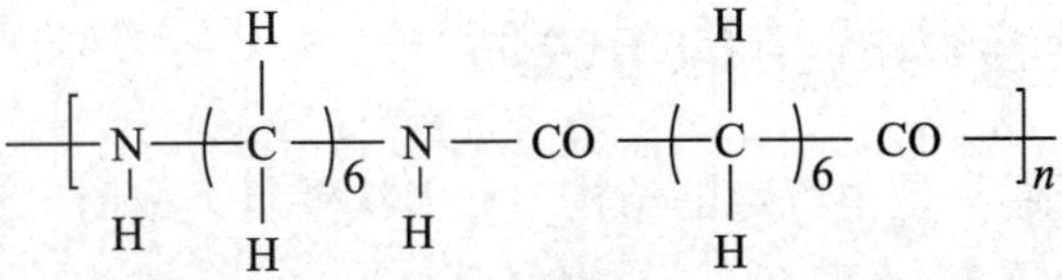

尼龙6

图11-2 杂链聚合物材料

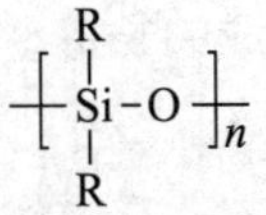

有机硅聚合物

图11-3 元素有机聚合物材料

3. 按照用途分类

按照用途，可将高分子材料分为塑料、弹性体(橡胶)、纤维、复合材料、胶黏剂、涂料。

11.1.2 高分子材料的合成

1. 加聚反应

单体(低分子碳氢化合物)在引发剂、光、热等作用下，聚合形成大分子的反应，被称为加聚反应。

加聚反应合成的高分子材料命名方法包括以下两种。

(1) 一种单体加聚反应生成均聚物，其命名方法为在单体名称前冠以"聚"字，如由乙烯加聚而得的称为聚乙烯，由氯乙烯加聚而得的称为聚氯乙烯。

(2) 两种或两种以上单体加聚反应生成共聚物，如由乙烯、丙烯、二烯炔共聚而得的称为乙烯丙烯二烯炔共聚物(又称三元乙丙橡胶)，由丁二烯、苯乙烯共聚而得的称为丁二烯苯乙烯共聚物(又称丁苯橡胶)。

2. 缩聚反应

由两种或两种以上具有可反应官能团的单体，在催化剂作用下结合成大分子，并同时放出低分子副产物如水、甲醛及氯等的反应，被称为缩聚反应。淀粉、纤维素、胜肽等是自然界常见的缩合聚合物，而尼龙、尿素甲醛树脂等则为常见的缩合聚合物的例子。

大多数缩聚反应都是可逆反应和逐步反应，分子量随反应时间的延长而逐渐增大，但单体的转化率却几乎与时间无关。根据反应条件的不同，可分为熔融缩聚反应、溶液缩聚反应、界面缩聚反应和固相缩聚反应4种。根据所用原料的不同，可分为均缩聚反应、混缩聚反应和共缩聚反应3种。同种分子的缩聚(如氨基酸)反应称为均缩聚；不同种分子的缩聚称为共缩聚；相同官能团的同系物的共缩聚则被称为混缩聚反应。根据产物结构的不同，又可分为二向缩聚或线型缩聚反应和三向缩聚或体型缩聚反应两种。

一般缩聚物的命名方法为在单体名称后加"树脂"，如由苯酚和甲醛缩合而得的称为酚醛树脂。

11.1.3 高分子聚合物的结构与性质

高分子聚合物分子通常是由特定的结构单元多次重复组成的，这些特定的结构单元称为链节。链节重复的次数n称为聚合度。

1. 线型分子和体型分子结构

线型分子结构是由链节多次重复而成的长链型分子结构，在主链侧有时还存在支链，见图11-4。

线状大分子间以分子间力结合在一起，具有线型结构的树脂，强度较低，弹性模量较小，变形较大，耐热性较差，耐腐蚀性较差，且既可溶，又可熔。线型结构的合成树脂可反复加热软化，冷却硬化。

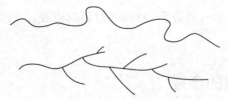

图11-4 线型分子结构

体型分子结构是指链与链之间有化学键"交联"的网状结构，见图11-5。

由于体型结构化学键结合力强，且交联形成一个巨大分子，通常此类树脂的强度较高，弹性模量较高，变形较小，耐热性较好，耐腐蚀性较强。

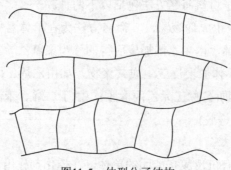

图11-5 体型分子结构

2. 物理力学状态

(1) 玻璃态。当高分子材料处于玻璃态时，在温度较低的条件下，长链分子整体不可移动，失去柔顺性。受力后只能发生微小的变形，外力除去后，变形立即消失，这被称为普通弹性变形。温度越低，物体越坚硬。

(2) 高弹态。当温度升高，高分子材料从玻璃态变为高弹态。长链分子具有柔顺性，但仍不可移动。受力后会发生极大的可逆变形，这就是所谓的高弹变形。通常，弹性模量很小，应变值很大，变形的发生和消失要比普通弹性变形慢得多。

(3) 黏流态。当温度升得更高时，整个长链分子具有可移动性，聚合物从高弹态变为黏流态。

特别注意的是，体型结构的高分子材料，可以表现为玻璃态或高弹态，而不会出现黏流态。

3. 热塑性与热固性

所谓的热塑性是指在常温下是较硬固体,受热后就会变软(甚至熔融),待冷却后会变硬,再次加热又会变软的性质。具有热塑性的高分子材料可以重复制备,一般为线型分子结构,如聚乙烯、聚氯乙烯等。

所谓的热固性是指首次受热软化(或熔化)后,在热和催化剂或热和压力作用下发生化学变化,变成坚硬的体型分子结构,成为不熔物质,再次受热不再变软的性质。具有热固性的高分子材料,温度稳定性好,不能反复加工使用。

4. 高分子材料的老化

高分子材料在热、光、氧或有害液体等的长期作用下,发生变化,其各项性能会逐渐降低,甚至失去使用功能性的现象,称为老化。

老化是一个复杂的化学变化过程,其主要化学反应有"交联反应"和"裂解反应"。交联反应主要是使聚合度逐渐增大,或使线型结构变为体型结构;因而使高分子材料逐渐失去弹性,变硬、变脆、出现龟裂等。裂解反应主要是在化学因素和物理因素的作用下,大分子发生断裂,因而使高分子材料变软、发黏,失去高弹性。

防止高分子材料老化的措施主要有三种。

(1) 改善聚合物结构,提高耐老化力;

(2) 加入稳定剂(防老剂),吸收紫外线或抑制分子交联(断裂)反应;

(3) 设置表面防护层(或涂层),隔绝光、热及氧气等。

11.1.4 高分子材料的性能特点

1. 高分子材料的力学性能特点

高分子材料的力学性能特点主要包括以下几个。

(1) 刚度小,强度低,比强度高。高分子材料的拉伸强度≤100MPa,但密度很小,其平均密度仅为$1.45g/cm^3$左右,通常只是钢材的$1/8\sim1/4$、金属铝的$1/2$。因此,高分子材料的比强度接近或超过钢材,是一种优良的轻质高强材料。但在塑料中加入纤维增强材料,其强度可大大提高,甚至可超过钢材。

(2) 高弹性,弹性模量低。很多高分子材料如橡胶,是典型的高弹性材料。弹性变形率为$100\%\sim1000\%$,而弹性模量小于1MPa。

(3) 高耐磨性。高分子材料如塑料,摩擦系数小,而且有些塑料甚至具有自润滑性能。

(4) 黏弹性。高分子材料在受外力作用时,同时发生高弹变形和黏性流动。高分子材料的黏弹性包括静态黏弹性和动态黏弹性。静态黏弹性又包括蠕变和应力松弛。当应力一定时,随着时间的延长,变形逐渐增加,称为蠕变;而当应变一定时,应力随时间延长而逐渐减小,称为应力松弛。动态黏弹性主要指内耗,即应变滞后与应力的变化。

(5) 有良好的韧性。高分子材料在断裂前能吸收较大的能量。

2. 高分子材料的物理化学性能特点

高分子材料的物理化学性能特点主要包括以下几个。

(1) 高绝缘性。高分子材料具有高电阻率，同时还可以积累大量静电荷。它的电绝缘性可与陶瓷材料相媲美。

(2) 低耐热性，易燃。高分子材料的耐热性是指温度升高时其性能不明显降低的能力。热固性塑料的耐热性比热塑性塑料高。一般情况下，通用高分子材料的耐热温度<200℃。高分子材料不仅可燃，而且很多类高分子材料在燃烧时会产生大量的烟，含有有毒气体。

(3) 低导热性。高分子材料的导热能力低下，导热系数一般只有金属材料的1/600～1/500。泡沫塑料的导热系数甚至只有0.02～0.046w/(m·k)，约为金属材料的1/1500。

(4) 高热膨胀性。高分子材料的热膨胀能力很强，通常其热膨胀系数比金属大3～10倍。

(5) 高化学稳定性。高分子材料不易和其他物质发生化学反应，对一般的酸、碱、盐及油脂有较好的耐腐蚀能力。

(6) 耐磨性好。有些高分子材料在无润滑和少润滑的摩擦条件下，它们的耐磨、减摩性能是金属材料无法比拟的。

(7) 较易老化。在光、空气、热及环境介质的作用下，高分子材料的分子结构会产生异变，导致机械性能变差、寿命缩短。

11.2 常用高分子材料

高分子的概念始于20世纪20年代，但应用更早。1839年，美国人Goodyear发明了硫化橡胶。1893年，法国人De Chardonnet发明了粘胶纤维。1907年，第一个合成高分子——酚醛树脂诞生。1920年，德国人Staudinger发表了"论聚合"的论文，提出了高分子的概念，并预测了聚氯乙烯和聚甲基丙烯酸甲酯等聚合物的结构，于1953年获诺贝尔化学奖。20世纪30年代，许多烯烃类加聚物被开发出来，如PVC(1927—1937)、PMMA(1927—1931)、PS(1934—1937)、PVAC(1936)、LDPE(1939)。第二次世界大战促进了高分子材料的发展，一大批重要的橡胶和塑料被合成出来。1956年，美国人Szwarc发明了活性阴离子聚合，开创了高分子结构设计的先河。之后，大量高分子工程材料问世。我国高分子研究起步于20世纪50年代初，北京大学开设了高分子化学专业。中国科学院长春应用化学研究所于1950年开展合成橡胶研究。如今，高分子材料飞速发展，种类繁多，应用广泛。常用的高分子材料包括塑料、弹性体(橡胶)、胶黏剂、涂料、纤维等。

11.2.1 塑料

塑料是一种以高分子聚合物为主要成分，添加各种助剂，在一定条件下可塑成型的具有一定形状的，并在常温下能保持形状不变的材料。随着石油工业的发展，塑料的优越性日益突显，成本不断降低，使得它在土木工程中的应用愈来愈广泛。

1. 塑料的组成

塑料通常是由合成树脂、填充剂、增塑剂、着色剂、固化剂等组成的。塑料的生产多使用聚合反应制得的合成树脂。增塑剂等常用助剂能在一定程度上改进合成树脂的成型加工性能和使用性能，而对合成树脂的分子结构影响不明显。

(1) 合成树脂。合成树脂是塑料的基本组成材料，其含量为30%～60%，在塑料中起胶结作用，能将其他材料牢固地胶结在一起。按生产时化学反应的不同，合成树脂分为聚合树脂(如聚乙烯、聚氯乙烯等)和缩聚树脂(如酚醛、环氧聚酯)；按受热时性能改变的不同，又分为热塑性树脂和热固性树脂。

(2) 填充剂。也称填料，能增强塑料的性能。如纤维填充剂等的加入，可提高强度；石棉的加入，可提高塑料的耐热性；云母的加入，可提高塑料的电绝缘性等。

(3) 增塑剂。增塑剂主要为具有低蒸气压的低分子量，且与树脂混合不发生化学反应的固体或液体有机化合物，主要包括酯类和酮类。增塑剂能够提高塑料的弹性、黏性、可塑性、延伸率，改进低温脆性和增加柔性、抗震性等。同时，也会导致塑料制品的机械性能和耐热性的降低等。

(4) 着色剂。主要为有机染料或无机颜料。塑料用着色剂必须色泽鲜明、着色力强、分散性好、耐热耐晒且与塑料结合牢靠。同时，在成型加工温度下，着色剂不能变色，不能起化学反应，也不能因加入着色剂，而降低塑料性能。

(5) 稳定剂。稳定剂是为了稳定塑料制品质量、延长使用寿命而加入的组分。常用稳定剂包括硬脂酸盐、铅白、环氧化物等。选择稳定剂一定要考虑树脂的性质、加工条件和制品的用途等因素。

(6) 润滑剂。一般分为内润滑剂和外润滑剂两种。内润滑剂的主要作用是减少内摩擦，增加加工时的流动性；而外润滑剂的主要作用是方便脱模。

(7) 固化剂。又称硬化剂，它的作用是在聚合物中生成横跨键，使分子交联，由受热可塑的线型结构形成体型的热稳定结构。特别应该注意的是，不同树脂的固化剂不同。

(8) 抗静电剂。由于塑料制品在加工和使用过程中会因为摩擦而产生静电，所以一般应该掺加抗静电剂。掺加抗静电剂的根本作用是给予塑料导电性，即让塑料表面形成连续相，以提高表面导电度，使其迅速放电，防止静电积聚。应注意，对于要求电绝缘的塑料制品，不应进行防静电处理。

(9) 其他添加剂。在这里是指为改善塑料性能而掺入的其他物质。例如，加入金属微粒，如银、铜等可制成导电塑料；加入磁铁粉，可制成磁性塑料；加入发泡剂，可制成泡沫塑料；掺入放射性物质与发光物质，可制成发光塑料；加入香醇类物质，可制成经久发散香味的塑料；为了阻止塑料燃烧，使其具有自熄性，可加入阻燃剂。

2. 塑料的特点

塑料作为土木工程材料之一，特点鲜明。它不仅能代替传统材料，而且具有传统材料所不具备的很多性能。

塑料具有很多优点。首先，密度小，只有钢材的1/8～1/4、混凝土的1/3，它在土木工程中的应用不仅可以降低施工的劳动强度，而且可以大大减轻建筑物的自重。塑料的品种繁多，同一种制品可以兼备多种功能，如既有装饰性又具有隔热、隔音等功效。塑料的吸水性很低，一般小于1%，是制作防火、防潮材料及各种给、排水管道的较佳选择。塑料制品抗酸碱腐蚀能力比金属材料和无机材料都强，可以应用于化工工业的厂房、地面和门窗等。塑料的导热性差，泡沫塑料的导热系数更小，是一种良好的保温绝热材料。塑料的电绝缘性好，加工方便，价格便宜。但同时，塑料的热膨胀性较强，比传统材料高3～4倍，而且存在老化这一致命缺点。

3. 塑料的分类

塑料的品种繁多，分类方法也很多。通常按树脂的合成方法及树脂在受热作用时的性质对塑料进行分类。

按树脂在受热时所发生的变化，可将塑料分为热固性塑料和热塑性塑料。其中，热固性塑料成型后不能再次加热，只能塑制一次，如酚醛塑料、脲醛塑料、有机硅塑料等；热塑性塑料成型后可反复加热，重新塑制，如聚氯乙烯、聚苯乙烯、聚酰胺等。

按制备塑料所用树脂的合成方法，可将塑料分为缩合物塑料和聚合物塑料。其中，使用缩聚树脂的是缩合物塑料，如酚醛塑料、有机硅塑料、聚酯塑料等；使用聚合树脂的是聚合塑料，如聚乙烯塑料、聚苯乙烯塑料、聚甲基丙烯酸甲酯塑料等。

11.2.2　合成橡胶

合成橡胶在室温下呈高弹状态，是一种以单体分子通过聚合或缩合反应合成的具有不同化学组成及结构的高分子化合物，以煤、石油、天然气为主要原料。橡胶经硫化作用后可制成橡皮，橡皮可制成各种橡皮止水材料、橡皮管及轮胎等；橡胶也可作为橡胶涂料的成膜物质，主要用于化工设备防腐及水工钢结构的防护涂料；合成橡胶的胶乳可作为混凝土的一种改性外加剂，以改善混凝土的变形性。

1. 橡胶的组成

合成橡胶是以生胶为主要成分，添加各种配合剂和增强材料制成的橡胶。

生胶是指无配合剂、未经硫化的橡胶。按原料来源可分为天然橡胶和合成橡胶。

配合剂是用来改善橡胶的某些性能的添加剂。常用配合剂有硫化剂、硫化促进剂、活化剂、填充剂、增塑剂、防老化剂等。其中，硫化剂的作用是使生胶结构由线型转变为交联体型结构，见图11-6。常用硫化剂包括硫磺和含硫化合物、有机过氧化物、胺类化合物、树脂类化合物、金属氧化物等。硫化促进剂的作用是缩短硫化时间，降低硫化温度，改善橡胶性能，常用促进剂包括二硫化氨基甲酸盐、黄原酸盐类、噻唑类等。活化剂的作用是提高促进剂的活性，常用活化剂包括氧化锌、氧化镁、硬脂酸等。填充剂的作用是提高橡胶强度，改善工艺性能和降低成本，提高强度的填充剂包括炭黑、白炭黑、氧化锌、氧化镁等；降低成本的填充剂包括滑石粉、硫酸钡等。增塑剂的作用是增加橡胶的塑性和柔韧性，常用增塑剂包括石油系列、煤油系列和松焦油系列增塑剂。防老化剂的作用是防止或延缓橡胶老化，根据作用机理又分为物理防老化剂，如石蜡；化学防老化剂，如胺类和酚类物质。

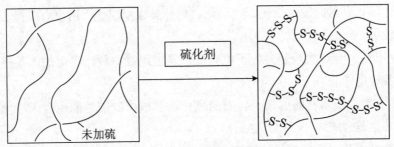

图11-6　合成橡胶的硫化

2. 合成橡胶的生产与加工工艺

合成橡胶最常用的生产工艺是乳液聚合，其次是溶液聚合(包括淤浆聚合)，而本体聚合基本不用。工艺过程包括单体准备与精制、反应介质和辅助剂等的准备、聚合、单体和溶剂的回收、橡胶的分离、橡胶后处理(洗胶、脱水、干燥)、成型和包装。

其中，单体准备阶段对单体及溶剂的纯度有较高的要求。聚合反应阶段需控制单体转化率，一般随单体转化率的增加，聚合物浓度增大，链转移增加，支化和交联的几率大大提高，并产生凝胶，橡胶大分子链中存在的双键(第二个双键)将更有可能参加支化和交联反应；随着单体浓度的降低，聚合速度降低，生产效率降低。如乳聚丁苯橡胶的转化率控制在60%左右，氯丁橡胶的转化率控制在65%～70%，丁腈橡胶的转化率控制在70%～75%。在橡胶分离阶段，凝聚工程包括从乳液中分离的电解质凝聚法和冷冻凝聚法，以及从溶液中分离的直接干燥法和水析凝聚法。

合成橡胶的加工主要包括塑炼、混炼、压延、压出、成型、硫化等工艺阶段。塑炼阶段是使生胶由弹性状态转变为具有可塑性状态的工艺过程，依靠机械力、热和氧的作用，使橡胶大分子断裂，以降低分子量、黏度、弹性，获得可塑性、流动性和可加工性。混炼阶段是将各种配合剂混入生胶中制成均匀的混炼胶。压延阶段是利用压延机辊筒之间的挤压力作用，使物料发生塑性流动变形，制成具有一定断面尺寸规格和规定断面几何形状的片状或薄膜状材料；或者将聚合物覆盖并附着于纺织物表面，如胶布。压出阶段是将胶料通过压出机或螺杆挤出机制成各种断面形状复杂的半成品的工艺过程，制品包括胶条、胶管、门窗密封条等。成型阶段是把构成制品的各部件，通过粘贴、压合等方法组成具有一定形状的整体制品。硫化阶段是胶料在一定的压力和温度下，橡胶大分子由线性结构变为网状结构的交联过程。

3. 合成橡胶的性能特点

合成橡胶的主要性能特点包括以下几个。

(1) 弹性。合成橡胶的弹性模量小，伸长变形即使达到100%，仍具有可恢复变形的特性。

(2) 黏弹性。合成橡胶是黏弹性体，在外力作用下产生的变形行为受时间、温度等条件的支配，具有明显的应力松弛和蠕变现象。

(3) 缓冲减震性能。合成橡胶具有柔软性、弹性、黏弹性等，这些性能的结合对声音及振动的传播具有缓冲作用，可用来防除噪音和振动荷载。

(4) 温度依赖性。合成橡胶由于其黏弹性显著受温度影响，如在低温时将处于玻璃态进而发生脆化，在高温时发生软化、热氧化、热分解以至燃烧，所以合成橡胶的性能对温度的依赖性较大。

(5) 电绝缘性。合成橡胶是高分子电介质，是电绝缘材料，也可加入某些助剂来降低绝缘性，制备导电橡胶。

(6) 老化。类似于木材的腐朽、岩石的风化，合成橡胶的性能也会因环境条件的变化而发生变化，这是合成高分子材料的通病。

4. 改善合成橡胶温度依赖性的措施

合成橡胶在低温下会产生大量玻璃化转变或结晶变硬、变脆、丧失弹性，在高温下会发生大量臭氧龟裂氧化裂解、交联，及其他物理因素的破坏。常用橡胶的使用温度范围见表11-1。

表11-1 常用橡胶的使用温度范围

橡胶种类	使用温度范围/℃
顺1，4-聚异戊二烯	−50～120
顺1，4-聚异丁烯	−50～140
丁苯共聚物(75/25)	−50～140
聚异丁烯	−50～150
聚2-氯丁二烯(含1，4反式85%)	−35～180
丁腈共聚物(70/30)	−35～175
乙烯丙烯共聚物(50/50)	−40～150
聚二甲基硅氧烷	−70～275
偏氟乙烯全氟丙烯共聚物	−50～300

改善合成橡胶的温度依赖性也就是要提高其耐热性和改善其耐寒性。

提高合成橡胶耐热性的措施主要包括改变橡胶的主链结构和改变交联键的结构。橡胶分子链在高温下发生的变化见图11-7。因此，可通过采取以下措施，来改善合成橡胶的耐热性：对橡胶主链结构进行无双键处理，如乙丙橡胶、丙烯腈-丙烯酸酯橡胶；减少双键，如丁基橡胶；由非碳原子组成主链，如二甲基硅橡胶、乙基硅橡胶、甲基苯基硅橡胶。橡胶中常见的交联键键能见表11-2。

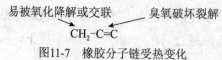

图11-7 橡胶分子链受热变化

表11-2 橡胶中常见交联键键能

交联键	键能/KJ/mol
C-O	103.9
C-C	93.0
C-S	80.9
C-S-S-C	59.4
S-S-S-S	47.5

表11-2中，从下到上交联键键能依次升高，键能越大的交联键越多，合成橡胶的耐热性就越高。

提高橡胶耐寒性的措施主要有添加增塑剂和共聚。其中，增塑剂的作用主要是提高链段活动的能力且有效降低合成橡胶玻璃化、丧失弹性的极限温度。增塑效应不仅取决于增塑剂的化学结构和浓度，还与增塑剂本身的耐低温性能有关。

5. 合成橡胶的分类

合成橡胶的分类方法有很多种，其中主要的分类方式包括以下几种。

(1) 按成品状态分类，可分为液体橡胶、固体橡胶、乳胶和粉末橡胶等。

(2) 按橡胶制品形成过程分类，可分为热塑性橡胶(如可反复加工成型的三嵌段热塑性丁苯橡胶)、硫化型橡胶(需经硫化才能制得成品，大多数合成橡胶属于此类)。

(3) 按生胶充填的其他非橡胶成分分类，可分为充油母胶、充炭黑母胶和充木质素母胶。

(4) 按使用特性分类，可分为通用型橡胶和特种橡胶两大类。通用型橡胶主要是指可以部分或全部代替天然橡胶使用的合成橡胶，如丁苯橡胶、异戊橡胶、顺丁橡胶等。它主要用于制造各种轮胎及一般工业橡胶制品。通用橡胶的需求量大，是合成橡胶的主要品种。特种橡胶主要具有耐高温、耐油、耐臭氧、耐老化和高气密性等特点，常用的有硅橡胶、各种氟橡胶、聚硫橡胶、氯醇橡胶、丁腈橡胶、聚丙烯酸酯橡胶、聚氨酯橡胶和丁基橡胶等，主要用于有特殊要求的工程。

11.2.3 胶黏剂

胶黏剂又称黏结剂或黏合剂，它主要是指在两个物体的表面形成薄膜，并能把两个物体牢固地黏结成一个整体的合成高分子物质。胶黏剂具有足够的流动性，能充分浸润被黏物表面，黏结强度高，不易老化失效。

黏结工艺与铆接、焊接、螺栓连接等传统连接工艺相比较，具有许多优势。黏结工艺应力分布在整个黏结面上，可以避免应力集中；黏结对象不受限制，可黏结相同和不同材质的材料，以及结构形状复杂的微型构件和大面积薄型卷材；黏结结构质量轻、外形光滑美观；黏结既有连接作用又有密封作用。

1. 胶黏剂的组成

胶黏剂一般都是由多种组分组成的，主要包括黏结料和各种助剂。助剂主要有固化剂、填料、增塑剂、防霉剂、防腐剂、稳定剂等。

黏结料是胶黏剂中的主要组分。黏结料应有良好的黏附性和润湿性。可以作为黏结料的物质包括合成树脂、合成橡胶、天然高分子化合物以及无机化合物等。

固化剂是指能使黏合剂与黏结材料发生交联，使线型分子转变为体型分子，形成不熔性的网状结构的高聚物。常用的有酸酐类、胺类等。固化剂主要起加速硬化过程、增加内聚强度的作用。

填料可降低胶黏剂的成本并改善胶黏剂的性能，使其黏度增大，收缩性减少，强度及耐热性提高。常用填料包括石英粉、滑石粉、水泥以及各种金属与非金属氧化物等。

稀释剂主要用于调节胶黏剂的黏度、增加胶黏剂的涂敷浸润性。稀释剂分为活性和非活性两种。两者的区别在于前者参与固化反应，而后者不参与固化反应只起到稀释作用。

偶联剂的分子一般都含有两性基团。一部分基团经水解后能与无机物的表面很好地亲合；另一部分基团能与有机树脂结合。这样就使得两种不同性质的材料"偶联"起来。将偶联剂掺入胶黏剂中，或用其处理被黏物表面，都能提高黏结强度，改善黏结面的水稳定性。

其他助剂包括：防老剂，可以提高耐老化性能；金属粉末，可以改善胶黏剂导电性；防霉剂，可以防止胶黏剂的细菌霉变等。

2. 胶黏剂的分类

按强度特性的不同，胶黏剂可分为结构胶黏剂、非结构胶黏剂、次结构胶黏剂。结构胶黏剂的胶结强度较高，至少与被胶结物本身的材料强度相当，同时具有较高的耐油、耐热和耐水性等。非结构胶黏剂只要求具有一定的强度，不能承受较大的力，仅起定位作用，如聚醋酸乙烯酯等。次结构胶黏剂又称准结构胶黏剂，其物理力学性能介于结构型和非结构型之间。

按使用黏结料的不同，胶黏剂可分为热塑性树脂胶黏剂、热固性树脂胶黏剂、橡胶型胶黏剂及混合型胶黏剂等。

按固化条件的不同，胶黏剂又可分为溶剂型胶黏剂、反应型胶黏剂、热熔型胶黏剂。

11.2.4　涂料

涂料是能够应用于物体表面且能结成坚韧保护膜的材料的总称。这类材料多数是含有或不含颜(填)料的黏性液体或粉末状物质。

1. 涂料的组成

涂料主要由基料、填料、颜料、助剂、水和溶剂等组成。

基料是指能将涂料中的其他组分黏结在一起，并能牢固地附着于基层表面，形成连续均匀、坚韧的保护膜层(又称涂膜)的物质。构成基料的成膜物质主要有树脂类成膜物质、油料类成膜物质和无机涂料的黏结料三大类。树脂类成膜物质以合成树脂制得的涂料为主，所制的涂料性能优良、涂膜光泽好，是现代涂料工业的主要品种。常用的合成树脂包括聚乙烯醇及改性物质、苯丙乳液、丙烯酸乳液、环氧树脂、聚氨酯树脂等。油料类成膜物质主要是植物油，属于天然有机材料，是制造油性涂料的主要原料，包括干性油料、半干性油料和不干性油料三种。干性油料具有快干性能，干燥过程中受到空气中的氧化作用和自身的聚合作用而形成高分子化合物，能形成坚硬的油膜，耐水性高、富有弹性。半干性油料的干燥速度较慢，形成的油膜较软且发黏，干燥后能重新软化，易溶于有机溶剂中，故使用时需掺加催干剂。不干性油料不能自干，不适于单独使用，常与干性油或树脂混合使用。无机涂料的黏结料主要包括水泥浆、硅溶胶系、磷酸盐系、硅酸酮系、无机聚合物系和碱金属硅酸盐系等。这类材料价格低廉、资源丰富，具有广阔的发展前景。

填料大部分为白色或无色,不具备着色力。除起填充作用外,填料还能增加涂膜厚度,赋予涂膜以质感,减少涂膜的收缩,提高涂膜的机械强度、耐磨性、耐候性及抗老化性,降低涂料成本。

颜料的主要作用是使涂料具有一定的遮盖力,并达到色彩要求。

助剂是涂料的辅助材料,用量很少,但能明显改善涂料的性能,特别是对基料成膜的过程和涂膜的耐久性十分重要。

水和溶剂则是分散介质。溶剂又称稀释剂,主要作用是便于各种原材料分散,形成均匀的黏稠液体,同时可调整涂料的黏度,使其便于施工,有利于改善涂膜的某些性能。同时,涂料在成膜过程中,依靠水或溶剂的挥发,可使涂料逐渐干燥硬化,最后形成连续均质的涂膜。

2. 涂料的分类

涂料的分类方法很多,主要包括以下几种。

按形态,涂料可分为水性涂料、溶剂性涂料、粉末涂料、高固体分涂料等。按施工方法,涂料可分为刷涂涂料、喷涂涂料、辊涂涂料、浸涂涂料、电泳涂料等。按施工工序,涂料可分为底漆、中涂漆(二道底漆)、面漆、罩光漆等。按功能,涂料可分为不粘涂料、装饰涂料、防腐涂料、防火涂料、防水涂料等。按用途,涂料可分为建筑涂料、木器涂料、塑料涂料等。按成膜物质,涂料可分为酚醛类、环氧类、丙烯酸类、聚氨酯类、有机硅树脂类等。按基料的种类,涂料可分为有机涂料、无机涂料、有机-无机复合涂料。按在建筑物上的使用部位,涂料可分为内墙涂料、外墙涂料、地面涂料、门窗涂料和顶棚涂料等。

11.2.5　合成纤维

合成纤维是化学纤维的一种,是以合成高分子化合物为原料制得的化学纤维的统称。它是以小分子的有机化合物为原料,经加聚反应或缩聚反应合成的线型有机高分子化合物。与天然纤维和人造纤维相比,合成纤维的原料是由人工合成方法制得的,生产不受自然条件的限制;和化学纤维相比,合成纤维除了同样具有强度高、质轻、弹性好、防霉蛀等优点外,还具有某些独特性能。

普通的合成纤维主要是指涤纶、锦纶、腈纶、丙纶、维纶和氯纶纤维。涤纶纤维的强力大、弹性好、初始模量高、回弹性适中、热定型性能优异、耐热性高、耐光性尚可,但染色性差、吸湿性差。锦纶纤维(又称尼龙)耐磨性高、强度高、弹性优良,但耐光性和耐热性较差。腈纶纤维手感柔软、弹性好、耐日光和耐气候性特别好、染色性较好,但吸湿性差、热敏感性高、耐酸碱性差、易燃。丙纶纤维密度小,是目前合成纤维中最轻的纤维,其强伸性、弹性、耐磨性均好,强度较高,具有较好的耐化学腐蚀性,但耐热性、耐光性、染色性较差。维纶纤维强度、弹性、伸长等均较其他合成纤维低,耐热性能较差,但吸湿性较好、化学稳定性好、耐腐蚀和耐光性好、耐碱性能强。氯纶纤维弹性和耐磨性较低、不吸湿,但电绝缘性强、抗无机化学试剂的稳定性好。氨纶纤维延伸性和弹性恢复性能较好。

11.3 高分子材料在土木工程中的应用

高分子材料与土木工程的关系十分紧密。古人很早以前就懂得用木料、竹子、草来盖房子和制作家具，并掌握了用天然漆装饰和保护家具、房屋的方法。近年来，随着高分子材料工业的迅速发展，高分子材料由于其性能优越、经济实用，在土木工程中开辟了广阔的应用领域。在土木工程中，高分子材料可以取代金属、木材、水泥等的框架结构材料，也可以用于制作墙壁、地面、窗户等装饰材料，并且在卫生洁具、上下水管道等配套材料和消声、隔热保温、防水等方面应用广泛。目前，建筑塑料、合成橡胶、涂料、胶黏剂、高分子防水材料等已成为主要的土木工程材料。

11.3.1 建筑塑料在土木工程中的应用

建筑塑料具有密度低、自重轻、可加工性能优良、功能多、装饰性能好等优点。同时，建筑塑料在耐热性、可燃性、老化性等方面存在明显的缺点。而且建筑塑料的强度及弹性模量均较低，容易变形，一旦被点燃还能放出对人体有害的气体。但总体来说，建筑塑料在土木工程中的应用是十分广泛的。

1. 聚乙烯

聚乙烯，简称PE，是目前应用最广泛的高分子材料，同时也是结构最简单的高分子材料。它是由乙烯(CH_2=CH_2)加成聚合而成的，为重复的–CH_2–单元连接。乙烯单体的制备最初是由乙醇脱水获得，发展到今天都是从石油或天然气的热裂解产物中获得。

聚乙烯的性能取决于它的聚合方式，其工业化生产可以采用高压聚合、中压聚合和低压聚合的方法。其中，在100～350MPa的高压和160℃～300℃的温度下，按自由基机理进行聚合，可生产出低密度聚乙烯，其分子结构是支化结构。在15～30个大气压下和催化条件下，可生产出高密度聚乙烯，其分子结构是线性的，且分子链很长，分子量高达几十万。

聚乙烯密度较小，只有0.910～0.925g/cm³，其熔点为140℃。聚乙烯是典型的软而韧的聚合物，除冲击强度较高外，其他力学性能在各种塑料材料中都是较低的。聚乙烯具有优异的介电和电绝缘性，可以用做绝缘材料，但由于其热变形温度较低、耐热性较差，作为绝缘材料的工作温度应小于等于90℃。

对于聚乙烯可以采用挤出或压延成型，生产各种薄膜，如防水薄膜；也可以采用挤出成型，生产各种型材、单丝，如给排水管、下水管道、纱窗等；还可以用于各种设备、装置的防腐涂层。

2. 聚氯乙烯

聚氯乙烯，简称PVC，是由氯乙烯在引发剂作用下聚合而成的热塑性树脂材料，是氯乙烯的均聚物。聚氯乙烯为无定型结构的白色粉末，支化度较小。工业生产的聚氯乙烯分子量一般为5～12万，具有较大的多分散性，而且分子量随聚合温度的降低而增加。

早期氯乙烯单体的制备是以电石为原料先制得乙炔，再与氯化氢加成得到氯乙烯。现今氯乙烯的工业化生产方法主要是以乙烯为原料，采用乙烯氯化法和乙烯氧氯化法制得。

纯聚氯乙烯的密度约为 $1.4g/cm^3$。聚氯乙烯无固定熔点，当温度达到 $80℃～85℃$ 时开始软化，到 $130℃$ 时变为黏弹态，到 $160℃～180℃$ 时开始转变为黏流态。与聚乙烯相比，聚氯乙烯具有较好的机械性能，其抗张强度可达60MPa左右，冲击强度可达 $5～10kJ/m^2$。聚氯乙烯具有优异的介电性能，但对光和热的稳定性差，在 $100℃$ 以上或经过长时间阳光曝晒，可导致聚氯乙烯分解，产生氯化氢，并进一步自动催化分解，从而引起材料变色，物理机械性能也会迅速下降。因此，在土木工程应用中，聚氯乙烯材料必须加入稳定剂。聚氯乙烯很坚硬，溶解性也很差，只能溶于环己酮、二氯乙烷等少数溶剂中，耐化学腐蚀性好，对有机和无机酸、碱、盐均具有化学稳定性，但其化学稳定性随使用温度的升高而降低。

聚氯乙烯是世界上产量最大的塑料产品之一，价格便宜、应用广泛。通过加入不同的添加剂，聚氯乙烯塑料可表现出不同的物理性能和力学性能。如在聚氯乙烯树脂中加入适量的增塑剂，可制成多种硬质、软质和透明制品。硬聚氯乙烯有较好的抗拉、抗弯、抗压和抗冲击能力，耐候性和耐燃性好，可单独用做结构材料。软聚氯乙烯的柔软性、断裂伸长率、耐寒性会增加，但脆性、硬度、拉伸强度会降低。在土木工程中，聚氯乙烯一般被用做耐油、耐腐蚀和耐老化的不燃电线电缆外层、绝缘层，各种型材如管、棒、门窗框架及室内地板装饰材料，以及各种板材等。聚氯乙烯管材见图11-8。

图11-8　聚氯乙烯管材

3. 聚苯乙烯

聚苯乙烯，简称PS，是指由苯乙烯单体在引发剂或催化剂条件下按自由基机理或离子型机理聚合而成的聚合物。包括普通聚苯乙烯、聚苯乙烯、可发性聚苯乙烯、高抗冲聚苯乙烯和间规聚苯乙烯。普通聚苯乙烯属无定型高分子聚合物，聚苯乙烯大分子链的侧基为苯环，大体积侧基为苯环的无规排列，这决定了聚苯乙烯的物理化学性质，如透明度高、刚度大、玻璃化温度高、具有一定的脆性等。可发性聚苯乙烯是在普通聚苯乙烯中浸渍低沸点的物理发泡剂制得的，用于制作泡沫塑料。高抗冲聚苯乙烯为苯乙烯和丁二烯的共聚物，抗冲击强度较高，但产品不透明。

普通聚苯乙烯是无毒、无臭、无色的透明颗粒，似玻璃状脆性材料。具有透明度极高

(透光率可达90%以上)、电绝缘性能好、易着色、可加工性好、刚性好、耐化学腐蚀性好等优点,但普通聚苯乙烯性脆、抗冲击强度低、易出现应力开裂、耐热性差、不耐沸水。

聚苯乙烯在土木工程中一般用于生产装饰、照明制品,以及一般电绝缘用品、绝热保温材料及建筑用绝热构件。

4. 聚丙烯

聚丙烯,简称PP,是一种半结晶的热塑性塑料,是常见的高分子材料之一。它的分子结构为典型的主体规整结构,分子量为10～50万。

聚丙烯密度小,强度、刚度高,具有较强的耐冲击性,机械性质强韧,能抗多种有机溶剂和酸碱腐蚀。它的耐热性能较好,可在100℃左右使用,具有良好的电性能和高频绝缘性,且不受湿度影响。但聚丙烯低温时易变脆、不耐磨、易老化。

聚丙烯在土木工程中一般适于制作耐腐蚀材料、绝缘器件、冷热水管等。

5. 聚甲基丙烯酸甲酯

以丙烯酸及其酯类聚合所得的聚合物统称丙烯酸类树脂,相应的塑料统称聚丙烯酸类塑料。其中,聚甲基丙烯酸甲酯简称PMMA,应用最广泛。聚甲基丙烯酸甲酯俗称有机玻璃,是迄今为止合成透明材料中质地最优异、价格又比较便宜的一种。

聚甲基丙烯酸甲酯是刚性硬质无色透明材料,密度为1.18～1.19g/cm³,折射率较小,约1.49,透光率达92%,雾度不大于2%,是优质有机透明材料。聚甲基丙烯酸甲酯具有良好的综合力学性能,其拉伸强度可达50～77MPa,弯曲强度可达90～130MPa,断裂伸长率仅为2%～3%,基本上属于硬而脆的塑料,且具有缺口敏感性,在应力下易开裂,但断裂时断口不像聚苯乙烯和普通无机玻璃那样尖锐、参差不齐。聚甲基丙烯酸甲酯表面硬度低,容易擦伤,其耐热性并不高,热导率和比热容在塑料中都属于中等水平。聚甲基丙烯酸甲酯具有良好的介电和电绝缘性能,不溶于水、甲醇、甘油等,可耐脂肪烃类、较稀的无机酸和碱类腐蚀,但温热环境下易被碱侵蚀。此外,聚甲基丙烯酸甲酯对臭氧和二氧化硫等气体具有良好的抵抗能力,耐大气老化性优异,但很容易燃烧。

聚甲基丙烯酸甲酯的生产方式包括浇铸、注塑、挤出、热成型等工艺。在土木工程中,可广泛应用于灯具、照明器材、建筑玻璃、光导纤维、商品广告橱窗、广告牌等。

6. ABS塑料

ABS塑料是丙烯腈、丁二烯和苯乙烯三元共聚物,是对聚苯乙烯改性制备的一种新型塑料材料。

ABS塑料外观为不透明的象牙色粒料,其制品可着成五颜六色,并具有高光泽度。ABS塑料相对密度为1.05左右,吸水率低,具有良好的耐化学性,容易成型加工,价格便宜。ABS塑料还具有优良的力学性能,其抗冲击强度极好,可以在极低的温度下使用,但其弯曲强度和压缩强度属塑料中较差的,且力学性能受温度的影响较大。ABS塑料的耐磨性优良,尺寸稳定性好,又具有耐油性,同其他材料的结合性好,易于进行表面印刷、涂层和镀层处理。此外,ABS塑料的电绝缘性较好,并且几乎不受温度、湿度和频率的影响,不受水、无机盐、碱及多种酸的影响,可在大多数环境下使用。但ABS塑料可溶于酮类、醛类及氯代烃中，受冰乙酸、植物油等侵蚀会产生应力开裂，其耐候性差，在紫外光的作用下易降解，冲击强度下降较大。ABS塑料属于易燃聚合物，火焰呈黄色，有黑烟，并能发出特殊的臭味。

ABS塑料在土木工程中常用于制备各种板材、管材、工具和卫生洁具。

11.3.2　合成橡胶在土木工程中的应用

合成橡胶的最显著特点是具有弹性，其弹性模量只有钢的二十万分之一，在很小的应力作用下伸长率就可达50%~1000%，而且应力取消后能够迅速恢复。除此之外，合成橡胶还具有防水性、气密性、阻尼性和缓冲性等特性，因而成为现代土木工程中的重要材料之一。目前，在土木工程中应用的结构性橡胶材料已有数千种。橡胶材料在土木工程中的应用主要包括防水、抗震和密封等方面。其中，用量最大的是防水，其次是抗震，然后才是密封。

1. 丁苯橡胶

丁苯橡胶，简称SBR，由丁二烯与苯乙烯共聚而成，有乳聚丁苯橡胶、溶聚丁苯橡胶之分，是合成橡胶中应用最广的一种通用橡胶。丁苯橡胶是浅黄褐色弹性固体，按苯乙烯占总量中的比例，分为丁苯-10、丁苯-30、丁苯-50等牌号。随着苯乙烯含量的增大，硬度、耐磨性增强，弹性降低。丁苯橡胶强度较高、延伸率大，耐老化性、耐磨性、耐油性、耐热性和耐寒性均较好。但是丁苯橡胶的弹性和耐撕裂性等方面的性能较差，其中黏合性、弹性和形变发热量均不如天然橡胶。总体来说，丁苯橡胶综合性能良好、价格较低，可以替代天然橡胶使用。

丁苯橡胶对水泥混凝土的强度、抗冲击性和耐磨性等方面均有改善，可显著提高沥青混合料的低温抗裂性，同时对高温稳定性亦有适当改善。在土木工程中，丁苯橡胶常作为水泥混凝土和沥青混合料的改性剂，既可以直接用于拌制聚合物水泥混凝土，也可与乳化沥青混合制备改性沥青乳液，用于道路路面和桥面防水层。其中，丁苯块胶掺入沥青的常用方式有溶剂法和胶体磨法。此外，丁苯橡胶也被用于制作胶管、胶带、电线、电缆以及其他橡胶制品。

2. 氯丁橡胶

氯丁橡胶，简称CR，是以2-氯-1、3-丁二烯为主要原料，以乳液聚合法生产得到的一种弹性体，生产工艺流程多为单釜间歇聚合。氯丁橡胶呈米黄色或浅棕色，与一般合成橡胶不同，它不用硫磺硫化，而是用氧化锌、氧化镁等硫化。氯丁橡胶是合成橡胶中牌号最多的一个胶种。按分子量调节方式的不同，氯丁橡胶可以分为硫黄调节型、非硫黄调节型、混合调节型；按结晶速度和程度高低，氯丁橡胶可以分为快速结晶型、中等结晶型和慢结晶型；按门尼黏度高低，氯丁橡胶可以分为高门尼型、中门尼型和低门尼型；按所用防老剂种类的不同，氯丁橡胶可以分为污染型和非污染型。氯丁橡胶在压敏胶制备中一般不单独使用，而是与天然橡胶配合使用。

氯丁橡胶可溶于甲苯、二甲苯、二氯乙烷、三氯乙烯，微溶于丙酮、甲乙酮、醋酸乙酯、环己烷，不溶于正己烷、溶剂汽油，但可溶于由适当比例的良溶剂和不良溶剂及非溶剂、不良溶剂和非溶剂组成的混合溶剂，在植物油和矿物油中溶胀而不溶解。

氯丁橡胶具有良好的物理机械性能，抗拉伸强度较高，伸长率和可逆的结晶性较好，黏结性好，气密性也较高。氯丁橡胶耐油、耐热、耐燃、耐日光、耐臭氧、耐化学腐蚀方面性能优良，其中耐候性和耐臭氧老化性仅次于乙丙橡胶和丁基橡胶，耐热性与丁腈橡胶相当，分解温度为230℃～260℃，短期可耐120℃～150℃，在80℃～100℃的环境中可长期使用，具有一定的阻燃性。耐油性仅次于丁腈橡胶。氯丁橡胶的缺点是耐寒性、电绝缘性不佳，贮存稳定性较差，宜贮存于阴凉、通风、干燥的库房内，切勿重压，以防结团，且贮存期不超过一年。

氯丁橡胶的性能较为全面，是常用橡胶之一。在土木工程中常用于制作胶带、胶管和防水卷材等制品，或用来配制涂料和胶黏剂，以及应用在电线、电缆等方面。采用溶剂法将氯丁橡胶掺入沥青或将氯丁胶乳与乳化沥青共混，可用于制备路面用沥青混合料，也可用于制作桥面或高架路面防水层涂料。

3. 乙丙橡胶

乙丙橡胶是乙烯和丙烯的共聚物，由于链结构中没有双链，属于饱和橡胶，因此不能用硫黄硫化。乙丙橡胶又可分为二元乙丙橡胶、三元乙丙橡胶、改性乙丙橡胶和热塑性乙丙橡胶。其中，三元乙丙橡胶应用最为广泛。

乙丙橡胶具有低密度、高填充性的特点，其密度较低，对高门尼值的乙丙橡胶来说，填充后物理机械性能降低幅度不大。乙丙橡胶耐候、耐臭氧、耐热、耐酸碱、耐水蒸汽，颜色稳定性、电性能、充油性及常温流动性优异。在120℃下可长期使用，在150℃～200℃下可短暂或间歇使用，加入适宜的防老剂可提高其使用温度。乙丙橡胶缺乏极性，不饱和度低，因而对各种极性化学品均有较好的耐腐蚀性，但在脂属和芳属溶剂及矿物油中稳定性较差，耐浓酸能力也不佳。乙丙橡胶耐过热水性能较好，具有优异的电绝缘性能，优于或接近丁苯橡胶。乙丙橡胶的弹性仅次于天然橡胶和顺丁橡胶，并在低温下仍能保持。由于分子结构中缺少活性基团，内聚能低，加上胶料易于喷霜，乙丙橡胶的自黏性和互黏性很差。

乙丙橡胶施工简便，在土木工程中主要用于塑胶运动场、防水卷材、房屋门窗密封条、玻璃幕墙密封、卫生设备和管道密封件等。其中，以三元乙丙橡胶为主体，掺入适量的丁基橡胶、硫化剂、填料、增韧剂等，可制成三元乙丙橡胶防水卷材，尤其适用于地下工程。

4. 硅橡胶

硅橡胶是由各种硅氧烷聚合而成的，其主链由硅、氧两种原子组成。

硅橡胶属于半有机、半无机和聚合弹性体，是目前最好的既耐高温又耐严寒的橡胶。硅橡胶具有优异的耐老化性、密封性、耐化学腐蚀性、耐压缩变形性和电绝缘性。但硅橡胶的抗张拉强度和抗撕裂强度等机械性能较差，在常温下其物理机械性能不及大多数合成橡胶。此外，一般的硅橡胶耐油、耐溶剂性能欠佳。

在土木工程中，硅橡胶可加工成管材、片材等，还可用于防潮灌浆材料。

11.3.3 胶黏剂在土木工程中的应用

在土木工程中，使用胶黏剂的黏结工艺和传统的铆、焊、栓等连接工艺不同。使用胶黏剂连接时，应力分布在整个黏结面上，可有效避免应力集中。同时，胶黏剂可以黏结相同或不同材质的材料、形状复杂的微型构件或大面积薄型卷材。而且，胶黏剂既有连接作用又有密封作用。常见的胶黏剂有以下几类。

1. 壁纸、墙布胶黏剂

常见的壁纸、墙布胶黏剂有：聚乙烯醇胶黏剂、聚乙烯醇缩甲醛胶、聚醋酸乙烯胶黏剂、801胶、粉末壁纸胶等。

聚乙烯醇胶黏剂，简称PVAC，是以乳液状态存在和使用的一类黏合剂，它是由醋酸乙烯单体，以水为介质，加入乳化剂、引发剂及其他辅助材料，经乳液聚合而制成的高聚物。聚乙烯醇胶黏剂无毒、防火、黏度低、价格低、初黏力强、韧性好、适用期长，对油脂有较好的抵抗力，对黏合压力要求不高。但其耐热性、耐低温性和耐水性较差，易干，固化干燥时间较长。一般用于纸张、木材、皮革、泡沫塑料、纤维织物等洞孔材料的黏合。

聚乙烯醇缩甲醛胶，即107胶，是一种无色透明的水溶液胶体。无臭、无毒、防火、黏度小、价格低，黏结性能好，但耐低温性差。一般用于墙布、墙纸与墙面的黏结，室内涂料的胶料、外墙装饰的胶料及室内地面涂层胶料。

聚醋酸乙烯胶黏剂，简称EVA，是一种乳白色稠厚液体，俗称白乳胶。具有常温固化、操作方便、固化速度快，黏结力强、韧性好、耐久性好、耐老化性好等优点，但其具有耐热性差、耐水性差、怕冻易干、固化干燥时间较长等缺点。一般用于墙纸、水泥增强剂、防水涂料及木材的黏结。

801胶是一种微黄色或无色透明胶体。无毒、无味、不燃、游离醛含量低、施工无刺激性气味，其耐磨性、剥离强度及其他性能均优于107胶。一般用于墙布、墙纸、瓷砖及水泥制品的黏结，或作为室内外墙装饰及地面涂料的基料。

粉末壁纸胶黏结力好、干燥速度快、不易剥离、耐湿性好。一般用在水泥、抹灰、石膏板、木板墙等墙面上粘贴塑料壁纸。

2. 塑料地板胶黏剂

常见的塑料地板胶黏剂的品种很多，包括聚醋酸乙烯类胶黏剂、合成橡胶类胶黏剂、聚氨酯类胶黏剂、环氧树脂类胶黏剂等。

聚醋酸乙烯类胶黏剂是以醋酸乙烯共聚物乳液为基料配制成的塑料地板胶黏剂。它具有黏结强度高、无毒、无味、快干、耐老化、耐油等优点，价格便宜、施工性好、稳定性高。主要适用于聚氯乙烯塑料地板、木制地板与水泥面的黏结。

合成橡胶类胶黏剂是以氯丁橡胶为基料，加入其他树脂、增稠剂、填料等配制而成的。它的分子结构比较规整，容易结晶，排列紧密，在不硫化的情况下也具有较强的内聚力。合成橡胶类胶黏剂的主体材料本身富有高弹性和柔韧性，胶层曲挠性、抗震和抗蠕变性优异，可适应动态条件下的黏合和不同膨胀系数材料之间的黏合。合成橡胶类胶黏剂的耐热性、耐燃性、耐油性、耐候性和耐溶剂性均较好，固化速度快，黏合后内聚力迅速提高，初黏力高，对大多数材料都具有良好的黏合力，而且还可以进一步改性。但合成橡胶类胶黏剂贮存稳定性不好，低温性能不良，使用温度要求在10℃以上。主要适用于半硬质、硬质、软质聚氯乙烯塑料地板与水泥地面的黏结，也适用于硬木拼花地板与水泥地面的黏结，还可用于金属、橡胶、玻璃、木材、皮革、水泥制品、塑料和陶瓷等的黏结。

聚氨酯类胶黏剂对各种材料都有较强的黏附性，可制成单组分常温固化胶。它的韧性强，耐超低温性能较好，耐溶性、耐油性及耐老化性优良，但不耐热、机械强度比较低。

环氧树脂类胶黏剂，又称"万能胶"，是目前产量最大的一种胶黏剂。环氧树脂胶对各种金属材料和非金属材料均有良好的黏结性能。它的黏结强度高、可用不同固化剂在室温或加温情况下固化。环氧树脂胶不含溶剂，在接触压力下固化，固化后有良好的电绝缘性、耐腐蚀性、耐水性和耐油性。此外，环氧树脂胶和其他高分子材料及填料的混溶性好，改性方便。

3. 瓷砖和大理石类胶黏剂

瓷砖和大理石类胶黏剂黏结强度高，能改善水泥砂浆黏结力，可提高水泥砂浆的防水性，同时具有耐水、耐化学侵蚀、耐气候、操作方便、价格低等优点，主要适用于大理石、花岗岩、陶瓷锦砖、面砖、瓷砖等与水泥基层的黏结，有些也适用于与钢铁、玻璃、木材、石膏板等基面的粘贴，主要用于厨房、卫生间等长期受水浸泡或其他化学侵蚀的建筑部位。

常用品种有AH-93大理石胶黏剂、SG-8407内墙瓷砖胶黏剂、TAM型通用瓷砖胶黏剂、TAS型高强度耐水瓷砖胶黏剂、TAG型瓷砖勾缝剂、SG-791建筑轻板胶黏剂等。

11.3.4 建筑涂料在土木工程中的应用

建筑涂料是土木工程中常用的一种材料，涂刷于材料表面，能凝固成膜。建筑涂料不仅色泽美观，而且能起到保护主体材料的作用，从而提高主体建筑材料的耐久性。建筑涂料是当今产量最大、应用最广泛的土木工程材料之一。

1. 外墙涂料

常见的外墙涂料包括过氯乙烯涂料、苯乙烯焦油涂料、聚乙烯醇丁醛涂料、丙烯酸乳液涂料、彩色瓷粒外墙涂料、104外墙饰面涂料等。

过氯乙烯涂料是以过氯乙烯树脂为主要成膜物质，掺入增塑剂、稳定剂、颜料和填充料等，经混炼、切片后溶于有机溶剂中制得的。这种涂料具有良好的耐腐蚀性、耐水性和抗大气性。涂层柔韧富有弹性、不透水，能适应建筑物因温度变化而引起的伸缩。这种涂料与抹灰面、石膏板、纤维板、混凝土和砖墙黏结良好，可连续喷涂，用于外墙，美观耐久、防水、耐污染、便于刷洗。

苯乙烯焦油涂料是以苯乙烯焦油为主要成膜物质，掺加颜料、填充料及适量的有机溶剂等，经加热熬制而成。这种涂料具有防水、防潮、耐热、耐碱及耐弱酸的性能，与基面黏结良好，施工方便。

聚乙烯醇丁醛涂料是以聚乙烯醇缩成丁醛树脂为成膜物质，以醇类物质为稀释剂，加入颜料、填料，经搅拌、混合、溶制、过滤而成。这种涂料具有柔韧、耐磨、耐水等性能，并且有一定的耐酸碱性。

丙烯酸乳液涂料是以丙烯酸合成树脂乳液为基料，加入颜料、填充料和各种辅料，经加工配制而成的外墙涂料。这种涂料无毒、无刺激性气味、干燥快、不燃烧、施工方便，涂刷于混凝土或砂浆表面，兼有装饰和保护墙体的作用。

彩色瓷粒外墙涂料是用丙烯酸类合成树脂为基料，以彩色瓷粒及石英砂等做骨料，掺加颜料和其他辅料配制而成的。这种涂层色泽耐久，抗大气性和耐水性好，有天然石材的装饰效果，艳丽别致，是一种性能良好的外墙饰面。

104外墙饰面涂料是由有机高分子胶黏剂和无机胶黏剂制成的，具有无毒、无色、涂层厚且呈片状、防水及防老化性能良好、涂层干燥快、黏结力强、色泽鲜艳、装饰效果好等特点，适用于各种工业、民用建筑的外墙粉刷。

2. 内墙和顶棚涂料

内墙和顶棚涂料包括聚乙烯醇水玻璃涂料、聚乙烯醇缩甲醛内墙涂料、乳液涂料、膨胀珍珠岩喷砂涂料等。

聚乙烯醇水玻璃涂料，即106涂料，是以聚乙烯醇树脂水溶液和钠水玻璃为基料，掺加颜料、填料及少量外加剂经研磨加工而成的一种水溶性涂料。这种涂料成本低、无毒、无臭味，能在稍潮湿的水泥和新、老石灰墙面上施工，黏结性好，干燥快，涂层表面光洁，能配制成多种色彩。

聚乙烯醇缩甲醛内墙涂料，即803涂料，是以聚乙烯醇缩甲醛为基料，掺加颜料、填料、石灰膏及其他助剂，经研磨加工而成的涂料。这种涂料无毒、无臭味，可喷可刷，涂层干燥快，施工方便，与新、老石灰墙面及水泥墙面黏结良好。涂料色彩多样，装饰效果良好，而且耐水、耐洗刷。

乳液涂料是由合成树脂的乳液和颜料浆配制而成的。乳液涂料无毒，不污染环境，操作方便，涂膜干燥后，色泽好，抗大气性和耐水性好，适用于混凝土、砂浆和木材表面的喷涂。

膨胀珍珠岩喷砂涂料是一种具有粗质感的喷涂料，装饰效果类似小拉毛效果，但质感更优，对基层要求低，遮丑效果好，适用于客房及走廊的天棚，还适用于办公室、会议室、小型俱乐部及民用住宅天花板等。

3. 地面涂料

地面涂料是在建筑物室内地面使用的一种新材料，与传统的地面相比，虽然有效使用年限不长，但施工简单、用料省、造价低、维修更新方便。

常用的地面涂料品种包括过氯乙烯、苯乙烯等。这些涂料是以树脂为基料，掺加增塑剂、稳定剂、颜料或填充料等经加工配制而成的。主要适用于新、老水泥地面的涂刷。

涂刷后,干燥快,光滑美观,不起尘土,易于洗刷。如用环氧等为基料,掺加颜料、填充料、稀释剂及其他助剂,可加工配制成一种厚质的地面涂料,可用于涂布无缝地面。

4. 特种涂料

特种涂料是指对被涂物不仅具有保护和装饰的作用,还有其特殊功能,如对蚊蝇等害虫有速杀作用的卫生涂料,具有阻止霉菌生长作用的防霉涂料,能消除静电作用的防静电涂料,能在夜间发光起指示作用的发光涂料等。

5. 油漆

油漆种类很多,主要有调和漆、清漆、磁漆、特种油漆等。

调和漆是在熟干性油中加入颜料、溶剂、催干剂等调和而成的,是最常见的一种油漆。调和漆质地均匀、稀稠适度,漆膜耐蚀、耐晒、经久不裂、遮盖力强、耐久性好,施工方便,适用于室内外钢铁、木材等材料表面,常用的有油性调和漆、磁性调和漆等品种。

清漆是一种树脂漆,一般不加入颜料,涂刷于材料表面。溶剂挥发后干结成光亮的透明薄膜,能显示出材料表面原有的花纹。清漆易干、耐用,并能耐酸、耐油,可刷、可喷、可烤。

磁漆又称瓷漆,是在清漆的基础上加入无机颜料制成的。漆膜光亮、坚硬。瓷漆色泽丰富、附着力强,适用于室内装修和家具,也可用做室外的钢铁和木材表面。常用的有醇酸瓷漆、酚醛瓷漆等品种。

特种油漆主要是指各种防锈漆及防腐漆,按施工方法可分为底漆和面漆。用底漆打底,再用面漆罩面,对钢铁及其他材料能起到较好的防锈、防腐作用。

11.3.5 聚合物混凝土在土木工程中的应用

聚合物混凝土是聚合物砂浆和聚合物混凝土的统称。

1. 聚合物胶结混凝土

聚合物胶结混凝土也称塑料混凝土,是完全以聚合物为胶结材料黏结粗细骨料构成的混凝土,常用的聚合物为各种树脂或单体,所以亦称"树脂混凝土"。树脂混凝土或砂浆都具有抗拉、抗压以及抗冲耐磨的特点,多用于抗冲磨部位及表层修补。聚合物胶结混凝土表观密度小、强度高,与骨料的黏附性强、结构密实。

2. 聚合物水泥混凝土

聚合物水泥混凝土,简称PCC,是以聚合物(或单体)和水泥共同起胶结作用的一种混凝土。聚合物水泥混凝土拌合水用量少,保水性好,凝结时间一般随聚灰比的增大而增加。一般聚合物水泥混凝土的抗拉与抗折强度比普通混凝土高,抗裂性能好,抗冲击能力强,但其抗压强度改善不大,甚至有时还会降低,弹性模量随聚合物的掺量增加而降低,刚性有所降低。聚合物水泥混凝土对混凝土、砂浆、钢材、木材等各种材料有着良好的黏结性能,密实性较好,吸水率低,抗氯离子渗透能力强,抗冻性好。

聚合物水泥混凝土一般用于建筑物的防渗、抗冻部位及耐磨部位的表层,以及钢筋混凝土建筑物防渗处理、已碳化的钢筋混凝土中钢筋的防锈蚀处理、钢筋的防氯盐腐蚀、工业建筑防腐蚀、铺面修补等。

3. 聚合物浸渍混凝土

聚合物浸渍混凝土，简称PIC，是用单体或低分子树脂浸入已硬化的混凝土中，再用辐射法或加热法，或同时用两种方法，使单体或树脂在混凝土中聚合，从而制得的一种新型混凝土。

浸渍用的聚合物是液态的，它是由有机单体和化学引发剂组成的。浸渍液必须具备黏度低、流动性好、毒性低、挥发性弱、易渗入硬化体内并在硬化体内聚合等性能。所形成的聚合物有较高的强度，较好的耐水、耐碱、耐热和耐老化性能。常用聚合物有甲基丙烯酸甲酯、苯乙烯。所选单体的种类、性能对浸渍后材料硬化体的物理、力学性能及用途、成本等均有较大影响。浸渍单体在硬化体中聚合的方法，一般有辐射法、加热法和化学法。

💡 工程案例分析

> 富春江水电站6#机位置原作为右装配场，因为结构需要，建造时延长了进水口闸墩。该部位距工作门槽3.05～4.75m，刚好处于高速水流冲刷的部位，新浇混凝土最薄弱的地方混凝土厚度仅为30cm。在这种情况下，如采用普通混凝土施工，则新浇混凝土很可能在高速水流的作用下脱落。
>
> **1. 处理方案**
>
> 对闸墩新老混凝土接缝处的缺口，宜采用HK-KB-1聚合物水泥砂浆进行修补。在老混凝土界面上插设预应力锚杆。楔形体混凝土选用903聚合物混凝土。
>
> **2. 903聚合物混凝土的制备**
>
> 聚合物混凝土主要由胶凝材料、骨料和水等组成。其中，胶凝材料采用P.O42.5级普通硅酸盐水泥和903聚合物防水胶。
>
> 903聚合物混凝土的配制工艺与普通混凝土相似，只是在加水搅拌混凝土时，掺入一定量的903胶水。903胶水由A、B两种组分组成，在加入混凝土前应将A、B组分按1∶1的质量比混合并搅拌均匀。903聚合物混凝土的配合比，参考普通混凝土的配合比，在普通混凝土配合比中加入水泥用量的10%～40%的903聚合物胶水，用水量为原用水量减去加入903胶水的量。
>
> **3. 903聚合物混凝土的浇筑与养护**
>
> 混凝土需要从3.6m高程浇筑到16.1m高程，浇筑高度为12.5m。采取分层高度为2～2.5m进行分层浇筑，共分5层进行浇筑。
>
> 903聚合物混凝土的水平运输与普通混凝土的水平运输一样，采用农用自卸汽车进行水平运输。垂直运输采用塔机配卧罐、溜桶入仓。混凝土入仓之前必须先在基面上涂刷1～2mm厚的903净浆，903净浆的配制比例为903胶∶水泥=1∶2～3。一次涂刷的净浆面积应与聚合物混凝土的浇筑强度相适应，采用平层铺筑法，铺筑厚度每层以20cm为标准。采用人工平仓和附着式振动器振捣。903聚合物混凝土浇筑好后要在潮

湿环境中养护3～5天，然后尽可能干燥养护。

4. 工程实际效果

富春江水电站扩机工程使用903聚合物混凝土总量约23m³。经检测，抗压强度均大于混凝土的设计强度，合格率均达到100%，且强度的均匀性良好。模板拆除后，混凝土表面光滑、平整，尤其是弧线段部位，过渡平稳、线条流畅，内在质量和外观质量均达到设计要求。

(案例来源：豆丁网. http：//www.docin.com/p-272669123.html)

📖 学习拓展

[1] 叶晓. 合成高分子材料应用[M]. 北京：化学工业出版社，2010.

该书主要以合成高分子材料的应用为主线，在简要介绍高分子材料合成、改性和加工等基础知识之上，从其在建筑等行业的应用出发，介绍了不同合成高分子材料品种的性能特点和用途，同时对其在高新领域中的应用也做了扼要介绍。该书是对本章内容的有益补充，提供了一个更为全面的应用领域读本。

[2] 陈平，廖明义. 高分子合成材料学[M]. 北京：化学工业出版社，2010.

该书分为上、下两篇。主要介绍具有重要应用价值的热固性与热塑性高分子合成材料。上篇热固性高分子合成材料主要介绍酚醛树脂、不饱和聚酯树脂、环氧树脂、聚氨酯树脂、双马来酰亚胺树脂、聚酰亚胺树脂、氰酸酯树脂、有机硅树脂等热固性高分子合成材料的合成工艺原理、制造工艺、改性原则、结构与性能关系、成型加工及其应用。下篇热塑性高分子合成材料系统地介绍了五大通用树脂，即聚乙烯、聚丙烯、聚氯乙烯、聚苯乙烯和ABS树脂，以及通用工程塑料聚酰胺、聚碳酸酯、PET和PBT。该书对本章中的各类合成高分子材料做了更详尽的介绍，在材料制备与性能方面进行了强化。

[3] 徐峰，王惠明. 建筑涂料[M]. 北京：中国建筑工业出版社，2007.

该书介绍了组成建筑涂料的成膜物质、颜料、填料、助剂等原材料与生产设备，建筑涂料的生产技术，墙、地面涂料和施工配套材料的主要品种、基本配方和性能指标，木材、塑料等专用装饰涂料的技术性能和配方，建筑涂料粉末化的条件，可再分散聚合物树脂粉末的种类，建筑涂料施工技术，以及建筑涂料的作用、分类、现状和发展等。该书就本章中的建筑涂料部分做了更为详细的介绍，适当阅读可拓宽知识面。

🔍 本章小结

1. 按照聚合物的来源，可将高分子材料分为天然高分子材料、改性的天然高分子材料、合成高分子材料、改性合成高分子材料；按照聚合物的主链结构，可将高分子材料分为碳链聚合物材料、杂链聚合物材料、元素有机聚合物材料。

2. 单体(低分子碳氢化合物)在引发剂、光、热等作用下，聚合形成大分子的反应，称为加聚反应。

3. 由两种或两种以上具有可反应官能团的单体，在催化剂的作用下结合成大分子，并同时放出低分子副产物如水、甲醛及氯等的反应，称为缩聚反应。

4. 线状大分子间以分子间力结合在一起，具有线型结构的树脂，强度较低，弹性模量较小，变形较大，耐热性较差，耐腐蚀性较差，且既可溶又可熔。线型结构的合成树脂可反复加热软化，冷却硬化。体形结构树脂化学键结合力强，且交联形成一个巨大分子，强度较高，弹性模量较高，变形较小，耐热性较好，耐腐蚀性较强。

5. 热塑性是指在常温下是较硬固体，受热后就会变软(甚至熔融)，待冷却后会变硬，再次加热又会变软的性能。具有热塑性的高分子材料可以重复制备，一般为线型分子结构。

6. 热固性是指首次受热软化(或熔化)后，在热和催化剂或热和压力作用下发生化学变化，变成坚硬的体型分子结构，成为不熔物质，再次受热不再变软的性能。具有热固性的高分子材料，温度稳定性好，不能反复加工使用。

7. 高分子材料在热、光、氧或有害液体等的长期作用下，发生变化，其各项性能会逐渐降低，甚至失去使用功能的现象，称为老化。

8. 高分子材料的力学性能特点主要包括：①刚度小，强度低，比强度高；②高弹性，低弹性模量；③高耐磨性；④黏弹性；⑤有良好的韧性。

9. 高分子材料的物理化学性能特点主要包括：①高绝缘性；②低耐热性，易燃；③低导热性；④高热膨胀性；⑤高化学稳定性；⑥耐磨性好；⑦较易老化。

10. 塑料通常是由合成树脂、填充剂、增塑剂、着色剂、固化剂等组成的。

11. 塑料密度小，品种繁多，吸水性很低，抗酸碱腐蚀能力强，导热性差，电绝缘性好，加工方便，价格便宜。但塑料的热膨胀性较大，存在老化问题。

12. 合成橡胶是以生胶为主要成分，添加各种配合剂和增强材料制成的。

13. 合成橡胶的主要性能特点包括：①弹性；②黏弹性；③缓冲减震性能；④温度依赖性；⑤电绝缘性；⑥老化。

14. 涂料的组成主要包括基料、填料、颜料、助剂、水和溶剂等。

15. 建筑塑料介绍了：聚乙烯、聚氯乙烯、聚苯乙烯、聚丙烯、聚甲基丙烯酸甲酯、ABS塑料等。

16. 合成橡胶介绍了：丁苯橡胶、氯丁橡胶、乙丙橡胶、硅橡胶等。

17. 胶黏剂介绍了：壁纸、墙布胶黏剂，塑料地板胶黏剂，瓷砖和大理石类胶黏剂等。

18. 建筑涂料介绍了：外墙涂料、内墙和顶棚涂料、地面涂料、特种涂料、油漆等。

19. 聚合物混凝土介绍了：聚合物胶结混凝土、聚合物水泥混凝土、聚合物浸渍混凝土。

复习与思考

1. 高分子材料的合成方法有哪些？各自有哪些特点？

2. 塑料的性能有哪些？

3. 合成橡胶的性能有哪些？

4. 常用建筑塑料的种类有哪些？

5. 常用合成橡胶的种类有哪些？

6. 建筑塑料在土木工程中有哪些应用？

7. 常用的建筑涂料种类有哪些？

8. 合成橡胶在土木工程中有哪些应用？

9. 建筑涂料在土木工程中有哪些应用？

第12章
功能材料

【内容导读】

本章介绍功能材料的相关知识。主要内容包括各种装饰材料的制备、组成、分类、主要性能、发展趋势；保温隔热材料的组成、作用机理、分类、技术性质；吸声隔声材料的组成、吸声隔声原理、技术性质；各种功能材料的工程选用原则、注意事项、应用实例。

本章重点应掌握常用装饰材料的技术性质、保温隔热材料作用机理、吸声隔声原理，并熟悉常用功能材料的种类，培养在工程中能合理地使用各种功能材料以及对使用中出现的问题进行分析和解决的能力。

功能材料是指在土木工程中应用的具有一种或多种使用功能的材料。功能材料是土木工程材料的一部分，其品种多、作用大、发展快、更新快，综合作用远超过普通土木工程材料。功能材料品种很多，土木工程中常用的有装饰材料、保温隔热材料、吸声隔声材料等。其中，装饰材料的类别和品种最为繁多。

功能材料的发展是促进现代土木工程迅速发展的重要因素之一，与人们的生活休戚相关。多品种、多功能化是功能材料的发展趋势，高性能化，包括高保温、高吸声、高防火、高防水、高耐磨等是功能材料的发展要求，充分利用地方资源、降低成本是功能材料发展的必经之路。

12.1 装饰材料

装饰材料是装修工程的物质基础。装饰工程的总体效果和功能都是通过运用装饰材料及其配套产品的质感、色彩、图案、功能等所体现出来的。正是由于大量的装饰材料的出现，推动了装饰装修行业的发展。在现代土木工程中，装修工程的份额不断增加，要占到工程总造价的1/3以上，这就需要大量的装饰材料。与此同时，现代装饰材料的应用不仅为了美观，而且向多功能、高功能化发展。

12.1.1 装饰材料的分类

1. 按照化学成分分类

装饰材料按照化学成分可分为无机装饰材料、有机装饰材料、复合型装饰材料。其中，复合型装饰材料在装饰工程中应用得越来越广泛。

2. 按照使用部位分类

装饰材料按照使用部位可分为外墙装饰材料、内墙装饰材料、地面装饰材料和吊顶装饰材料。

外墙装饰材料包括天然石材(大理石、花岗岩)、人造石材(人造大理石、人造花岗岩)、瓷砖和磁片(陶瓷和马赛克)、玻璃制品(玻璃马赛克、特种玻璃等)、白水泥、彩色水泥、装饰混凝土、铝合金、外墙涂料、碎屑饰面(水磨石、干粘石等)等。内墙装饰材料包括内墙涂料、墙纸与墙布、织物类、微薄木贴面装饰板、金属浮雕艺术装饰板(铜等)、玻璃制品、人造石材等。地面装饰材料包括地毯类、塑料、地面涂料、陶瓷地砖、人造石材、天然石材、木地板等。吊顶装饰材料包括塑料吊顶材料(钙塑板等)、铝合金吊顶、石膏板、墙纸装饰天花板、玻璃钢吊顶装饰板、矿棉吊顶吸音板、膨胀珍珠岩装饰吸音板等。

12.1.2 装饰材料的功能

装饰材料多用在建筑物表面，既美化建筑物与环境，也起着保护建筑物的作用。根据工程部位的不同，所用材料的功能也不尽一致。

1. 装饰功能

建筑物的装饰功能是通过装饰材料的质感、线条、色彩来表现的。质感指材料质地的感觉，重要的是要了解材料在使用后人们对它的主观感受。而鲜艳的颜色往往会从大面上掩饰物质的种种不足。

2. 保护功能

选择适当的装饰材料对建筑物表面进行装饰，不仅能对建筑物起到良好的装饰功能，而且能有效提高建筑物的耐久性，降低维修费用。

3. 室内环境调节功能

装饰材料除了具有装饰功能和保护功能外，还有改善室内环境使用条件的功能。

12.1.3　装饰水泥与装饰混凝土

在建筑装饰工程中，装饰水泥和装饰混凝土的用量和用途越来越大、越来越广泛。装饰水泥和装饰混凝土的核心材料是白水泥。

白水泥与彩色水泥以其良好的装饰性能而被广泛用做接缝材料，配制成各种颜色的彩色混凝土结构材料和彩色砂浆。近年来发展较快的硅酸盐类人造大理石饰面材料，其面层也是白色水泥或彩色水泥。普通水泥混凝土通过适当处理后，也可获得良好的建筑装饰效果，而且比采用其他装饰材料节省费用，从而能减低成本。白水泥与彩色水泥的相关内容见第3章3.3节。

装饰混凝土通常是指白水泥和彩色水泥混凝土，也包括普通清水混凝土。它充分利用了混凝土塑性成型、材料构成的特点及本身的庄重感，在混凝土墙体、构件成型时采取适当措施，使建筑饰面具有装饰性的线型、纹理质感及色彩效果，从而满足立面装饰的不同要求。

装饰混凝土既可以保证混凝土的基本物理力学性能，又能满足土木工程和建筑物的装饰效果。采用饰面混凝土外墙，不但简化了施工工序，缩短了施工周期，而且比粘贴面砖类外墙造价低近85%，在使墙面获得良好的耐久性和装饰效果的同时，又节约了资金。

白水泥混凝土应采用特殊的配合比，一般不使用普通骨料。硬化后的白色混凝土具有白度高和早强高的特点。其他性质和普通混凝土差别不大。彩色水泥混凝土的骨料除一般骨料外，还需使用价格较高的彩色骨料。由于这类骨料的形状尺寸和粒度多样化，所以对混凝土物理力学性能有一定的影响。

露骨混凝土也是装饰混凝土的一种普遍做法。露骨就是在尚未完全硬化的混凝土表面做除浆处理，使混凝土骨料适当外露。以骨料的天然色泽和不同排列组合造型达到外饰面的美感要求。常用方法有水冲法、缓凝法、酸洗法。酸洗法因有腐蚀作用和成本较高，现在已很少使用。另外还有一种类似反打法和露骨饰面相结合的施工方法，即在模底铺设一层湿砂，并将大颗粒骨料部分埋入砂中，然后在骨料上浇注混凝土，起模后把砂冲去，骨料即可部分外露，从而达到露骨料饰面混凝土的效果。

装饰混凝土的装饰效果是通过其表面的线型、质感和色彩表现出来的。装饰混凝土墙体表面形成线型和质感时，具有一定的凸凹程度，这部分混凝土已经不再起结构和热工作用，纯系装饰。凸出过多会增加成本和自重，在设计时要注意。清水混凝土的颜色取决于水泥的颜色，所不同的是表面凸凹不平，在光线的作用下有光阴明暗的变化。露骨混凝土的色彩随表面层剥落的深浅和水泥、砂或石渣品种而异。

装饰混凝土也存在一些问题。空气中的含硫物质及雨水中的酸性成分能腐蚀装饰混凝土表面的水泥浆膜，故经常有雨水流淌部位的细骨料会逐渐显露，从而使整个立面颜色不均。清水混凝土易析出氢氧化钙，氢氧化钙与空气中的含硫杂质化合，生成硫酸钙能黏附更多的尘污。墙面上有水流动时，硫酸钙会连同它所黏附的尘污一起被水带走，并在受雨水较少的墙面处被吸干，重新滞留形成明显的不均匀污染。这是清水混凝土墙面被污染的主要原因。而混凝土龄期长时，表面已形成碳化保护层，新生成的氢氧化钙不易再析出表面，故已污染墙体经清洗后，再污染过程就比较缓慢。此外，白水泥日久会变黄，彩色水泥颜料会褪色，某些骨料特别是人工破碎或经喷砂、酸蚀处理的石渣在大气作用下会丧失原有的色泽，而且其表面粗糙，易挂灰。

总体来说，装饰混凝土既是一种装饰处理又是一种施工技术，它可以简化施工工序，缩短施工周期，耐久性较好。装饰混凝土工程实例见图12-1。

  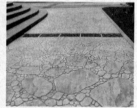

(a) 装饰混凝土外墙立面　　(b) 装饰混凝土外墙挂板　　(c) 装饰混凝土压模地坪

图12-1　装饰混凝土工程实例

12.1.4　装饰石材

石材是古老的土木工程材料之一，常被用做砌体材料、装饰材料，现在仍然被广泛地使用。建筑装饰石材一般分为天然石材和人造石材两类。

1. 天然石材

天然岩石是矿物的集合体，按其成因不同可以分为火成岩、沉积岩、变质岩三大类。组成天然岩石的矿物称为造岩矿物，包括石英、长石、角闪石、辉石、橄榄石、白云石、黄铁矿、云母等。有些天然岩石由单一造岩矿物组成，如由方解石组成的石灰岩。大多数岩石是由多种造岩矿物组成的，因此岩石没有确定的化学组成和物理力学性质。即使同种岩石，因产地不同，各种矿物含量不同以及结构上的差异，都会引起岩石的颜色、强度、耐久性等的差异。造岩矿物的性质及其含量决定了岩石的性质。例如，花岗岩是由石英、长石、云母及一些暗色矿物组成的。几种造岩矿物的组成比例不同，可使花岗岩在颜色、强度、耐酸性、耐风化性等方面有较大的差异。

天然石材是从天然岩体中开采的,可加工成各种块状或板状。用于建筑物上的天然石材的品种繁多,主要可分为大理石和花岗岩两大类。可以应用于基本上不承受任何机械荷载的建筑物的内墙和外墙、承受载荷不大的地板以及纪念性建筑物等。

天然石材的品种包括毛石、料石、石板材等。毛石是爆破后直接得到的形状不规则的石块,依其平整程度又分为乱毛石和平毛石。料石是由人工或机械开采的较规则的六面体石块,经加工凿磨而成,按表面加工的平整程度,料石可分为毛料石、粗料石、半细料石和细料石4种。石板材是将致密岩石凿平或锯解而成的石材。

立面或地面装饰用的石板材要求耐久、耐磨、色彩美观、无裂缝,一般采用花岗岩或大理石板材。天然石板材工程实例见图12-2。

(a) 天然石材墙面台面一体化装饰　　　(b) 天然石材酒店装饰工程

图12-2　天然石材装饰工程实例

花岗岩板材是用花岗岩荒料加工制成的板材石材,其抗压强度高达120~250MPa,耐久性好(75~200年)。根据用途和加工方法的不同,花岗岩石板分为剁斧板材,其表面粗糙,具有规则的条状斧纹;机刨板材,其表面光滑,具有相互平行的刨纹;粗磨板材,其表面光滑,无光;磨光板材,其表面光亮、色泽明显、有镜面感。前三种适用于建筑物外墙面、柱面、台阶、勒脚等;后一种适用于内外墙面、柱面。

大理石板材是用大理石荒料经锯切、研磨、抛光及切割而成的石材,常用规格为:厚20mm、宽150~195mm、长300~1220mm。大理石板材硬度小,易加工和磨光,材质均匀,抗压强度为70~110MPa,耐用年限为40~100年。当空气中含有二氧化硫时,大理石面层会因风化而失去光泽和改变颜色并逐渐破损,所以大理石板材主要用于室内装饰。

2. 人造石材

装饰工程中使用的人造石材主要是指人造大理石,见图12-3。

(a) 人造大理石样品　　　(b) 人造大理石贴面　　　(c) 人造大理石卫生洁具

图12-3　人造大理石实例

按照生产所用材料，人造大理石一般可分为以下4类。

(1) 水泥型人造大理石。这种大理石以各种水泥或石灰磨细砂为黏结剂，以砂为细骨料，以碎大理石、花岗岩、工业废渣等为粗骨料，经配料、搅拌、成型、加压蒸养、磨光、抛光而制成。所用黏结剂除硅酸盐水泥外，也有铝酸盐水泥。采用铝酸盐水泥的人造大理石表面光泽度高，花纹耐久，抗风化能力、耐火性、防潮性都优于一般人造大理石。

(2) 树脂型人造大理石。这种大理石是以不饱和聚酯树脂为黏结剂，与石英砂、大理石、方解石粉等搅拌混合，浇注成型，在固化剂作用下产生固化作用，经脱模、烘干、抛光等工序而制成的。

(3) 复合型人造大理石。这种人造大理石的黏结剂中既有无机材料，又有高分子材料。用无机材料将填料黏结成型后，再将坯体浸渍于有机单体中，使其在一定条件下聚合。对板材而言，底层选用廉价的、性能稳定的无机材料，面层选用聚酯和大理石粉。

(4) 烧结人造大理石。烧结方法与陶瓷工艺相似。将斜长石、石英、辉石、方解石粉和赤铁矿粉及部分高岭土等混合，一般黏土占40%，石粉占60%，用泥浆法制备坯料，用半干压法成型，在窑炉中以1000℃左右的高温煅烧。

综合比较，水泥型人造大理石价格最低廉，但耐腐蚀性能较差，容易出现龟裂，适用于板材，而不适用于做卫生洁具；树脂型人造大理石最常用，其产品的物理和化学性能最好，花纹容易设计，有重现性，适应多种用途，但价格相对较高；复合型人造大理石既有良好的物化性能，成本也较低；烧结人造大理石只用黏土做黏结剂，但需要高温焙烧，因而能耗大、造价高、产品破损率高。

12.1.5　建筑陶瓷

建筑陶瓷是土木工程中常用的装饰材料之一，其生产和应用有着悠久的历史，具有易清洁、耐蚀、坚固耐用、色彩鲜艳、装饰效果好等优点。

建筑陶瓷分为陶、瓷、炻三大类。陶质制品分粗陶和精陶两种，精陶一般上釉。陶瓷制品具有断面粗糙无光、敲击时声音粗哑、不透明等特点，且多孔、吸水率较大。精陶不透水，表面光滑，不易沾污，产品机械强度和化学稳定性较高。瓷制品分粗瓷和细瓷，墙地砖一般都是粗瓷。瓷制品结构致密，不吸水，通常为洁白色，有一定的半透明性。炻质制品是介于陶质和瓷质之间的一种材料，又称半瓷或石胎瓷。炻质制品分粗炻器和细炻器两类，孔隙率低，比较致密，吸水率较低，大多带有颜色，无半透明性。炻制品的机械强度和热稳定性均优于瓷制品，且可采用质量较差的黏土制成，成本低。

1. 外墙面砖

外墙面砖是用于建筑物外墙面的建筑装饰砖，它是以耐火黏土为主要原料烧制而成的。外墙面砖有各种规格，常见的为长方形制品。外墙面砖的正面可以制成平光、粗糙或有纹理的多种色彩的釉面；砖背面要压制成凸凹的图案，以便于砖和砂浆的粘贴。外墙面砖具有强度高、防潮、抗冻、易于清洗、釉面抗急冷急热等优点，既可达到一定的装饰效果，又可以保护墙面，提高建筑物的耐久性。

2. 内墙面砖

内墙面砖又称瓷砖或釉面砖，是用于建筑物内部装饰的精陶制品，正面为白釉或彩釉。内墙面砖种类繁多，规格不一，耐湿，便于清洁，多用于浴室、卫生间、化验室等。近年来有些场所采用彩色釉面砖拼成巨幅壁画，具有很好的艺术效果。

3. 地砖

地砖主要用于铺筑公共建筑、实验室、工厂等处的地面，它是以可塑性较大的难熔黏土为原料烧制而成的，其表面不上釉，多在坯料中加入矿物颜料以获得一定的颜色。地砖强度高、耐磨、易于清洗、美观大方。它有正方形、长方形、六角形、八角形等各种形状，表面有单色的、彩色的、光滑的，规格品种繁多。

4. 陶瓷锦砖

陶瓷锦砖又称马赛克，俗称纸皮砖，是由各种颜色、多种几何形状的小块瓷片铺贴在牛皮纸上形成的色彩丰富的装饰砖。它以300mm×300mm贴成一联，每40联为一箱，砖的吸水率要求不得大于0.2%，脱纸时间不得大于40分钟。陶瓷锦砖质地坚实，色泽形式多样，耐酸碱、耐磨，不易渗水且清洗方便，除用于建筑的内墙面、地面外，还可用于高级建筑物的外墙面饰面。

5. 陶瓷制品

陶瓷制品是以难熔黏土为原料，经成型、素烧、表面涂以釉料后又经第二次烧制而得到的。目前，国内生产的有筒瓦、屋脊瓦、花窗、栏杆等，用以建造纪念性宫殿式房屋及园林中的亭、台、楼、阁等。

6. 琉璃制品

琉璃制品是我国古代土木工程材料中的珍品，装饰效果富丽堂皇、雄伟壮观。它是以难溶黏土制坯成型后，经干燥、素烧、施釉、釉烧等工序制成的。色釉艳丽多样，具有质细致密、表面光滑、不易污染、坚实耐用、造型古朴的特点。琉璃瓦是古建筑中的一种高级屋面材料。

7. 劈离砖

劈离砖是将一定配料的原料经粉碎、炼泥、真空挤压成型，再经干燥、高温烧结而成的。因为成型时为双转背联坯体，烧成后再劈离成两块砖，所以称劈离砖。劈离砖的特点是色彩丰富，颜色自然柔和，表面有上釉、无釉之分，强度高，吸水率小，耐磨防滑，急冷急热稳定性好。劈离砖主要适用于各类建筑的外墙装饰，也适合做楼堂馆所等的地面装饰材料。厚型劈离砖适用于广场等露天地面铺设，也可用于游泳池底面。

8. 彩胎砖

彩胎砖是一种无釉瓷质饰面砖，强度高、吸水率小、耐磨性好。有平面和浮雕两种，有无光、磨光和抛光之分。

9. 麻面砖

麻面砖是采用仿天然岩石色彩的原料作为配料，压制成表面凹凸不平的麻面坯体，经一次烧结而成的炻质面砖，适用于广场等地面铺设。

建筑陶瓷的应用实例见图12-4。

   (a) 陶瓷内墙砖   (b) 陶瓷锦砖   (c) 陶瓷地面砖

      (d) 琉璃瓦   (e) 陶瓷外墙砖

图12-4 建筑陶瓷应用实例

12.1.6 建筑玻璃

  建筑玻璃过去只单纯地用于采光和装饰。随着土木工程的发展，建筑物对控制光线、调节热量、节约能源、控制噪声、降低建筑自重、改善建筑环境、提升建筑艺术效果等功能的要求越来越高，既具有装饰性又具有功能性的玻璃新品种不断涌现。

  玻璃是以石英砂、纯碱、长石、石灰石等为主要材料，在1550℃～1600℃高温下熔融、成型，经急冷制成的固体材料。若在玻璃的原料中加入辅助原料，或采取特殊工艺进行处理，可以生产出具有各种特殊性能的玻璃。玻璃的化学成分比较复杂，主要由二氧化硅、氧化钠、氧化钙和少量的氧化镁、氧化铝组成。这些氧化物在玻璃中的作用见表12-1。

表12-1 氧化物在玻璃中的作用

氧化物名称	所起作用	
	增加	降低
二氧化硅	熔融温度、化学稳定性、热稳定性、机械强度	密度、热膨胀系数
氧化钠	热膨胀系数	化学稳定性、耐热性、熔融温度、析晶倾向、退火温度、韧性
氧化钙	硬度、机械强度、化学稳定性、析晶倾向、退火温度	耐火性
三氧化二铝	熔融温度、化学稳定性、机械强度	析晶倾向
氧化镁	耐热性、化学稳定性、机械强度、退火温度	析晶倾向、韧性

  在玻璃生产工艺中还需加入一些辅助原料，用以改善玻璃的性能，以满足多种使用要求。常用的辅助材料及作用见表12-2。

表12-2 常用辅助材料及作用

名称	常用化合物	作用
助熔剂	萤石、硼砂、硝酸钠、纯碱等	缩短玻璃熔制时间,其中萤石与玻璃液中的杂质FeO作用后,还可增加玻璃的透明度
脱色剂	硒、硒酸钠、氧化钴、氧化镍等	在玻璃中呈现为原来颜色的补色,具有使玻璃无色的作用
澄清剂	白砒、硫酸钠、铵盐、硝酸钠、二氧化锰等	降低玻璃液黏度,有利于玻璃液消除气泡
着色剂	氧化铁、氧化钴、氧化锰、氧化镍、氧化铜、氧化铬等	赋予玻璃一定颜色,如Fe_2O_3能使玻璃呈黄或绿色,氧化钴能使玻璃呈蓝色等
乳浊剂	冰晶石、氟硅酸钠、硫酸三钙、氧化锡等	使玻璃呈乳白色的半透明体

玻璃是典型的脆性材料,在冲荷载的作用下极易破裂,热稳定性差,遇沸水易破裂。普通玻璃的密度为$2.45\sim2.55g/cm^3$,密实度高,孔隙率接近零,可看做绝对密实的材料。玻璃具有很好的光学性质,普通玻璃的透视率可达85%~90%。此外,玻璃耐急热的稳定性比耐急冷的稳定性要高,化学稳定性及耐酸性较好,不同成分、不同工艺的玻璃隔声性能不同。

玻璃除透光、透视、隔声、隔热外,还具有一定的装饰作用,特种玻璃兼有吸热、保温、防辐射、防爆等特殊功能。

根据性能和用途的不同,建筑玻璃分为平板玻璃及玻璃制品。平板玻璃包括普通平板玻璃、安全玻璃及特种玻璃,玻璃制品常有玻璃砖及玻璃马赛克等。

1. 平板玻璃

平板玻璃是土木工程中用量最大的一个玻璃品种。

在土木工程中最常用的是普通平板玻璃,如窗用平板玻璃,其厚度通常为2mm、3mm、4mm、5mm、6mm、8mm、10mm、12mm。其中,应用最广泛的是厚度为2mm或3mm的平板玻璃。

根据玻璃的生产工艺及特点,安全玻璃分为钢化玻璃、夹丝玻璃、夹层玻璃、中空玻璃等。

特种玻璃分为热反射玻璃、吸热玻璃和光致变色玻璃等。

2. 玻璃制品

玻璃制品又称饰面玻璃,有板材和砖材之分,又可分为釉面玻璃、玻璃砖和玻璃锦砖,具有耐化学腐蚀和耐磨的特性,富有光泽,广泛用于建筑物内外墙贴面、护面板、地面材料等。

玻璃砖又称特厚玻璃,有空心和实心两种。形状有正方形、矩形等,具有强度高、绝热、隔音、透明度高、耐火、耐水等优点。玻璃砖主要用于砌筑透光的墙壁、建筑物的非承重内外隔墙、淋浴隔断、门厅、通道等。特别用于高级建筑、体育馆,用以控制透光、眩光和太阳光。

玻璃锦砖又称马赛克,是一种小规格的彩色饰面玻璃,一面光滑,另一面带有槽纹,便于黏结,一般尺寸为20mm×20mm、30mm×30mm、40mm×40mm,厚4~6mm。玻璃锦砖具有色彩柔和、朴实、典雅、美观大方、化学稳定性好、冷热稳定性好、不变色、易洗涤等优点，并且质轻、便于施工，适用于宾馆、医院、办公楼、住宅等建筑物内外墙装饰。

3. 隐形玻璃

隐形玻璃就是将玻璃经过加工处理，使反射影像移到人的视野以外，或者不反射的玻璃制品。常用制作方法有将玻璃弯曲成适当的曲面，或者利用镀膜的方法镀以多层干涉膜，达到无反射的程度，使人觉察不到玻璃的存在。

4. 微晶玻璃

微晶玻璃是在玻璃生产过程中加入一定量的晶核剂(不加也可)，经一定的温度制度和温度分布使玻璃在成品过程中产生微晶体。微晶玻璃机械强度高，化学稳定性强，质地细密，不透气，不吸水，耐热性好，导电率低，膨胀率低，具有机械加工性。

5. 泡沫玻璃

泡沫玻璃是将玻璃原料和发泡剂一起加入窑炉熔制而成的，也可以加入颜料制成彩色泡沫玻璃。泡沫玻璃难燃、强度高、装饰性好、吸声性好。根据孔隙开口和闭口的情况可以分为吸声玻璃和隔热玻璃。

6. 其他新型饰面玻璃

在土木工程中，常使用的还有一些新型的饰面玻璃，其特点和用途见表12-3。

表12-3　新型饰面玻璃的特点和用途

品种	特点	用途
釉面玻璃	表面施釉，可施以彩色花纹图案	装饰、门窗、屏风
拼花玻璃	用工字铅(或塑料)条拼接图案花纹	装饰、门窗
磨砂玻璃	投漫射光，可按要求制成各种图案	装饰、门窗
彩色玻璃	各种色彩	装饰、信号
彩色膜玻璃	各种色彩，有热反射功能	装饰、节能
镭射玻璃	在光源下产生物理衍射光，有光谱分光的七色变化	门、娱乐场所装修
刻花玻璃	经漆涂、雕刻、围蜡、酸蚀、研磨而成	装饰、屏风
印刷玻璃	图案不透光，其他处透光	装饰、屏风
黑玻璃	透光率为1%，光泽硬度好	家具、壁砖、相框
裂纹玻璃	有纹路，美观	装饰、屏风

常见的建筑玻璃在土木工程中的应用见图12-5。

(a) 玻璃幕墙　　　　(b) 裂纹玻璃　　　(c) 玻璃锦砖内饰面

(d) 泡沫玻璃外墙保温　(e) 微晶玻璃墙砖地砖　(f) 玻璃砖卫浴隔断

图12-5　建筑玻璃在土木工程中的应用

7. 水对玻璃的侵蚀

水对玻璃是有侵蚀作用的。由于玻璃中含有碱的成分，当玻璃与水长期接触时，玻璃中的碱易被溶出发生反应，生成凝胶状物质$Si(OH)_4 \cdot nH_2O$附在玻璃表面，长期作用会使玻璃结构变疏松、强度降低。

12.1.7 木质饰面板

木材在土木工程中的应用历史久远。现今木材虽然不再作为主要的结构材料，但由其加工制备的木质饰面仍然是装饰工程的主要装饰材料之一。木质饰面板主要包括墙面饰面板和地面饰面板。

1. 木质墙面饰面板

木质墙面饰面板的主要品种包括微薄木贴面板、胶合板、纤维板、刨花板等，见图12-6。

(a) 微薄木贴面板　　　　　(b) 胶合板

(c) 纤维板　　　　　(d) 刨花板

图12-6　木质墙面饰面板

微薄木贴面板是一种高级装饰材料，是利用珍贵木料如柚木等通过精密薄切，制成厚度为0.2～0.5mm的微薄木，以胶合板为基材，采用先进的胶黏剂及胶黏工艺制成的。微薄木贴面板具有花纹天然、真实感和立体感强、美观大方的优点，主要用于高级建筑内部装修、墙裙等。微薄木贴面板应避免风吹雨淋和磨损碰伤，在潮湿环境中使用应在表面刷油。拼缝处如遇大量的水分，可能会导致膨胀、局部轻微凸起，一般需用砂纸打平。

胶合板是由原木经蒸煮、旋切或刨切成薄片单板，再经烘干、整理、涂胶后，按奇数层配叠，每层木纹的方向纵横交错，再经加热制成的一种人造板材。胶合板板材幅面大，易于加工；适应性强，纵向横向力学性质均匀；板面平整，收缩性小，可避免开裂、翘曲；可加工性好，木材利用率高。

纤维板是以木材、竹材或农作物茎秆等为主要材料，经削片、纤维分离、成型、热压等工序制成的一种人造板材。纤维板各部分构造均匀，硬质和半硬质纤维板含水率都在20%以下，质地坚密，吸水性和吸湿率低，不易翘曲、开裂、变形。同一单面内各向强度均匀，同时还具有隔声、隔热、电绝缘性好、无瑕疵、幅面大、加工性能好、利用率高、来源广、制造成本低等优点，是小城镇建设的重要发展产品。

刨花板是利用木材加工时产生的碎木、刨花，经干燥、拌胶再压制而成的板材，也称碎木板。刨花板表观密度小、性质均匀、花纹美丽，但容易吸湿、强度不高，可用做保温、隔音或室内装饰材料。

2. 木质地面饰面板

地面作为地坪或楼板的表面，首先起到保护作用。地面饰面板应该具有耐磨、防水、防潮、防滑、易于清扫等特点，还应具备隔音、吸声、弹性、保温、阻燃、舒适的功能。常用的木质地面装饰板材按材质分为木地板、复合地板，见图12-7。

(a) 木地板 　　　　　　　　(b) 实木复合地板

图12-7　木质地面饰面板实例

木地板自重轻、弹性好、导热系数小、构造简单、施工方便，而且木材中带有芬多精挥发性物质，具有抵抗细菌、稳定神经、刺激黏膜等功效，对视嗅觉、听触觉有净化效果，因此是理想的室内装修材料。但木地板不耐火、不耐腐、不耐磨，必须通过一定的工艺进行处理。常用的木地板包括普通木地板、硬木地板、硬质纤维板地板、拼木地板等。硬木地板的构造基本和普通木地板一样，只是地板分两层，下层是毛板，上层为硬木地板，中间增设一层油纸。硬质纤维板地板是经树脂加强，又经热压工艺成型的，轻质、高强、收缩小，不易变形、开裂，而且还保持了木材的一些特性。拼木地板具有一定的弹性，软硬适中，并有一定的保温、隔热、隔声功能，夏天阴凉宜人，冬季温暖舒适，易清洁，耐久性强，款式多样，可拼成多种图案。早期做法是先铺龙骨，再铺木条地板，再铺拼木地板，现在可直接将其粘贴在水泥地面上。拼木地板分带企口和不带企口六面光的两种，带企口的规格较厚，拼缝严密，拼装方便，价格是不带企口的两倍左右。

复合地板是由多层不同材料复合而成的。这种木地板的结构由表层到里层依次是表面高耐磨涂料、着色涂料、高级木材层、合板夹层、缓冲胶层、合板夹层、树脂发泡体层。复合地板吸音性和耐冲击性好；面层是天然木材，有利于人体健康；花纹极佳，耐磨；施工方便。

12.1.8 金属装饰材料

在装饰材料中，金属装饰材料以其独特的光泽与颜色、庄重华贵的外表、经久耐用的特点而闻名，因而在装饰工程中被广泛采用。

金属材料的最大特点是色泽效果突出，而且还具有韧性大、耐久性好、保养维护容易的优点。但是金属造价高，硬度大，施工有一定难度。金属装饰材料的形态见表12-4。

表12-4 金属装饰材料的形态

材料形态	材质	表面处理	用途	备注
饰面薄板	铜板、铁板、铝板、不锈钢板、钢板、镀锌铁板	光面、雾面、丝面、凸凹面、腐蚀雕刻面、搪瓷面	壁面、天花板面	
规格型材	铁、钢、铝及其合金，不锈钢、铜	方式极多	框架、支撑、固定、收边	
金属管材	不锈钢管、铁管、铜管、镀锌管	有花管及光管两种	家具弯管、支撑管、防盗门	有空心和实心，多用空心管
金属焊板	以铁棒、不锈钢、钢筋为主要结构		铁架、铁窗	扁铁、钢筋
金属网	铁丝网、铁网、铝网、不锈钢网、铜网	可编制成菱形、方形、弧形、六角形、矩形等	壁面、门的表面，有悬挂、隔离等作用	用细金属丝编织
金属五金	铜、不锈钢、铝		家具壁面	

金属装饰材料的表面处理方式和用途见表12-5。

表12-5 金属装饰材料的表面处理方式和用途

处理方式	用途
表面腐蚀出图案或文字	多用于不锈钢板及铜板
表面印花	花纹色彩直接印于金属表面，多用于铝板
表面喷漆	多用于铁板、铁棒、铁管、钢板
表面烤漆	多用于钢板条、铁板条、铝板条
电解阳极处理(电镀)	多用于铝材或铝板，表面有保护作用
发色处理	如发色铝门窗等
表面刷漆	多用于铁板、铁杆
表面贴特殊弹性薄膜保护	使金属不与外界接触
加其他元素成合金	具有防蚀作用
立体浮压成图案	如花纹铁板、花纹铝板

1. 铝合金及制品

在装饰工程中，世界各地均大量采用了铝合金门窗、铝合金柜台、货架、铝合金装饰板、铝合金吊顶等。其中，日本98%的高层建筑采用了铝合金门窗。

我国除门窗采用铝合金外，建筑外墙贴面、外墙装饰、城市大型隔音壁、桥梁和街道广场的花圃栅栏、建筑回廊、轻便小型固定式移动式房屋、亭阁、特殊铝合金结构物及各种内部装饰配件等也都大量使用铝合金型材及其制品。

铝合金型材具有良好的耐蚀性能，在工业气氛或海洋性气氛下，未经表面处理的铝合金的耐腐蚀能力优于其他合金材料，经涂漆和氧化着色后，铝合金的耐蚀性更强。铝合金具有良好的机械加工性能，可用氩弧焊进行焊接。合金制品经阳极氧化着色处理后，可制成各种装饰颜色，而且铝合金型材还可进行热处理强化。

铝合金门窗是由经表面处理的铝合金型材加工制成的门窗构件。在建筑中采用铝合金门窗，造价较高，比普通钢门窗高3～4倍，但其长期维修费用低、性能好，可节约能源，特别是富有良好的装饰性，所以应用广泛。目前，我国已有平开铝窗、推拉铝窗、平开铝门、平推拉式铝门、铝制地弹簧门等几十种系列铝合金门窗制品，见图12-8。

(a) 彩铝合金窗   (b) 铝合金隔断

图12-8　铝合金门窗实例

铝合金装饰板属于现代流行的装饰材料，具有质量轻、不燃烧、耐久性强、施工方便、装饰华丽等优点，主要适用于公共建筑、室内外装饰饰面，产品颜色有本色、古铜色、金黄色、茶色等。

铝合金吊顶材料有质轻、不锈蚀、美观等优点，适用于较高的室内吊顶。全套部件包括铝龙骨、铝平顶筋、铝天花板及相应的吊挂件等。

铝合金装饰制品还包括类型繁多的棒、杆和其他铝合金制品，可拼装成富有装饰性的栏杆、扶手、屏幕和格栅，能张开的铝合金片可用做装饰性的屏幕或遮阳帘。

铝箔也是优良的建筑装饰材料之一，具有保温、隔蒸汽等功能。

搪瓷铝合金建筑装饰制品是一种用带颜料的熔融玻璃液搪涂在铝合金表面制得的色泽光亮、坚硬耐久的装饰制品。这种制品抗酸、碱腐蚀的性能强，并相对不受气候影响。由于瓷釉可以薄层施加，因而它在铝合金表面上的黏附力比在其他金属上更强。

2. 不锈钢及制品

不锈钢可加工成板、管、型材、各种连接件等，其表面可加工成不发光、无光泽至高度抛光发亮。如通过化学浸渍着色处理，可制得彩色不锈钢，既保持了不锈钢原有的耐腐蚀性能，又进一步提升了装饰效果。

不锈钢装饰材料不仅坚固耐用、美观新颖，而且具有强烈的时代感。既可用于室内，也可用于室外；既可作为非承重的纯粹装饰品，也可作为承重构件。常用的有不锈钢薄板、不锈钢钢管、不锈钢角材及槽材。主要适用于壁板及天花板、门及门边收框、台面的薄板以及配件五金，如把手、栏杆、扶手等。

3. 彩色涂层钢板

彩色涂层钢板具有良好的防腐蚀性能和表面装饰性能。钢板的涂层一般分为有机涂层、无机涂层和复合涂层三种，其中第一种发展最快。

常用彩色涂层钢板包括涂装钢板、PVC钢板、隔热涂装钢板、高耐久性涂层钢板等。

涂装钢板是用镀锌钢板做基底，对其正面、背面进行涂装，以保证其耐蚀性能。正面第一层为底漆，通常为环氧底漆，因为它与金属的附着力强。背面也涂有环氧树脂或丙烯酸树脂。第二层(面层)多用聚酯类涂料或丙烯酸树脂涂料。

PVC钢板有两种，一种用涂布PVC糊的方法生产，称为PVC钢板；另一种是将已成型的印花或压花的PVC膜贴在钢板上，称为贴膜PVC钢板。PVC表面层容易老化，可在PVC表面再复合丙烯酸树脂以提高抗老化能力。

隔热涂装钢板是在彩色涂层钢板的背面贴上15～17mm的聚苯乙烯泡沫塑料或硬质聚氨酯泡沫塑料，用以提高涂层钢板的隔热、隔声性能。

高耐久性涂层钢板是将氟塑料和丙烯酸涂布在钢板表面，以提高钢板的耐久性、耐蚀性，便于施工。

彩色涂层钢板主要用做外墙墙板，如直接用它构成墙体则需做隔热层，此外，它还可以用做屋面板、防水防气渗透板等。

4. 铜及铜合金

铜是人类发现最早的金属之一，也是土木工程中广泛使用的一种金属。铜和它的一些合金具有较好的耐腐蚀能力，光泽度高，可加工性好，因此常作为装饰材料应用于装饰工程中。

纯铜密度为$8.9g/cm^3$，熔点为1083℃，为紫红色。铜的导电性好、导热性好(仅次于银)、耐腐蚀性好、强度较低、塑性较好，不宜做结构材料。

铜合金按照化学成分的不同，可以分为黄铜、青铜和白铜。黄铜以铜锌为主要合金元素，加入其他特殊元素的称为特殊黄铜，如加入铅可改善切削加工性、提高耐磨性，加入铝可提高强度、硬度、耐腐蚀性。青铜原指铜与锡的合金。现在，除了铜锌合金的黄铜及铜镍合金的白铜外，铜与其他元素所组成的合金统称为青铜。青铜可分为锡青铜和无锡青铜(铝青铜、硅青铜、铅青铜等)两类。

铜及铜合金在装饰工程中的应用主要包括经冷加工制得的板材、板带，适用于室内柱面、门厅及调檐包面等部位的装饰，也可用来加工制作灯箱和各种灯饰物。

5. 龙骨及配件

龙骨按用途分为隔墙龙骨及吊顶龙骨。隔墙龙骨一般作为室内隔断墙体骨架，两面覆以石膏板或石棉水泥板、塑料板、金属板等为墙面，表面用塑料壁纸或贴墙布装饰，内墙用涂料等进行装饰，以组成新型完整的隔断墙。吊顶龙骨用做室内吊顶骨架，面层采用各种吸声材料，以形成新颖美观的室内吊顶。龙骨的材料有轻钢、铝合金等。

建筑用轻钢龙骨是以冷轧钢板、镀锌钢板、彩色喷塑钢板或铝合金板材为原料，采用冷加工工艺生产薄壁型材，经组合装配而成的一种金属骨架。它具有自重轻、刚度大、防火、抗震性能好、加工安装简便等特点，适用于室内隔墙和吊顶工程。

12.1.9 塑料装饰材料

塑料的基本知识已在第11章中介绍了，装饰工程中常用的塑料装饰材料包括塑料地板、塑料壁纸、塑料装饰板材等。

1. 塑料地板

塑料地板是发展最早、最快的塑料装饰材料。它具有装饰效果好、色彩图案不受限制、仿真程度高、施工维护方便、耐磨性好、使用寿命长的优点，同时具有隔热、隔声、隔潮的功能，脚感舒适暖和。

塑料地板按形状可分为块状和卷状两种；按材性可分为硬质、半硬质、软质三种；按结构可分为单层地板、双层地板等。

塑料地板应注意定期打蜡；避免用大量的水拖地，特别是要避免热水、碱水和底板接触，以免影响黏结强度或引起变色、翘曲等；避免硬质刻画；脏污后用稀释的肥皂水和布擦洗痕迹，还可用少量汽油；不能接触热物体；家具要垫脚；避免长期阳光照射；更换时，必须在黏结24小时后再正常使用。

2. 塑料壁纸

塑料壁纸是由基底材料(纸、麻、棉布、丝织物、玻璃纤维)涂以各种塑料，掺入各种颜料，再经配色印花制得的。塑料壁纸强度较好、耐水可洗、装饰效果好、施工方便、成本低，广泛应用于内墙、天花板的贴面。

常用的塑料壁纸包括普通壁纸(单色压花壁纸、印花压花壁纸、有光印花和平光印花墙纸)、发泡墙纸、特种墙纸等。

3. 塑料装饰板材

塑料装饰板材主要用做护墙板、层面板和平顶板，具有夹芯层的夹芯板可用做非承重墙和隔断。塑料装饰板材重量轻，能减轻建筑物的自重，具有各种形状的断面和立面，并可任意着色，一般采用干法施工。常用的塑料装饰板材包括硬质聚氯乙烯建筑板材、玻璃钢建筑板材、复合夹层板等。

硬质聚氯乙烯建筑板材的特点是耐老化性好，具有自熄性。分为波形板、异形板、格子板三种形式。

玻璃钢建筑板材可制成各种断面的型材或格子板。与硬质聚氯乙烯板材相比，它的抗冲击性能、抗弯强度、刚性都较好，耐热性、耐老化性也较好，热伸缩较小，透光性相近。玻璃钢建筑板材用做屋面采光板时，有利于室内光线柔和。成型工艺控制不好时，表面有可能会粗糙不平。

以上两种塑料装饰板材都是单层板，只能贴在墙上起维护和装饰作用。而用塑料与其他轻质材料复合制成的复合夹层墙可作为轻板框架结构的墙体材料。复合夹层板具有较好的装饰性和隔声、隔热等功能。

12.1.10 建筑涂料

建筑涂料的相关知识已在第11章中介绍了，此处不再赘述。

12.2 保温隔热材料

能源是人类赖以生存的物质基础。我国能源资源总量较为丰富，人均量极少。煤炭、石油、天然气人均剩余可采储量分别只有世界平均水平的58.6%、7.69%和7.05%。从长远来看，我国将面临能源供给不足的危机。

在我国，建筑能耗约占社会总能耗的1/3，高能耗建筑比例大。我国单位建筑面积采暖能耗是发达国家标准的三倍以上。其中，北方采暖地区每年就多耗标准煤1800万吨，直接经济损失达70亿元，多排二氧化碳52万吨。预计到2020年，我国建筑能耗将达到1089亿吨标准煤，空调夏季高峰负荷将相当于10个三峡电站满负荷发电量。

我国的建筑节能标准以1981年颁布的建筑设计规范为基准，1988年要求节能30%，1998年要求节能50%，2008年开始要求节能65%。这里所谓的"节能30%、50%、65%"是指与以前实行的建筑设计规范相对照，耗能要降低30%、50%、65%。

建筑节能的主要途径包括门窗、墙体、屋面的保温隔热，以及采暖系统的节能。其中，保温隔热材料的应用是重中之重，如采用多层中空玻璃、复合墙体、高效屋面保温材料等。

12.2.1 传热的基本知识

1. 热量的传导方式

热量的传导方式主要有三种，分别为导热、对流与热辐射。

导热是指物体各部分直接接触的物质质点(分子、原子、自由电子)做热运动而引起的热能传递过程。

对流是指较热的液体或气体因体积膨胀密度减小而上升，较冷的液体或气体迅速补充，形成分子的循环流动，产生相对位移，从而引起热量的传导。

热辐射是指靠电磁波来传递热量的方式，放热体将热能转化为电磁能向外辐射，受热体将透射到其上的电磁能转化为热能。

在实际的传热过程中，往往同时存在多种传热方式。如室内热量的散失途径，有墙体材料的导热、热辐射，还有门窗缝隙的对流。但热量传递的方向，总是由高温区传向低温区。

2. 材料的热工参数

材料的热工参数主要包括导热系数、传热系数、热阻、热容量和比热等。

导热系数是指在稳定态传热条件下，单位厚度的材料，两侧表面温差为1℃时，在单位时间内通过单位传热面积的热量，用λ表示，单位为W/m·℃。

影响材料导热系数的因素有很多，材料组成不同，导热系数也不同。同一组成的材料，其导热系数的大小按顺序由大到小为晶体＞微晶体＞玻璃体。对于多孔材料，孔隙率的大小及孔隙特征对材料导热系数起决定性作用，孔隙率越大，闭口孔越多，材料导热系数越大。同种材料的体积密度越小，导热系数就越小。材料含水对其导热系数影响较大，其含水率越高，导热系数越大。在土木工程中，一般材料的导热系数随着温度的升高而升高，但在0℃～50℃的范围内影响不大。对于各向异性的材料来说，各个方向上的导热系数不同，如纤维结构的材料沿纤维方向和垂直于纤维方向的导热系数是有很大区别的。

墙体或其他围护结构的传热能力常用传热系数来表示。传热系数是指导热系数与材料厚度之比，用公式表示为

$$K = \frac{\lambda}{d}$$

式中：λ——材料层的导热系数，W/m·℃；

K——材料层的传热系数，W/(m²·K)；

d——材料层的厚度，m。

材料的导热系数越小，厚度越大，传热系数越小，保温隔热性越好。但是，增加材料的厚度会增加材料的用量和建筑物的自重。

我国《民用建筑节能设计标准(采暖居住建筑部分)》(JGJ 2b—95)对不同地区的屋面、外墙、门、窗等的传热系数做了严格的规定，如西安、北京、哈尔滨地区的外墙传热系数分别为1.0、0.90、0.52W/(m²·K)。

热阻是指传热系数的倒数，用R来表示，单位为(m²·K)/W。材料的热阻越大，则材料抵抗热流通过的能力越大，保温隔热性越好。

热容量是指材料温度升高(或降低)1℃所吸收(或放出)的热量。热容量的大小用比热(亦称热容量系数)来表示。

材料吸收(或放出)的热量，用公式表示为

$$Q = Cm(t_2 - t_1)$$

式中：Q——材料吸收(或放出)的热量，J；

C——材料的比热，J/(kg·K)；

m——材料的质量，kg；

$t_2 - t_1$——材料受热(或冷却)前后的温度差，K；

比热是反映吸热(或放热)能力大小的物理量。即表示单位质量的材料，温度上升(或下降)单位温度时所需的热量。比热值的大小主要取决于材料的组成，而与构造特征无关。水的比热最大，为4.19J/(kg·K)。因此，材料含水后，在受热升温时，所吸收的热量将比干燥时有大幅增加。

选用热容量大的材料作为维护结构，有助于保持室内温度的稳定。因此，导热系数较小、热容量较大的材料才是最佳的保温隔热材料。

12.2.2 常用保温隔热材料

在土木工程中，将导热系数不大于0.23w/m·K的材料称为绝热材料。常用的保温隔热材料的导热系数不大于0.14W/m·K。

保温隔热材料按使用温度可以分为0℃以下的保冷材料、0℃～250℃的低温保温材料、250℃～700℃的中温保温材料、700℃～1000℃的高温保温材料、1000℃以上的耐火保温材料。

保温隔热材料按化学成分可以分为无机类保温材料，如无机金属类的铝箔、无机非金属类的岩棉、矿棉、玻璃棉、膨胀珍珠岩、泡沫玻璃等；有机类保温材料，如泡沫塑料、轻质纤维板等。

保温隔热材料按结构特征可以分为纤维类、微孔多孔类、散粒颗粒状、层状等。

保温隔热材料的作用原理一般为增大固相传热路线、引入闭口孔、有效阻挡辐射热等。

在土木工程中，一般要求保温隔热材料具有较低的导热系数、较低的体积密度、较低的吸湿性，以及一定的承载能力、一定的防火能力，同时造价要低、成型和使用应方便。

1. 岩矿棉及制品

岩矿棉类材料是岩棉和矿渣棉类材料的总称。它是以岩石、矿渣为主要原料，经高温熔融，用离心等方法制成的棉纤维，再以无机或有机类胶黏剂黏结而成的绝热制品。

一般生产矿渣棉的主要原料是矿渣和焦炭，生产岩棉的主要原料是玄武岩或辉绿岩。岩矿棉的技术性能见表12-6。

表12-6 岩矿棉的技术性能

名称	技术性能指标		
	优等品	一等品	合格品
渣球含量(颗粒直径＞0.25mm)	≤12.0%	≤15%	≤18%
纤维平均直径/μm	≤7.0	≤7.0	≤8.2
体积密度/kg/m³	≤150		
导热系数(70±5℃，体积密度150kg/m³)	≤0.044		
最高使用温度/℃	650		

常用的无机类胶黏剂主要是水玻璃，有机类胶黏剂多为热固型的水溶性酚醛树脂、聚乙烯醇、沥青和淀粉等。

成型工艺有干法和湿法两种。干法工艺是在岩矿棉的纤维上喷覆酚醛树脂，然后制成一定的形状，在150℃的温度下固化成型。湿法工艺是将岩矿棉浸入胶黏剂的水溶液中，然后成型，经干燥固化成型。干法成型工艺过程简单，制品体积密度小，导热系数小，吸声性较好。湿法成型工艺过程较为复杂，制品体积密度较大，导热系数较高，吸声性不佳。

岩矿棉类保温材料在外观上有相同的纤维状形态和结构，体积密度小，一般为4～180kg/m³；导热系数小，一般为0.04～0.06W/m·K。此外，还具有保温隔热性能好、防火性能好、耐腐蚀、化学稳定性好、无毒、无味、无污染、吸声性较好、价格较低、可干法施工、施工效率高等优点，因此得到广泛使用。应特别注意的是，岩矿棉类保温材料的吸湿性强，应防潮。

常用岩矿棉类制品有岩矿棉板、岩矿棉保温带、岩矿棉管壳、岩矿棉贴面制品、岩矿棉毡等，见图12-9。主要用于建筑保温，包括墙体保温、屋面保温、地面保温、门窗保温等。其中，岩矿棉类材料在墙体保温中应用最多，既可以采用现场复合，又可以工厂预制，外墙内保温和外墙外保温两种复合墙体皆适用。此外，岩矿棉材料还可以应用于热工设备保温，或用于制备隔震材料及吸声材料等。

(a) 岩矿棉板　　　　　(b) 岩矿棉管壳　　　　　(c) 岩矿棉毡

图12-9　岩矿棉制品实例

2. 玻璃棉及制品

玻璃棉是由定长150mm以下或更短的玻璃纤维互相交错组成的多孔结构材料。玻璃棉比较轻，体积密度为4～100kg/m³；导热系数小，为0.037～0.039W/m·K。此外，还具有不燃烧、防火性能好、耐腐蚀性好、过滤效果高、吸声性好等优点。

常用玻璃棉产品的技术指标见表12-7。

表12-7　常用玻璃棉产品的技术指标

纤维种类	技术指标			
	直径/μm	导热系数(75℃)/W/m·K	体积密度/kg/m³	使用温度/℃
普通玻璃棉	≤15.0	0.052	80～100	≤350
普通超细棉	≤5.0	0.035	20	≤400
无碱超细棉	≤2.0	0.033	4～15	≤600
高硅氧棉	≤4.0	0.0678～0.1027	95～100	≤1000

玻璃棉制品的生产工艺与岩矿棉制品基本相同，即在玻璃棉纤维中加入胶黏剂和助剂，在一定条件下固化后，再经切割、贴面等工序制成成品。常用玻璃棉制品的种类和岩矿棉基本相同，主要有玻璃棉毡、玻璃棉板、玻璃棉管壳、贴面玻璃棉制品等。玻璃棉及制品主要应用于建筑保温、吸声，供热、通风管道的保温，宾馆、大厅、影剧院、体育馆吊顶等。

玻璃棉及制品的吸水性强，不宜露天堆放，不宜雨天施工，其他性能与岩矿棉类似。

3. 膨胀珍珠岩及制品

膨胀珍珠岩是将珍珠岩矿石经破碎、筛分后，预热至400℃～500℃，降低有效含水率至2%左右，再迅速加热至1180℃～1270℃煅烧后冷却制得的。

膨胀珍珠岩是颗粒状材料，其松堆密度小，只有70～250kg/m³；导热系数小，

为 $0.042\sim0.076W/m\cdot K$；化学稳定性好，耐酸、碱腐蚀；使用温度范围为-200℃～800℃；吸湿能力小，一般情况下小于1%。

膨胀珍珠岩一般用做填充材料，主要用于土木工程和大型设备的绝热保温，也可用于制作现浇注水泥膨胀珍珠岩保温层。膨胀珍珠岩粉刷材料曾经是盛行一时的墙体保温材料，它以膨胀珍珠岩为骨料，以水泥和石灰膏为胶结料，按一定比例混合、搅拌、制成灰浆，再用抹灰或喷涂等方式施工到墙面上，内外墙的粉刷皆可。其中，用于内墙粉刷的灰浆体积配合比为石灰膏：珍珠岩=1：4～4.5或水泥：石灰膏：珍珠岩=1：1：4～6；用于外墙粉刷的灰浆配合比为水泥：珍珠岩=1：3或1：4。

膨胀珍珠岩制品是以膨胀珍珠岩为骨料，以水泥、水玻璃、石膏、沥青等作为胶结材料，经一定工艺过程制成的产品，产品形状有板、砖、管瓦等。

水泥膨胀珍珠岩制品是以水泥为胶结材料制得的。它的密度小，只有300～400kg/m³；导热系数小，常温下为0.058～0.087W/m·K，高温下为0.081～0.116W/m·K，低温下为0.031～0.076W/m·K；抗折强度＞0.3MPa，抗压强度＞0.5MPa；最高使用温度可达600℃；施工方便，经济耐用，但吸水率较高，体积吸水率可达130%以上。水泥膨胀珍珠岩制品主要用于建筑保温，以及热工管道和热工设备的保温，还可作为吸声材料等。

水玻璃膨胀珍珠岩制品是以水玻璃为胶凝材料制成的膨胀珍珠岩制品。它的体积密度只有200～300kg/m³，常温导热系数为0.056～0.065W/m·K，抗压强度为0.5～1.2MPa，最高使用温度为650℃，96h体积吸水率为120%～180%。水玻璃膨胀珍珠岩制品主要用于干燥环境中的吊顶板，墙体内保温，热工设备及管道的保温以及吸音板等。

沥青膨胀珍珠岩制品是以沥青为胶凝材料，将膨胀珍珠岩黏结在一起所成的制品。它的体积密度只有220～450kg/m³，常温导热系数为0.051～0.104W/m·K，抗压强度为0.25～0.7MPa，使用温度范围为-50℃～200℃，24h体积吸水率为50%～80%。沥青膨胀珍珠岩制品防潮防水性能优异，主要用于冷库工程、冷冻设备、低温管道保温及屋面保温。

4. 泡沫塑料

凡是由塑料基料和各种助剂经加热发泡等工艺制得的孔隙率较高的保温隔热材料统称为泡沫塑料。

泡沫塑料的发泡方式一般有机械法、物理法和化学法三种。机械法是采用机械搅动树脂的乳液、悬浮液或溶液，使之产生泡沫，然后使之稠化、固化，进而得到泡沫。物理法是将压缩气体(如氮气、二氧化碳等)或挥发性溶液加压溶于基料中，然后降低压力，形成气孔。化学法是将化学发泡剂溶于基料中，成型时受热分解，形成大量气体，产生气孔。化学法是目前最常用的方法。

泡沫塑料的成型方法主要有注射法、浇注法、挤出法、模塑成型法、粉末成型法、中空成型法等。

泡沫塑料的命名一般依据基体材料，如聚苯乙烯泡沫塑料、聚乙烯泡沫塑料、聚氯乙烯泡沫塑料、聚氨酯泡沫塑料、酚醛树脂泡沫塑料、环氧树脂泡沫塑料等。

聚苯乙烯泡沫塑料分为普通型、阻燃型和乳液型。普通型聚苯乙烯泡沫塑料质轻、保温性好、吸水率低、耐低温、耐酸碱、易加工，可作为一般建筑的保温、吸声、防震材料。阻燃型(自熄型)聚苯乙烯泡沫塑料除具有普通型聚苯乙烯泡沫塑料的特点外，还具有自熄性，离开火源后，1~2s即熄灭，除可用于普通保温、防震材料外，更适用于有防火要求的工程中。乳液型聚苯乙烯泡沫塑料除具有普通泡沫塑料的特点外，其硬度大、机械强度高、泡沫体的尺寸稳定性好，可用于对硬度、耐热性有一定要求的工程。

聚苯乙烯泡沫塑料可以切割，施工时常用聚醋酸乙烯乳液、低温沥青、乳化沥青、聚氨酯胶黏剂、酚醛树脂胶黏剂等粘贴，贮存、运输、施工过程中严禁烟火。

聚氨酯泡沫塑料分为硬质聚氨酯泡沫塑料和软质聚氨酯泡沫塑料，见图12-10。硬质聚氨酯泡沫塑料的气孔大多数是封闭孔，而软质聚氨酯泡沫塑料的气孔大多数是开放孔(俗称海绵)。硬质聚氨酯泡沫塑料的体积密度约为$30kg/m^3$，导热系数为$0.022~0.07W/m·K$，且与温度有一定的线型关系。主要用于建筑保温隔热、热力管道保温、制冷或冷藏设备的隔热保温。既可以预制成板、管、棒，也可以现场直接喷涂到被保温材料表面。贮存、运输、施工过程中应注意防火、防重压、防利器刻划表面。

图12-10　聚氨酯泡沫塑料

5. 泡沫混凝土

泡沫混凝土又称为发泡水泥等，是一种通过化学或物理发泡的方式将空气或氮气、二氧化碳、氧气等气体引入混凝土浆体中，经过合理养护成型，制得的含有大量细小的封闭气孔且具有相当强度的混凝土制品。

泡沫混凝土的基本原料为胶凝材料、水、泡沫，还可以掺加一些掺合料、骨料及外加剂。常用的掺合料及骨料有砂、粉煤灰、陶粒、碎石屑、聚苯颗粒、膨胀珍珠岩等；常用的外加剂有减水剂、防水剂、缓凝剂、促凝剂等。

泡沫混凝土的密度较小，常用密度等级为$300~1200kg/m^3$。现今，密度为$160kg/m^3$的超轻泡沫混凝土已在土木工程中得到应用。在建筑物的内外墙体、层面、楼面、立柱等结构中采用泡沫混凝土，可降低建筑物自重25%左右。泡沫混凝土中含有大量封闭的细小孔隙，具有良好的保温隔热性能，这是普通混凝土所不具备的。通常密度等级为$300~1200kg/m^3$的泡沫混凝土，导热系数在$0.08~0.3W/m·K$之间，热阻为普通混凝土的10~20倍。泡沫混凝土隔音性好，且具有良好的耐火性，但强度偏低、易开裂、易吸水。

泡沫混凝土主要应用于墙体及屋面保温隔热材料、挡土墙、运动场和田径跑道、夹心构件、复合墙板、管线回填、贫混凝土填层、屋面边坡、储罐底脚的支撑等。

6. 保温隔热涂料

保温隔热涂料综合了涂料及保温材料的双重特点,干燥后会形成有一定强度及弹性的保温层。与传统的保温隔热材料相比,保温隔热材料质轻、层薄,阻燃性好,环保性强,导热系数低,保温效果显著,可与基层全面黏结,整体性强,特别适用于其他保温材料难以解决的异型构造保温,施工相对简单,能耗低。

对于保温隔热涂料而言,要达到良好的保温隔热效果,就必须在保持足够机械强度的条件下,保证体积密度达到最小,将空气对流减弱到极限,通过近于无穷多的界面和改性使热辐射经反射、散射和吸收而降到最低。

常用的保温隔热涂料有阻隔性隔热涂料、反射隔热涂料、辐射隔热涂料、薄层隔热反射涂料、真空绝热保温涂料、纳米孔超级绝热保温涂料等。

阻隔性隔热涂料是20世纪80年代末发展起来的一类新型隔热材料。包括复合硅酸镁铝隔热涂料、稀土保温涂料、涂覆型复合硅酸盐隔热涂料等。涂料配方、施工方法各异,性能也各不相同,但均属硅酸盐系涂料。它的组成主要包括:无机隔热骨料,如海泡石、膨胀珍珠岩、膨胀蛭石、漂珠、粉煤灰、硅藻土等;胶黏料,如水玻璃、石膏、水泥、硅溶胶等;外加剂;等等。一般采用机械打浆、发泡、搅拌的工艺制成膏状保温涂料。

反射隔热涂料(水性)是在铝基反光隔热涂料的基础上发展而来的。它通过适当的组成材料,获得高反射率涂层,以此反射太阳光来达到隔热的目的。反射隔热涂料采用固体丙烯酸树脂作为基料,利用特种材料如空心微珠等组合形成高太阳热反射漆膜,不仅具有工业、建筑涂料的防腐装饰功能,而且具有极佳的保温隔热效果。空心微珠填料对近红外光的反射比远远高于普通填料。玻璃微珠与陶瓷微珠的反射比相近,但陶瓷微珠的贮存稳定性差,空心玻璃微珠保温涂料较稳定。

辐射隔热涂料是通过辐射的形式把建筑物吸收的日照光线和热量以一定的波长发射到空气中,从而达到良好的隔热降温效果的涂料。该涂料不同于玻璃棉、泡沫塑料等多孔性、低阻隔性隔热材料,因这些材料只能减慢但不能阻挡热能的传递。白天太阳能经过屋顶和墙壁不断传入室内空间及结构,一旦热能传入,就算室外温度降低,室内热能仍不会散失。而辐射隔热涂料却能够以热辐射的形式将吸收的热量辐射掉,从而促使室内与室外以同样的速率降温。

真空绝热保温涂料是采用真空填料制备的性能优良的保温涂料。例如,由极微小的真空陶瓷微珠和与其相适应的环保乳液组成的水性涂料,它与墙体、金属、木制品等基体有较强的附着力,直接在基体表面涂抹0.3mm左右即可达到隔热保温的目的。真空绝热保温涂料耐久性较好。

纳米孔超级绝热保温涂料是建立在低密度和超级细孔(小于50nm)结构基础上的一种高新材料,理论上其导热系数可趋近于零。采用纳米孔原料获得导热系数比静止空气(0.023W/m·K)更小的涂膜是完全可能的。

🔅 工程案例分析

　　某市银河家园A-12、C-12住宅楼东山墙外墙保温板大面积脱落，以保温挤塑板与胶泥间的分离为主，以胶泥与墙体刮糙抹灰分离为辅，保温挤塑板脱落时尼龙锚栓同时被带出。掉下来的挤塑板及胶泥都堆放在现场，挤塑板上的胶泥基本都脱落，但挤塑板上有点黏胶泥印迹，无框黏印迹。将点黏胶泥凿下后观察，多数与刮糙抹灰基层结合紧密，胶泥强度及抹灰基层砂浆强度尚可。尼龙锚栓多在根部断裂。

1. 原因分析

　　导致本次工程问题的原因主要包括三个方面。首先是工期太短，调查发现墙体及基层抹灰刮糙未干，未达到终期强度即开始外墙保温施工，潮气被捂在腔体内，致使挤塑板黏结不牢。其次是施工质量和原料质量问题，现场墙体刮糙不平，致使点黏胶泥与墙体结合面积缩小，减小了它们之间的结合力；挤塑板粘贴应采用点框黏结，点黏数量基本够用，但框黏胶泥没有看到印迹，说明没按规范施工，致使原来每个板块的小空气腔变成现在的一个大的空气腔，增大了空气负压；多数点黏胶泥与挤塑板脱离，应该是胶泥与挤塑板结合力不够；尼龙锚栓短，且电钻钻头与锚栓不配套(钻头粗)也是原因之一。最后，空气负压和蒸气压力诱发本次事故，由于挤塑板静停期不够，上墙后产生变形，形成开裂，或某些部位施工不到位(存在孔洞)，致使夹层内通风透雨，形成负压。腔体内流进雨水后，经过阳光照射，部分水分蒸发，形成蒸气，在腔体内形成压力。

2. 处理方案

　　重新处理墙面刮糙抹灰层，使用玻纤网刮胶泥單面后，重新按相关规范要求进行外保温施工。

　　(案例来源：百度文库. http://wenku.baidu.com/view/cb1f22f8aef8941ea76e051f.html)

12.3　吸声隔声材料

　　现代社会飞速发展，噪声污染越来越严重，给人们的生活造成了极大的困扰。为了更好地解决噪声污染问题，吸声、隔声材料已经成为土木工程材料中重要的组成部分之一。吸声材料和隔声材料是两种不同的材料，吸声材料一般是多细孔、柔软的材料，当声音穿过材料时，在孔隙中经多次反射，声能衰减，从而达到吸声效果；而隔声材料是指在声音传播的过程中，能够阻挡声音穿透，达到阻止噪声传播的目的的材料。

12.3.1　吸声与隔声原理

　　声音是一种由于振动产生的波，它由波长、频率、周期和传播速度等参数表征。声波入射到材料表面时，一部分声波被反射，一部分声波穿透材料，其余的声波传递给材料。

根据能量守恒定律，单位时间内入射到材料上的总的声能等于反射声能、材料吸收的声能和透过材料的声能之和。

吸声与隔声是完全不同的两个声学概念。

1. 吸声原理

吸声是指声波传播到某一边界面时，一部分声能被边界面吸收，或是直接透射到边界另一面的空间之中。对于入射声波来说，除了反射到原来空间的反射(散射)声能外，其余能量可看作被边界面吸收。在一定面积上被吸收的声能与入射声能之比称为该边界面的吸声系数。

对于含有大量开口孔隙的多孔材料，当声波进入孔隙时，声能与孔壁摩擦产生热量，使声能转化为热能而被吸收或消耗掉。

对于含有大量封闭孔隙的柔性多孔或薄膜类材料，当声能达材料表面时，声能使材料表面产生振动，使声能转变成机械能而被消耗掉。

影响材料吸声效果的主要因素包括材料的孔隙率、孔隙特征、厚度以及材料背后的具体情况等。

2. 隔声原理

隔声包括隔绝空气声和隔绝固体声两方面。

对于两个空间的中间隔层来说，当空气声声波从一个空间入射到界面上时，声波激发隔层的振动，并以振动继续向另一面空间辐射声波，即透射声波。通过一定面积的透射声波能量与入射声波能量之比称为透射系数。透射系数越大，隔绝空气声的效果越差。隔层材料自重越大，厚度越大，表观密度越大，入射声波引起材料的振动越小，从而通过隔层材料对另一空间辐射的声波能量(透射声能)就越小，隔绝空气声的效果越好。但对于原来的空间而言，绝大部分能量被反射，所以吸声系数很小。提升材料隔绝空气声的能力的途径包括：提高材料的表观密度；将密实材料用多孔弹性材料隔开，做成夹层结构；改变多层材料各层的厚度；在空气层中间填充松软的吸声材料等。

固体声的传播是由于振源撞击固体材料，引起材料受迫振动产生的。因此，隔绝固体声的有效方式就是采用不连续结构，阻断材料振动的传递。常用措施包括：在固体材料表面设置弹性层；在构件与结构层间设置弹性层；在建筑物楼板下面做吊顶处理等。

12.3.2 常用吸声材料及结构

吸声材料的基本要求是必须具有较高的吸声系数，吸声系数越大，吸声效果越好；具有一定的强度，在生产、贮存、运输及施工过程中不易损坏；具有较好的耐水性、耐候性，由于多数吸声材料均为开口孔较多的结构，因此吸水率一般都比较大，如果耐水性较差，就不能满足使用要求；具有较好的装饰性和防火性。

1. 多孔材料和纤维材料

多孔类吸声材料主要有膨胀珍珠岩、泡沫玻璃等。纤维类吸声材料主要有麻、棉、兽毛等有机材料和岩矿棉、矿渣棉、玻璃棉等无机纤维状材料及它们的板状制品或毡状制品。

此类材料的吸声原理是孔隙内的空气分子振动受到摩擦阻力和黏滞阻力，声波反复与孔壁接触，或使细小纤维做机械振动，声能最终变为热能而消耗。

影响此类材料吸声效果的因素有材料的流阻、密实度、构造、厚度、容重、背后的空气层状态、表面特征等。

流阻是指空气质点通过材料空隙中的阻力。流阻低的材料，低频吸声性能较差，而高频吸声性能较好；流阻较高的材料，低频吸声性能有所提高，但高频吸声性能将明显下降。对于一定厚度的多孔材料，应有一个合理的流阻值，流阻过高或过低都不利于吸声性能的提高。

材料的孔隙率越大，开口孔越多，吸声效果就越好。对于吸声材料来说，孔隙率一般应在70%以上，多数能达到90%左右。

当材料较薄时，增加厚度，材料的低频吸声性能将有较大的提高，但对于高频吸声性能则影响较小。当厚度增加到一定程度时，再增加材料的厚度，吸声系数增加的斜率将逐步减小。多孔材料的第一共振频率近似与吸声材料的厚度成反比。总之，厚度增加，低频的吸声性能提高，吸声系数的峰值将向低频移动。厚度增加一倍，吸声系数的峰值将向低频移动一倍频程。

容重对材料吸声性能的影响比较复杂。对于不同的材料，容重对其吸声性能的影响不尽相同。当材质一定、厚度不变时，一般增大容重可以提高中低频的吸声性能，但比增加厚度所引起的变化要小。不同的多孔型吸声材料，一般都存在一个理想的容重范围，在这个范围内材料的吸声性能较好，容重过低或过高都不利于提高材料的吸声性能。在常用的多孔性吸声材料中，超细棉的容重一般为$10\sim20kg/m^3$，玻璃棉板的容重为$40\sim60kg/m^3$，而岩棉的容重则在$150\sim200kg/m^3$之间最佳。

此类材料的主要品种包括岩矿棉吸声板、玻璃棉吸声板、聚酯纤维吸声板和穿孔石膏吸声板等。

矿棉吸声板的容重一般在$350\sim450kg/m^3$之间，表面处理形式比较丰富，装饰效果好。如经滚花处理的矿棉吸声板表面布满深浅、形状、孔径各不相同的孔洞。矿棉吸声板经过铣削呈立体式，表面制作成不同大小的方块，具有不同宽窄条纹等形式。还可以经过压模成型，制作成浮雕型矿棉吸声板。通常矿棉吸声板多用于吊顶，具有各种形式，并有配套龙骨。常见的有：明龙骨吊装，易于更换板材、检修管线、安装简单；复合粘贴法吊装，具有良好的隔热性能，在同一平面和空间可以有多种图案组合；暗插式吊装，不露龙骨、可自由开启等。矿棉吸声板是一种高效节能的土木工程材料，不仅吸声效果好，而且保温性能较好。由于矿棉的熔点为1300℃，矿棉吸声板还具有良好的阻燃性能，防火性能突出。

玻璃棉吸声板的容重在$80\sim120kg/m^3$之间，以玻璃纤维为主要材料。玻璃棉是将熔融玻璃纤维化制得的棉状材料，属于无机纤维。在玻璃棉吸声板中，纤维和纤维之间立体交叉，互相缠绕在一起，呈现出许多细小的孔隙，具有良好的绝热、吸声性能。玻璃棉板稳定性较高、不吸湿,具有可收回性。可以将玻璃棉板周边经胶水固化处理后外包防火透声织物,从而形成既美观又便于安装的吸声墙板,也可以在玻璃棉的表面上直接喷刷透声装饰材料制成吸声吊顶板。无论是玻璃棉吸声墙板还是吸声吊顶板,都需要使用高容重的玻璃棉,并经过一定的强化处理,以防止板材变形或过于松软。这类土木工程材料的吸声性、装饰性俱佳。

聚酯纤维吸声板是一种以聚酯纤维为原料经热压成型制得的吸声材料。聚酯纤维吸声板对125~4000Hz范围内的噪声的最高吸音系数超过0.9,可以根据不同需要缩短调节混响时间,清除声音杂质,提高音响效果,改善语言的清晰度。这类板材材质均匀,弹性、韧性、耐磨性、抗冲击性较好,耐撕裂、不易划破且板幅大、装饰效果好。此外,这类板材易加工、稳定性好、清洁维护简便,是一种性能优越的吸音、保温材料。聚酯纤维吸声板有40多种颜色,可以拼成各种图案。表面形状有平面、方块(马赛克状)、宽条、细条多种,板材还可弯成曲面形状,也可以将艺术画通过电脑复印在其上。聚酯纤维吸声板安全性较高、质轻,受冲击破坏后不会像一些脆性材料如石膏板等产生碎片或碎块坠落,而且有害物质的释放量较小,可直接用于室内装修。此外,聚酯纤维吸声板具有较好的防火性能,符合防火B1级要求,可以在影剧院、歌舞厅、礼堂、多功能厅、体育馆等公众集聚的活动场所使用。

穿孔石膏吸声板是在石膏板背面粘贴具有透气性的背覆材料和能吸收声能的吸声材料等,板上有贯通石膏板正面和背面的圆柱形孔眼,内部有大量微小的连通的孔隙,声波沿着这些孔隙可以深入材料内部,与材料发生摩擦作用将声能转化为热能。穿孔石膏吸声板的吸声系数随着频率的增高而逐渐增大。

2. 柔性吸声材料

柔性吸声材料是指在材料内部有大量的不连通的封闭孔隙,且材料本身比较柔软的一类吸声材料。这类材料基本上没有开放连通的孔隙,但有一定的弹性。它的吸声原理为当声波传递到材料的表面时,声波使材料产生相应的振动,振动中克服材料内部的摩擦阻力,而转化为机械能被削减。此类吸声材料的主要品种有聚氨酯泡沫塑料、酚醛泡沫塑料、乙烯基海绵等。

3. 常用吸声结构

常用的吸声结构包括薄板薄膜振动吸声结构、穿孔板组合吸声结构、幕帘吸声体、空间吸声体等。

薄板薄膜振动吸声结构的主要构成材料为薄板,如胶合板、石膏板等;薄膜,如皮革、人造革、塑料薄膜等。它的吸声结构是由不透气、有弹性的薄板或薄膜附加空气背衬组成的。这种吸声结构的吸声原理为声波传递到结构时,使薄板、薄膜产生振动,振动中因克服摩擦阻力而消耗声能。

穿孔板组合吸声结构的主要构成材料为穿孔板,如胶合板、硬质纤维板、石膏板、塑料板、铝合金板等。此类结构的特点是内部有一定体积的空腔(空气背衬),且通过小孔与外部声场相联系。它的吸声原理为声波投射后,使空腔内的空气振动,由于空腔的体积比孔颈体积大得多，从而使孔颈中的空气柱产生很强烈的振动，振动中因克服摩擦阻力而消耗声能。

幕帘吸声体的主要构成材料是通气性纺织品，它是由幕帘附加空气背衬组成的。它的吸声原理与纤维状多孔材料类似。

空间吸声体的主要构成材料是多孔材料，多为悬挂在顶棚下的各种形体。它的吸声原理类似于多孔材料，兼有其他作用。

12.3.3 常用隔声材料及结构

隔声材料的基本要求是：透射系数小；体积密度大，材料的体积密度越大，入射声波使其产生振动时所消耗的能量越大，其透射声能越小，材料隔声效果越好；密实度大，材料越密实，声波越不易穿过材料，材料的隔声效果越好。

常用的隔声材料主要包括：密实板，如钢板、砼板、木板、玻璃板和硬质塑料板等；多孔板，如泡沫塑料、毛毡、岩矿棉、玻纤维板等；减振板，如阻尼板、软木板和橡胶板等。

1. 隔空气声的材料或结构

几乎所有的材料都具有隔空气声的作用，隔空气声材料在物理上一般都具有一定的弹性，当声波入射时便激发振动在隔层内传播。常用材料主要是各类隔声板，如玻璃隔声板。

玻璃隔声板是一种能对声音起到一定屏蔽作用的玻璃产品，通常是双层或多层复合结构的夹层玻璃，夹层玻璃中间的玻璃膜以及隔音阻尼胶对声音传播的弱化起到关键作用。玻璃隔声板的隔音原理为空气声传播到玻璃隔声板上，再经隔音玻璃逐层衰减，特别是空气音在经过板中的隔音阻尼胶时，中频空气声和高频空气声被隔音阻尼胶吸收和衰减，能有效阻隔中、高频空气声，最后空气声的透射率只有5%左右。玻璃隔声板的中间夹层多为以聚乙烯醇缩丁醛为主要成分的PVB中间膜(这样的玻璃又称为PVB玻璃)，或是以高聚物为主要成分的KK超弹性中间膜(这样的玻璃又称为KK超弹性玻璃)。由于PVB中间膜的质地比较硬，没有像高聚物膜那么柔软而富有高弹性，其隔声效果不如KK超弹性玻璃。而玻璃隔声板中的中间膜越柔软、越富有弹性，就越能增加阻尼系数，从而提高玻璃隔声板的隔声量。普通PVB玻璃的隔声量只有28～34分贝，KK超弹性玻璃的隔声量可以达到35～40分贝甚至更高。

此外，玻璃隔声板不会粉碎，不会飞溅伤人及造成其他伤害等，环保性好，耐久性强。

在土木工程中，隔空气声的结构主要包括单层墙的空气隔绝、双层墙的空气隔绝、轻型墙体的空气隔绝等。在土木工程中，单层墙数量众多，大多数户内墙、户间墙都是单层。在单层墙面积不变的情况下，其厚度增加一倍，隔声效果却不能增加一倍，大约只增加6dB，实际上还达不到这个数值。例如，厚度为240mm的普通砖墙的隔声量大约为50dB，如果隔声量达到100dB，必须将墙厚增加到1000mm。但将单层墙改为双层墙，两墙层厚度都和原单层墙相同，且两墙之间留有空气夹层，该双层墙的隔声量比原单层墙厚度增加一倍时有了明显提高，远远超过6dB。如果在双层墙间填充多孔吸声材料，其隔声效果会更好。轻质材料的隔声性能比较差，一般很难满足要求。轻型墙体的空气隔绝必须采取一定的隔声措施，可以采用3～5层的单板与多孔材料做成复合结构，将多孔材料夹在板层中间。相邻板最好是软硬结合，如"木板—玻璃纤维板—钢板—玻璃纤维板—木板"等结构形式，而且多层板的接缝处要错开。将轻型板固定在龙骨上时，最好加弹性橡胶垫和弹性金属垫，以增强隔声效果。此外，在板的表面上粘贴阻尼材料，如沥青玻璃纤维或沥青麻丝等材料，也可以提高隔声性能。特别应注意门窗的隔声问题，一般单层窗的隔声量仅为15～20dB，如果与墙体间的密封性不好，隔声效果更差。因此，要想获得较好的隔声效果，可以采用单层窗双层玻璃、双层窗单层玻璃、双层窗双层玻璃等。对隔声有特殊要求的地方，还可以采用三层窗双层玻璃。

2. 隔固体声的材料或结构

固体越密实，固体声波传播效率越高。因此，常用的隔绝固体声的方法是进行不连续处理，或加入柔软有弹性的阻尼材料隔层，如毛毡、软木、橡皮等。

12.3.4　吸声隔声材料的综合应用

吸声材料、隔声材料各自的性能特点不尽相同，将两者有机结合应用，可以发挥两种材料在材质机理上的优势，从而提高使用效果。如常用的复合隔声墙板，该墙板在中间填入部分吸声材料，既可减弱声音在两板之间的反复反射，又能提高墙板整体结构的隔声量。

未来，吸声与隔声材料将向高功能性、多功能性、多品种化、经济环保的方向发展。

📖学习拓展

[1] 何平. 装饰材料[M]. 南京：东南大学出版社，2002.

该书全面介绍了常用建筑装饰材料的性能特点、规格尺寸、质量标准和适用范围。第一章和第二章介绍了建筑装饰材料的分类、作用、选择方法和基本特性；第三章至第十一章介绍了石材、陶瓷、玻璃、无机胶凝材料、木材、塑料、涂料、胶黏剂等常用非金属装饰材料的特性、规格和质量指标；第十二章和第十三章则介绍了金属装饰材料及常用五金配件的品种和性能等；附录部分介绍了某些常用装饰材料的质量检测方法。该书包含当前装饰工程中使用的最新装饰材料品种，并附有一定的装饰材料彩色图片，实用性强，可作为室内设计、建筑工程、建筑学等专业的教材。在学习本章内容的基础上，该书为装饰施工工程学习提供了参考资料。

[2] 钟祥璋. 建筑吸声材料与隔声材料[M]. 2版. 北京：化学工业出版社，2012.

该书主要介绍了建筑吸声材料和隔声材料的基本知识及应用。特别是对材料的构造对吸声和隔声性能的影响做了比较详尽的讨论。第二版修订结合近几年发展的新技术、新标准和新规范，对全书内容进行了全面更新；在隔声构件部分新增了采光隔声通风窗的介绍；新增加了第十七章声屏障。全书分三部分，共十七章，内容包括声学基础知识及吸声和隔声性能的测量、吸声材料和隔声材料及其应用。书中介绍了大量国内外新型吸声和隔声材料的技术资料，具有一定的新颖性和可查阅性。该书在本章学习的基础上为声学设计、建筑室内设计、装饰施工、材料生产、噪声控制、环境保护、扩声设计等方面提供了详细的参考，是对声学及吸声和隔声材料基本知识的有益补充。

[3] 张德信. 建筑保温材料[M]. 北京：化工工业出版社，2006.

该书系统介绍了建筑保温与隔热用绝热材料的品种、性能、生产工艺、发展方向等内容，重点介绍了材料的选用方法及安装技术，包括当前建筑保温与隔热常用的岩棉、矿渣棉及制品，玻璃棉及制品，泡沫玻璃，膨胀珍珠岩及制品，硅酸盐绝热涂料，聚苯乙烯泡沫塑料和聚氨酯泡沫塑料等。该书是对本章保温材料部分的知识拓展与补充，其内容密切结合实际，书后附有绝热(保温)材料国家及行业标准名录、技术条件摘编及主要生产企业名录，以方便读者查阅。

⊗ 本章小结

1. 装饰材料按照化学成分可分为无机装饰材料、有机装饰材料、复合型装饰材料。按照使用部位可分为外墙装饰材料、内墙装饰材料、地面装饰材料和吊顶装饰材料。

2. 装饰材料具有装饰功能、保护功能、调节室内环境功能。

3. 装饰水泥与装饰混凝土包括白水泥、彩色水泥、各种装饰混凝土。

4. 装饰石材包括天然石材和人造石材。

5. 建筑陶瓷分为陶、炻、瓷三大类。

6. 陶质制品分粗陶和精陶两种。精陶一般上釉。陶瓷制品具有断面粗糙无光、敲击时声音粗哑、不透明等特点，多孔，吸水率较大。精陶不透水，表面光滑，不易沾污，产品机械强度和化学稳定性较高。

7. 瓷制品分粗瓷和细瓷。瓷制品结构致密，不吸水，通常为洁白色，有一定的半透明性。

8. 炻质制品是介于陶质和瓷质之间的一种材料，又称半瓷或石胎瓷。炻质制品分粗炻器和细炻器，孔隙率低，比较致密，吸水率较低，大多带有颜色，无半透明性。炻制品的机械强度和热稳定性均优于瓷制品，且可采用质量较差的黏土，成本低。

9. 建筑陶瓷包括外墙面砖、内墙面砖、地砖、陶瓷锦砖、陶瓷制品、琉璃制品、劈离砖、彩胎砖、麻面砖。

10. 玻璃是以石英砂、纯碱、长石、石灰石等为主要材料，在1550℃～1600℃高温下熔融、成型，经急冷制成的固体材料。

11. 建筑玻璃包括平板玻璃、玻璃制品、隐形玻璃、微晶玻璃、泡沫玻璃、其他新型饰面玻璃。

12. 木质饰面板包括木质墙面饰面板、木质地面饰面板。

13. 金属装饰材料包括铝合金及制品、不锈钢及制品、彩色涂层钢板、铜及铜合金、龙骨及配件。

14. 塑料装饰材料包括塑料地板、塑料壁纸、塑料装饰板材。

15. 热量的传导方式主要有三种，分别为导热、对流与热辐射。

16. 保温隔热材料包括岩矿棉及制品、玻璃棉及制品、膨胀珍珠岩及制品、泡沫塑料、泡沫混凝土、保温隔热涂料。

17. 影响材料吸声效果的主要因素包括材料的孔隙率、孔隙特征、厚度、材料背后的情况等。

18. 隔声包括隔绝空气声和隔绝固体声两方面。隔绝空气声的途径包括：提高材料的表观密度；将密实材料用多孔弹性材料隔开，做成夹层结构；改变多层材料各层的厚度；在空气层中间填充松软的吸声材料等。隔绝固体声的有效方式就是采用不连续结构，阻断材料振动的传递。

19. 常用的吸声材料及结构涉及多孔材料和纤维材料、柔性吸声材料、常用吸声结构三方面。

20. 常用的隔声材料及结构包括隔空气声的材料或结构、隔固体声的材料或结构。

21. 吸声材料、隔声材料各自的性能特点不尽相同，将两者有机地结合应用，可以发挥两种材料在材质机理上的优势，从而提高使用效果。

复习与思考

1. 装饰混凝土的特点有哪些？

2. 陶瓷的分类有哪些？

3. 常用的装饰玻璃的种类有哪些？

4. 常用的装饰饰面板有哪些？

5. 保温材料有哪些类别？作用原理分别是什么？

6. 保温材料和隔热材料的区别是什么？

7. 常见的吸声材料种类有哪些？作用原理分别是什么？

8. 隔绝空气声和固体声的措施有哪些？

9. 吸声、隔声材料在土木工程中有哪些应用？

第13章
土木工程材料试验

13.1 土木工程材料的基本性质试验

通过测试密度、表观密度、体积密度、堆积密度，可计算出材料的空隙率及孔隙率，从而了解材料的构造特征。材料的构造特征是决定材料强度、吸水率、抗渗性、抗冻性、耐腐蚀性、导热性及吸声性等性能的重要因素，因此，了解土木工程材料的基本性质，对于掌握材料的特性和使用功能是十分必要的。

13.1.1 密度试验

定义：材料的密度是指材料在绝对密实状态下，单位体积的质量。

1. 试验仪器设备

李氏瓶(见图13-1)、筛子(孔径为0.200mm或900孔/cm²)、量筒、烘箱、干燥器、天平、温度计、漏斗、小勺等。

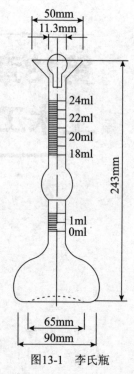

图13-1 李氏瓶

2. 试样制备

将试样研磨，用筛子筛分除去筛余物，并放到(105±5)℃的烘箱中，烘至恒重；将烘干的物料放入干燥器中冷却至室温待用。

3. 试验方法及步骤

(1) 在李氏瓶中注入与试样不起化学反应的液体至凸颈下部，记下刻度(V_0)。

(2) 用天平称取60～90g试样，用小勺和漏斗小心地将试样徐徐送入李氏瓶中(不能大量倾倒，会妨碍李氏瓶中空气排出或使咽喉部位堵塞)，直至液面上升至20ml刻度左右为止。

(3) 用瓶内的液体将黏附在瓶颈和瓶壁的试样洗入瓶内液体中，转动李氏瓶使液体中的气泡排出，记下液面刻度(V_1)；

(4) 称取未注入瓶内的剩余试样的质量，计算出装入瓶中试样的质量(m)；

(5) 将注入试样或李氏瓶中的液面读数减去注入前的读数，得出试样的绝对体积(V)。

4. 试验结果计算及确定

计算密度ρ(精确至0.01g)，公式为

$$\rho = \frac{m}{V}$$

式中：m——装入瓶中的试样的质量，g；

V——装入瓶中的试样的绝对体积，cm^3。

按规定，应选择两个试样同时进行密度试验，以其计算结果的算术平均值作为最终结果。但两次结果之差不应大于$0.02g/cm^3$，否则应重做。

13.1.2　表观密度试验

表观密度是指材料在自然状态下，单位体积(包括材料的绝对密实体积与内部封闭孔隙体积)的质量。它的试验方法有容量瓶法和广口瓶法，其中，容量瓶法用来测试砂浆的表观密度，广口瓶法用来测试石子的表观密度，下面我们就以砂和石子为例分别介绍两种试验方法。

1. 砂的表观密度实验(容量瓶法)

1) 试验仪器设备

容量瓶(500ml)、托盘天平、干燥器、浅盘、铝制料勺、温度计、烘箱、烧杯等。

2) 试样制备

将650g左右的试样在温度为(105 ± 5)℃的烘箱中烘干至恒重，并在干燥器内冷却至室温待用。

3) 试验方法及步骤

(1) 称取烘干的试样300g(m_0)装入盛有半瓶冷开水的容量瓶中；

(2) 摇转容量瓶，使试样在水中充分搅动，以排除气泡，塞紧瓶塞，静置24h左右；

(3) 用滴管加水至与瓶颈刻度线齐平，再塞紧瓶塞，擦干瓶外水分，称取质量(m_1)；

(4) 倒出瓶中的水和试样，将瓶的内外表面洗净，再向瓶内注入与前面水温相差不超过2℃的冷开水至瓶颈刻度数，塞紧瓶塞，擦干瓶外水分，称取质量(m_2)。

4) 试验结果计算及确定

计算砂的表观密度(精确值为$0.01g/cm^3$)，公式为

$$\rho' = \left(\frac{m_0}{m_0 - m_1 + m_2} - \alpha_t \right) \times 1000 \, (kg/m^3)$$

式中：m_0——试样的烘干重量，g；

m_1——试样、水及容量瓶的总重，g；

m_2——水及容量瓶的总重，g；

α_t——称量时的水温对水的相对密度的影响的修正系数，见表13-1。

表13-1　不同水温下砂的表观密度温度修正系数

水温/℃	15	16	17	18	19	20	21	22	23	24	25
α_t	0.002	0.003	0.003	0.004	0.004	0.005	0.005	0.006	0.006	0.007	0.008

按规定，表观密度应用两份试样测定两次，并以两次结果的算术平均值作为测定结果，如果两次测定结果的差值大于0.02g/cm³，应重新取样测定。

2. 石子的表观密度试验(广口瓶法)

1) 试验仪器设备

广口瓶、烘箱、天平、筛子、浅盘、带盖容器、毛巾、刷子、玻璃片。

2) 试样的制备

将试样筛去5mm以下的颗粒，用四分法缩分至不少于2kg，洗刷干净后，分成两份备用。

3) 试验方法与步骤

(1) 将试样浸水饱和后，装入广口瓶，倾斜放置，然后注满饮用水，用玻璃片覆盖瓶口，以上下左右摇晃的方法排除气泡；

(2) 气泡排尽后，向瓶中添加饮用水，直至水面凸出到瓶口边缘，然后用玻璃片沿瓶口迅速滑行，使其紧贴瓶口水面。擦干瓶外水分后，称取试样、水、瓶和玻璃片的总质量(m_1)；

(3) 将瓶中的试样倒入浅盘中，置于(105±5)℃的烘箱中烘干至恒重，取出来放在带盖的容器中冷却至室温后称出试样的质量(m_0)；

(4) 将瓶洗净，重新注入饮用水，用玻璃片紧贴瓶口水面，擦干瓶外水分后称出质量(m_2)。

4) 试验结果的计算及确定

计算试样的表观密度ρ_0(精确到0.01g/cm³)，公式为

$$\rho_g = \left(\frac{m_0}{m_0 + m_2 - m_1} - \alpha_t \right) \times 1000 (kg/m^3)$$

式中：m_0——试样的烘干质量，g；

m_1——试样、水、玻璃片及容量瓶的总重，g；

m_2——水、玻璃片、水及容量瓶的总重，g；

α_t——称量时水温对水的视密度的影响的修正系数，见表13-2。

表13-2　不同水温下碎石或卵石的表观密度温度修正系数

水温/℃	15	16	17	18	19	20	21	22	23	24	25
α_t	0.002	0.003	0.003	0.004	0.004	0.005	0.005	0.006	0.006	0.007	0.008

按规定，表观密度应用两份试样测定两次，并以两次结果的算术平均值作为测定结果，如两次测定结果的差值大于0.02g/cm³，应重新取样测定。对于颗粒材质不均匀的试样，如两次试验结果的差值大于0.02g/cm³，可取4次测定结果的算术平均值作为最终测定值。

13.1.3 体积密度试验

体积密度是指材料在自然状态下，单位体积的质量。体积密度的测试包括规则几何形状试样的测定与不规则形状试样的测定，测定方法有如下两种。

1. 规则几何形状试样的测定(砖)

1) 试验仪器设备

游标卡尺、天平、烘箱、干燥器等。

2) 试样制备

将规则形状的试样放入(105±5)℃的烘箱内烘干至恒重，取出放入干燥器中，冷却至室温待用。

3) 试验方法及步骤

(1) 用游标卡尺量出试样尺寸(试件为正方形或平行六面体时，以每边测量上、中、下三个数值的平均值为准；试件为圆柱体时，按两个互相垂直的方向量其直径，各方向上、中、下量3次，以6次的平均值为确定直径)，并计算出体积(V_0)；

(2) 用天平称量试件的质量(m)。

4) 试验结果计算

计算体积密度ρ_0，公式为

$$\rho_0 = \frac{m}{V_0}$$

式中：m——试样的质量，g；

　　　V_0——试样的体积，cm³。

2. 不规则形状试样的测定(卵石等)

此类材料体积密度的测试采用排液法(即砂石表观密度的测定方法)，其不同之处在于应先对材料表面涂蜡，封闭开口孔后，再用容量瓶法或广口瓶法进行测试，方法同上。

13.1.4 堆积密度试验

堆积密度是指粉状或颗粒状材料，在堆积状态下，单位体积的质量。堆积密度的测试是在测试原理相同的基础上，根据测试材料的粒径的不同，而采取不同的方法。下面我们以细骨料和粗骨料为例，介绍两种堆积密度的测试方法。

1. 细骨料堆积密度实验

1) 试验仪器设备

标准容器(容积为1L)、标准漏斗(见图13-2)、台秤、铝制料勺、烘箱、直尺等。

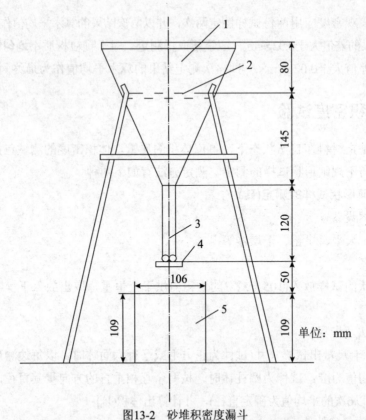

图13-2 砂堆积密度漏斗

1-漏斗 2-筛 3-φ20管子 4-活动门 5-容量筒

2) 试样制备

先用公称直径为5.00mm的筛子过筛，然后取经缩分后的样品不少于3L，装入浅盘，在温度为(105±5)℃的烘箱中烘至恒重，取出冷却至室温，分为大致相等的两份待用。试样烘干后若有结块，应在试验前捏碎。

3) 试验方法及步骤

(1) 称取标准容器的质量(m_1)；

(2) 取试样一份，用漏斗和铝制料勺将其徐徐装入标准容器，直至试样装满并超出容器筒；

(3) 用直尺将多余的试样沿筒口中心线向两个相反方向刮平，称其质量(m_2)。

4) 试验结果计算及确定

计算试样的堆积密度ρ'_0(精确至10kg/m³)，公式为

$$\rho'_0 = \frac{m_2 - m_1}{V'_0}$$

式中：m_1——标准容器的质量，g；

m_2——标准容器和试样总质量，g；

V'_0——标准容器的容积，L。

2. 粗骨料堆积密度试验

1) 试验仪器设备

容量筒(规格容积见表13-3)、平头铁锹、烘箱、磅秤。

表13-3　容量筒的规格要求

碎石或卵石的最大粒径 /mm	容量筒体积/L	容量筒规格/mm		筒壁厚度/mm
		内径	净高	
10.0、16.0、20.0、25.0	10	208	294	2
31.5、40.0	20	294	294	3
63.0、80.0	30	360	294	4

2) 试样制备

用四分法缩取不少于表13-3规定数量的试样，放入浅盘，在(105±5)℃的烘干箱中烘干，也可以摊在洁净的地面上风干，拌匀后分成大致相等的两份待用。

3) 试验方法与步骤

(1) 称取容量筒质量(m_1)。

(2) 取一份试样置于平整、干净的混凝土地面或铁板上，用平头铁锹铲起试样，使石子在距容量筒上口约5cm处自由落入容量筒内。容量筒装满后，除去凸出筒口表面的颗粒并以比较合适的颗粒填充凹陷空隙，应使表面凸起部分和凹陷部分的体积基本相等。

(3) 称出容量筒连同试样的总质量(m_2)。

4) 试验结果计算及确定

计算试样的堆积密度ρ_0'(精确至10kg/m³)，公式为

$$\rho_0' = \frac{m_2 - m_1}{V_0'}$$

式中：m_1——标准容器的质量，g；

m_2——标准容器和试样总质量，g；

V_0'——标准容器的容积，L。

按规定，堆积密度应用两份试样测定两次，并以两次结果的算术平均值作为最终测定结果。

13.1.5　吸水率试验

材料的吸水率是指材料吸水饱和时的吸水量与干燥材料的质量或体积之比。现介绍其测试方法。

1. 试验仪器设备

天平、游标卡尺、烘箱、玻璃(或金属)盆等。

2. 试样制备

将试样置于不超过110℃的烘箱中，烘干至恒重，再放到干燥器中冷却到室温待用。

3. 试验方法及步骤

(1) 从干燥器中取出试件，称其质量m(g)；

(2) 将试样放在盆中，并在盆底放些垫条，(如玻璃棒或玻璃管，使试样底面与盆底不紧贴，试件之间应留1~2cm的间隔，使水能自由进入)；

(3) 加水至试样高度的1/3处，过24h后，再加水至高度2/3处，再过24h加满水，并放置24h，逐次加水的目的在于使试件孔隙中的空气逐渐逸出；

(4) 取出试样，用拧干的湿毛巾抹去表面水分(不得来回擦拭)，称其质量m_1；

(5) 为检验试样是否吸水饱和，可将试样再浸入水中至高度3/4处，过24h重新称量，两次质量之差不得超过1%。

4. 试验结果计算及确定

材料的吸水率$W_质$或$W_体$按下式计算

$$W_质 = \frac{m_1 - m}{m} \times 100\%$$

$$W_体 = \frac{m_1 - m}{V_0} \times 100\%$$

式中：$W_质$——质量吸水率，%；

$W_体$——体积吸水率(用于高度多孔材料)，%；

m——试样干燥质量，g；

m_1——试样吸水饱和质量，g。

按规定，吸水率试验应用三个试样平行进行，并以三个试样吸水率的算术平均值作为测试结果。

13.2 水泥试验

水泥试验项目包括细度、标准稠度用水量、凝结时间、体积安定性、胶砂强度试验。试验依据为《水泥细度检验方法(筛析法)》(GB/T 1345—2005)、《水泥标准稠度用水量、凝结时间、安定性检验方法》(GB/T 1346—2001)、《水泥胶砂强度检验方法(ISO法)》(GB/T 17671—1999)。

13.2.1 水泥试验的一般规定

(1) 以同一生产厂家、同品种、同强度等级、同编号(袋装不超过200t，散装不超过500t)的水泥为一个取样单位。取样应具有代表性，可采用机械取样器连续取样(也可随机从20个以上不同部位取等量样品)，总量至少为12kg。

(2) 试样应充分拌匀，通过0.9mm方孔筛，并记录筛余物百分数。

(3) 实验室用水必须是清洁的淡水。

(4) 试验室的温度应为(20±2)℃，相对湿度应大于50%；标准养护箱温度应为(20±1)℃，相对湿度应大于90%；时间养护池水温应为(20±1)℃。

(5) 水泥试样、标准砂、拌合用水的温度均应与试验室温度相同。

13.2.2　水泥细度试验(筛析法)

本试验采用筛析法，水泥细度的测定方法有：负压筛法、水筛法及手工干筛法。当试验结果发生争议时，以负压筛法为准。

1. 负压筛法

1) 主要仪器设备

(1) 负压筛析仪，由筛座、负压筛、负压源及吸尘器组成。

(2) 天平，最大称量为100g，感量为0.01g。

2) 试验步骤

(1) 筛析试验前，将负压筛放在筛座上，盖上筛盖，接通电源，检查控制系统，调节负压至4000～6000Pa范围内。

(2) 称取试样25g(精确至0.01g)，置于洁净的负压筛中，盖上筛盖放在筛座上，开动筛析仪连续筛析2min，筛析期间如有试样附着在筛盖上，可轻轻敲击，使试样落下。

(3) 筛毕，用天平称量筛余物 (精确至0.01g)。

2. 水筛法

1) 主要仪器设备

(1) 标准筛，筛孔为边长45μm或80μm的方孔，筛框有效直径为125mm，高为80mm。

(2) 筛座，能支撑并带动筛子转动，转速约为50r/min。

(3) 喷头，直径为55mm，面上均匀分布90个孔，孔径为0.5～0.7mm，喷头底面和筛布之间的距离以50mm为宜。

(4) 天平，最大称量为100g，感量为0.01g。

2) 试验步骤

(1) 筛析试验前，应调整好水压及筛架位置，使其能正常运转，喷头底面和筛网之间距离为35～75mm。

(2) 称取试样25g(精确至0.01g)，倒入筛内，立即用洁净水冲洗至大部分细粉通过筛孔，再将筛子置于水筛架上，用水压为(0.05±0.02)MPa的喷头连续冲洗3min。

(3) 筛毕取下，用少量水把筛余物全部冲至蒸发皿中，待沉淀后，将水小心倒出，烘干至恒重，用天平称量筛余物(精确至0.01g)。

3. 手工干筛法

1) 主要仪器设备

(1) 水泥标准筛。

(2) 干燥箱。

(3) 天平, 最大称量为100g, 感量为0.01g。

2) 试验步骤

称取已经在(110±5)℃下烘干1h并冷却至室温的试样25g(精确至0.01g)倒入筛内, 加盖, 一手执筛往复摇动, 一手拍打, 摇动速度约120次/min, 每40次向同一方向转动60°, 使试样均匀分布在筛网上, 直至每分钟通过的试样不超过0.03g时为止, 然后称其筛余物(精确至0.01g)。

4. 试验结果计算

计算水泥试验筛余百分数, 公式为

$$F = \frac{R_s}{W} \times 100\%$$

式中: F——水泥试样的筛余百分数, %;

R_s——水泥筛余物的质量, g;

W——水泥试样的质量, g。

在进行合格评定时, 每个样品应称取两个试样分别筛析, 取筛余平均值为筛析结果。若两次筛余结果的绝对误差值大于0.5%(筛余值大于5.0%时, 可放至1.0%)时, 应再做一次试验, 取两次相接近的结果的算术平均值作为最终结果。

13.2.3　水泥标准稠度用水量试验

检测标准稠度用水量有标准法和代用法两种方法。可任选一种方法检测, 当发生争议时, 以标准法为准。

1. 标准法

1) 主要仪器设备

(1) 水泥标准稠度测定仪。滑动的金属棒部分的总质量为(300±2)g; 盛装水泥净浆的试模为深(40±0.2)mm、顶内径(ϕ65±0.5)mm、底内径(ϕ75±0.5)mm的截顶圆锥体, 见图13-3。标准稠度代用法使用金属空心试锥, 底直径为40mm, 高为500mm; 装净浆用的锥模上口内径为60mm, 锥高为75mm, 见图13-4。

(2) 水泥净浆搅拌机。由搅拌锅、搅拌叶片组成。

(3) 天平及量水器。天平最大称量不小于1000g, 感量为1g; 量水器最小刻度为0.1ml, 精度为1.0%。

2) 试验步骤

(1) 试验前, 需检查仪器金属棒能否自由滑动; 试杆降至顶面位置时, 指针能否对准标尺零点及搅拌机能否正常运转等。当一切检查无误时, 才可以开始检测。

(2) 将所用的搅拌锅、搅拌翅先用湿布擦拭, 称取500g水泥试样倒入搅拌锅内, 再将搅拌锅放置到搅拌机锅座上, 升至搅拌位置, 启动机器, 同时加入拌合水, 慢速搅拌120s, 停拌15s, 接着快速搅拌120s后停机。

(3) 拌合结束后，立即将拌制好的水泥净浆装入已置于玻璃底板上的试模中，用小刀插捣，轻轻振动数次，刮去多余的净浆；抹平后迅速将试模和底板移到维卡仪上，并将其中心定在试杆下，降低试杆直至与水泥净浆表面接触，拧紧螺丝1~2s后，突然放松，使试杆垂直自由地沉入水泥净浆中。在试杆停止沉入或释放试杆30s时记录试杆距底板之间的距离，升起试杆后，立即擦净，整个操作应在搅拌后1.5min内完成。以试杆沉入净浆并距底板(6±1)mm的水泥净浆为标准稠度净浆。它的拌合水量为该水泥的标准稠度用水量(P)，按水泥质量的百分比计算。

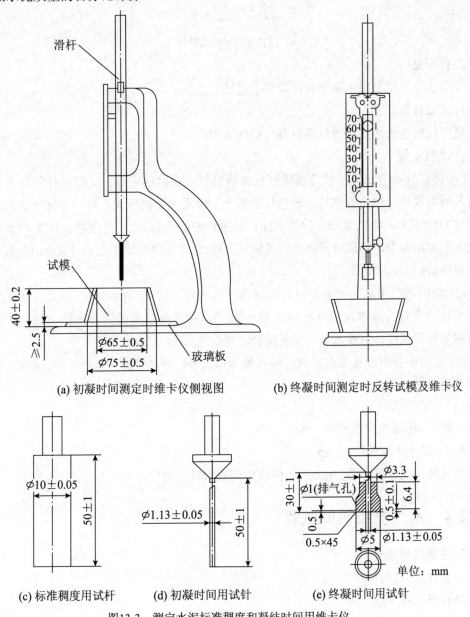

(a) 初凝时间测定时维卡仪侧视图　　(b) 终凝时间测定时反转试模及维卡仪

(c) 标准稠度用试杆　　(d) 初凝时间用试针　　(e) 终凝时间用试针

图13-3　测定水泥标准稠度和凝结时间用维卡仪

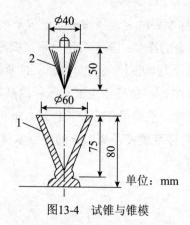

图13-4 试锥与锥模

2. 代用法

代用法分为调整用水量法和固定用水量法。

1) 主要仪器设备

使用代用法所需的主要仪器设备与标准法相同。

2) 试验步骤

(1) 将试杆换为试锥，将截圆锥模换为圆锥模。拌合结束后，立即将拌制好的水泥净浆装入圆锥模中，用小刀插捣，轻轻振动数次，刮去多余的净浆；抹平后迅速放到试锥下面固定的位置上，将试锥降至净浆表面，拧紧螺丝1～2s后，突然放松，让试锥垂直自由地沉入水泥净浆中，当试锥停止下沉或释放试锥30s时记录试锥下沉深度S(mm)。整个操作应在搅拌后1.5min内完成。

(2) 使用调整用水量法测定时，以试锥下沉深度为(28±2)mm时的净浆为标准稠度净浆，其拌合水量为该水泥的标准稠度用水量(P)，按水泥质量的百分比计。如下沉深度超出范围须另称试样，调整水量，重新试验，直至达到(28±2)mm为止。

(3) 采用不变用水量法测定时，用水量为142.5ml。根据测得的试锥下沉深度，计算标准稠度用水量，计算公式为

$$P=33.4-0.185S$$

式中：P——标准稠度用水量，%；

S——试锥下沉深度，mm。

当试锥下沉深度小于13mm时，应改用调整水量法测定。

13.2.4 水泥凝结时间试验

1. 主要仪器设备

1) 水泥净浆搅拌机

2) 标准法维卡仪

标准稠度测定用试杆的有效长度为(50±1)mm，由直径为(10±0.05)mm的圆柱形耐腐蚀金属制成。测定凝结时间时取下试杆，用试针代替试杆。试针由钢制成，其有效长度初凝针为(50±1)mm、终凝针为(30±1)mm，它是直径为(1.13±0.05)mm的圆柱体。滑动部

分的总质量为(300±1)g。与试杆、试针连接的滑动杆表面应光滑，能靠重力自由下落，不得有紧涩和晃动现象。

2. 试验步骤

1) 测定前准备工作

调整凝结时间测定仪的试针，当其接触玻璃板时，指针应对准零点。

2) 试件的制备

以标准稠度用水量制成标准稠度净浆一次装满试模，振动数次刮平，立即放入湿气养护箱中，记录水泥全部加入水中的时间作为凝结时间的起始时间。

3) 初凝时间的测定

试件在湿气养护箱中养护至加水后30min时进行第一次测定。测定时，从湿气养护箱中取出试模放到试针下，降低试针使其与水泥净浆表面接触。拧紧螺丝1～2s后，突然放松，试针垂直自由地沉入水泥净浆，观察试针停止下沉或释放试针30s时指针的读数。当试针沉至距底板(4±1)mm时，水泥达到初凝状态，水泥全部加入水中至初凝状态的时间为水泥的初凝时间，用"min"表示。

4) 终凝时间的测定

为了准确观测试针沉入的状况，在终凝针上安装了一个环形附件。在完成初凝时间测定后，立即将试模连同浆体以平移的方式从玻璃板上取下，翻转180°，直径大端向上、小端向下放在玻璃板上，再放入湿气养护箱中继续养护。当试针沉入试体0.5mm时，即环形附件开始不能在试体上留下痕迹时，水泥达到终凝状态，水泥全部加入水中至终凝状态的时间为水泥的终凝时间，用"min"表示。

5) 注意事项

测定时应注意，在最初的测定操作中应轻轻扶持金属柱，使其徐徐下降，以防试针撞弯，但结果以自由下落为准。在整个测试过程中，试针沉入的位置至少要距试模内壁10mm。临近初凝时，每隔5min测定一次；临近终凝时，每隔15min测定一次；达到初凝或终凝时，应立即重复测一次。当两次结论相同时，才能定为达到初凝或终凝状态。每次测定不能让试针落入原针孔，每次测试完毕须将试针擦净并将试模放回湿气养护箱内，整个测试过程要防止试模受振。

13.2.5 水泥安定性试验

1. 主要仪器设备

1) 水泥净浆搅拌机

2) 沸煮箱

有效容积约为410mm×240mm×310mm，箅板结构不影响试验结果，箅板与加热器之间的距离大于50mm。要求沸煮箱能在(30±5)min内将箱内的试验用水由室温升至沸腾并恒沸3h±5min，整个试验过程不需补充水量。

3) 雷氏夹与雷氏膨胀值测定仪

雷氏夹见图13-5，雷氏膨胀值测定仪见图13-6。

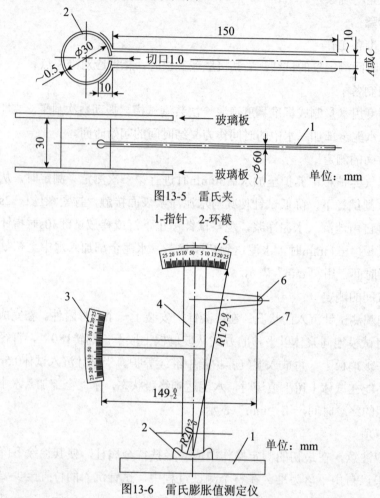

图13-5　雷氏夹

1-指针　2-环模

图13-6　雷氏膨胀值测定仪

1-底座　2-模子座　3-测弹性标尺　4-立柱　5-测膨胀值标尺　6-悬臂　7-悬丝

2. 试验步骤

1) 制备标准稠度水泥净浆

按照测试标准稠度用水量和凝结时间的方法制成标准稠度水泥净浆。

2) 雷氏法 (标准法)

将预先准备好的雷氏夹放在已稍擦油的玻璃板上，并立即将已制好的标准稠度净浆一次装满雷氏夹，装浆时一只手轻轻扶持雷氏夹，另一只手用宽约10mm的小刀插捣数次，然后抹平。盖上稍涂油的玻璃板，立即将试件移至湿气养护箱内养护(24±12)h。脱去玻璃板取下试件，先测量雷氏夹指针尖端间的距离(A)，精确到0.5mm，接着将试件放入沸煮箱水中的试件架上，指针朝上，然后在(30±5)min内加热至沸腾并恒沸(180±5)min。

沸煮结束后，立即放掉沸煮箱中的热水，打开箱盖，待箱体冷却至室温，取出试件进行判别。测量雷氏夹指针尖端的距离(C)，精确到0.5mm。当两个试件煮后增加距离(C-A)

的平均值不大于5.0mm时，即认为该水泥安定性合格；当两个试件的$(C\text{-}A)$值相差超过4.0mm时，应用同一样品立即重做一次试验；如两个试件的$(C\text{-}A)$值相差仍大于4.0mm，则认为该水泥为安定性不合格。

3) 试饼法(代用法)

将制好的净浆取出一部分分成两等份，使之呈球形，放在预先准备好的玻璃板上，轻轻振动玻璃板并用湿布擦过的小刀由边缘向中央抹动，做成直径70～80mm、中心厚约10mm、边缘渐薄、表面光滑的试饼，接着将试饼放入湿气养护箱内养护(24 ± 2)h。将养护后的试饼脱去玻璃板，在试饼无缺陷的情况下将试饼放在沸煮箱的水中篦板上，然后进行沸煮(要求同雷氏法)。

沸煮结束，即放掉箱中的热水，打开箱盖，待箱体冷却至室温，取出试件判别。目测沸煮试饼未发现裂纹、用直尺检查也没有翘曲时为安定性合格，反之为不合格。当两个试饼判别有矛盾时，该水泥的安定性也为不合格。

如两种方法有争议，以雷氏法为准。

13.2.6 水泥胶砂强度试验

1. 主要仪器设备

(1) 行星式水泥胶砂搅拌机，应符合《行星式水泥胶砂搅拌机》(JC/T 681—2005)的规定，为双转叶片式，搅拌叶片和搅拌锅做相反方向转动。叶片和锅用耐磨的金属材料制成，叶片与锅底、锅壁之间的间隙为(1.5 ± 0.5)mm。叶片转速为137r/min，锅转速为65r/min。

(2) 胶砂振实台，胶砂振实台应符合《行星式水泥胶砂搅拌机》(JC/T 681—2005)的规定。振实台的振幅为(15 ± 0.3)m，振动频率为60次/min。

(3) 试模为可装拆的三联模，模内壁尺寸为40mm×40mm×160mm，附下料漏斗或播料器。

(4) 抗折试验机，一般采用双杠杆式电动抗折试验机，也可采用性能符合标准要求的专用试验机。

(5) 抗压试验机和抗压夹具，抗压试验机的量程为200～300kN，示值相对误差不超过$\pm0.2\%$；抗压夹具应符合《40mm×40mm水泥抗压夹具》(JC/T 683—2005)的要求，试件受压面积为40mm×40mm=1600mm^2。

(6) 金属刮平直尺，有效长度为300mm，宽为60mm，厚为2mm。

(7) 下料漏斗，下料漏斗由漏斗和模套组成。下料口宽度一般为4～5mm，模套高度为25mm。

2. 试件成型

(1) 试验前，将试模擦净，模板四周与底座的接触面上应涂黄油，紧密装配，防止漏浆。内壁均匀刷一薄层机油，搅拌锅、叶片和下料漏斗等用湿布擦干净(更换水泥品种时，必须用湿布擦干净)。

(2) 标准砂应符合《水泥胶砂强度检验方法》(GB/T 17671—1999)中标准砂的质量要求。

试验采用的灰砂比为1∶3.0,水灰比为0.50。一锅胶砂成型三条试件的材料用量:水泥(450±2)g;标准砂(1350±5)g;拌合水(225±1)ml。

(3) 胶砂搅拌。先将水加入锅内,再加入水泥,把锅放在固定架上,上升至固定位置。立即开动机器,低速搅拌30s后,在第二个30s开始的同时均匀加入标准砂。当各级标准砂采用分装形式时,由粗到细依次加入;当各级标准砂为混合包装时,应均匀加入。标准砂全部加完(30s)后,把机器转至高速再拌30s,接着停拌90s,在刚停的15s内用橡皮刮具将叶片和锅壁上的胶砂刮至拌合锅中间,最后高速搅拌60s。各个搅拌阶段,时间误差应在±1s以内。

(4) 胶砂制备后立即成型。把空试模和模套固定在振实台上,用勺子将胶砂分两层装入试模。装第一层时,每个槽内约放300g胶砂,用大播料器垂直加在模套顶部,沿每个模槽来回一次将料层播平,接着振实60次;再装入第二层胶砂,用小播料器播平,再振实60次。

振实完毕后,移走模套,取下试模,用刮平直尺以近似90°的角度,架在试模的一端,沿试模长度方向,以横向锯割动作向另一端移动,一次刮去高出试模多余的胶砂。最后用同一刮尺以近乎水平的角度,将试模表面抹平。然后进行编号,编号时应将每只模中的三条试件编在二龄期内,同时编上成型和测试日期。

3. 试件养护

(1) 将成型的试件连模放入标准养护箱(室)内养护,在温度为(20±1)℃、相对湿度不低于90%的条件下养护24h之后脱模。

(2) 将试件从养护箱(室)中取出脱模,脱模时应防止损伤试件。试件脱模后立即水平或竖直放入恒温水槽中养护。水温为(20±1)℃,水平放置时刮平面朝上,试件之间应留有空隙,水面至少高出试件5mm,并随时加水保持恒定水位。

(3) 试件龄期是从水泥加水搅拌开始时算起,至强度测定所经历的时间。不同龄期的试件,必须相应地在24h±15min、48h±30min、72h±45min、7d±2h、28d±3h、大于28d±8h的时间内进行强度试验。到龄期的试件应在强度试验前15min从水中取出,揩去试件表面沉积物,并用湿布覆盖至试验开始。

4. 强度试验与结果计算

1) 水泥抗折强度试验

(1) 将卡在抗折试验机夹具内的圆柱表面清理干净,并调整杠杆处于平衡状态。

(2) 用湿布擦去试件表面的水分和砂粒,将试件放入夹具内,使试件成型时的侧面与夹具的圆柱面接触。调整夹具,使杠杆在试件折断时尽可能接近平衡位置。

(3) 以(50±10)N/s的速度进行加荷,直到试件折断,记录破坏荷载F_f(N)。

(4) 保持两个半截棱柱体处于潮湿状态,直至抗压试验开始。

(5) 计算每条试件的抗折强度R_f(精确至0.1MPa),公式为

$$R_f = \frac{1.5 F_f L}{b^3}$$

式中:F_f——破坏荷载,N;

L——支撑圆柱的中心距离,为100mm;

b——试件正方形断面的边长，为40mm。

(6) 取3条棱柱体试件抗折强度测定值的算术平均值作为试验结果。当3个测定值中仅有1个超出平均值的±10%时，应予剔除，再以其余2个测定值的平均数作为试验结果。如果3个测定值中有2个超出平均值的±10%，则该组结果作废。

2) 水泥抗压强度试验

(1) 立即在抗折后的6个断块(应保持潮湿状态)的侧面上进行抗压试验。抗压试验须用抗压夹具，使试件受压面积为40mm×40mm。试验前，应将试件受压面与抗压夹具清理干净，试件的底面应紧靠夹具上的定位销，断块露出上压板外的部分应不少于10mm。

(2) 在整个加荷过程中，夹具应位于压力机承压板中心，以(2400±200)N/s的速率均匀地加荷至破坏，记录破坏荷载F_c(kN)。

(3) 计算每块试件的抗压强度R_c(精确至0.1MPa)，公式为

$$R_c = \frac{F_c}{A}$$

式中：F_c——破坏荷载，N；

A——受压面积，为40mm×40mm=1600mm^2。

(4) 每组试件以6个抗压强度测定值的算术平均值作为试验结果。如果6个测定值中有1个超出平均值的±10%，应剔除这个结果，而以剩下5个测定值的平均数作为试验结果。如果5个测定值中有超过平均数±10%的，则此组结果作废。

13.3 混凝土骨料试验

本试验依据为《建设用砂》(GB/T 14684—2011)、《建设用卵石、碎石》(GB/T 14685—2001)、《普通混凝土用砂、石质量及检验方法标准》(JGJ 52—2006)。

13.3.1 取样方法与数量

1. 细骨料的取样

应在均匀分布的料堆上的8个不同部位，各取大致相等的试样一份，然后倒于平整、洁净的拌合板上，拌合均匀，用四分法缩取各试验用试样数量。四分法的基本步骤是：将拌匀的试样堆成20mm厚的圆饼，于饼上划十字线，将其分成大致相等的4份，除其中两对角的两份，将余下两份再按上述四分法缩取，直至缩分后的试样质量略大于该项试验所需数量为止，还可以用分料器缩分。

2. 粗骨料的取样

自料堆的顶、中、底三个不同高度处，在各个均匀分布的5个不同部位取大致相等的试样各1份，共取15份 (取样时，应先将取样部位的表层除去，于较深处铲取)，并将其倒于平整、洁净的拌合板上，拌合均匀，堆成锥体，用四分法缩取各项试验所需试样数量。

13.3.2　砂的筛分析试验

1. 主要仪器设备

(1) 方孔筛，孔径为9.50mm、4.75mm、2.36mm、1.18mm、$600\mu m$、$300\mu m$、$150\mu m$的方孔筛各1个，以及筛盖、筛底各1只。

(2) 天平，称量1000g，感量1g。

(3) 烘箱。

(4) 摇筛机。

(5) 搪瓷盘、毛刷等。

2. 试样制备

按规定取样，并将试样缩分至约1100g，放在烘箱中于 $(105\pm5)℃$下烘干至恒量(恒量系指试样在烘干1～3h的情况下，其前后质量之差不大于该项试验所要求的称量精度)，待冷却至室温后，筛除大于9.50的颗粒，并算出筛余百分率，分为大致相等的两份。

3. 试验步骤

(1) 精确称取烘干试样500g，精确至1g，置于按筛孔大小顺序排列的套筛的最上面一只筛 (即孔径为4.75mm的筛)上，将套筛装入摇筛机上固定，筛分10min左右 (如无摇筛机，可采用手筛)。

(2) 取下套筛，按孔径大小顺序，在清洁的浅盘上逐个进行手筛，直至每分钟的通过量不超过试样总量的0.1%时为止。通过的颗粒并入下一筛中，并和下一筛中的试样一起过筛，按此顺序进行，当全部筛分完毕时，各筛的筛余均不得超过下式的值

$$G = \frac{A \times d^{1/2}}{200}$$

式中：G——在一个筛上的剩余量，g；

d——筛孔尺寸，mm；

A——筛面面积，mm^2。

如果各筛筛余超过规定值，应将该粒级试样分成少于按上式计算的量，分别筛分并以筛余之和作为该筛的筛余量。

(3) 称取各筛筛余试样的质量(精确至1g)，各筛的分计筛余量和底盘中剩余量的总和与筛分前试样总量相比，相差不得超过1%，否则，应重新试验。

4. 结果计算

(1) 分计筛余百分率。各筛上的筛余量除以试样总量的百分率，精确至0.1%。

(2) 累计筛余百分率。该筛的分计筛余百分率加上该筛以上各筛的分计筛余百分率之和，精确至0.1%。

(3) 筛分后如果每号筛的筛余量与筛底的剩余量之和与原试样质量之差超过1%，应重新试验。

(4) 计算砂的细度模数 (精确至0.01)，公式为

$$M_x = \frac{(A_2 + A_3 + A_4 + A_5 + A_6) - 5A_1}{100 - 5A_1}$$

式中：M_x——细度模数；

A_1、A_2、A_3、A_4、A_5、A_6——分别为4.75mm、2.36mm、1.18mm、600μm、300μm、150μm筛的累计筛余百分率。

(5) 累计筛余百分率取两次试验结果的算术平均值，精确至1%。细度模数取两次试验结果的算术平均值，精确至0.1。如两次试验的细度模数之差大于0.20，应重新进行试验。

13.3.3 碎石或卵石的颗粒级配试验

1. 主要仪器设备

(1) 方孔筛，孔径(mm)为90、75.0、63.0、53.0、37.5、31.5、26.5、19.0、16.0、9.50、4.75、2.36，筛底和筛盖各一只。

(2) 台称，称量10kg，感量1g。

(3) 烘箱。

(4) 摇筛机。

(5) 搪瓷盘、毛刷等。

2. 试样制备

按规定取样，用四分法缩分至略大于试表13-4规定的试样数量，烘干或风干后备用。

表13-4 筛分析试验所需试样数量

最大粒径/mm	9.50	16.0	19.0	26.5	31.5	37.5	63.0	75.0
最少试样质量/kg	1.9	3.2	3.8	5.0	6.3	7.5	12.6	16.0

3. 试验步骤

(1) 称取表13-4所规定的数量的试样一份，精确到1g。

(2) 将试样倒入按孔径大小从上到下组合的套筛上(附筛底)，然后再置于摇筛机上，筛分10min。

(3) 分别取下各筛，按孔径大小顺序逐个进行手筛，直到每分钟通过量不超过试样总量的0.1%为止。通过的颗粒并入下一个筛中，并和下一个筛中的试样一起过筛。当试样粒径大于19.0mm时，允许用手拨动颗粒，使其通过筛孔。

(4) 称出各筛的筛余量，精确到1g。

4. 结果计算

(1) 分计筛余百分率。各筛上的筛余量除以试样总量的百分率，精确至0.1%。

(2) 累计筛余百分率。该筛的分计筛余百分率加上该筛以上各筛的分计筛余百分率之和，精确至1%。

(3) 筛分后如果每号筛的筛余量与筛底的剩余量之和与原试样质量之差超过1%，应重新试验。

根据各筛的累计筛余百分率，评定该试样的颗粒级配。

13.4 普通混凝土试验

本试验主要为测定混凝土拌合物坍落度试验、维勃稠度试验和混凝土立方体抗压强度试验，依据为《普通混凝土拌合物性能试验方法标准》(GB/T 50080—2002)、《普通混凝土力学性能试验方法标准》(GB/T 50081—2002)。

13.4.1 混凝土拌合物坍落度试验

1. 主要仪器设备

(1) 搅拌机。容量30～100L，转速为18～22r/min。

(2) 磅秤。称量100kg，感量50g。

(3) 坍落度筒。坍落度筒是由1.5mm厚的钢板或其他金属制成的圆台形筒。底面和顶面应互相平行并与锥体轴线垂直。在筒外2/3高度处安装两个把手，下端应焊脚踏板。筒的内部尺寸为：底部直径(100±2)mm，顶部直径(100±2)mm，高度(300±2)mm。

(4) 捣棒。捣棒是直径为16mm、长650mm的钢棒，端部应磨圆。

(5) 其他用具。天平(称量1kg、感量0.5g，以及称量10kg、感量5g)、量筒(200ml、1000ml)、拌合板 (1.5m×2m)、小铲、木尺、钢尺、抹刀等。

2. 试验步骤

(1) 在实验室制备混凝土拌合物，具体包括以下几个步骤。

① 在试验室制备混凝土拌合物时，拌合时试验室的温度应保持在(20±5)℃，所用材料的温度应与试验室温度保持一致。

② 按规定的配合比拌料，材料用量应以质量计。称量精度：骨料为±1%；水、水泥、掺合料、外加剂均为±0.5%。

③ 向搅拌机内依次加入石子、砂和水泥，启动搅拌机，干拌均匀，再将水徐徐加入，继续拌合2～3min。

④ 将拌合物自搅拌机中卸出，倾倒在拌合板上，再经人工翻拌两次，即可做坍落度测定或试件成型。从开始加水时算起，全部操作必须在30min内完成。从试样制备完毕到开始做各项性能试验不宜超过5min。

(2) 湿润坍落度筒及底板，在坍落度筒内壁和底板上应无明水。底板应放置在坚实的水平面上，并把筒放在底板中心，然后用脚踩住两边的脚踏板，坍落度筒在装料时应保持固定的位置。

(3) 把按要求取得的混凝土试样用小铲分三层均匀地装入筒内，使捣实后的每层高度为筒高的三分之一左右。每层用捣棒插捣25次。插捣应沿螺旋方向由外向中心进行，各次插捣应在截面上均匀分布。插捣筒边混凝土时，捣棒可以稍稍倾斜；插捣底层时，捣棒应贯穿整个深度；插捣第二层和顶层时，捣棒应插透本层至下一层的表面；浇灌顶层时，混凝土应灌到高出筒口。在插捣过程中，如混凝土沉落低于筒口，应随时添加。顶层插捣完后，刮去多余的混凝土，并用抹刀抹平。

(4) 清除筒边底板上的混凝土后，垂直平稳地提起坍落度筒。坍落度筒的提离过程应在5～10s内完成；从开始装料到提坍落度筒的整个过程应不间断地进行，并应在150s内完成。

(5) 提起坍落度筒后，测量筒高与坍落后混凝土试体最高点之间的高度差，为该混凝土拌合物的坍落度值；坍落度筒提离后，如混凝土发生崩坍或一边剪坏现象，则应重新取样另行测定；如第二次试验仍出现上述现象，则表示该混凝土的和易性不好。

(6) 观察坍落后的混凝土试体的黏聚性及保水性。黏聚性的检查方法是用捣棒在已坍落的混凝土锥体侧面轻轻敲打，此时如果锥体逐渐下沉，则表示黏聚性良好；如果锥体倒塌、部分崩裂或出现离析现象，则表示黏聚性不好。保水性以混凝土拌合物稀浆析出的程度来评定，坍落度筒提起后如有较多的稀浆从底部析出，锥体部分的混凝土也因失浆而骨料外露，则表明此混凝土拌合物的保水性能不好；如坍落度筒提起后无稀浆或仅有少量稀浆自底部析出，则表示此混凝土拌合物保水性良好。

(7) 当混凝土拌合物的坍落度大于220mm时，用钢尺测量混凝土扩展后最终的最大直径和最小直径。在这两个直径之差小于50mm的条件下，将算术平均值作为坍落扩展度值；否则，此次试验无效。

如果发现粗骨料在中央集堆或边缘有水泥浆析出，表示此混凝土拌合物抗离析性不好。

混凝土拌合物的坍落度和坍落扩展度值以毫米为单位，测量精确至1mm，结果表达修约至5mm。

13.4.2　维勃稠度试验

1. 主要仪器设备

(1) 维勃稠度仪。

(2) 其他用具与坍落度试验相同。

2. 试验步骤

(1) 维勃稠度仪应放置在坚实的水平面上，用湿布把容器、坍落度筒、喂料斗内壁及其他用具湿润。

(2) 将喂料斗提到坍落度筒上方扣紧，校正容器位置，使其中心与喂料斗中心重合，然后拧紧固定螺钉。

(3) 将制作的混凝土拌合物经喂料斗用小铲分三层装入坍落度筒。装料及插捣方法同坍落度试验。

(4) 把喂料斗转离，抹平后垂直提起坍落度筒，此时应注意不要使混凝土试体产生横向的扭动。

(5) 把透明圆盘转到混凝土圆台顶面，放松测杆螺钉，降下圆盘，使其轻轻接触混凝土顶面。

(6) 拧紧定位螺钉，并检查测杆螺钉是否已经完全放松。

(7) 在启动振动台的同时用秒表计时，在振动到透明圆盘的底面被水泥浆布满的瞬间停止计时，并关闭振动台。

(8) 由秒表读出的时间即该混凝土拌合物的维勃稠度值，精确至1s。

13.4.3 混凝土立方体抗压强度试验

1. 主要仪器设备

(1) 压力试验机或万能试验机，其测量精度为±1%。试验时根据试件最大荷载选择压力机量程，使试件破坏时的荷载位于全量程的20%～80%。

(2) 钢垫板，平面尺寸不小于试件的承压面积，厚度应＞25mm。

(3) 试模，150mm×150mm×150mm的立方体试模。

(4) 振动台，频率为(50±3)Hz。

(5) 捣棒、小铁铲、抹刀、金属直尺等。

2. 试验步骤

(1) 成型前，应检查试模尺寸是否符合规定；试模内表面应涂一薄层矿物油或其他不与混凝土发生反应的脱模剂。

(2) 根据混凝土拌合物的稠度确定混凝土的成型方法，坍落度不大于70mm的混凝土宜用振动振实；大于70mm的宜用捣棒人工捣实。

(3) 用振动台振实制作试件应按下述方法进行。

① 将混凝土拌合物一次性装入试模，装料时应用抹刀沿各试模壁插捣，并使混凝土拌合物高出试模口。

② 试模应附着或固定在振动台上，振动时试模不得有任何跳动，振动应持续到表面出浆为止，不得过振。

(4) 用人工插捣制作试件应按下述方法进行。

① 混凝土拌合物应分两层装入模内，每层的装料厚度大致相等。

② 插捣应按螺旋方向从边缘向中心均匀进行。在插捣底层混凝土时，捣棒应达到试模底部；插捣上层时，捣棒应贯穿上层后插入下层20～30mm。插捣时捣棒应保持垂直，不得倾斜，然后应用抹刀沿试模内壁插拔数次。

③ 每层插捣次数按10 000mm^{2}的截面积内不得少于12次来计算。

④ 插捣后应用橡皮锤轻轻敲击试模四周，直至插捣棒留下的空洞消失为止。

(5) 刮除试模上口多余的混凝土，待混凝土临近初凝时，用抹刀抹平。

(6) 试件成型后应立即用不透水的薄膜覆盖表面。

(7) 采用标准养护，在温度为(20±5)℃的环境中静置一昼夜至两昼夜，然后编号、拆模。拆模后应立即放入温度为(20±2)℃、相对湿度为95%以上的标准养护室中养护，或在温度为(20±2)℃的不流动的Ca(OH)$_2$饱和溶液中养护。标准养护室内的试件应放在支架上，彼此间隔10～20mm，试件表面应保持潮湿，并不得被水直接冲淋。

(8) 标准养护龄期为28d(从搅拌加水开始计时)。

(9) 试件从养护地点取出后应及时进行试验，将试件表面与上下承压板面擦干净。

(10) 将试件安放在试验机的下压板或垫板上，试件的承压面应与成型时的顶面垂直，试件的中心应与试验机下的压板中心对准。启动试验机，当上压板与试件或钢垫板接近时，调整球座，使接触均衡。

(11) 在试验过程中，应连续均匀地加荷，混凝土强度等级<C30时，加荷速度取每秒钟0.3～0.5MPa；C30≤混凝土强度等级<C60时，加荷速度取每秒钟0.5～0.8MPa；混凝土强度等级≥C60时，加荷速度取每秒钟0.8～1.0MPa。

(12) 当试件接近破坏开始急剧变形时，应停止调整试验机油门，直至破坏，然后记录破坏荷载。

3. 结果计算

(1) 计算混凝土立方体抗压强度f_{cu}(MPa)，公式为

$$f_{cu} = \frac{F}{A}$$

式中：F——试件破坏荷载，N；

A——试件承压面积，mm^2。

混凝土立方体抗压强度计算应精确至0.1MPa。

(2) 强度值的确定应符合下列规定。

① 三个试件测值的算术平均值作为该组试件的强度值(精确至0.1MPa)。

② 三个测值中的最大值或最小值中如有一个与中间值的差值超过中间值的15%，则把最大值及最小值一并舍除，取中间值作为该组试件的抗压强度值。

③ 如最大值和最小值与中间值的差均超过中间值的15%，则该组试件的试验结果无效。

(3) 混凝土强度等级<C60时，用非标准试件(标准试件尺寸为150mm×150mm×150mm)测得的强度值均应乘以尺寸换算系数，其值为：200mm×200mm×200mm试件，1.05；100mm×100mm×100mm试件，0.95。当混凝土强度等级≥C60时，宜采用标准试件。使用非标准试件时，尺寸换算系数应由试验确定。

13.5 砂浆试验

砂浆试验项目包括砂浆的拌合、稠度试验、分层度试验和抗压强度试验。试验依据为《建筑砂浆基本性能试验方法标准》(JGJ/T 70—2009)。

13.5.1 砂浆的拌合

1. 目的

掌握砂浆的拌制方法，为确定砂浆配合比或检验砂浆各项性能提供试样。

2. 主要仪器设备

砂浆搅拌机、铁板、磅秤、台秤、铁铲、抹刀等。

3. 试验准备

(1) 拌制砂浆所用的材料，应符合质量要求。当砂浆用于砌砖时，则应筛去大于2.5mm的颗粒。

(2) 按设计配合比称取各项材料用量，称量应准确。

(3) 拌制前应将搅拌机、铁板、铁铲、抹刀等的表面用湿抹布擦湿。

4. 试验方法与步骤

1) 人工拌合方法

(1) 将称好的砂子放到铁板上，加上所需的水泥，用铁铲拌至颜色均匀为止。

(2) 将拌匀的混合料集中成圆锥形，在锥上做一凹坑，再倒入适量的水将石灰膏或黏土膏稀释，然后与水泥和砂共同拌合，逐次加水，仔细拌合均匀。水泥砂浆每翻拌一次，用铁铲压切一次。

(3) 拌合时间一般需5min，观察其色泽一致、和易性满足要求即可。

2) 机械拌合方法

(1) 机械拌合时，应先拌适量砂浆，使搅拌机内壁粘附一薄层水泥砂浆。

(2) 将称好的砂、水泥倒入砂浆搅拌机内。

(3) 启动砂浆搅拌机，将水徐徐加入(混合砂浆需将石灰膏或黏土膏稀释至浆状)，搅拌时间约3min(从加水完毕时算起)，使物料拌合均匀。

(4) 将砂浆拌合物倒在铁板上，再用铁铲翻拌两次，使之均匀。

注意：搅拌机搅拌砂浆时，搅拌量不宜少于搅拌机容量的20%，搅拌时间不宜少于2min。

13.5.2　砂浆稠度试验

1. 目的

通过稠度试验，可以测定达到设计稠度时的加水量，或在施工期间控制稠度以保证施工质量。

2. 主要仪器设备

砂浆稠度测定仪、捣棒、台秤、拌合锅、拌合铲、秒表等。

3. 试验方法及步骤

(1) 用少量润滑油轻擦滑杆，再将滑杆上多余的油用吸油纸擦净，使滑杆能自由滑动。

(2) 用湿布擦净盛浆容器和试锥表面，将砂浆拌合物一次性装入容器，使砂浆表面低于容器口约10mm。用捣棒自容器中心向边缘均匀地插捣25次，然后轻轻地将容器摇动或敲击5~6下，使砂浆表面平整，然后将容器置于稠度测定仪的底座上。

(3) 拧松制动螺丝，向下移动滑杆，当试锥尖端与砂浆表面刚接触时，拧紧制动螺丝，使齿条测杆下端刚接触滑杆上端，读出刻度盘上的读数(精确至1mm)。

(4) 拧松制动螺丝，同时计时，10s时立即拧紧螺丝，使齿条测杆下端接触滑杆上端，从刻度盘上读出下沉深度(精确至1mm)，两次读数的差值即砂浆的稠度值。

(5) 盛装容器内的砂浆，只允许测定一次稠度，重复测定时，应重新取样测定。

4. 试验结果评定

(1) 取两次试验结果的算术平均值，精确至1mm。

(2) 如两次试验值之差大于10mm，应重新取样测定。

13.5.3　砂浆分层度试验

1. 目的

测定砂浆在运输及停放时的保水能力，保水性将直接影响砂浆的使用及砌体的质量。

2. 主要仪器设备

分层度测定仪，其他仪器同稠度试验。

3. 试验方法与步骤

(1) 按稠度试验方法测定砂浆拌合物稠度。

(2) 将砂浆拌合物一次性装入分层度筒内，待装满后，用木槌在容器周围距离大致相等的4个不同部位轻轻敲击1～2下，如砂浆沉落低于筒口，则应随时添加，然后刮去多余的砂浆并用抹刀抹平。

(3) 静置30min后，去掉上节200mm砂浆，将剩余的100mm砂浆倒出放在拌合锅内拌2min，再按稠度试验方法测其稠度。前后测得的稠度之差即该砂浆的分层度值(mm)。

此外，也可采用快速法测定分层度，其步骤是：①按稠度试验方法测定稠度；②将分层度筒预先固定在振动台上，砂浆一次性装入分层度筒内，振动20s；③去掉上节200mm砂浆，将剩余的100mm砂浆倒出放在拌合锅内拌2min，再按稠度试验方法测其稠度，前后测得的稠度之差即该砂浆的分层度值。

如有争议，以标准法为准。

4. 试验结果评定

(1) 取两次试验结果的算术平均值作为该砂浆的分层度值。

(2) 两次分层度试验值之差如大于10mm，应重新取样测定。

砂浆的分层度宜在10～30mm之间。如大于30mm，易产生分层、离析、泌水等现象；如小于10mm，则砂浆过黏不易铺设，且容易产生干缩裂缝。

13.5.4　砂浆抗压强度试验

1. 目的

检验砂浆的实际强度是否满足设计要求。

2. 主要仪器设备

压力试验机、试模(规格为70.7mm×70.7mm×70.7mm，带底试模)、捣棒、抹刀等。

3. 试件制作

(1) 采用立方体试件，每组试件3个。

(2) 应用黄油等密封材料涂抹试模的外接缝，试模内涂刷薄层机油或脱模剂，将拌制好的砂浆一次性装满砂浆试模，成型方法根据稠度而定。当稠度≥50mm时，采用人工振捣成型；当稠度＜50mm时，采用振动台振实成型。

① 人工振捣：用捣棒均匀地由边缘向中心按螺旋方式插捣25次，插捣过程中如砂浆沉落低于试模口，应随时添加砂浆，可用油灰刀插捣数次，并用手将试模一边抬高5～10mm，各振动5次，使砂浆高出试模顶面6～8mm。

② 机械振动：将砂浆一次性装满试模，放置到振动台上，振动时试模不得跳动，振动5～10秒或持续到表面出浆为止，不得过振。

(3) 待表面水分稍干后，将高出试模部分的砂浆沿试模顶面刮去并抹平。

4. 试件养护

试件制作后应在室温为(20±5)℃的环境下静置(24±2)h，当气温较低时，可适当延长时间，但不应超过两昼夜，然后对试件进行编号、拆模。试件拆模后应立即放入温度为(20±2)℃、相对湿度为90%以上的标准养护室中养护。养护期间，试件彼此间隔不小于10mm，混合砂浆试件上面应覆盖以防有水滴在试件上。

5. 砂浆立方体抗压强度测定

(1) 试件从养护地点取出后应及时进行试验。试验前将试件表面擦拭干净，测量尺寸，检查其外观，并据此计算试件的承压面积。如实测尺寸与公称尺寸之差不超过1mm，可按公称尺寸进行计算。

(2) 将试件安放在试验机的下压板(或下垫板)上，试件的承压面应与成型时的顶面垂直，试件中心应与试验机下压板(或下垫板)中心对准。启动试验机，当上压板与试件(或上垫板)接近时，调整球座，使接触面均衡受压。承压试验应连续而均匀地加荷，加荷速度应为每秒钟0.25～1.5kN(砂浆强度不大于5MPa时，宜取下限；砂浆强度大于5MPa时，宜取上限)。当试件接近破坏而开始迅速变形时，停止调整试验机油门，直至试件破坏，然后记录破坏荷载。

6. 试验结果计算

(1) 计算砂浆立方体抗压强度，公式为

$$f_{m, cu} = \frac{N_u}{A}$$

式中：$f_{m, cu}$——砂浆立方体试件抗压强度，MPa；

N_u——试件破坏荷载，N；

A——试件承压面积，mm²。

砂浆立方体试件抗压强度应精确至0.1MPa。

(2) 以三个试件测值的算术平均值的1.3倍(f_2)作为该组试件的砂浆立方体试件抗压强度平均值(精确至0.1MPa)。

当三个测值的最大值或最小值中有一个与中间值的差值超过中间值的15%时，则把最大值及最小值一并舍除，取中间值作为该组试件的抗压强度值；如有两个测值与中间值的差值均超过中间值的15%，则该组试件的试验结果无效。

13.6 砌墙砖试验

砌墙砖试验项目包括取样方法与外观质检、抗压强度试验。试验依据为《砌墙砖试验方法》(GB/T 2542—2003)。

13.6.1 取样方法与外观质检

1. 取样方法

砌墙砖以3.5万～15万块为一个检验批，不足3.5万块也按一批计。采用随机取样法取样，用于外观质量检验的砖样在每一个检验批的产品堆垛中抽取，数量为50块；用于尺寸偏差检验的砖样从外观质量检验后的样品中抽取，数量为20块；用于其他项目的砖样从外观质量和尺寸偏差检验后的样品中抽取，抽取数量为强度检验10块，泛霜、石灰爆裂、冻融及吸水率与饱和系数检验各5块。当只进行单项检验时，可直接从检验批中随机抽取。

2. 尺寸测量

(1) 仪器。砖用卡尺，分度值为0.5mm。

(2) 测量方法。根据《砌墙砖试验方法》(GB/T 2542—2003)规定，对于长度，应在砖的两个大面的中间处分别测量两个尺寸；对于宽度，应在砖的两个大面的中间处分别测量两个尺寸；对于高度，应在两个条面的中间处分别测量两个尺寸。当被测处缺损或凸出时，可在旁边测量，但应选择不利的一侧。

(3) 结果评定。测量结果分别以长度、高度和宽度的最大偏差值来表示，不足1mm者按1mm计。

3. 外观质量检查

1) 仪器

(1) 量具。砖用卡尺，分度值为0.5mm。

(2) 钢直尺。分度值为1mm。

2) 测量步骤

(1) 缺损。缺棱掉角造成的破损程度，以破损部分对长、宽、高三个棱边的投影尺寸来度量，称为破坏尺寸。缺损造成的破坏面，系指缺损部分对条、顶面的投影面积。

(2) 裂纹。裂纹分为长度方向、宽度方向和水平方向三种，以被测方向的投影长度表示。如果裂纹一个面延伸至其他面上时，则累计其延伸的投影长度。裂纹长度以在三个方向上分别测得的最长裂纹作为测量结果。

(3) 弯曲。弯曲分别在大面和条面上测量，测量时将砖用卡尺的两个支脚沿棱边两端放置，择其弯曲最大处将垂直尺推至砖面，但不应将杂质或碰伤造成的凹处计算在内，以弯曲中测得的较大值作为测量结果。

(4) 杂质凸出高度。杂质在砖面上造成的凸出高度，以杂质距砖面的最大距离表示。测量时将砖用卡尺的两脚置于凸出两边的砖平面上，以垂直尺测量。

3) 试验结果处理

外观测量以mm为单位，不足1mm者，按1mm计。

13.6.2　抗压强度试验

1. 主要仪器设备

(1) 压力试验机。压力试验机的示值相对误差不大于±1%，预期最大破坏荷载应在量程的20%～80%之间。

(2) 锯砖机或切砖机、量尺、镘刀等。

2. 试件制备及养护

(1) 将砖样切断或锯成两个半截砖，断开的半截砖长不得小于100mm，如果不足100mm，应另取备用试样补足。

(2) 将已断开的半截砖放入室温的净水中浸10～20min后取出，并以断口相反方向叠放，两者中间用强度等级为32.5～42.5的普通水泥调制成稠度适宜的水泥净浆黏结，其厚度不超过5mm，上下两面亦用厚度不超过3mm的同种水泥浆抹平，制成的试件上下两个面须互相平行，并垂直于侧面。

(3) 制成的抹面试件应置于不低于10℃的不通风室内养护3d，再进行试验。

3. 试验步骤

(1) 测量每个试件连接面或受压面的长、宽尺寸各两个，分别取其平均值，精确至1mm。

(2) 将试件平放在压力机的承压板中央，启动压力机并调整至零点后，开始加荷。加荷速度控制在(5±0.5)kN/s为宜，加荷时应均匀平稳，不得发生冲击或振动，直至试件破坏为止，记录破坏荷载P(kN)。

4. 试验结果的计算

计算砖抗压强度试验结果(精确至0.1MPa)，公式为

$$f_i = \frac{P}{ab} \text{ (单块砖样抗压强度测定值)}$$

$$\bar{f} = \frac{1}{10}\sum_{i=1}^{10} f_i \text{ (10块砖样抗压强度平均值)}$$

$$f_k = \bar{f} - 1.8S \text{ (砖抗压强度标准值)}$$

$$S = \sqrt{\frac{1}{9}\sum_{i=1}^{10}(f_i - \bar{f})^2}$$

$$\delta = \frac{S}{\bar{f}}$$

5. 试验结果鉴定

综合以上所得的强度平均值$\bar{f}$、强度标准值f_k和变异系数δ，按《砌墙砖试验方法》(GB/T 2542—2003)判定砖的强度等级，或检验此砖是否达到强度等级要求。

13.7 钢筋试验

本试验包括钢筋的拉伸和冷弯试验，依据为《钢筋混凝土用钢第一部分：热轧光圆钢筋》(GB/ 1499.1—2008)和《钢筋混凝土用钢第二部分：热轧带肋钢筋》(GB/ 1499.2—2007)。

13.7.1 钢筋的验收及取样

(1) 同一截面尺寸和同一炉罐号组织的钢筋分批验收时，每批质量不大于60t。

(2) 钢筋应有出厂质量证明书或试验报告单。验收时应抽样做机械性能试验，包括拉伸试验和冷弯试验，两个项目中如有一个项目不合格，则该批钢筋为不合格品。

(3) 钢筋在使用中如有脆断，焊接性能不良或机械性能显著不正常时，还应进行化学成分分析，或其他专项试验。

(4) 从每批钢筋中任意抽取两根，于每根距端部50mm处各取一套试样(两根试件)。在每套试样中取一根做拉伸试验，另一根做冷弯试验。

(5) 试验应在(20±10)℃下进行，如试验温度超出这一范围，应于试验记录和报告中注明。

13.7.2 拉伸试验

1. 试验目的

测定钢材的屈服点(或屈服强度)、抗拉强度与伸长度，注意观察拉力与变形之间的关系，检验钢筋的力学性能。

2. 试验设备

试验机、钢板尺、游标卡尺、千分尺、钢筋划线机等。

3. 试件制备

1) 试件尺寸

(1) 拉伸试件。短试件为$5d_0+200$mm；长试件为$10d_0+200$mm。

(2) 弯曲试件尺寸用公式表示为

$$L = 0.5\pi\left(d + d_0\right) + 140$$

式中：L——试件长度，mm；

d——弯曲压头或弯心直径，mm；

d_0——弯曲试验时，钢筋直径，mm。

(3) 进行拉伸试验和弯曲试验的试件，在工程中一般不经车削加工，称非标准试件。如受到试验机吨位限制，直径为20～50mm或大于50mm的钢筋可进行车削加工，制成原始直径(d_0)为20mm(拉伸用)或25mm(弯曲用)的标准试件，进行试验。钢筋拉伸试件见图13-7。

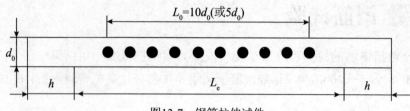

图13-7　钢筋拉伸试件

a-试件原始直径　L_0-标距长度　L_e-试验平行长度(不小于L_0+d_0) h-夹头长度

2) 试件的原始标距长度

(1) 试件的原始标距长度是根据钢筋的原始截面积确定的。如钢筋的直径为d_0，长试件的原始标距长度取$10d_0$，短试件取$5d_0$。用划线器作出用以标明原始标距长度的两个标记，沿试件的标距长度每隔5mm或10mm作一系列等距小冲点或细划线，以便拉伸后计算试件的伸长率。

(2) 对于脆性试件或小尺寸试件，建议用快干墨水或带色涂料标出原始标距。

3) 试件原始横截面积的测定方法

(1) 试件的原始直径确定方法。每个试件的测量不应少于三处，应在标距两端及中间两个相互垂直的方向上各测一次，测量的精确度为0.01mm。用测得的6个数值中的最小值作为试件的原始直径。

(2) 原始横截面面积的计算。包括标准试件和非标准试件两类。

① 标准试件(经车削加工试件)。用游标卡尺按上述方法测量其原始直径后，按下式计算试件原始横截面面积

$$A = \frac{\pi d_0^2}{4}$$

式中：A——试件原始横截面面积，mm^2。

d_0——试件标距部分原始直径，mm。

② 非标准试件(未经车削加工试件)。可采用质量法测定其平均原始横截面面积，计算公式为

$$A = \frac{m}{\rho L} \times 1000$$

式中：A——钢筋试件的横截面面积，mm^2；

m——钢筋试件的质量，g；

L——钢筋试件的总长度，cm；

ρ——钢筋的密度，7.85g/cm^3。

试件质量和试件总长度的测量精确度，均应为±0.5%。

4. 屈服点的测定

具有明显屈服现象的钢筋，应测定其屈服点、上屈服点和下屈服点。它的屈服点可借助于试验机测力度盘的指针或拉伸曲线来确定。主要方法有指针法和图示法。

(1) 指针法。调整试验机测力度盘的指针，使其对准零点；将试件固定在试验机夹头内，启动试验机进行拉伸。拉伸速度为：屈服前，应力增加速度为6～60MPa/s；屈服后，

试验机活动夹头在荷载作用下的移动速度应不大于0.48(L-h)/min。测力度盘的指针首次停止转动的恒定力(F_s)，或指针首次回转前的最大力(F_{su})，或不计初始效应时的最小力(F_{sl})，分别对应的应力为屈服点(σ_s)、上屈服点(σ_{su})和下屈服点(σ_{sl})。计算公式为(精确至5MPa)

$$\sigma_s = \frac{F_s}{A} \; ; \quad \sigma_{su} = \frac{F_{su}}{A} \; ; \quad \sigma_{sl} = \frac{F_{sl}}{A}$$

(2) 图示法。屈服点也可以通过试验机自动记录装置记录的力-伸长曲线或力-夹头位移曲线图确定。力轴每毫米所代表的应力一般不大于10N/mm²，伸长(夹头位移)的放大倍数应根据材质适当选择。曲线应至少绘制到屈服阶段结束点，并在曲线上确定屈服平台(是指力不变而试件继续伸长时的平台)。恒定的力(F_s)，或屈服阶段中力首次下降前的最大力(F_{su})，或不计初始瞬时效应时的最小力(F_{sl})，它们分别对应的应力为屈服点、上屈服点和下屈服点。对于有明显屈服现象的钢筋，无特殊规定时，一般只测定屈服点(σ_s)或下屈服点(σ_{sl})。

无明显屈服现象的钢筋应测定其残余伸长应力$\sigma_{r0.2}$，即屈服强度(是指试样在拉伸过程中标距部分残余伸长达到原标距的0.2%时的强度)。

(1) 屈服强度$\sigma_{r0.2}$可用引伸计进行测定，也允许用试验机自动记录装置绘制力-伸长曲线的方法求得。用自动记录装置绘制力-伸长曲线测定屈服强度$\sigma_{r0.2}$时，其变形放大率应不低于50:1，而纵坐标每1mm所代表的应力不得大于10N/mm²。

(2) 计算屈服强度(精确至5MPa)，公式为

$$\sigma_{r0.2} = \frac{F_{r0.2}}{A}$$

式中：$\sigma_{r0.2}$——无明显屈服现象钢筋的屈服强度，MPa；

$F_{r0.2}$——残余变形率为0.2%时的荷载，N；

A——钢筋试件的横截面面积，mm²。

5. 抗拉强度的测定

(1) 试样拉至断裂，根据拉伸曲线(见图13-8)确定试验过程中的最大力或从测力度上读出最大力。

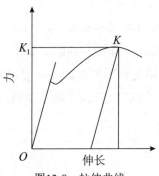

图13-8　拉伸曲线

(2) 抗拉强度按下式计算(精确至5MPa)

$$\sigma_b = \frac{F_b}{A}$$

式中：σ_b——钢筋的抗拉强度，MPa；

      F_b——试件拉断时的最大荷载，N；

      A——钢筋试件的原始横截面面积，mm²。

6. 伸长率测定

(1) 试件拉断后，将其断裂部分紧密对接在一起，并尽量使其位于一条轴线上。如果断裂处形成缝隙，则此缝隙应计入该试样拉断后的标距内。

(2) 断后标距的测量，主要有两种方法。

① 直测法。如果拉断处到最临近标距端点的距离大于$L_0/3$，可直接测量标距两点间的距离。

② 移位法。如果拉断处到最临近标距端点的距离小于或等于$L_0/3$，则按下列方法测定L_1：在长段上从拉断处O取基本等于短段的格数，得B；然后取等于长段所余格数[偶数，见图13-9(1)BBC]的一半，得C点；或者取余格数[奇数，见图13-9(2)]分别减1与加1的一半，得C点和C_1点。移位后的L_1，分别为$AB+2BC$和$AB+BC+BC_1$。

(3) 断后伸长率的计算(精确至1%)公式为

$$\delta = \frac{L_1 - L_0}{L_0} \times 100\%$$

式中：δ——试件的伸长率，%；

      L_1——试件断裂后标距部分的长度，mm；

      L_0 试件原始标距长度，mm。

需注意，短试件和长试件的伸长率分别用符号δ_5和δ_{10}表示。

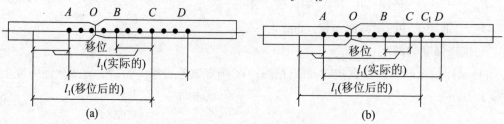

(a)   (b)

图13-9 用位移法测量断后标距

(4) 如试件在标距端点上或标距外断裂，则断后伸长率无效，应重做试验。

(5) 结果评定。对照国家规范对钢筋性能的技术要求来评定测试结果δ_{10}和δ_5，如达到标准要求，则合格；如未达到，可取双倍试样重做试验，如仍未达到标准，则伸长率不合格。

13.7.3 冷弯试验

1. 试验目的

检验钢筋随规定弯曲程度的变形性能，确定其塑性和可加工性能，并显示其缺陷。

2. 仪器设备

支辊式弯曲装置、弯曲压头、试验机或压力机等。

3. 试验步骤

(1) 将试件放在两支辊上,见图13-10,试件轴线应与弯曲压头轴线垂直,弯曲压头在两支座之间的中点处,对试样连续加力使之弯曲,直到达到规定的角度。

(2) 如不能直接达到规定的弯曲角度,应将试件置于两平板之间连续加力,压其两端使其进一步弯曲,直至达到规定的弯曲角度。

(3) 弯曲至180°的弯曲试验步骤:首先对试样进行初步弯曲(弯曲角度应尽可能大),然后将试件置于两平行压板之间,连续加力,直到两臂平行,如图13-11所示。

图13-10 试件置于两平行压板之间

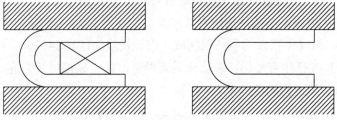

图13-11 试件弯曲至两臂平行

(4) 弯曲至两臂接触的弯曲试验步骤:首先对试样进行初步弯曲(弯曲角度应尽可能大),然后将其置于两压板之间,连续加力,压其两端使其进一步弯曲,直至两臂直接接触,如图13-12所示。

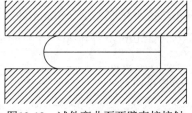

图13-12 试件弯曲至两臂直接接触

4. 试验结果评定

应按照相关产品标准的要求评定弯曲试验结果。如未规定具体要求,当弯曲试验结束后试件弯曲外表面无肉眼可见的裂纹时,即评定为合格。

13.8 石油沥青试验

石油沥青试验主要包括针入度试验、延度试验、软化点试验。试验依据为《建筑石油沥青》(GB/T 494—2010)。

13.8.1 石油沥青针入度试验

1. 试验目的

石油沥青针入度是指在规定温度(25℃)和规定时间(5s)内，附加一定重量的标准针(100g)垂直贯入沥青试样中的深度，单位为0.01mm。通过对针入度的测定可掌握不同石油沥青的黏稠度，并进行标号划分。

2. 试验仪器设备

(1) 针入度仪。能使针连杆在无明显摩擦下垂直运动，并能指示传入深度且精确到0.1mm的仪器均可使用。针连杆的质量为(47.5±0.05)g，针和针连杆的总质量为(50±0.05)g。另外，仪器附有(50±0.05)g和(100±0.05)g的砝码各一个，可以组成(100±0.05)g和(200±0.05)g的载荷，以满足试验所需要的荷载条件。仪器设有放置平底玻璃皿的平台，并有可调水平的机构，针连杆应与平台垂直。仪器设有针连杆制动按钮，紧压按钮针连杆可以自由下落。针连杆要易于拆卸，以便定期检查其质量。

(2) 标准针。由硬化回火的不锈钢制成，洛氏硬度为HRC54～60，针及针杆总质量为(2.5±0.5)g，针杆上打印有号码标志。应妥善保管，防止碰撞针尖，在使用过程中应当经常检验，并附有计量部门的检验单。

(3) 盛样皿。金属制的圆柱形平底容器。针入度范围小于40的，盛样皿直径为33～55mm，深8～16mm；针入度范围小于200的，盛样皿直径为55mm，深35mm；针入度范围在200～350之间的，盛样皿直径为55～75mm，深45～70mm；针入度范围在350～500之间的，盛样皿直径为55mm，深70mm。

(4) 恒温水槽。容量不少于10L，控温精度为±0.1℃。水中应设有一个带孔的搁板(台)，位于水面下不低于100mm，距水槽底不低于50mm处。

(5) 平底玻璃皿。容量不少于350ml，深度不少于80mm。内设有一个不锈钢三脚支架，能使盛样皿稳定。

(6) 温度计。0℃～50℃，分度0.1℃。

(7) 秒表。分度0.1s。

(8) 盛样皿盖。平板玻璃，直径不小于盛样皿的开口尺寸。

(9) 溶剂。三氯乙烯等。

(10) 其他。电炉或砂浴、石棉网、金属锅或瓷把坩埚等。

3. 试样制备

(1) 将预先除去水分的沥青试样在砂浴或密闭电炉上小心加热，不断搅拌以防止局部过热，加热温度不得超过试样估计软化点90℃。在保证样品充分流动的基础上应尽量缩短加热时间。加热搅拌过程中应避免试样中混入空气。

(2) 将试样倒入预先选好的试样皿中，试样深度应至少达到预计锥入深度的120%。如果试样皿的直径小于65mm，而预期针入度高于200，则每次实验都要倒三个样品。如果样品足够，浇注的样品要达到试样皿边缘。

(3) 将试样皿盖住以防灰尘落入。在15℃～30℃的室温下，小的试样皿(ϕ33mm×16mm)中的样品冷却45min～1.5h，中等试样皿(ϕ55mm×35mm)中的样品冷却1～1.5h，较大的试样皿中的样品冷却1.5～2h，冷却结束后将试样皿和平底玻璃皿一起放入测试温度下的水浴中，水面应没过试样表面10mm以上。在规定的试验温度下保持恒温，小试样皿恒温45min～1.5h，中等试样皿恒温1～1.5h，更大试样皿恒温1.5～2h。

4. 试验步骤

(1) 调节针入度仪的水平，检查针连杆和导轨，确保上面没有水和其他物质。如果预测针入度超过350应选择长针，否则用标准针。先用合适的溶剂将针擦干净，再用干净的布擦干，然后将针插入针连杆中固定。按试验条件选择合适的砝码并放好砝码。

(2) 如果测试时针入度仪在水浴中，则直接将试样皿放在浸在水中的支架上，使试样完全浸在水中；如果实验时针入度不在水浴中，将已达到试验温度的试样皿放在平底玻璃皿中的三角支架上，用与水浴相同温度的水完全覆盖样品，将平底玻璃皿放置在针入度仪的平台上。慢慢放下针连杆，使针尖刚刚接触试样的表面，必要时用放置在合适位置的光源观察针头位置，使针尖与水中针头的投影刚刚接触。此时，轻轻拉下活杆，使其与针连杆顶端相接触，调节针入度的表盘读数，使其指零或归零。

(3) 在规定时间内快速释放针连杆，同时启动秒表或计时装置，使标准针自由下落传入沥青试验中，到规定时间使标准针停止移动。

(4) 拉下活杆，再使其与针连杆顶端相接触，此时表盘指针的读数即试样的针入度，或自动停止锥入，通过数据显示设备直接读出锥入深度数值，得到针入度，用1/10mm表示。

(5) 同一试样至少重复测定三次。每一次试验点的距离和试验点与试样皿边缘的距离都不得小于10mm。每次实验前都应将试样和平底玻璃皿放入恒温水浴中，每次测定都要用干净的针。当针入度小于200时，可将针取下用合适的溶剂擦干净后继续使用。当针入度超过200时，每个试样皿中扎一针，三个试样皿得到三个数据。或者每个试样至少用三根针，每次试验用的针留在试样中，直到三根针扎完时再将针从试样中取出。但是这样测得的针入度的最高值和最低值之差，不得超过相关规定。

5. 试验结果评定

(1) 取三次测定针入度的平均值，取至整数作为试验结果。三次测定的针入度值相差不应大于表13-5中规定的数值。否则，试验应重做。

表13-5 针入度测定允许最大差值

针入度	0～49	50～149	150～249	250～350	350～500
最大差值	2	4	6	8	20

(2) 同一操作者在同一实验室用同一台仪器对同一样品测得的两次结果不超过平均值的4%。不同操作者在不同实验室用同一类型的不同仪器对同一样品测得的两次结果不超过平均值的11%。

(3) 因为试验测定值由试验方法进行定义,故采用本实验方法得到的数据没有偏差。

13.8.2 石油沥青延度试验

1. 试验目的

石油沥青延度是规定形状的试样在规定温度(25℃)条件下以规定拉伸速度(5cm/min)拉至断开时的长度,以cm表示。通过延度试验可测定石油沥青能够承受的塑性变形总能力。通过本试验应掌握石油沥青延度的概念,熟悉测定石油沥青延度的试验步骤。

2. 试验仪器设备

(1) 延度仪。将试件浸没于水中,能保持规定的试验温度及按照规定的拉伸速度拉伸试件,且试验时无明显振动的延度仪均可使用。

(2) 延度试模。见图13-13,黄铜制,由试模底板、两个端模和两个侧模组成,延度试模可从试模底板上取下。

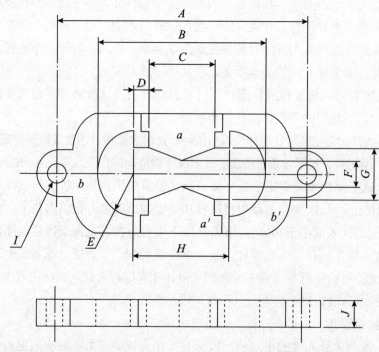

A——两端模环中心点距离,111.5～113.5mm;
B——试件总长,74.54～75.5mm;
C——端模间距,29.7～30.3mm;
D——肩长,6.8～7.2mm;
E——半径,15.75～16.25mm;

F——最小横断面宽,9.9～10.1mm;
G——端模口宽,19.8～20.2mm;
H——两半圆圆心间距离,42.9～43.1mm;
I——端模孔直径,6.54～6.7mm;
J——厚度,9.9～10.1mm。

图13-13 沥青延度仪试模

(3) 恒温水槽。容量不少于10L，控制温度的准确度为±0.1℃，水槽中应设有带孔搁架，搁架距水槽底不得少于50mm，试件浸入水中深度不小于100mm。

(4) 温度计。0℃~50℃，分度为0.1℃。

(5) 甘油滑石粉隔离剂(甘油与滑石粉的质量比为2∶1)。

(6) 其他。平刮刀、石棉网、酒精、食盐等。

3. 试样制备

(1) 将模具组装在支撑板上，将隔离剂涂于支撑板表面及侧模的内表面，以防沥青沾在模具上。板上的模具要水平放好，以便模具的底部能够充分与板接触。

(2) 小心加热样品，充分搅拌以防局部过热，直到试样容易倾倒。石油沥青加热温度不宜超过预计石油沥青软化点90℃。在不影响试样性质和保证样品充分流动的基础上应尽量缩短试样的加热时间。将熔化后的样品充分搅拌之后倒入模具中，组装模具要小心，不要弄乱了配件。在倒样时使试样呈细流状，自模具的一端至另一端往返倒入，使试样略高出模具，将试件在空气中冷却30~40min，然后放在规定温度的水浴中保持30min取出，用热的直刀或铲将高出模具的沥青刮出，使试样与模具齐平。

(3) 在恒温状态下，将支撑板、模具和试件一起放入水浴中，并在试验温度下保持85~95min，然后从板上取下试件，拆掉侧模，立刻进行拉伸试验。

4. 试验步骤

(1) 将模具两端的孔分别套在实验仪器的柱上，然后以一定的速度拉伸，直到试件拉伸断裂。拉伸速度允许误差在±5%以内，测量试件从拉伸到断裂所经过的距离，以cm表示。试验时，试件距水面和水底的距离不小于2.5cm，并且要使温度保持在规定温度的±0.5℃范围内。

(2) 当沥青浮于水面或沉入槽底时，则试验不正常。应使用乙醇或氯化钠调整水的密度，使沥青材料既不浮于水面，又不沉入槽底。

(3) 正常的试验应将试样拉成锥形、线形或柱形，直至在断裂时实际横断面面积接近于零或呈均匀断面。如经三次试验仍得不到正常结果，则可认为在该条件下延度无法测得。

5. 试验结果评定

若三个试件测定值在其平均值的5%以内，取平行测定的三个结果的平均值作为最终测定结果；若三个测定值不在其平均值的5%以内，但其中两个较高值在平均值的5%之内，则弃最低测定值，取两个较高值的平均值作为最终测定结果，否则应重新测定。

同一操作者在同一实验室使用同一实验仪器在不同时间对同一样品进行试验得到的结果不超过平均值的10%(置信度为95%)。

不同操作者在不同实验室使用相同类型的仪器对同一样品进行试验得到的结果不超过平均值的20%(置信度为95%)。

13.8.3 石油沥青软化点试验

1. 试验目的

石油沥青的软化点是指试样在规定尺寸的金属环内，上置规定尺寸和重量的钢球，放于水或甘油中，以一定的升温速度加热，至钢球下沉达到规定距离时的温度，以℃表示。它在一定程度上表示石油沥青的温度稳定性。通过本试验，应掌握石油沥青软化点的测量方法，熟悉其温度敏感性。

2. 试验仪器设备

(1) 沥青软化点测定仪。见图13-14，包括钢球、试样环、钢球定位器、浴槽、支架、温度计等。

(2) 刀。切割石油沥青用。

(3) 筛。筛孔为0.3～0.5mm的金属网。

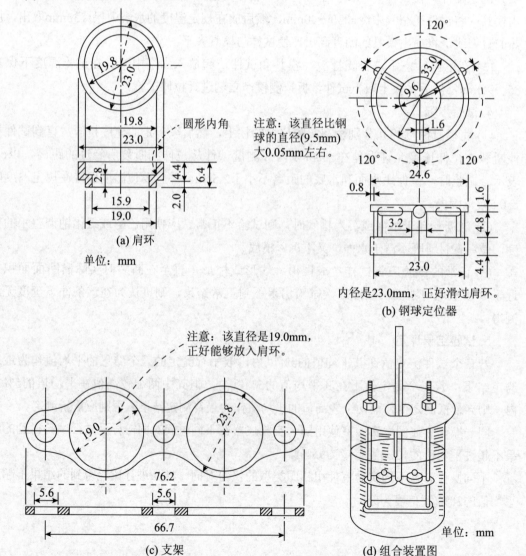

图13-14　石油沥青软化点测定仪

3. 试样制备

(1) 石油沥青试样的准备和测试必须在6h内完成，加热试样时，应不断搅拌以防局部过热，直到样品变得流动，应小心搅拌以免气泡进入样品。

(2) 石油沥青样品加热至倾倒温度的时间不超过2h，其加热温度不应超过预计沥青软化点90℃。

(3) 如果重复试验，不能重新加热样品，应在干净的容器中用新鲜样品制备试样。

(4) 若估计软化点在120℃以上，应将黄铜环与支撑板预热至80℃～100℃，然后将铜环放到涂有隔离剂的支撑板上。否则会导致沥青试样从铜环中完全脱落。

(5) 向每个环中倒入略过量的沥青试样，让试件在室温下至少冷却30min。对于在室温下较软的样品，应将试件在低于预计软化点10℃以上的环境中冷却30min。从开始制备试样时至完成试验的时间不得超过240min。

(6) 当试样冷却后，用稍加热的小刀或刮刀干净地刮去多余的沥青，使得每一个圆片饱满且和环的顶部齐平。

4. 试验步骤

(1) 选择合适的加热介质。新煮沸过的蒸馏水适于软化点为30℃～80℃的沥青，起始加热介质温度为(5±1)℃。甘油适于软化点为80℃～157℃的沥青，起始加热介质的温度应为(30±1)℃。

(2) 把仪器放在通风橱内，并配置两个样品环、钢球定位器，将温度计插入合适的位置，浴槽装满加热介质，各仪器应处于适当位置。用镊子将钢球置于浴槽底部，使其同支架的其他部位达到相同的起始温度。

(3) 如果有必要，将浴槽置于冰水中，或小心加热并维持适当的起始浴温达15min，浴液不能被污染。

(4) 再次用镊子从浴槽底部将钢球夹住并置于定位器中。

(5) 从浴槽底部加热使温度以恒定的速率5℃/min上升。若温度上升速率超过此限定范围，则此次试验失败。

(6) 当两个试环的球触及下支撑板时，分别记录温度计所显示的温度。无须对温度计的浸没部分进行校正。取两个温度的平均值作为沥青的软化点。如果两个温度的差值超过1℃，则重新试验。

5. 试验结果评定

(1) 软化点是在水中测定还是在甘油中测定应注明。软化点超出介质测定的温度范围后，应重新选择介质再次试验。

(2) 测试精密度选择95%的置信度。取两个结果的平均值作为报告值，重复测定两次结果的差数不得大于1.2℃。针对同一试样，由两个实验室提供的试验结果之差不应超过2.0℃。

13.9 沥青混合料试验

沥青混合料试验主要是沥青混合料的马歇尔试验和车辙试验。试验依据为《公路工程沥青及沥青混合料试验规程》(JTG E 20—2011)。

13.9.1 沥青混合料马歇尔试验

1. 试验目的

马歇尔稳定度试验和浸水马歇尔稳定度试验是进行沥青混合料的配合比设计或沥青路面施工质量检验的主要依据。浸水马歇尔稳定度试验主要是检验沥青混合料受水损害时抵抗剥落的能力，通过测试其水稳定性检验配合比设计的可行性。通过本试验，应掌握测定沥青混合料稳定度的试验步骤，以便进行沥青混合料配合比设计，以及沥青路面施工质量检验。

2. 试验仪器设备

(1) 沥青混合料马歇尔试验仪。对用于高速公路和一级公路的沥青混合料宜采用自动马歇尔试验仪，用计算机或x-y记录仪记录荷载-位移曲线，并配有自动测定荷载与试件垂直变形的传感器、位移计，能自动显示和打印试验结果。对标准马歇尔试件，试验仪最大荷载不小于25kN，读数准确度为100N，加载速率应保持(50±5)mm/min。钢球直径为16mm，上下压头曲率半径为50.8mm。

(2) 恒温水槽。控温准确度为1℃，深度不少于150mm。

(3) 真空饱水容器。由真空泵和真空干燥器组成。

(4) 烘箱。

(5) 天平。感量不大于0.1g。

(6) 温度计。分度为1℃。

(7) 卡尺。

(8) 其他。棉纱、黄油。

3. 马歇尔试件制备

(1) 制作符合要求的马歇尔试件。标准马歇尔试件直径为(101.6±0.2)mm、高为(63.5±1.3)mm；大型马歇尔试件直径为(152.4±0.2)mm、高为(95.3±2.5)mm。一组试件的数量不得少于4个。

(2) 测量试件的直径及高度。用卡尺测量试件中部的直径，用马歇尔试件高度测定器或卡尺在十字对称的4个方向测量离试件边缘10mm处的高度，准确至0.1mm，并以其平均值作为试件的高度。如试件高度不符合要求或两侧高度差大于2mm时，此试件应作废。

(3) 按规定方法测定试件的密度、空隙率、沥青体积百分率、沥青饱和度、矿料间隙率等物理指标。

(4) 将恒温水槽调节至规定的试验温度，黏稠石油沥青或在烘箱中养生过的乳化沥青混合料为(60±1)℃，在空气中养生的乳化沥青或液体沥青混合料为(25±1)℃。

4. 标准马歇尔试验步骤

(1) 将试件置于已达规定温度的恒温水槽中保温，标准马歇尔试件保温时间为30～40min，大型马歇尔试件保温时间为45～60min。试件之间应有间隔，底下应垫起，距容器底部不小于5cm。

(2) 将马歇尔试验仪的上下压头放入水槽或烘箱中以达到同样温度，将上下压头从水槽或烘箱中取出擦拭干净内面。为使上下压头滑动自如，可在下压头的导棒上涂少量黄油。再将试件取出置于下压头上，盖上上压头，然后装在加载设备上。

(3) 在上压头的球座上放妥钢球，并对准荷载测定装置的压头。

(4) 当采用自动马歇尔试验仪时，将自动马歇尔试验仪的压力传感器、位移传感器与计算机或X-Y记录仪正确连接，调整好适宜的放大比例，调整好计算机程序或将X-Y记录仪的记录笔对准原点。

(5) 当采用压力环和流值计时，将流值计安装在导棒上，使导向套管轻轻地压住上压头，同时将流值计读数调零，调整压力环中的百分表，使之为零。

(6) 启动加载设备，使试件承受荷载，加载速度为(50±5)mm/min。计算机或X-Y记录仪自动记录传感器压力和试件变形曲线并将数据自动存入计算机。

(7) 在试验荷载达到最大值的瞬间，取下流值计，同时读取压力环中的百分表读数及流值计的流值读数，计算各物理指标。

5. 浸水马歇尔试验步骤

浸水马歇尔试验步骤与标准马歇尔试验步骤的不同之处在于，试件在已达规定温度恒温水槽中的保温时间为48h，其余均与标准马歇尔试验步骤相同。

6. 真空饱水马歇尔试验步骤

马歇尔试件先放入真空干燥器中，关闭进水胶管，开动真空泵，使干燥器的真空度达到98.3kPa(730mmHg)以上，维持15min，然后打开进水胶管，靠负压进入冷水流使试件全部浸入水中，浸水15min后恢复常压，取出试件再放入已达规定温度的恒温水槽中保温48h，其余均与标准马歇尔试验方法相同。

7. 试验结果评定

(1) 当一组测定值中的某个数值与平均值之差大于标准差k倍时，该测定值应予舍弃，并以其余测定值的平均值作为试验结果。当试验数n为3、4、5、6时，k值分别为1.15、1.46、1.67、1.82。

(2) 采用自动马歇尔试验仪时，试验结果应附上荷载-变形曲线原件或打印结果，并报告马歇尔稳定度、流值、马歇尔模数，以及试件尺寸、试件的密度、空隙率、沥青用量、沥青体积百分率、沥青饱和度、矿料间隙率等各项物理指标。

13.9.2　沥青混合料车辙试验

1. 试验目的

本试验用于测定沥青混合料的高温抗车辙能力，供沥青混合料配合比设计的高温稳定性检验使用。车辙试验的试验温度与轮压可根据有关规定和需要选用,非经注明,试验温度为60℃,轮压为0.7MPa。根据需要,如在寒冷地区也可采用45℃的试验温度,在高温条件下采用70℃的试验温度等,但应在报告中注明。计算动稳定度的时间原则上为试验开始后的45～60min。通过本试验,可掌握沥青混合料车辙试验的步骤,从而进一步进行沥青混合料的配合比设计和沥青路面质量检测。

2. 试验仪器设备

(1) 车辙试验机。主要包括以下几部分。

① 试件台。可牢固地安装两种宽度(300mm及150mm)的符合规定尺寸的试件的试模。

② 试验轮。橡胶制的实心轮胎,外径200mm,轮宽50mm,橡胶层厚15mm。橡胶硬度(国际标准硬度)在20℃时为(84±4)mm,60℃时为(78±2)mm。试验轮行走距离为(230±10)mm,往返碾压速度为(42±1)次/min(21次往返/min)。允许采用曲柄连杆驱动试验台运动(试验轮不移动)或链驱动试验轮运动(试验台不动)中的任一种方式。

③ 加载装置。使试验轮与试件的接触压强在60℃时为(0.7±0.05)MPa,施加的总荷重为78kg左右,并可根据需要调整。

④ 试模,由钢板制成,包括底板及侧板两部分,试模内侧尺寸长为300mm,宽为300mm,厚为50mm(试验室制作),亦可固定150mm宽的现场切制试件。

⑤ 变形测量装置。自动检测车辙变形并记录曲线的装置,通常使用LVDT、电测百分表或非接触位移计。

⑥ 温度检测装置。自动检测并记录试件表面及恒温室内温度的温度传感器、温度计,精密度为0.5℃。

(2) 恒温室。车辙试验机必须整机安放在恒温室内,装有加热器、气流循环装置及装有自动温度控制设备,能保持恒温室温度(60±1)℃,试件内部温度为(60±0.5)℃,根据需要亦可调整为其他需要的温度,用于保温试件并进行试验。温度应能自动连续记录。

(3) 台秤。称量15kg,感量不大于5g。

3. 试样制备

(1) 试验轮接地压强测定。该测定应在60℃的环境中进行,在试验台上放置一块50mm厚的钢板,在上面铺一张毫米方格纸,上铺一张新的复写纸,以规定的700N荷载试验轮静压复写纸,即可在方格纸上得出轮压面积,并由此求得接地压强。当压强不符合(0.7±0.05)MPa时,荷载应予适当调整。

(2) 用轮碾成型法制作车辙试验试块。在试验室或工地制备成型的车辙试件,其标准尺寸为300mm×300mm×50mm,也可从路面切割得到300mm×150mm×50mm的试件。

当直接在拌合厂取拌合好的沥青混合料样品制作试件检验生产配合比或混合料生产质量时,必须将混合料装入保温桶中,在温度下降至成型温度之前迅速送达试验室制作试件。如果温度稍有不足,可放在烘箱中稍稍加热(时间不超过30min)后使用,也可直接在现场用手动碾或压路机碾压成型试件,但不得将混合料放冷却后二次加热重塑、制作试件。重塑制件的试验结果仅供参考,不得用于评定配合比设计检验是否合格。

(3) 如有需要，将试件脱模按规定方法测定密度及空隙率等各项物理指标。如经水浸，应用电扇将其吹干，然后再装回原试模中。

(4) 试件成型后，连同试模一起在常温条件下放置的时间不得少于12h。对于聚合物改性沥青混合料，放置的时间以48h为宜，聚合物改性沥青充分固化后方可进行车辙试验，但室温放置时间也不得长于一周。

4. 实验步骤

(1) 将试件连同试模一起，置于已达到试验温度(60±1)℃的恒温室中，保温不少于5h，也不得多于24h。在试件的试验轮不行走的部位上，粘贴一个热电隅温度计(也可在试件制作时预先将热电隅导线埋入试件一角)，控制试件温度，使其稳定在(60±0.5)℃。

(2) 将试件连同试模移置于轮辙试验机的试验台上，将试验轮置于试件的中央部位，其行走方向须与试件碾压或行车方向一致。启动车辙变形自动记录仪，然后启动试验机，使试验轮往返行走，时间约1h，或当最大变形达到25mm时为止。试验时，记录仪自动记录变形曲线及试件温度，并计算试件动稳定度等物理指标。

5. 试验结果评定

(1) 同一沥青混合料或同一路段的路面，至少平行试验3个试件。当3个试件的动稳定度变异系数小于20%时，取其平均值作为试验结果；如变异系数大于20%，应分析原因，并追加试验；如计算动稳定度值大于6000次/mm，记作"＞6000次/mm"。

(2) 试验报告应注明试验温度、试验轮接地压强、试件密度、空隙率及试件制作方法等。

参考文献

[1] 刘军. 土木工程材料[M]. 北京：中国建筑工业出版社，2009.

[2] 赵志曼，张建平. 土木工程材料[M]. 北京：北京大学出版社，2013.

[3] 葛勇. 土木工程材料[M]. 北京：中国建材工业出版社，2007.

[4] 柳俊哲. 土木工程材料[M]. 北京：科学出版社，2011.

[5] 周爱军，张玫. 土木工程材料[M]. 北京：机械工业出版社，2012.

[6] 白宪臣. 土木工程材料[M]. 北京：中国建筑工业出版社，2012.

[7] 郑德明，钱红萍. 土木工程材料[M]. 北京：机械工业出版社，2007.

[8] 苏达根. 土木工程材料[M]. 北京：高等教育出版社，2003.

[9] 柯国军. 土木工程材料[M]. 北京：北京大学出版社，2005.

[10] 彭小芹. 土木工程材料[M]. 重庆：重庆大学出版社，2001.

[11] 傅柏权，等. 土木工程材料[M]. 沈阳：辽宁大学出版社，2013.

[12] 刘祥顺. 建筑材料[M]. 北京：中国建筑工业出版社，2008.

[13] 张君，阎培渝，覃维祖. 建筑材料[M]. 北京：清华大学出版社，2008.

[14] 纪士斌，等. 建筑材料[M]. 北京：清华大学出版社，2012.

[15] 余丽武. 建筑材料[M]. 南京：东南大学出版社，2013.

[16] 李坚利，周惠群. 水泥生产工艺[M]. 武汉：武汉理工大学出版社，2009.

[17] 张松愉，金晓鸥. 建筑功能材料[M]. 北京：中国建材工业出版社，2012.

[18] 王福川. 新型建筑材料[M]. 北京：中国建筑工业出版社，2009.

[19] 肖忠平，张苏俊. 建筑材料与检测[M]. 北京：化学工业出版社，2012.

[20] 黄维蓉，等. 沥青路面材料与施工技术[M]. 北京：人民交通出版社，2013.

[21] 梁锡三. 沥青混合料设计及质量控制原理[M]. 北京：人民交通出版社，2008.

[22] 张雄，张永娟. 现代建筑功能材料[M]. 北京：化学工业出版社，2009.

[23] 刘琳，王国建. 建筑涂料[M]. 北京：中国石化出版社，2007.

[24] 沈春林. 建筑保温隔热材料标准手册[M]. 北京：中国标准出版社，2009.

[25] 徐峰，张雪，华七三. 建筑保温隔热材料与应用[M]. 北京：中国建筑工业出版社，2007.

[26] 钟祥璋. 建筑吸声材料与隔声材料[M]. 北京：化学工业出版社，2012.

[27] 孙晓红，等. 建筑装饰材料与施工工艺[M]. 北京：机械工业出版社，2013.

[28] 宋岩丽. 建筑与装饰材料[M]. 北京：中国建筑工业出版社，2010.

[29] 赵俊学，裴刚，等. 建筑装饰材料与应用[M]. 北京：科学出版社，2011.

[30] 中华人民共和国国家标准. 建筑石膏(GB/T 9776—2008)[S]. 北京：中国标准出版社，2008.

[31] 中华人民共和国行业标准. 建筑生石灰(JC/T 479—2013)[S]. 北京：中国建材工业出版社，2013.

[32] 中华人民共和国行业标准. 建筑消石灰粉(JC/T 481—2013)[S]. 北京：中国建材工业出版社，2013.

[33] 中华人民共和国国家标准. 通用硅酸盐水泥(GB 175—2007)[S]. 北京：中国标准出版社，2007.

[34] 中华人民共和国国家标准. 水泥标准稠度用水量、凝结时间、安定性检验方法(GB/T 1346—2001)[S]. 北京：中国标准出版社，2001.

[35] 中华人民共和国国家标准. 水泥胶砂强度检验方法(ISO法)(GB/T 17671—1999)[S]. 北京：中国标准出版社，1999.

[36] 中华人民共和国国家标准. 用于水泥中的粒化高炉矿渣(GB/T 203—2008)[S]. 北京：中国标准出版社，2008.

[37] 中华人民共和国国家标准. 用于水泥和混凝土中的粒化高炉矿渣粉(GB/T 18046—2008)[S]. 北京：中国标准出版社，2008.

[38] 中华人民共和国国家标准. 用于水泥中的火山灰质混合材料(GB/T 2847—2005)[S]. 北京：中国标准出版社，2005.

[39] 中华人民共和国国家标准. 用于水泥和混凝土中的粉煤灰(GB/T 1596—2005)[S]. 北京：中国标准出版社，2005.

[40] 中华人民共和国国家标准. 铝酸盐水泥(GB 201—2000)[S]. 北京：中国标准出版社，2000.

[41] 中华人民共和国国家标准. 白色硅酸盐水泥(GB/T 2015—2005)[S]. 北京：中国标准出版社，2005.

[42] 中华人民共和国国家标准. 硫铝酸盐水泥(GB 20472—2006)[S]. 北京：中国标准出版社，2007.

[43] 中华人民共和国行业标准. 明矾石膨胀水泥(JC/T 311—2004)[S]. 北京：中国标准出版社，2004.

[44] 中华人民共和国国家标准. 低热微膨胀水泥(GB 2938—2008)[S]. 北京：中国标准出版社，2008.

[45] 中华人民共和国国家标准. 中热硅酸盐水泥、低热硅酸盐水泥、低热矿渣硅酸盐水泥(GB 200—2003)[S]. 北京：中国标准出版社，2003.

[46] 中华人民共和国国家标准. 道路硅酸盐水泥(GB 13693—2005)[S]. 北京：中国标准

出版社，2005.

[47] 中华人民共和国国家标准. 砌筑水泥(GB/T 3183—2003)[S]. 北京：中国标准出版社，2003.

[48] 中华人民共和国国家标准. 建设用砂(GB/T 14684—2011)[S]. 北京：中国标准出版社，2011.

[49] 中华人民共和国国家标准. 建设用卵石、碎石(GB/T 14685—2011)[S]. 北京：中国标准出版社，2011.

[50] 中华人民共和国行业标准. 普通混凝土用砂石质量及检验方法标准(JGJ 52—2006)[S]. 北京：中国建筑工业出版社，2006.

[51] 中华人民共和国国家标准. 混凝土质量标准控制(GB 50164—2011)[S]. 北京：中国建筑工业出版社，2011.

[52] 中华人民共和国行业标准. 混凝土用水标准(JGJ 63—2006)[S]. 北京：中国建筑工业出版社，2006.

[53] 中华人民共和国国家标准. 混凝土外加剂的定义、分类、命名与术语(GB/T 8075—2005)[S]. 北京：中国标准出版社，2005.

[54] 中华人民共和国国家标准. 混凝土外加剂应用技术规范(GB 50119—2013)[S]. 北京：中国建筑工业出版社，2003.

[55] 中华人民共和国国家标准. 混凝土结构工程施工质量验收规范[GB 50204—2002 (2011版)] [S]. 北京：中国建筑工业出版社，2011.

[56] 中华人民共和国国家标准. 普通混凝土拌合物性能试验方法标准(GB/T 50080—2002)[S]. 北京：中国建筑工业出版社，2003.

[57] 中华人民共和国国家标准. 普通混凝土力学性能试验方法标准(GB/T 50081—2002)[S]. 北京：中国建筑工业出版社，2003.

[58] 中华人民共和国国家标准. 混凝土强度检验评定标准(GB/T 50107—2010)[S]. 北京：中国建筑工业出版社，2010.

[59] 中华人民共和国行业标准. 混凝土耐久性检验评定标准(JGJ/T 193—2009)[S]. 北京：中国建筑工业出版社，2010.

[60] 中华人民共和国国家标准. 普通混凝土长期性能和耐久性能试验方法标准(GB/T 50082—2009)[S]. 北京：中国建筑工业出版社，2010.

[61] 中华人民共和国行业标准. 普通混凝土配合比设计规程(JGJ 55—2011)[S]. 北京：中国建筑工业出版社，2011.

[62] 中华人民共和国行业标准. 混凝土结构设计规范(GB 50010—2010)[S]. 北京：中国建筑工业出版社，2011.

[63] 中华人民共和国行业标准. 建筑砂浆基本性能试验方法标准(JGJ/T 70—2009)[S]. 北京：中国建筑工业出版社，2009.

[64] 中华人民共和国行业标准. 混凝土小型空心砌块和混凝土砖砌筑砂浆(JC 860—

2008)[S]. 北京：中国建材工业出版社，2008.

[65] 中华人民共和国行业标准. 蒸压加气混凝土用砌筑砂浆与抹面砂浆(JC 890—2001)[S]. 北京：中国建材工业出版社，2002.

[66] 中华人民共和国行业标准. 非烧结块材砌体专用砂浆技术规程(CECS 311—2012)[S]. 北京：中国计划出版社，2012.

[67] 中华人民共和国行业标准. 砌筑砂浆配合比设计规程(JGJ/T 98—2010)[S]. 北京：中国建筑工业出版社，2011.

[68] 中华人民共和国国家标准. 砌体结构工程施工质量验收规范(GB 50203—2011)[S]. 北京：光明日报出版社，2011.

[69] 中华人民共和国行业标准. 抹灰砂浆技术规程(JGJ/T 220—2010)[S]. 北京：中国建筑工业出版社，2010.

[70] 中华人民共和国行业标准. 墙体饰面砂浆(JC/T 1024—2007)[S]. 北京：中国建材工业出版社，2007.

[71] 中华人民共和国国家标准. 建筑保温砂浆(GB/T 20473—2006)[S]. 北京：中国标准出版社，2006.

[72] 中华人民共和国国家标准. 预拌砂浆(GB/T 25181—2010)[S]. 北京：中国标准出版社，2010.

[73] 中华人民共和国行业标准. 预拌砂浆应用技术规程(JGJ/T 223—2010)[S]. 北京：中国建筑工业出版社，2010.

[74] 中华人民共和国国家标准. 干混砂浆物理性能试验方法(GB/T 29756—2013)[S]. 北京：中国标准出版社，2013.

[75] 中华人民共和国行业标准. 干混砂浆生产工艺与应用技术规范(JC/T 2089—2011)[S]. 北京：中国建材工业出版社，2012.

[76] 中华人民共和国国家标准. 碳素结构钢(GB 700—2006)[S]. 北京：中国标准出版社，2006.

[77] 中华人民共和国国家标准. 低合金高强度结构钢(GB/T 1591—2008)[S]. 北京：中国标准出版社，2009.

[78] 中华人民共和国国家标准. 钢筋混凝土用钢第一部分：热轧光圆钢筋(GB/ 1499.1—2008)[S]. 北京：中国标准出版社，2008.

[79] 中华人民共和国国家标准. 钢筋混凝土用钢第二部分：热轧带肋钢筋(GB/ 1499.2—2007)[S]. 北京：中国标准出版社，2008.

[80] 中华人民共和国国家标准. 冷轧带肋钢筋(GB/ 13788—2008)[S]. 北京：中国标准出版社，2008.

[81] 中华人民共和国国家标准. 金属材料 拉伸试验 第一部分：室温试验方法(GB/T 228.1—2010)[S]. 北京：中国标准出版社，2010.

[82] 中华人民共和国国家标准. 金属材料 弯曲试验方法(GB/T 232—2010)[S]. 北京：中

国标准出版社，2010.

[83] 中华人民共和国国家标准. 墙体材料应用统一技术规范(GB 50574—2010)[S]. 北京：中国建筑工业出版社，2010.

[84] 中华人民共和国国家标准. 砌体结构设计规范(GB 50003—2011)[S]. 北京：中国建筑工业出版社，2012.

[85] 中华人民共和国国家标准. 砌墙砖试验方法(GB/T 2542—2003)[S]. 北京：中国标准出版社，2003.

[86] 中华人民共和国国家标准. 混凝土小型空心砌块试验方法(GB/T 4111—2013)[S]. 北京：中国标准出版社，2013.

[87] 中华人民共和国国家标准. 蒸压加气混凝土砌块性能试验方法(GB/T 11969—2008)[S]. 北京：中国标准出版社，2008.

[88] 中华人民共和国国家标准. 混凝土实心砖(GB/T 21144—2007)[S]. 北京：中国标准出版社，2007.

[89] 中华人民共和国国家标准. 承重混凝土多孔砖(GB 25779—2010)[S]. 北京：中国标准出版社，2010.

[90] 中华人民共和国国家标准. 非承重混凝土空心砖(GB/T 24492—2009)[S]. 北京：中国标准出版社，2009.

[91] 中华人民共和国行业标准. 混凝土砖建筑技术规范(CECS 257—2009)[S]. 北京：中国城市出版社，2009.

[92] 中华人民共和国国家标准.普通混凝土小型砌块(GB/T 8239—2014)[S]. 北京：中国标准出版社，2014.

[93] 中华人民共和国国家标准. 轻骨料混凝土小型空心砌块(GB/T 15229—2011)[S]. 北京：中国标准出版社，2011.

[94] 中华人民共和国国家标准. 蒸压加气混凝土砌块(GB 11968—2006)[S]. 北京：中国标准出版社，2006.

[95] 中华人民共和国国家标准. 蒸压泡沫混凝土砖和砌块(GB/T 29062—2012)[S]. 北京：中国标准出版社，2012.

[96] 中华人民共和国行业标准. 混凝土砌块(砖)砌体用灌孔混凝土(JC 861—2008)[S]. 北京：中国建材工业出版社，2009.

[97] 中华人民共和国国家标准. 建筑石油沥青(GB/T 494—2010)[S]. 北京：中国标准出版社，2010.

[98] 中华人民共和国国家标准. 石油沥青玻璃纤维胎防水卷材(GB/T 14686—2008)[S]. 北京：中国标准出版社，2008.

[99] 中华人民共和国行业标准. 公路工程沥青及沥青混合料试验规程(JTG E20—2011)[S]. 北京：人民交通出版社，2011.